高等职业院校互联网+新形态创新系列教材·计算机系列

数据可视化分析与应用

(微课版)

王　黎　彭进香　贾　岚　主　编

段晓亮　吕殿基　冀建平　原变青　副主编

清華大學出版社

北　京

内 容 简 介

数据可视化是数据分析的重要组成部分，本书主要介绍与大数据分析从业人员常用的 Excel 和 Tableau 相关的关键技术和分析方法。本书内容分为三个部分：数据分析及数据可视化基础知识、Excel 2019 可视化分析方法和 Tableau Desktop 实现数据可视化应用。在内容设计上注重知识性和通用性，同时加强实践上的指导性和示范性，具体包括数据源处理、数据统计、数据分析的基础理论，用 Excel 绘制各种专业可视化图表，Tableau 在可视化探索分析及可视化设计方面的应用等内容。

本书通过大量的案例操作，探讨数据可视化的基本原则、技巧及设计思路，使读者能够快速掌握书中的知识，制作出优良的可视化视图，以便提升分析报告的品质，为以后从事与数据分析相关的工作打下扎实的基础。本书还提供了用于数据分析的数据源、操作演示视频等资源，方便读者自学；同时还提供了教学课件，便于教师授课使用。

本书注重理论与实践相结合，理论部分以“够用”为度，使用言简意赅、通俗易懂的语言进行描述，结构安排合理，实用性强，既可作为应用型本科或高职高专大数据技术专业的教材，也可作为自学人员的参考资料或培训教材。

图书在版编目(CIP)数据

数据可视化分析与应用：微课版/王黎，彭进香，贾岚主编. —北京：清华大学出版社，2022.3
高等职业院校互联网+新形态创新系列教材. 计算机系列
ISBN 978-7-302-59931-9

Ⅰ. ①数…　Ⅱ. ①王…　②彭…　③贾…　Ⅲ. ①可视化软件—数据分析—高等职业教育—教材　Ⅳ. ①TP317.3

中国版本图书馆 CIP 数据核字(2022)第 009625 号

责任编辑：桑任松
封面设计：杨玉兰
责任校对：李玉茹
责任印制：刘海龙
出版发行：清华大学出版社
网　　址：http://www.tup.com.cn, http://www.wqbook.com
地　　址：北京清华大学学研大厦 A 座　　**邮　　编：**100084
社 总 机：010-83470000　　**邮　　购：**010-62786544
投稿与读者服务：010-62776969, c-service@tup.tsinghua.edu.cn
质量反馈：010-62772015, zhiliang@tup.tsinghua.edu.cn
课件下载：http://www.tup.com.cn, 010-62791865
印 装 者：三河市铭诚印务有限公司
经　　销：全国新华书店
开　　本：185mm×260mm　　**印　　张：**17.75　　**字　　数：**432 千字
版　　次：2022 年 3 月第 1 版　　**印　　次：**2022 年 3 月第 1 次印刷
定　　价：49.80 元

产品编号：089306-01

前　言

在万物互联的时代，每天都会产生海量的数据，迅速吸收、消化这些数据并把数据有效地传递给受众，是企业运作和个人工作、生活的重要组成部分。数据可视化采用新的视觉表达形式呈现世界，通过处理更庞大的数据，理解各种各样的数据集合。数据可视化是数据分析的完美结果，让枯燥的数据以简单、友好的图表形式展现出来。为了有效地传达思想观念，美学形式与功能需要齐头并进，通过直观地传达关键的方面与特征，从而实现对复杂数据集的深入洞察。因此，数据可视化位于科学、设计和艺术三个学科的交叉领域，蕴藏着无限可能。

本书的特点是注重理论与实践相结合，理论部分以“够用”为度，使用言简意赅、通俗易懂的语言进行描述，结构安排合理，实用性强，符合初学者的学习特点和认知规律。本书同时利用了 Excel 2019 和 Tableau 软件进行数据可视化分析。先使用读者都比较熟悉的 Excel 软件对少量数据进行可视化分析和展示，在此基础上，进一步学习可视化商业智能软件 Tableau，实现大数据的可视化分析。

本书共分为 7 章内容，包括数据分析处理基础、数据可视化概述、Excel 数据可视化分析方法、Excel 数据可视化应用、初识 Tableau 数据可视化、Tableau 数据可视化高级应用和综合案例——利用 Tableau 制作商品销售分析仪表板。

第 1 章　介绍数据基础、数据预处理、数据存储、数据统计和数据分析的基础知识。

第 2 章　综述了数据可视化的概念、发展历程；主要介绍了视觉感知、格式塔理论、标记和视觉通道的理论知识，以及数据可视化的未来发展、数据可视化分析常用的工具。

第 3 章　以 Excel 2019 为例介绍了 Excel 数据的基本概念，Excel 数据导入、数据清洗、数据转换和抽样，利用 Excel 条件格式实现数据表格的图形化展示。

第 4 章　主要介绍了 Excel 图表的设计原则，Excel 常用图表(如柱形图、折线图、饼图、散点图及其他特殊图表)的应用场合和绘制技巧，动态图表的制作方法。

第 5 章　介绍了 Tableau 产品，使用 Tableau Desktop 连接数据源、设置数据源，Tableau Desktop 的工作区界面和使用方法，Tableau 数据可视化常用术语，Tableau 基本操作，以及如何用 Tableau 绘制基本可视化视图并导出图形和数据。

第 6 章　介绍了 Tableau 数据可视化的高级应用，其中，Tableau 高级操作包括创建计算字段、表计算、参数设置、功能函数的使用；高级可视化图形的应用场合和绘制方法；创建地图(包括设置角色、添加字段信息、设置地图选项)视图等。此外，还介绍了创建和设置仪表板和故事。

第 7 章　利用 Tableau 制作商品销售分析仪表板，是 Tableau 实现数据可视化技术的综合实践。

本书由北京经济管理职业学院王黎、贾岚，以及湖南应用技术学院信息工程学院彭进香任主编，由北京经济管理职业学院段晓亮、吕殿基、冀建平、原变青任副主编，参编有刘军玲、段炬霞、胡庆华。本书在编写过程中参考了大量的文献资料和 Tableau 官方网站资料，吸取了许多同仁的宝贵经验，在此表示衷心感谢！

由于编者水平有限，虽然对本书内容进行了反复斟酌和修正，但仍然难免存在错误和不当之处，敬请各位专家和广大读者批评、指正。

编　者

目　　录

第 4 章 Excel 数据可视化应用 87

第 5 章 初识 Tableau 数据可视化 155

第1章 数据分析处理基础

本章要点

◎ 数据基础;

◎ 数据预处理的基本原理;

◎ 数据分析方法。

学习目标

◎ 理解数据的基本概念;

◎ 掌握数据预处理的过程;

◎ 掌握数据分析方法。

1.1 数据基础

1.1.1 数据属性

数据是广义的，包括各种数字、文字、图片和声音等。数据集由数据对象组成，一个数据对象代表一个实体。例如，某公司的全年销售记录相当于一个包含多条详细销售记录的数据集(表格)。数据对象又称样本、实例、数据点或对象。属性(attribute)是一个数据字段，表示数据对象的一个特征，是描述数据对象特征的量。如在销售记录实例中，每条销售记录包含多个字段，如型号、单价、数量、金额和销售排名等，这些字段描述了一个数据对象的总体特征，每一个字段都是该数据对象的一个属性，代表数据对象某一方面的特征。

在文献中，属性、维、特征和变量可以互换使用。“维”一般用在数据仓库中，机器学习文献更倾向于使用“特征”，而统计学家则更愿意使用“变量”,数据挖掘和数据库的专业人士一般使用“属性”。属性有不同的类型，分为类别型属性、序数型属性、数值型属性。表 1-1 所示为不同的数据属性类型及其实例。

表 1-1　三种属性类型及其实例

属性类型	实　例
类别型	销售商品的商品名(多元类别)；客户性别(二元类别)
序数型	销售时间(按时间先后排序)
数值型	销售数量

1. 类别型属性

类别型属性名称不同，各属性的值之间没有明确的排序，只能区分数据相同或不同。比如球类属性，值可包括篮球、排球、乒乓球、足球；还有学生的姓名、性别等都属于类别型属性。

二元属性是类别型属性的一种特例，它的属性值集合只有两个元素。例如，性别只有男性和女性两种取值，开关状态可取闭合或断开两种状态等。

对于类别型属性，可以利用其附加属性进行排序操作。例如，可以按照笔画对商品名称进行排序或按照英文单词顺序对国别信息进行排序。但这种排序不是类别型属性本身拥有的性质。为了完成数值计算等操作，也可将类别型属性转换为数值型属性(如使用国家代码来代表国家名称)。

2. 序数型属性

序数型属性的属性值之间具有顺序关系，主要用来排序、比较大小、区分先后关系、判断程度强弱等，是定性的，只描述样本的特征，而不给出实际大小或数量，一般不能进行算术运算。例如，学生的成绩属性可以分为优秀、良好、中等、及格和不及格五个等级；某快餐店的饮料杯有大、中、小三个可能值，但具体“大”比“中”大多少是未知的。

序数型属性可用于记录不能客观度量的主观质量评估，因此，序数型属性常用于等级评定调查。如某销售部门客户服务质量的评估，0 表示很不满意，1 表示不太满意，2 表示中性，3 表示满意，4 表示非常满意。

通过数据预处理中的数据规约，序数型属性可以通过将数据的值域划分成有限个有序类别，将数值属性离散化而得到。

3. 数值型属性

数值型属性使用定量方法表达属性值，用来区分数据的相同或不同，既能够排序、比较大小、区分先后关系、判断程度强弱，还能够做加减等运算。数值型属性是可度量的量，用整数或实数表示，例如长度、重量、体积、温度等常见的物理属性。数值型属性又分区间标度和比率(比值)标度两种类型。

1) 区间标度(interval-scaled)属性

区间标度属性用相等的单位尺度度量。区间属性的值是有序的，因此，除了评定之外，这种属性允许比较和定量评估值之间的差。例如，身高属性是区间标度的，假设有一个班学生的身高统计值，将每一个人视为一个样本，对这些学生身高值排序，可以量化不同值之间的差。A 同学身高(170cm)比 B 同学身高(165cm)高出 5cm。

2) 比率标度(ratio-scaled)属性

比率标度属性是用比率来描述两个值，即一个值是另一个值的倍数，也可以计算值之间的差。例如，不同于摄氏和华氏温度，开氏温度具有绝对零点，在零点，构成物质的粒子具有零动能。比率标度属性的例子还包括字数和工龄等计数属性，以及度量重量、高度、速度的属性。

对于没有真正零点的摄氏温度和华氏温度，其零值不表示没有温度。例如，摄氏温度的度量单位是指水在标准大气压下沸点温度与冰点温度之差的 1/100。尽管可以计算温度之差，但因没有真正的零值，因此不能说 10℃比 5℃温暖 2 倍，不能用比率描述这些值，但比率标度属性存在真正的零点。

除此之外，还有标称属性和二元属性。标称属性的值是一些符号或实物的名称，每个值代表某种类别、编码或状态，所以标称属性又被看作是分类型的属性(categorical)。这些值不必具备有意义的序，并且不是定量的。二元属性是一种标称属性，只有两个类别或状态：0 或 1，其中 0 常表示不出现，1 表示出现。如果将 0 和 1 对应于 false 和 true，那么二元属性又称为布尔属性。

1.1.2 数据的统计特征

统计特征用来帮助把握数据全貌，了解数据分布的特征，识别数据的性质，凸显哪些数据值应该视为噪声或离群点。数据统计特征可以从集中趋势度量、离中趋势度量、数据分布形态三个方面进行描述。

1. 集中趋势度量

集中趋势度量是反映总体的一般水平或分布的集中趋势的指标，也就是看数据集中在哪个位置。测定集中趋势的平均指标有两类：位置平均数和数值平均数。位置平均数是根据变量值位置来确定的代表值，常用的有众数、中位数。数值平均数就是均值，它是对总体中的所有数据计算的平均值，用以反映所有数据的一般水平，常用的有算术平均数、调和平均数、几何平均数和幂平均数。

2. 离中趋势度量

离中趋势度量是用来刻画总体分布的变异状况或离散程度的指标。测定离中趋势的指标有极差、平均差、四分位差、方差和标准差，以及离散系数等。标准差是方差的算术平方根，即总体中各变量值与算术平均数的离差平方的算术平方根。离散系数是各离散程度指标与其相应的算术平均数的比值。

3. 数据分布形态

数据分布形态是反映总体分布形态的指标，用来看数据的整体分布形态。矩用来反映数据分布的形态特征，也称为动差。偏度反映数据分布不对称的方向和程度。峰度反映数据分布图形的尖峭程度或峰凸程度。

1.1.3 数据的不确定性

在传统数据库的应用中，数据的存在性和精确性均确凿无疑。近年来，随着技术的进步和人们对数据采集和处理技术理解的不断深入，不确定性数据得到广泛的重视。在许多现实的应用中，例如，经济、军事、物流、金融、电信等领域，由于测量误差、采样误差、模型误差、网络传输延迟等原因，数据的不确定性普遍存在，不确定性数据扮演着关键角色。

数据是真实生活的象征，是抽象的，不可能把所有数据都封装在电子表格中，大部分数据是估算的，并不精确，这就导致了数据的不确定性。还有数据分析师研究一个样本，并以此猜测整体的情况，这样的猜测也具有不确定性。

在进行数据的筛选时，除了要知道数据的属性、统计特征外，还要了解数据的不确定性。数据的不确定性分为存在不稳定性和属性不稳定性。

数据不确定性产生的原因比较复杂，可能是在数据采集和传输、数据精度转换、特殊应用需求、缺失值处理、数据集成等过程中生成的。

1. 数据采集与传输

这是产生不确定性数据最直接的因素。首先，物理仪器所采集的数据的准确度受仪器的精度制约；其次，当从传感器采集数据，通过网络传输过程中，数据的准确性会受到带宽、传输延时、能量等因素影响，假如期间出现断电、断网的情况，数据传达可能就会产生问题，导致数据丢失，产生不确定性；而且由于带宽的限制，数据只能以离散的方式进行采集传输，又将会产生采样误差；最后，在传感器网络应用与 RFID 应用等中，周围环境也会影响原始数据的准确度。

2. 数据精度转换

在数据转换过程中，尤其是改变度量单位时，容易导致精度的差别。如从低精度数据集合转换到高精度数据集合的过程会引入不确定性。例如，假设某人口分布数据库以乡为基础单位记录全国的人口数量，而某应用却要求查询以村为基础单位的人口数量，查询结果就存在不确定性。还有将低分辨率图像转换成高分辨率图像时，新生成像素的颜色存在不确定性。所以，在数据转换前要备份原始数据。

3. 特殊应用需求

出于隐私保护等特殊目的，某些应用无法获取原始的精确数据，而仅能够得到变换之后的不精确数据。比如军工、医疗、科研的某些数据是需要保密的，在真正使用这些数据的时候，需要在保持数据本身特征的基础上进行脱敏加工，同时保护数据原有隐私设置。

4. 缺失值处理

缺失值产生的原因很多，装备故障、无法获取信息、与其他字段不一致、历史原因等都可能产生缺失值。一种典型的处理方法是按照统计学规律进行插值，插值之后的数据可看作服从特定概率分布。另外，也可以删除所有含缺失值的记录或者记零处理，但这个操作也从侧面改动了原始数据的分布特征，从而出现了数据不确定性。

5. 数据集成

不同数据源的数据信息可能存在不一致，在数据集成过程中就会引入不确定性。例如，Web 中包含很多信息，但是由于页面更新等因素，许多页面的内容并不一致。再比如采用不同的数据存储工具或数据处理工具的时候，或者多方数据源继续集成处理，按照统一规则进行整合的时候，也会出现数据不确定性的情况。

6. 其他

对某些应用而言，还可能同时存在多种不确定性。例如，基于位置的服务(Location-Based Service，LBS)是移动计算领域的核心问题，在军事、通信、交通、服务业等中有着广泛的应用。LBS 应用获取各移动对象的位置，为用户提供定制服务，该过程存在若干不确定性。首先，受技术手段(例如 GPS 技术)限制，移动对象的位置信息存在一定误差；其次，移动对象可能暂时不在服务区，导致 LBS 应用采集的数据存在缺失值情况；最后，某些查询要求保护用户的隐私信息，必须采用“位置隐私”等方式处理查询。

因此，在经济、军事、金融、物流和电信等应用领域，数据的不确定性普遍存在。对不确定性数据的处理可分为数据管理和数据挖掘两个方面。目前，不确定性数据管理研究已经相对成熟，传统的关系型数据存储技术仍然是实现不确定性数据存储的主流技术。但传感器网络、卫星遥感图像、医疗信息等应用产生的巨量数据，仅仅靠数据管理及查询技术无法发现数据间的内在联系，也无法发现其中蕴含的数据模式及潜在知识规则。将数据挖掘技术引入不确定性数据管理中，可有效解决这些问题。

1.2 数据预处理

在从数据中提取有效信息之前，数据处理是一个不可或缺的过程。数据处理是从大量的原始数据中抽取出有价值的信息，即数据转换成信息的过程。主要是对所输入的各种形式的数据进行加工整理，其过程包含对数据的收集、存储、加工、分类、归并、计算、排序、转换、检索和传播的演变与推导全过程。数据处理贯穿于社会生产和生活的各个领域，数据处理技术的发展及其应用的广度和深度，极大地影响着人类社会发展的进程，同时随着互联网的发展，海量数据的处理也影响到我们的生活。

数据处理的目的是从大量的、杂乱无章的、难以理解的数据中抽取并推导出对于某些特定的人来说有价值、有意义的数据。面向可视化的数据处理的目的是提高数据质量，使得可视化效果和质量得以提高，使得后续的可视化工作简便易行。根据场景、需求和任务类型的不同，数据处理主要包括数据清洗、数据转化、数据提取、数据计算等。数据处理是数据分析的前提，数据经过处理对其分析才有意义。对于不同的数据属性类别，即不同的数据约束，采用的技术有所不同。

整个数据处理流程可以概括为四步，分别是采集、导入和预处理、统计和分析，以及挖掘等。本节主要介绍数据预处理。

1.2.1 数据质量

数据质量是指在业务环境下，数据符合数据消费者的使用目的，能够满足业务场景具体需求的程度。数据质量既是数据需要作处理的原因(数据质量低下)，也是数据处理追求的目的(提高数据质量)。从数据本身来看，数据是用来表达客观事物的，如果这些数据没有很好地反映客观世界的属性，则其作为数据本身的价值也相应地被削弱。

在不同的业务场景中，数据消费者对数据质量的需要不尽相同，有些人主要关注数据的准确性和一致性，另外一些人则关注数据的实时性和相关性，因此，只要数据能满足使用目的，就可以说数据质量符合要求。

数据质量体现在以下几个方面。

1. 有效性

有效性是指数据是否有效地反映客观现实，这需要有一定的约束条件，这些约束条件涉及数据类型以及与数据类型相关的属性。例如，气温可使用数值型数据进行描述，并且由于需要衡量温度的顺序关系，该数值型属性也是有序的，这就构成了数据在数据类型方面的“有效性”。同时，气温的范围一般固定在某个区间内(如某地的气温变化范围为-10～35℃)，超出该范围的数据(如 100℃)即被视作“无效”数据。除此之外，约束还包括相关性约束(如夏季不会出现零下的情况，而冬季也不会出现零上 30℃的气温，即气温与时间的相关性约束)、唯一性约束(某时间点某气象站的温度测量有且只有一个)等。

2. 准确性

准确性是指数据的记录是否正确。例如，是否出现常识性错误(年龄大于 200 岁、收货金额为负值等)，电话号码、邮箱、IP 等是否符合规范，枚举值是否正确等。复杂一点的如基于维度的统计指标有没有问题，如平均值、总和、按照枚举值 group by 数据分布有没有异常等。

有效的数据能够反映客观实际状况，但并不意味着这些数据是准确的，受数据度量规则、测量手段、传送方式和存储方式等因素的影响，现实情况下大部分自然采集的数据都多少会有误差，需要进行领域相关的处理。数据的准确性经常需要使用目标数据以外的数据源作为衡量标准，或构建适用于目标数据的度量方法来测量其准确度。

3. 完整性

数据完整性是指数据的记录和信息是否完整。如字段信息是否完整、有没有因上游系统出问题而导致数据丢失等。数据完整性包含两个层面：从数据集角度来讲，采集后的数据集是否包含数据源中所有的数据点，如公司在进行财务审核之前必须确保所有收支数据都可用；对于单个数据样本，每个样本的属性是否完整，如调查问卷中必填项目是否填写完整。

4．一致性

整个数据集中的数据所使用的衡量标准应该一致。例如，公司的交易货币种类可能包含多种，当公司处理交易金额时，所采用的货币单位必须统一。

5．时效性

时效性反映了数据在时间维度方面的特性，当数据不适合当下时间段内的分析任务时，这些数据就变成了“过时”数据，无法再采用。例如，一般决策分析师需要分析前一日的数据(T+1)，如果数据隔几天才能看到，就会失去分析的价值。而某些业务甚至有小时级别以及实时的需求(如微博消息记录、销售记录、一段时间内的手机通话记录等)，时效性要求也就更高了。

1.2.2 数据处理

数据处理通常包括数据清洗、数据合成、数据转换等步骤。

数据清洗(data cleaning)是对数据进行重新审查和校验的过程，目的在于删除重复信息，纠正存在的错误，并提供数据一致性。从应用角度来讲，未经清洗的数据中包含很多错误，可能导致数据无法利用、数据分析结果出现错误，甚至使得数据分析方法变得混乱，无法实施数据分析。而数据清洗的任务是过滤那些不符合要求的数据。不符合要求的数据主要有不完整的数据、错误的数据、重复的数据三大类。

(1) 不完整的数据。这一类数据主要是指一些应该有的信息缺失，如供应商的名称、分公司的名称、客户的区域信息缺失，业务系统中主表与明细表不能匹配等。对于这一类数据可以将其过滤出来，按缺失的内容分别写入不同的Excel文件里，要求在规定的时间内补全，补全后再写入数据仓库。

(2) 错误的数据。这一类错误产生的原因是业务系统不够健全，在接收输入数据时没有进行判断而直接写入后台数据库造成的。比如数值数据输成全角数字字符、字符串数据后面有一个回车操作、日期格式不正确等。对于错误数据，可以将其分类处理，类似于全角字符、数据前后有不可见字符的问题，只能通过写SQL语句的方式将其找出来，然后在业务系统修正之后抽取；日期格式不正确的错误会导致ETL(Extract-Transform-Load，抽取转换、加载)运行失败，需要去业务系统数据库使用SQL语句将其挑出来，交给业务主管部门要求限期修正，修正之后再抽取。

(3) 重复的数据。对于这一类数据，特别是一维表中会出现这种情况，可将重复数据记录的所有字段导出来并整理。

一般来说，数据处理是将数据库精简以除去重复记录，并使剩余部分转换成标准可接收格式的过程。数据处理从数据的准确性、完整性、一致性、唯一性、适时性、有效性几个方面来处理数据的丢失值、越界值、不一致代码、重复数据等问题。

1. 无效值和缺失值的处理

由于调查、编码和录入误差，数据中可能存在一些无效值和缺失值，需要给予适当的处理。经常使用的策略有估算、整例删除、变量删除和成对删除等。删除错误数据记录简单直接，代价与资源较小，并且易于实现。但是，直接删除记录将浪费该记录中正确的属性。例如，某份调查问卷缺失性别一项，但问卷中的其他信息仍然具有价值，特别是当数据缺失问卷占总问卷比例较大时，直接删除错误数据记录显然不可取。在这种情况下，填补缺失数据，使得记录完整是更好的数据清洗策略。实际数据处理过程中常用的方式如下。

1) 估算(estimation)

估算最简单的办法就是用某个变量的样本均值、中位数或众数代替无效值和缺失值。这种办法简单，但没有充分考虑数据中已有的信息，误差可能较大。另一种办法就是根据调查对象对其他问题的答案，通过变量之间的相关分析或逻辑推论进行估计。例如，某一产品的拥有情况可能与家庭收入有关，可以根据调查对象的家庭收入推算拥有这一产品的可能性。

2) 整例删除(casewise deletion)

整例删除是剔除含有缺失值的样本。这种做法的结果可能导致有效样本量大大减少，无法充分利用已经收集到的数据。因此，整例删除只适合非关键变量缺失，或者含有无效值或缺失值的样本比重很小的情况。

3) 变量删除(variable deletion)

如果某一变量的无效值和缺失值很多，而且该变量对于所研究的问题不是特别重要，则可以考虑将该变量删除。这种做法减少了供分析用的变量数目，但没有改变样本量。

4) 使用常量代替缺失值

这种方法的优点是花费代价较低，但这些默认填充值在实际应用中可能没有任何意义(如将问卷中缺失性别的位置填充为“未知”，这对性别相关的数据分析没多大作用)，或会引起数据准确性降低(如，默认填充为“男”或“女”，但与问卷的实际性别可能相反)。

5) 人工填充

这种方法使用人力来进行数据清洗，成本消耗大，难以应对较大数据规模的数据清洗任务。

采用不同的处理方法可能对分析结果产生影响，尤其是当缺失值的出现并非随机且变量之间明显相关时。因此，在调查中应当尽量避免出现无效值和缺失值，保证数据的完整性。

2. 一致性检查

一致性检查是根据每个变量的合理取值范围和相互关系，检查数据是否合乎要求，发现超出正常范围、逻辑上不合理或者相互矛盾的数据。例如，用 1～7 级量表测量的变量出现了 0 值、体重出现了负数等都应视为超出正常值域范围。SPSS、SAS 和 Excel 等计算机软件都能够根据定义的取值范围自动识别每个超出范围的变量值。另外，逻辑上不一致的答案可能以多种形式出现，例如，许多调查对象说自己开车上班，又报告没有汽车；或者调查对象报告自己是某品牌的重度购买者和使用者，但同时又在熟悉程度量表上给了很低的分值。发现不一致时，要列出问卷序号、记录序号、变量名称、错误类别等，便于进一步核对和纠正。

3．错误值的检测及解决方法

用统计分析的方法识别可能的错误值或异常值，如偏差分析、识别不遵守分布或回归方程的值，也可以用简单规则库(常识性规则、业务特定规则等)检查数据值，或使用不同属性间的约束、外部的数据来检测和清理数据。

4．重复记录的检测及消除方法

数据集里属性值相同的记录被认为是重复记录，可以通过判断记录间的属性值是否相等来检测记录是否相等，相等的记录合并为一条记录(即合并/清除)。合并/清除是消除重复记录的基本方法。

1.2.3 数据集成

随着数据量的剧增，数据的采集、存储、处理和传播的数量也与日俱增。企业实现数据共享，可以使更多的人更充分地使用已有数据资源，减少资料收集、数据采集等重复劳动和相应费用。但是，在实施数据共享的过程中，由于不同用户提供的数据可能来自不同的途径，其数据内容、数据格式和数据质量千差万别，有时甚至会遇到数据格式不能转换或数据格式转换后信息丢失等棘手问题，严重阻碍了数据在各部门和各软件系统中的流动与共享。因此，如何对数据进行有效的集成管理已成为增强企业商业竞争力的必然选择。

上节介绍的数据清洗方法一般应用于同一数据源的不同数据记录上，在实际应用中，经常会遇到来自不同数据源的同类数据，并且在进行分析之前需要将多个数据源整合在一起，实施这种合并操作的步骤称为数据集成。有效的数据集成过程有助于减少合并后的数据冲突，降低数据冗余等。

数据集成需要解决的问题如下。

1．属性匹配

对于来自不同数据源的记录，要判定记录中是否存在重复记录，首先需要做的是确定不同数据源中数据属性间的对应关系。例如，从不同销售商手中收集的销售记录对用户 ID 的表达可能有多种形式(销售商 A 使用“cus_id”，数据类型为字符串；销售商 B 使用“customer_id”，数据类型为整型)，在进行销售记录集成之前，需要先对不同的表达方式进行识别和对应。

2．去除冗余

数据集成后产生的冗余包括两个方面：数据记录的冗余，例如，Google 街景车在拍摄街景照片时，不同的街景车可能有路线上的重复，这些重复路线上的照片数据在进行集成时会造成数据冗余(同一段街区被不同车辆拍摄)；再一个就是因数据属性间的推导关系而造成数据属性冗余，例如，调查问卷的统计数据中，来自地区 A 的问卷统计结果注明了总人数和男性受调查者人数，而来自地区 B 的统计结果注明了总人数和女性受调查者人数，当对这两个地区的问卷统计数据进行集成时，需要保留“总人数”属性，而“男性受调查者人数”和“女性受调查者人数”这两个属性保留一个即可，因为两者中的任意属性可由“总人数”与另一属性推出，从而避免了在集成过程中由于保留所有不同数据属性而造成的属性冗余。

3．数据冲突检测与处理

来自不同数据源的数据记录在集成时因某种属性或约束上的冲突，导致集成过程无法进行。例如，当来自两个不同国家的销售商使用的交易货币不同时，无法将两份交易记录直接集成。

1.3 数据存储

数据存储是将原始数据或计算的结果保存起来，供以后使用。作为数据分析及数据可视化过程的基础，数据存储保证了后续过程中数据的正常访问。通常数据分析与可视化所涉及的数据存储组织形式主要包括文件存储与数据库存储两大类。

1.3.1 文件存储

文件存储是操作系统中数据存储的基本单位，可视化所使用的数据可以直接以文件方式进行存储。该方式中，数据存储的灵活性非常高，使用者可以按照任意格式对所存储的数据进行格式组织，有利于使用者从存储底层开始对存储过程进行调整和优化。然而对于一般用户，这种方式可能会造成访问烦琐、数据约束难以添加等困难。从数据安全的角度看，直接使用文件进行存储也会造成安全控制和管理上的诸多不便。

基于文件的典型数据存储格式有电子表格格式与结构化文件格式。

1．电子表格格式

电子表格中比较通用的格式是逗号分隔符文件格式(comma separated values，CSV)，每一行为一个数据记录，数据记录以逗号作为字段分隔符号。以CSV格式存储的文件类型类似于表格形式，办公软件、商业智能和科学技术领域均使用CSV格式进行数据交换。

2．结构化文件格式

EML(extensible markup language，可扩展标记语言)文件是结构化文件格式的典型代表，它使用标签形式对数据中的每个记录进行定义，并允许自定义文件属性的描述和约束。很多专业领域的数据交换格式都由XML扩展而来。

1.3.2 数据库存储

现代数据库管理系统除了具有数据存储管理功能外，还提供了丰富的数据查询和分析功能。从数据库结构模型角度分类，数据库系统大致分为关系型数据库和非关系型数据库两大类。

1．关系型数据库

关系型数据库的数据模型基础是关系模型，它使用关系代数对数据进行建模与操作，主要包含关系数据结构、关系操作集合和关系完整性约束三部分。关系数据模型中的数据以表格的形式进行表达和存储，数据之间的关系由属性之间的链接进行表达，这样使得用户对数据的感受和理解更加直观。结构化查询语言 SQL 是一种基于关系代数演算的结构化数据查询语言，被用于关系型数据库系统中。

2. 非关系型数据库

随着数据存储要求和访问要求的不断增长，基于传统关系模型的关系型数据库渐渐暴露出一些弊端，例如事务一致性、读写实时性、复杂 SQL 查询等特性导致在某些应用场合，关系数据库并没有发挥应有的作用，反而限制了系统性能。对于一些无须考虑关系数据库的某些特性，甚至是关系模型的情形，非关系型数据库成为有效的替代方案。非关系型数据库不使用 SQL 作为查询手段，数据存储往往不以表格结构为基础，表达数据的关联时也不需要使用表之间的合并操作。从数据库规模角度看，非关系型数据库的扩展性较高，可以胜任大尺度数据存储管理任务。在数据类型方面，非关系型数据库一般有文档存储、图存储、键值存储和列式存储等类型。列式数据库在大数据的背景下发展非常快。

3. 数据仓库

数据仓库是一种特殊的数据库，它一般用于海量数据存储，并直接支持后续的分析和决策操作。与一般的前台业务操作数据库相比，数据仓库通常拥有更大的存储容量，数据流入并存储后很少更改。因此，数据仓库中存储了海量的历史数据，而业务操作数据库通常只维护一部分当前经常使用的数据。

相比数据库等其他存储系统，数据仓库的主要特征包括：面向主题、集成化、非易失和时变。“面向主题”指数据仓库中的数据以分析主题的形式进行组织，这有助于分析人员对某一主题中的问题进行分析。“集成化”指数据仓库中的数据可能来自多个数据源，不同数据源之间的数据需要进行预处理(清洗、整合、转换等)后才会被统一地存储于数据仓库，以保持数据仓库中数据属性、约束和结构的完整与一致。“非易失”指即使数据被更新，数据历史也会完整地以快照形式保存在数据仓库中，而不是简单地将历史值抹去后用更新值覆盖。“时变”指装入数据仓库的数据通常都隐式包含时间信息，以此记录较长时间跨度内的数据。

1.4 数据统计

人们在描述事物或过程时，已经习惯于接受数字信息以及对各种数字进行整理和分析。因此，社会经济统计越发重要。

集中趋势和离中趋势是数据分布的两个基本特性，集中趋势是指数据分布中大量数据向某方向集中的程度，离中趋势是指数据分布中彼此分散的程度。

1.4.1 集中趋势度量

集中趋势是指一组数据向某一中心值靠拢的倾向，测度集中趋势也就是要寻找数据一般水平的代表值或中心值，目的是要对总体的数量水平有一个概况的、一般的认识。统计学领域用平均值、中位数和众数来反映样本集中趋势。

1. 平均数

平均数是指在一组数据中所有数据之和除以这组数据的个数的商。在数据分析中，平均数表示一组数据的“平均水平”，是反映数据集中趋势的一项指标，代表总体的一般水平，掩盖了总体各单位之间的差异。

平均数反应灵敏、计算简单严密、可以进行代数运算，而且较少受抽样变动影响，因此，平均数是最可靠的集中度量。但是，平均数易受极端数值的影响，而且当出现模糊不清数据时，无法计算平均数。

平均值在统计研究中被广泛应用，其作用可以归纳为以下几点。

(1) 利用平均数对比不同总体的一般水平。例如，平均数可以用来对同类现象在各单位、各部门、各地区之间进行比较，以说明生产水平的高低或经济效果的好坏等。

(2) 利用平均数比较来反映同一单位某一标志不同时期一般水平的发展变化，说明事物的发展过程和变化趋势。

例如，从表 1-2 可以看出，历年来，北京市在岗职工的工资水平在不断提高。若用工资总额这个总量指标分析，会受职工人数变动的影响，从而得不到正确的结果，而以平均工资对比，则能正确地反映该市职工工资水平的动态以及变化的趋势。

表 1-2　北京市历年在岗职工年平均工资

年度	2010	2011	2012	2013	2014	2015	2016	2017
职工年平均工资/元	50 415	56 061	62 677	69 521	77 560	85 038	92 477	110 880

2. 中位数

中位数又叫中数、中值，是按顺序排列在一起的一组数据中位于中间位置的那个数。中位数能描述一组数据的典型情况。

计算中位数首先将数据按大小排序，然后找出居于中间位置的那个数。当数据个数为奇数时，中数就是位于$(N+1)/2$位置的数；当数据个数为偶数时，中数为居于中间位置两个数的平均数。但中间位置有重复数值时，中数的计算过程比较复杂。

中位数计算简单，容易理解，也能代表一组数据的典型情况，缺点是大小不受制于全体数据；反应不够灵敏，极端值不影响中数；受抽样影响大，不如平均数稳定；不能做进一步的代数运算。

当一组观测数据中出现两个极端数值时，不能随意舍去极端数值，只能用中位数作为代表值。

3. 众数

众数是在次数分布中出现次数最多的那个数的数值，常用来代表一组数据的集中趋势。

众数较少受极端数值的影响，但不稳定，受分组和样本变动影响，反应不够灵敏，不能做进一步的代数运算。因此，众数不是一个优良的集中量数，应用也不广泛。

当需要快速、粗略地寻求一组数据的代表值、次数分布中的极端数值时，可以用众数。当需要粗略估计次数分布形态，一般将平均数与众数之差当作分布是否偏态的指标。

在 Excel 中，分别使用 average()函数、median()函数和 mode()函数求得一组数据的平均数、中位数和众数。

(1) average()函数。

功能：返回一组数的平均值。该函数只计算参数或参数所包含的每一个数值单元格(或通过公式计算得到的数值)的平均数，不计算非数值区域。

语法：average(number1, [number2], ...)

其中，number1 是必需的，后续数值是可选的。参数可以是数字，也可以是单元格的引用或者连续单元格的集合。

(2) median()函数。

功能：返回一组数据的中位数。

语法：median(number1,[number2], ...)

其中，number1 是必需的，后续数值是可选的。

(3) mode()函数。

功能：返回一组数据的众数。

语法：mode(number1,[number2], ...)

其中，参数为直接输入值或单元格引用。参数都必须为数字，如果是其他类型的值，函数将会返回#VALUE!错误值。

一般来说，平均数、中位数和众数是一组数据的代表，分别代表这组数据的“一般水平”“中等水平”和“多数水平”。

如图 1-1 所示，利用 average()、median()和 mode()三个函数分别求出期末成绩的平均数、中位数和众数。为了更直观地体现集中趋势，可以用“姓名”列和“期末成绩”列生成可视化的图表，并用不同颜色填充系列“中位数”和“众数”，再绘制一个“平均数”。从图表中可以看出，若要体现整体期末成绩情况，平均数最具代表性，反映了总体中的平均水平，即平均分为 75 分；而中位数是一个趋向中间值的数据，处于总体中的中间位置，即有一半的样本小于该值，本例中的中位数 77 更具有分析价值，因为平均值的计算受到样本中最大值和最小值两个极端值的影响。将出现次数最多的众数 82 与平均值和中位数对比后就会发现，在样本数据中 82 是一个多数人的水平，它反映了该样本中大多数同学的学习情况，也是数据集中趋势的一个统计量。

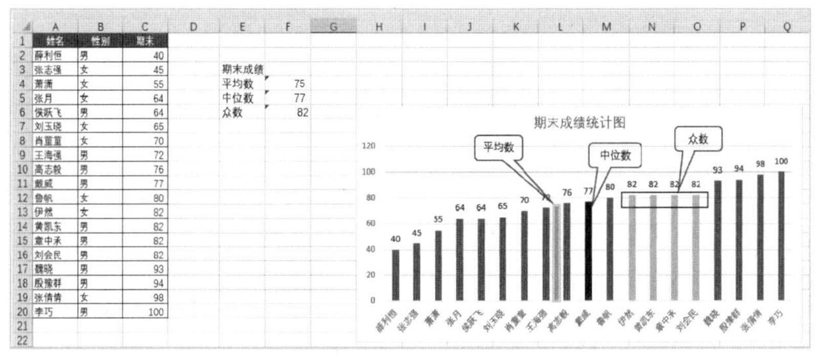

图 1-1　平均数、中位数和众数

如果单独分析“高志毅”的成绩，他的期末成绩是 76 分，高于班级的平均成绩，但没有达到“中等水平”和“多数水平”，还有进一步提高的空间。

1.4.2 离中趋势度量

离中趋势是指一组数据中各数据值以不同程度的距离偏离其中心(平均数)的趋势。离中趋势度量包括极差、方差、标准差和变异系数等。如果要表示数据稳定性的统计量，一般会用标准差和变异系数，它们用来反映数据间的离散程度。

1．极差

极差是指一组测量值内最大值与最小值之差，极差没有充分利用数据的信息，但计算十分简单，仅适用样本容量较小($n<10$)的情况。例如 6 名学生的数学成绩：100、98、87、56、67、76，成绩的极差等于(100−56)，即 44，这个数字越大，表示分得越开，即学生数学成绩差异越大。若该数越小，数字间就越紧密，差异也就越小。

极差没有考虑到中间变量值的变动情况，测定离中趋势时不准确。

2．方差

在概率论和数理统计中，方差用来度量随机变量和其数学期望(即均值)之间的偏离程度，计算方法是平方的均值减去均值的平方。在 Excel 中使用求方差公式的函数 VAR()。

3．标准差

计算方差时使用了平方，也就是夸大了数据和平均数的距离，因此需要将方差开方以还原其本来的差异，这就是标准差，即标准差是方差的平方根。

在 Excel 2019 中，使用函数 stdev.s()求得给定样本的标准偏差。下面介绍 stdev.s()函数的用法。

功能：基于给定的样本估算标准偏差(忽略逻辑值和文本)，反映数值相对于平均值的离散程度。如果不能忽略逻辑值和文本，就使用 stdev.s(number1,[number2],...)函数。

语法：stdev.s(number1,[number2], ...)

其中，stdev.s()假设参数是总体中的样本，如果数据代表整个样本总体，则应使用函数 stdev.p()来计算标准差(忽略逻辑值及文本)。

4．变异系数

当需要比较两组数据离散程度大小的时候，如果两组数据的测量尺度相差太大，或者数据量纲不同，直接使用标准差来进行比较是不合适的，此时应当消除测量尺度和量纲的影响，使用变异系数可以达到这一效果。变异系数越大说明数据间的差异越大，即数据越不稳定。事实上，可以认为变异系数和极差、标准差和方差一样，都是反映数据离散程度的绝对值，其数据大小不仅受变量值离散程度的影响，而且还受变量值平均水平的影响。

变异系数=标准差/平均值

例如，已知某养猪场，随机抽样两组样本，A 组和 B 组，利用 Excel 的 average()函数和 stdev.s()函数求出：A 组猪平均体重为 190kg，标准差为 10.5kg；B 组猪平均体重为 196kg，标准差为 8.5kg，试问两组样本中哪组猪体重变异程度大。

此例观测值虽然都是体重，单位相同，但它们的平均数不相同，只能用变异系数来比较其变异程度的大小。

因此，A 组样本中猪体重的变异系数为 10.5 / 190 × 100% = 5.53%；B 组样本中猪体重的变异系数为 8.5 / 196 × 100% = 4.34%，如表 1-3 所示。

表 1-3 两组样本的均值、标准差和变异系数

样 本	均值/kg	标准差/kg	变异系数
A 组	190	10.5	5.53%
B 组	196	8.5	4.34%

从结果可以看出，A 组猪体重的变异程度大于 B 组。根据两组数据的均值、标准差和变异系数作出分析，如果用标准差来判断，则 A 组的 10.5 大于 B 组的 8.5，由于标准差越大，说明数据间的差异也越大，即 B 组的猪体重差异更小。如果用变异系数来判断，A 组猪体重的变异程度大于 B 组，由于均值和标准差两两不相等，所以求得的变异系数越大说明变异程度也越大，即 B 组的猪体重更稳定。

比起标准差，变异系数的好处是不需要参照数据的平均值。变异系数是一个无量纲量，因此在比较两组量纲不同或均值不同的数据时，应该用变异系数而不是标准差来作为比较的参考。

1.4.3 数据分布规律

在相同条件下，大量重复的随机试验往往呈现出明显的数量规律，其中正态分布和偏态分布就是数据有规律出现的两个代表。正态分布是一种对称概率分布；偏态分布是指频数分布不对称、集中位置偏向一侧的分布。若集中位置偏向数值小的一侧，称为正偏态分布；集中位置偏向数值大的一侧，称为负偏态分布。本节主要介绍正态分布规律。

在 Excel 中可以通过折线图或散点图模拟数据分布规律。在 Excel 中绘制正态分布图，需要使用 normdist()函数。

下面介绍 normdist()函数的用法。

功能：返回指定平均值和标准偏差的正态分布函数。

语法：normdist(x, mean, standard_dev, cumulative)

其中，x 为需要计算其分布的数值；mean 是分布的均值；standard_dev 是分布的标准差；cumulative 为一逻辑值，指明函数的形式。如果 cumulative 为 true，则函数 normdist 返回累积分布函数；如果结果为 false，则返回概率密度函数。

概率密度函数是一个描述随机变量的输出值在某个确定的取值点附近的可能性的函数，而累积分布函数就是概率密度函数的积分。

【例 1-1】计算学生考试成绩的正态分布图。一般考试成绩具有正态分布现象，某班有 36 名学生，期末数学考试中学生的成绩分布在 54～95 分，绘制该班学生数学成绩的累积分布函数图和概率密度函数图。

具体操作步骤如下。

(1) 计算均值和标准差。在 C2 单元格中输入计算学生成绩均值公式“=AVERAGE(B3:B38)”，得出结果。然后在 D2 单元格中输入公式“=STDEV.P(B3:B38)”计算学生成绩的标准差。

(2) 计算累积分布函数。在 E3 单元格中输入正态分布函数的公式“=NORMDIST

(B3,$C$2,$D$2,TRUE)”，参数 cumulative 选择 true 表示累积分布函数。然后填充 E4:E38 单元格区域。

(3) 计算概率密度函数。在 F3 单元格中输入正态分布函数的公式“=NORMDIST(B3,$C$2,$D$2,FALSE)”，参数 cumulative 选择 false 表示概率密度函数。然后填充 F4:F38 单元格区域。

计算最终结果如图 1-2 所示。

	A	B	C	D	E	F	G
1			平均值	标准差			
2	序号	成绩	71.5	10.38829	积累分布函数	概率密度函数	
3	1	54			0.046034012	0.009292598	
4	2	55			0.056106305	0.010878051	
5	3	56			0.067841191	0.012616553	
6	4	57			0.0813871	0.014497929	
7	5	58			0.096879412	0.016506191	
8	6	59			0.1144345	0.018619303	
9	7	60			0.134143681	0.020809212	
28	26	79			0.76484244	0.029592452	
29	27	80			0.793386671	0.027478065	
30	28	81			0.819770497	0.025279413	
31	29	82			0.843932668	0.023042176	
32	30	83			0.865856319	0.020809212	
33	31	84			0.8855655	0.018619303	
34	32	85			0.903120588	0.016506191	
35	33	86			0.9186129	0.014497929	
36	34	87			0.932158809	0.012616553	
37	35	88			0.943893695	0.010878051	
38	36	89			0.953965988	0.009292598	
39							

图 1-2　计算结果

(4) 绘制概率密度函数图。选取 F 列数据，插入折线图，便可得到图 1-3 所示的正态分布图。

(5) 绘制累积分布函数图。选取 E 列，插入面积图，得到图 1-4 所示的累积分布图。

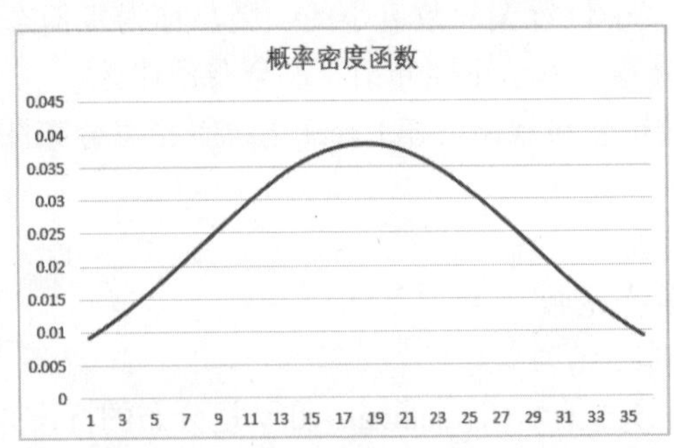

图 1-3　正态分布图

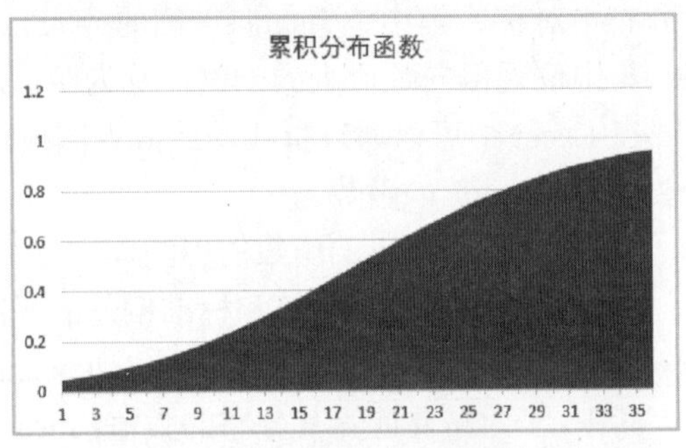

图 1-4　累积分布图

1.4.4　Excel 描述统计工具

Excel 为用户提供了一个描述统计工具，用于生成数据源区域中数据的单变量统计分析报表，提供有关数据趋中型和差异型趋势分布的信息。通过该工具，用户只需根据要统计的指标设置好各参数，就可以一次性产生统计中经常要用到的一系列指标值，从而大大地降低统计工作者的工作量。

例如，对学生成绩进行统计分析，单击【数据】|【分析】|【数据分析】，在弹出的对话框中选择【描述统计】选项，弹出【描述统计】对话框，按图 1-5 所示设置描述统计参数。

其中：

(1) 【输入区域】。用于设置要统计的数据单元格区域。一般情况下，为了让得到的统计结果的指标说明性更好，通常会把表头单元格一起选择。

(2) 【分组方式】。用于确定需要分析统计的数据组的排列方式，由于这里的成绩数据是按列排列的，分组方式就为逐列。

(3) 【标志位于第一行】。由于在设置输入区域时，已经包含表头单元格“数学成绩”，因此勾选【标志位于第一行】复选框，得出的统计指标的表头就以“数学成绩”标注。

(4) 【输出区域】。用于设置统计分析结果的保存位置。

(5) 【汇总统计】。在进行统计分析描述时，必须勾选该复选框，这样统计分析结果中才会包含平均、标准误差、中位数、众数、标准差、方差、峰值、偏度、区域、最小值、最大值、求和等统计数据。

在描述统计工作中，【平均数置信度】、【第K大值】和【第K小值】参数为可选参数，含义如下。

(1) 平均数置信度是指总体均值区间估计的置信度。这里的平均数置信度为95%是指总体均值有95%的可能性在计算出的区间中。

(2) 因为汇总统计会将最大值和最小值统计出来，这里将【第K大值】和【第K小值】参数都设置为2，表示再单独统计第二大和第二小的数据。

统计结果如图1-6所示。

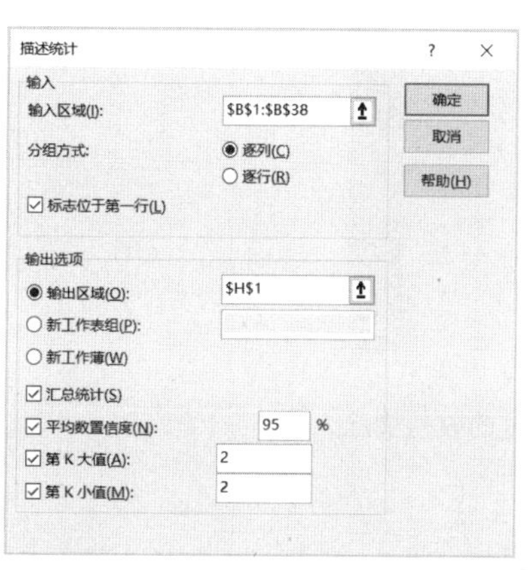

图1-5 设置描述统计参数

	A	B	C	D	E	F
1	姓名	数学成绩			数学成绩	
2	高志毅	65				
3	戴威	42			平均	72.48649
4	张倩倩	71			标准误差	2.611082
5	伊然	99			中位数	75
6	鲁帆	88			众数	65
7	黄凯东	69			标准差	15.88259
8	侯跃飞	65			方差	252.2568
9	魏晓	53			峰度	-0.05708
10	李巧	74			偏度	-0.56279
11	殷豫群	67			区域	64
12	刘会民	98			最小值	35
13	刘玉晓	86			最大值	99
14	王海强	81			求和	2682
15	周良乐	47			观测数	37
16	肖童童	77			最大(2)	98
17	潘跃	87			最小(2)	41
18	杜蓉	41			置信度(95	5.29552

图1-6 统计结果

1.5 数据分析

数据分析是一种有组织、有目的地处理数据并使数据成为信息的过程，其根本目的是集中、萃取和提炼。在实际工作中，其最终是为了帮助经营者和决策者作出判断，以便采取正确有效的行动。

1.5.1 数据分析术语

在数据分析过程中会用到很多专业术语，如环比、同比等，下面对这些专业术语进行简单介绍。

1. 绝对数和相对数

(1) 绝对数。绝对数是反映客观现象总体在一定时间、地点条件下的总规模与总水平的综合性指标。如，统计出学生人数为19人，则此19人即为绝对数。

(2) 相对数。相对数是指两个有关联的指标对比计算得到的数值。一般以增值幅度、增长速度、指数、倍数、百分比等表示，用以反映客观现象之间数量联系程度的综合指标。

例如，绝对数通常用来反映一个地区或一个企业的人力、物力、财力，这个指标是进行经济核算和经济活动分析的基础，也是计算相对指标和平均指标的基础。相对数可以帮助人们更清楚地认识现象内部结构和现象之间的数量关系，对现象进行更深入的分析和说明，更为直观地获得比较基础。

图1-7所示为某企业2019年4个季度的收益情况，其中每个季度的收益总量是一个绝对数，包括逐季度的增长量也是绝对数，例如，2季度比1季度增长了7万元。绝对值可以集中反映该企业这一年的总体收益情况，而收益增长率则为相对数，反映收益增长幅度水平。

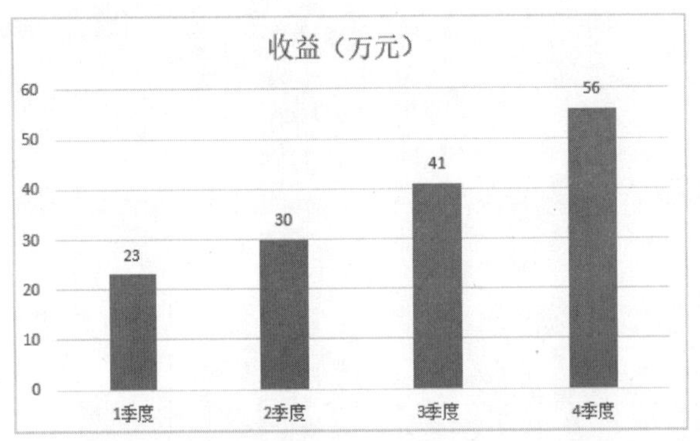

图1-7 某企业2019年4个季度的收益情况

2. 百分比和百分点

(1) 百分比。百分比是相对指标中最常用的一种表现形式，一个数是另一个数的百分之几，也称为百分率或百分数，通常用百分号(%)表示，为了便于比较，一般用1%作为度量单位。

(2) 百分点。百分点是指不同时期以百分数的形式表示的相对指标的变动幅度，1%等于一个百分点，一般与“提高了”“上升/下降”等词搭配使用。

3. 频数和频率

(1) 频数。一组数据值中个别数据重复出现的次数。

(2) 频率。每组类别次数与总次数的比值。

频数是绝对数，频率是相对数。频率是每组类别次数与总次数的比值，代表某类别总体值出现的频繁程度，一般采用百分数表示，所有组的频率加总等于100%。

以掷硬币为例，如果在掷了100次硬币后，有60次正面朝上，其余每次硬币正面均朝下，则一般反面朝上的频数为40，即在100次投掷中，有60%的概率出现正面朝上的情况。

4．比例和比率

(1) 比例。比例是指总体中各部分的数值占全部数值的比重，通常反映总体的构成和结构。

(2) 比率。比率是指不同类别数值的对比，反映的不是部分和总体的关系，而是一个整体中各部分之间的关系。

比例和比率都属于相对数，比例反映总体构成和，比率反映的是整体中各个部分之间的关系。

例如，某部门20名职工中有男职工13人，女职工7人，则

男职工的比例为：男性人数/总人数=13/20。

女职工的比例为：女性人数/总人数=7/20。

男女比率：男性人数∶女性人数=13∶7。

5．倍数和番数

(1) 倍数。两个数字做商，得到两个数间的倍数，一般表示数量的增长或上升幅度，但不适用于表示数量的减少或下降。

(2) 番数。翻一番是原来数量的2倍，翻两番是原来数量的4倍。

倍数和番数都属于相对数。番数中也有倍数性质，只是比较的是2的n次倍。

6．同比和环比

(1) 同比。同比指历史同时期进行比较得到的数据，该指标主要反映的是事物发展的相对情况。例如，本期5月同比去年5月。

(2) 环比：环比指与前一个统计期进行比较得到的数值，该指标主要反映的是事物逐期发展的情况。如计算一年内各月与前一个月作对比，即2月比1月，3月比2月，……，12月比11月，说明逐月的发展程度。

同比、环比都反映一个趋势走向，只是对比的阶段不同。同比和环比所反映的虽然都是变化速度，但由于采用的基期不同，其内涵是完全不同的。一般来说，环比可以与环比相比较，但不能用同比和环比相比较。而对于同一个地方，考虑时间纵向上的发展趋势，则往往要把同比与环比放在一起进行对照。

1.5.2 数据分析方法

对数据进行分析的方法有很多，归纳起来主要包括统计分析方法、运筹学分析方法、财务分析方法和图表分析方法。下面分别简单介绍这几种分析方法。

1. 统计分析方法

统计分析方法是指对收集到的数据进行整理归类并解释的分析过程，主要包括描述性统计或推断性统计。其中，描述性统计以描述和归纳数据的特征以及变量之间的关系为目

的，主要涉及数据的集中趋势、离散程度和相关程度，其代表性指标是平均数、标准差和相关系数等。推断性统计是用样本数据来推出总体特征的一种分析方法，包括总体参数估计和假设检验，代表性方法是Z检验、T检验和卡方检验等。

2. 运筹学分析方法

运筹学分析方法是在管理领域中运用的数学方法，该方法能够对需要管理的对象(如人、财和物等)进行组织从而发挥最大效益。运筹学分析常使用数学规划分析，如线性规划、非线性规划、整数规划和动态规划等，也可以运用运筹学中的理论(如图论、决策论和库存论等)来进行分析预测。运筹学分析方法常用在企业的管理中，如服务、库存、资源分配、生产和产品可靠性分析等诸多领域。

3. 财务分析方法

财务分析方法是以财务数据及相关数据为依据和起点来系统分析和评估企业过去和现在的经营成果、财务状况以及变动情况，从而了解过去、分析现在和预测未来，达到辅助企业的经营和决策的目的。财务分析方法包括比较分析法、趋势分析法和比率分析法等。

4. 图表分析方法

图表分析方法是一种直观形象的分析方法，其将数据以图表的形式展示出来，使数据形象、直观和清晰，让决策者更容易发现数据中的问题，提高数据处理和分析的效率。图表分析主要针对不同的数据分析类型，采用不同的图表类型将数据单独或组合展示出来。常见的图表有柱形图、条形图、折线图和饼图等。

1.5.3 数据分析步骤

数据分析通常可以分为明确目的、收集数据、处理数据、分析数据这几个步骤。

1. 明确目的

在进行数据分析时，首先需要明确分析的目的。在接收到数据分析的任务时，首先需要搞清楚为什么要进行这次分析、这次数据分析需要解决的是什么问题、应该从哪个方面切入进行分析以及用什么样的分析方法最有效等问题。在确定总体目标后，可以对目标进行细化，将分析的目标细化为若干个分析要点，明确具体的分析思路并搭建分析框架，清楚数据分析需要从哪几个角度来进行，采用怎样的分析方法最有效。只有这样才能为接下来的工作提供有效的指引，保证分析完整性、合理性和准确性，使数据分析能够高效进行，保证分析结果有效和准确。

总之，在开展数据分析之前，要考虑清楚，为什么要开展数据分析？通过这次数据分析要解决什么问题？只有明确数据分析的目标，数据分析才不会偏离方向，否则得出的数据分析结果不仅没有指导意义，甚至可能将决策者引入歧途，导致严重的后果。

2. 收集数据

收集数据是在明确数据分析的目的后，获取需要数据的过程，为数据分析提供直接的素材和依据。数据包括两种形式，第一种是直接来源，也称为第一手数据，数据来源于直接的调查或现实的结果；第二种是间接数据，数据来源于他人的调查或实验，是经过加工整理后的数据。

通常，收集数据主要有以下几种方式。

(1) 公司或机构自己的业务数据库。这个业务数据库就是一个庞大的数据资源，需要有效地利用起来。

(2) 公开出版物。比如《中国统计年鉴》《中国社会统计年鉴》《世界经济年鉴》《世界发展报告》等统计年鉴或报告。

(3) 互联网。网络上发布的数据越来越多，特别是搜索引擎可以帮助我们快速找到所需要的数据。例如，国家及地方统计局网站、行业协会网站、政府机构网站、传播媒体网站和大型综合门户网站等。

(4) 进行市场调查。在分析数据时，如果要了解用户的想法和需求，通过以上三种方式获得数据会比较困难时，就可以采用市场调查的方法收集用户的想法和需求数据。市场调查是指运用科学的方法，有目的、有系统地收集、记录、整理有关市场营销的信息和资料，分析市场情况，了解市场现状及其发展趋势，为市场预测和营销决策提供客观、正确的数据资料。市场调查可以弥补其他数据收集方式的不足，但进行市场调查所需的费用较高，而且会存在一定的误差，故仅作参考之用。

在实际工作中，获取数据的方式有很多，根据不同的需要有不同的获取途径，如对本公司的经营状况的分析，可以从公司自由的业务数据库获取。对于一些专业数据，可以从公开发行的出版物中获取，如年鉴或分析报告等。随着互联网的发展，获取数据的途径更为广阔，通过搜索引擎可以快速找到需要的数据，如到国家或地方统计局的网站、行业组织的官方网站或行业信息网站等。

3. 处理数据

在获得数据后，需要对数据进行处理。数据处理是指对收集到的数据进行加工整理，形成适合数据分析的样式，它是数据分析前必不可少的一步工作。数据处理的基本目的是从大量的、杂乱的且难以理解的数据中抽取并推导出对解决问题有价值和意义的数据。

通常情况下，收集到的数据都需要进行一定的处理才能用于后面的数据分析工作，即使是再“干净”的原始数据也需要先进行一定的处理才能使用。

4. 分析数据

数据分析需要从数据中发现有关信息，一般需要通过软件来完成。在进行数据分析时，数据分析人员根据分析的目的和内容确定有效的数据分析方法，并将这种方法付诸实施。当前数据分析一般都是通过软件来完成的，简单实用的有大家熟悉的 Excel，专业高端的软件有 Tableau、SSPS 和 SAS 等。

本章小结

本章主要介绍了数据基础、数据预处理、数据存储、数据统计和分析的理论知识和数据分析的基本方法。对数据统计和分析用到的专业术语作了详细的讲解，并通过实际案例帮助用户理解数据处理和统计分析的概念以及常用的公式和函数，为后续数据可视化分析打下坚实的基础。

习题

选择题

1. 一组数据中出现次数最多的数据值，通常称为(　　)。

A. 最大值　　B. 中位数
C. 众数　　D. 平均数

2. 在统计学上，众数和平均数之差可作为分配偏差的指标之一，如平均数大于众数，称为(　　)。

A. 负偏态　　B. 左偏态　　C. 右偏态　　D. 正偏态

3. 下列表示数据分散性的统计量是(　　)。

A. 加权平均数　　B. 标准差
C. 移动平均数　　D. 调和平均数

4. 数据有两个基本特征，是(　　)。

A. 数据有大小之分　　B. 数据有文本和数值类型
C. 集中性和分散性　　D. 数据有整数和小数

5. 某校语文模拟测试中，6 名学生的语文成绩如下表所示，下列关于这组数据描述正确的是(　　)。

姓名	高志毅	戴威	张倩倩	伊然	鲁帆	黄凯东
成绩/分	110	106	109	111	108	110

A. 众数是 110　　B. 方差是 16
C. 平均数是 109.5　　D. 中位数是 109

6. 希望描述一组用户在某页面停留时长的集中趋势，最后采用(　　)。

A. 均值　　B. 众数　　C. 中位数　　D. 均值和中位数

7. 要想了解一个地区的一般收入水平，以下(　　)指标不能使用。[多选]

A. 方差　　B. 几何平均数　　C. 众数
D. 中位数　　E. P 值

第2章 数据可视化概述

本章要点

◎ 数据可视化的发展历程；
◎ 数据可视化的基础知识；
◎ 数据可视化的作用。

学习目标

◎ 了解数据可视化的概念和发展历程；
◎ 理解格式塔理论；
◎ 掌握标记和视觉通道；
◎ 理解数据可视化的作用。

2.1 初识数据可视化

2.1.1 什么是数据可视化

数据可视化(data visualization)是指将大型数据利用计算机图形学和图像处理技术，以合适的视觉元素及视角，转换为图形或图像在屏幕上显示出来进行交互处理的理论方法和技术。数据可视化主要旨在借助图形化手段，清晰有效地传达与沟通信息，并利用数据分析和开发工具发现其中未知信息的处理过程，从而形象、直观地表达数据蕴含的信息和规律。数据可视化不能因为要实现其功能用途而令人感到枯燥乏味，也不能为了看上去绚丽多彩而显得极端复杂。为了有效地传达思想观念，美学形式与功能需要齐头并进，通过直观地传达关键的方面与特征，从而实现对相当稀疏而又复杂的数据集的深入洞察。然而，设计人员往往并不能很好地把握设计与功能之间的平衡，从而创造出华而不实的数据可视化形式，无法达到其主要目的，也就是传达与沟通信息。

随着平台的拓展、应用领域的增加、表现形式的不断变化，数据可视化从原始的 BI 统计图表，到不断增加的诸如实时动态效果、地理信息、用户交互等，其概念边界不断扩大。

数据可视化的目的是对数据进行可视化处理，以便能够明确、有效地传递信息。比起枯燥乏味的数值，人类对大小、位置、浓淡、颜色、形状等能够更好、更快地认识，经过可视化之后的数据能够加深人们对于数据的理解和记忆。数据可视化技术的基本思想是将数据库中的每一个数据项作为单个图元元素表示，大量的数据集构成数据图像，同时将数据的各个属性值以多维数据的形式表示，可以从不同的维度观察数据，从而对数据进行更深入的观察和分析。

数据可视化与信息图形、信息可视化、科学可视化以及统计图形密切相关。当前，在研究、教学和开发领域，数据可视化是极为活跃而又关键的。数据可视化实现了成熟的科学可视化领域与较年轻的信息可视化领域的统一。

数据可视化技术包含以下几个基本概念。

(1) 数据空间。是由 n 维属性和 m 个元素组成的数据集所构成的多维信息空间。

(2) 数据开发。是指利用一定的算法和工具对数据进行定量的推演和计算。

(3) 数据分析。是指对多维数据进行切片、分块、旋转等动作剖析，从而能多角度多侧面观察数据。

(4) 数据可视化。是指将大型数据集中的数据以图形图像形式表示，并利用数据分析和开发工具发现其中未知信息的处理过程。

数据可视化已经提出了许多方法，这些方法根据其可视化的原理不同可以划分为基于几何的技术、面向像素的技术、基于图标的技术、基于层次的技术、基于图像的技术和分布式技术等。

大数据呈现海量数据，通过数据分析，挖掘数据内涵和内在联系，是数据为我所用的关键。大数据可视化采用新的视觉表达形式呈现世界，通过呈现来处理更庞大的数据，理解各种各样的数据集合。复杂数据可视化既涉及科学，也涉及有关设计，它的艺术性在于使用独特手法展示万千世界的某个局部，从而提出问题。大数据可视化，位于科学、设计和艺术三个学科的交叉领域(准确地说，应该是位于三个不同维度的人类活动的交叉领域)，蕴藏着无限可能性。

2.1.2 数据可视化的发展历程

可视化的发展史与人类现代文明的启蒙以及测量、绘画和科技的发展一脉相承。在地图、科学与工程制图、统计图表中，可视化的理念与技术已经应用发展了数百年。

1. 数据可视化的起源

在16世纪，天体和地理的测量技术得到了很大的发展，特别是出现了像三角测量这样的可以精确绘制地理位置的技术。到了17世纪，笛卡儿发明了解析几何和坐标系，哲学家帕斯卡发展了早期概率论，英国人John Graunt开始了人口统计学的研究，数据的收集整理和绘制开启了系统的发展。这些早期的探索开启了数据可视化的大门。

2. 18世纪新的图形符号出现

18世纪，统计学出现了早期萌芽，一些和绘图相关的技术也出现了，如三色彩印(1710)和平版印刷(1798)，用抽象图形的方式来表示数据的想法也不断成熟，数据的价值开始为人们所重视，人口、商业等方面的经验数据开始被系统地收集整理，天文、测量、医学等学科的实践也有大量的数据被记录下来，人们开始有意识地探索数据表达的形式，抽象图形和图形的功能被大大扩展。

此时，经济学中出现了类似当今柱状图的线图表述方式，英国神学家Joscph Pricstlcy也尝试在历史教育上使用图的形式介绍不同国家在各个历史时期的关系。法国人Marcellin Du Carla绘制了等高线图，用一条曲线表示相同的高程，对测绘、工程和军事有着重大的意义，成为地图的标准形式之一。

数据可视化发展中的重要人物William Playfair在1765年创造了第一个时间线图，其中单个线用于表示人的生命周期，整体可以用于比较多人的生命跨度。这些时间线直接启发他发明了条形图以及其他一些至今仍常用的图形，包括饼图、时序图等。他的这一思想可以说是数据可视化发展史上一次新的尝试，表达了尽可能多且直观的数据。

随着对数据系统性的收集以及科学的分析处理，18世纪数据可视化的形式已经接近当代科学使用的形式，条形图和时序图等可视化形式的出现体现了人类数据运用能力的进步。随着数据在经济、地理、数学等领域不同应用场景的应用，数据可视化的形式变得更加丰富，也预示着现代化的信息图形时代的到来。

3. 19世纪上半叶，现代信息图形设计的开端

19世纪上半叶，受18世纪视觉表达方法创新的影响，统计图形和专题绘图领域出现爆炸式的发展，目前已知的各种形式的统计图形都是在那时发明的。1801年英国地质学家William Smith绘制了第一幅地质图，引领了一场在地图上表现量化信息的潮流，也被称为“改变世界的地图”。

在这个时期内，数据可视化的重要发展包括：在统计图形方面，散点图、直方图、极坐标图形和时间序列图等当代统计图形的常用形式都已出现；在主题图方面，主题地图和地图集成为这个时期展示数据信息的一种常用方式，应用涵盖社会、经济、疾病、自然等

各个领域。

4．19 世纪下半叶，数据制图的黄金时期

在 19 世纪上半叶末，系统地构建可视化方法的条件日渐成熟，进入了统计图形学发展的黄金时期。随着数字信息对社会、工业、商业和交通规划的影响不断增大，欧洲开始大力发展数据分析技术。高斯和拉普拉斯发起的统计理论给出了多种数据的意义，数据可视化迎来了它历史上的第一个黄金时代。

这一时期法国工程师 Charles Joseph Minard 绘制了多幅有意义的可视化作品，被称为“法国的 Playfair”。他最著名的作品是用二维的表达方式展现 6 种类型的数据，用于描述拿破仑战争时期军队损失的统计图，如图 2-1 所示。该图反映了这场战争的全景，其经典之处在于在一幅简单的二维图上表现了丰富的信息：法军部队的规模、地理坐标、法军前进和撤退的方向、法军抵达某处的时间以及撤退路上的温度等。这张图给 1812 年的战争提供了全面、强烈的视觉表现，如撤退路上在别列津河的重大损失、严寒对法军损失的影响等，这种视觉的表现力即使历史学家的文字也难以比拟。

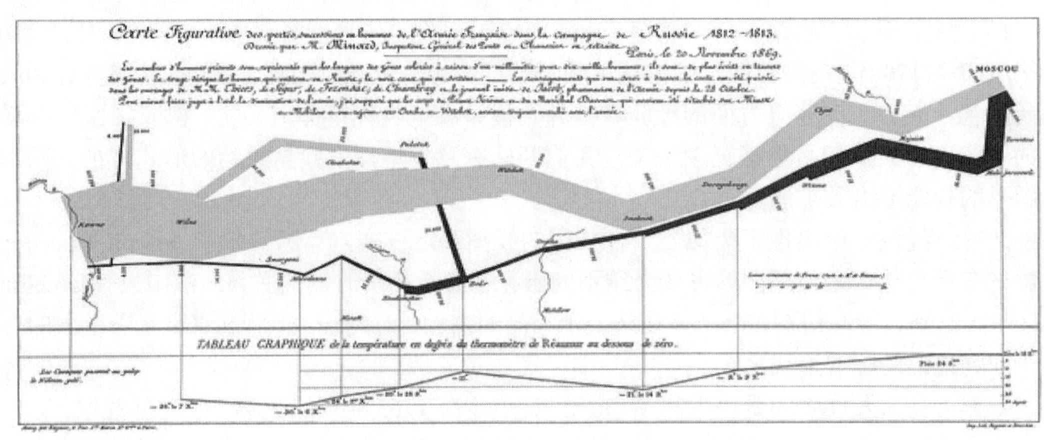

图 2-1　拿破仑对俄罗斯的远征

5．20 世纪上半叶：现代启蒙

20 世纪的上半叶，随着数理统计这一新数学分支的诞生，追求数理统计严格的数学基础并扩展统计的疆域成为这个时期统计学家们的核心任务。数据可视化成果在这一时期得到了推广和普及，人们第一次意识到图形显示能为航空、生物等科学与工程领域提供新的洞察和发现机会。例如，图 2-2 所示的伦敦地铁线路图的绘制形式如今依旧在沿用。该地铁线路图具有三个比较明显的特点：以颜色区分路线，路线大多以水平、垂直、45° 角三种形式来表现，路线上的车站距离与实际距离不成比例关系。其简明易用的特点使其迅速为乘客所接受，并成为今日交通线路图形的一种主流表现方法。

多维数据可视化和心理学的介入是这个时期的重要特点。但是，这一时期人们收集、展现数据的方式并没有得到根本上的创新，统计学在这一时期也没有大的发展，所以整个 20 世纪上半叶数据可视化都是休眠期。但经过这一时期的蛰伏与统计学者潜心的研究让数据可视化在 20 世纪后期迎来了复苏与更快速的发展。

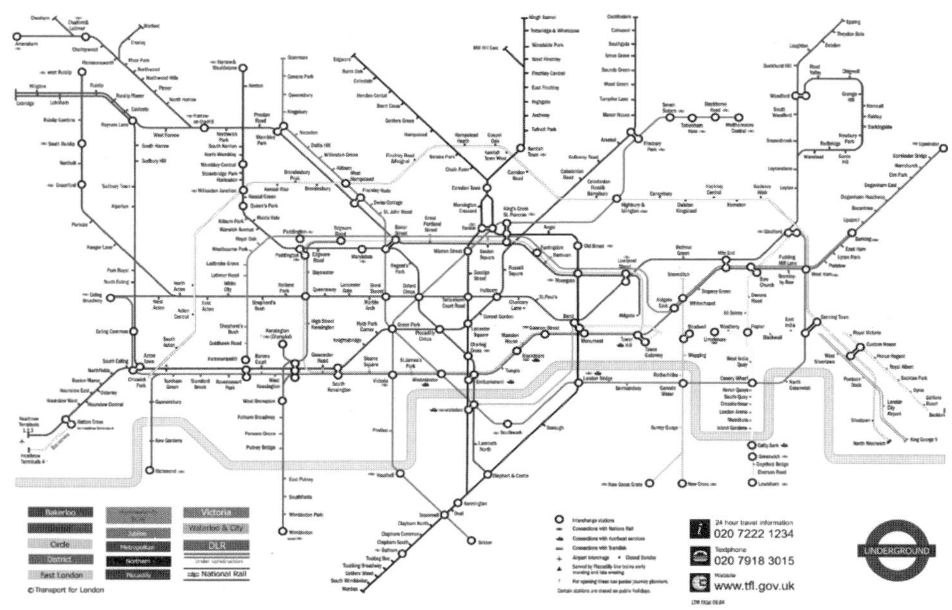

图 2-2　伦敦地铁图

6．20 世纪下半叶至今——数据可视化的创新思维时代

从 20 世纪上半叶到 1974 年这一时期被称为数据可视化领域的复苏期。这一时期引起数据可视化变革的最重要的因素就是计算机的发明，计算机的出现让人类处理数据的能力有了跨越式的提升，人们逐渐使用计算机程序绘制数据可视化图形以取代手绘的图形。在这一时期，数据缩减图、多维标度法 MDS、聚类图、树形图等更为新颖复杂的数据可视化形式开始出现，人们开始尝试着在一张图上表达多种类型数据，或用新的形式表现数据之间的复杂关联，这也成为现今数据处理应用的主流方向。数据和计算机的结合让数据可视化迎来了新的发展阶段。

1975 年至 2011 年，这一阶段计算机成为数据处理的主要手段，数据可视化进入了新的黄金时代，随着应用领域的增加和数据规模的扩大，更多新的数据可视化需求逐渐出现。数据可视化在这一时期的最大潜力来自动态图形方法的发展，允许对图形对象和相关统计特性的即时和直接的操纵。动态交互式的数据可视化方式成为新的发展主题。

2012 年以后进入了大数据时代。全球每天新增的数据量开始以指数倍猛增，用户对于数据的使用效率也在不断提升，数据的服务商也开始需要从多个维度向用户提供服务，大数据时代就此正式开启。大数据时代的到来对数据可视化的发展有着冲击性的影响，试图继续以传统展现形式来表达庞大的数据量中的信息是不可能的，大规模的动态化数据要依靠更有效的处理算法和表达形式才能够传达出有价值的信息，数据可视化即将进入一个新的黄金时代。

2.1.3　可视化的目标和作用

数据可视化将相对复杂的数据通过可视的、交互的方式进行展示，从而形象、直观地表达数据蕴含的信息和规律。一方面更好地传达分享数据信息，另一方面通过优美的设计缩短信息的传达。

从应用的角度来看，可视化有多个目标：有效呈现重要特征、揭示客观规律、辅助理解事物概念和过程、对模拟和测量进行质量监控、提高科研开发效率、促进沟通交流和合作等。

从宏观的角度看，数据可视化的作用包括信息记录、信息推理和分析、信息传播与协同等。

1. 信息记录

一直以来，记录信息的有效方式之一是用图形的方式描述各种具体或抽象的事物。如图 2-3 所示，左图是列奥纳多·达芬奇绘制的人体解剖图，中间图是自然史博物学家威廉·柯蒂斯绘制的植物图，右图是 1616 年伽利略关于月亮周期的绘图，记录了月亮在一定时间内的变化。

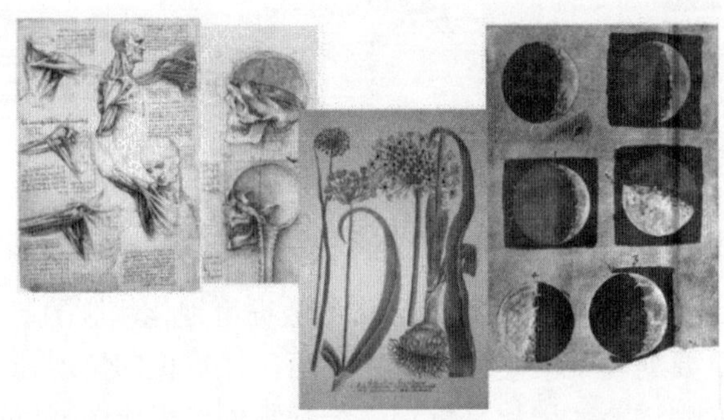

图 2-3　记录信息

而且，可视化图形能极大地激发智力和洞察力，帮助验证科学假设。例如，20 世纪自然科学最重要的三个发现之一，DNA 分子结构的发现就是起源于对 DNA 结构 X 射线照片的分析：从图像形状确定 DNA 是双螺旋结构，且两条骨架是反向平行的，骨架是在螺旋的外侧等。

2. 信息推理和分析

数据分析的任务通常包括定位、识别、区分、分类、聚类、分布、排列、比较、内外连接比较、关联和关系等，将信息以可视化的方式呈现给用户，可引导用户从可视化结果分析和推理出有效信息，提升信息认知的效率。这种直观的信息感知机制突破了常规分析方法的局限性，极大地降低了数据理解的复杂度，有效地提升了信息认知的效率，从而有助于人们更快地分析和推理有效信息。

可视化在支持上下文的理解和数据推理方面也有独到的作用。例如，1854 年伦敦爆发霍乱，10 天内有 500 人死去，但比死亡更加让人恐慌的是“未知”，人们不知道霍乱的源头和感染分布原因，有人猜测可能是毒气或者瘴气，更有甚者认为这是一场灵异事件。后来流行病专家约翰·斯诺根据当时的伦敦市图，用黑杠标注出死亡病例所处的位置，画出了图 2-4 所示的伦敦瘟疫死亡地图，最终地图“开口说话”形象地解释了大街公共水井是传染源，因为死亡人数是围绕这口水井扩散的，被污染的井水是霍乱传播的罪魁祸首。伦敦政府最终采用了约翰·斯诺的意见，封了这口水井，防止人们再从这里取水，最终结束了这场灾难。这张信息图还使公众意识到城市下水系统的重要性并采取切实行动。这幅地图在2014年被评为人类历史上最有影响力的五大数据可视化信息图之一，在很大程度上改变了人们思考世界的方式。

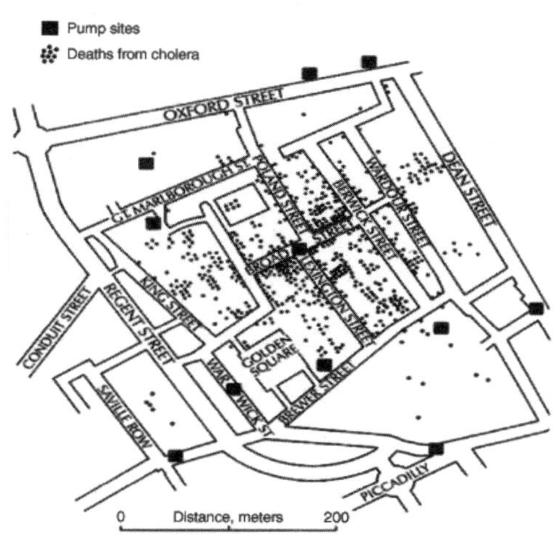

图 2-4　伦敦瘟疫死亡地图

3. 信息传播与协同

视觉感知是人类最主要的信息通道，它囊括了人从外界获取的70%以上的信息，俗称“百闻不如一见”“一图胜千言”。将复杂信息传播、发布给公众最有效的途径是将数据进行可视化，达到信息共享与论证、信息协作与修正、重要信息过滤等目的。

在移动互联网时代，资源互联和共享、群体协同与合作成为科学和社会发展的新动力。美国华盛顿大学的可视化专家与蛋白质结构学家开发了一款名为Foldit的多用户在线网络游戏，如图2-5所示。Foldit通过可视化半折叠的蛋白质结构，让玩家根据简单的规则扭曲蛋白质使之成为理想的形状。在Foldit的游戏规则下，玩家们设计出了146种蛋白质分子结构，而其中有56种蛋白质分子符合科研应用，得到了科研人员的高度评价。实验结果表明，玩家预测出正确的蛋白质结构的速度比任何算法都快，而且能凭直觉解决计算机没办法破解的问题。这个实例证明了可视化、人机交互技术等在协同式知识传播与科学发现中的重要作用。

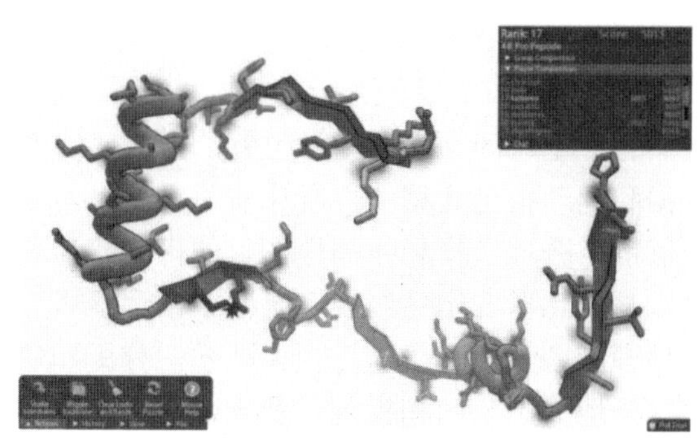

图 2-5　Foldit 游戏

数据可视化可以实现准确而高效、精简而全面地传递信息和知识。被用于教育、宣传或政治领域，被制作成海报、课件，出现在街头、广告、杂志和集会上。这类可视化拥有强大的说服力，使用强烈的对比、置换等手段，可以创造出极具冲击力、直指人心的图像。在国外，许多媒体会根据新闻主题或数据，雇用设计师来创建可视化图表对新闻主题进行辅助讲解。

2.1.4 数据可视化的分类

根据信息传递方式，传统的可视化方法大致可以分为两大类，即探索性可视化和解释性可视化。前者指在数据分析阶段，不清楚数据中包含的信息，希望通过可视化快速发现特征、趋势与异常，这是一个将数据中的信息传递给可视化设计与分析人员的过程。后者指在视觉呈现阶段，依据已知的信息或知识，以可视的方式将它们传递给公众。

传统的数据可视化起源于统计图形学，与信息图形、视觉设计等现代技术相关，其通常需在有限的展示空间中以直观的方式传达抽象信息。大数据可视化(尤其是信息和网络领域的可视化)更关注于抽象、高维的数据，空间属性较弱，与所针对的数据类型密切相关。因此其通常按照数据类型进行分类，大致有以下几种。

1. 文本和跨媒体数据可视化

各种文本、跨媒体数据都蕴含着大量有价值的信息，从这些非结构化数据中提取结构化信息并进行可视化，也是大数据可视化的重要部分。

作为大数据时期可视化数据的一个典型——文本信息，是人们正常工作和学习以及日常生活中使用最多的数据形式，也是最主要的互联网数据信息，同时，也是物联网通过一定的传感器收集到的信息类型。文本可视化可以在一定程度上直观地体现其主要优势和特点，例如，逻辑结构、动态演化规律以及主体聚类等。最基本和典型的文本可视化就是词云，依据词频来合理地把关键词进行排序和归类，然后利用一定的颜色、大小等属性来进行文本可视化。现阶段，最主要的文本可视化就是利用字体大小展现的关键词识别互联网中的热度主题。随着关键词数量的不断增加，如果不能合理地设计阈值，就会出现重复覆盖以及局部密集的问题，这样就需要提供一定的交换窗口来操作。

在大数据时代，信息可视化面临巨大的挑战：在海量、动态变化的信息空间中辅助人们理解、挖掘信息，从中检测预期的特征，并发现未预期的知识。

2. 时空数据可视化

时空数据主要是指具有一定时间标签和地理位置的数据。时间和空间是描述事物的必要元素，因此，时间数据和地理信息数据的可视化非常重要。对于前者，通常具有线性和周期性两种特征；对于后者，合理选择和布局地图上的可视化元素，尽可能呈现更多的信息是关键。随着移动终端与传感器的迅猛发展，时空数据逐渐成为大数据发展过程中典型的数据类型。充分结合地理制图学以及数据可视化技术，分析和研究空间和时间与可视化表征之间的关系，能够很好地展示空间和视觉以及规律模式。在大数据时代，时空数据具有实时性和高维性，为了更好地体现信息随着空间和时间发生一定的变化，一般可以利用信息对象来逐渐实现数据可视化。

3．层次与网络结构数据可视化

在大数据分析中最常见的关系就是网络关联，如社交网络和互联网。而层次结构在一定程度上属于特殊的网络数据。网络数据是网络世界中最常见的数据类型，网络之间的连接、层次结构、拓扑结构等都属于这种类型。例如，依据连接拓扑和网络节点之间的关系，可以非常直观地体现出网络中隐藏的关系。层次与网络结构数据通常使用点线图来可视化，如何在空间中合理有效地布局节点和连线是可视化的关键。除了能够可视化静态拓扑关系，还需要相应的动态流动演化性，所以对动态网络进行一定的可视化也很重要。随着网络中边和节点数目的增多，很容易出现覆盖、重叠以及聚集等问题，因此，处理大规模可视化的主要方式就是图简化。图简化可以分成两类：一类是利用多尺度和层次聚类进行交互，把大规模数据变化为具有一定层次的树结构，然后利用多尺度进行不同的可视化；另一类是对边进行适当的聚集，保证具有清晰的可视化效果。这些都是图简化的主要方式。

4．多变量数据可视化

用来描述现实世界中复杂问题和对象的数据常常是多变量的高维数据，如何将其呈现在平面上也是可视化的重要挑战。可以将高维数据降到低维度空间，采用相关联的多视图来表现不同维度。近年来，随着大数据的不断发展，几何图形是研究多维数据可视化的重点。最常用的多维数据可视化的方式就是散点图，二维散点图可以适当利用多维度中的两个维度综合体现映射到两条轴上，利用不同的图形在二维平面内合理反映维度信息。例如，可以利用不同颜色、形状等来表示一定的离线或连续性。

作为大数据分析的重要方式，可视化分析可以有效地弥补计算机自动化分析过程中出现的不足和缺陷，可以很好地融合计算机的分析能力和人们对信息的感知能力。

2.2 数据可视化基础

2.2.1 视觉感知与认知

1．视觉感知

可视化致力于外部认知，即如何利用大脑以外的资源来增强大脑本身的认知能力。感知是指客观事物通过人的感觉器官在人脑中形成的直接反映，是关于输入信号的本质。人类感觉器官包括眼、鼻、耳以及遍布身体各处的神经末梢等，相应的感知能力分别称为视觉、嗅觉、听觉和触觉等。通常而言，人类的视觉感知器官最灵敏，感知外在事物的效率和效果都优于其他感知器官，研究表明，人类 70%的感觉神经都与视觉有关，所以视觉是人类获取外部世界信息的最重要通道。视觉感知就是客观事物通过人的视觉在人脑中形成的直接反映，与可视化密切相关。

视觉刺激和感知在很大程度上发生于前注意过程。作为视觉感知的初期阶段，前注意过程产生于意识层之下，能以极高的速度捕捉视觉对象中的各种信息，如颜色、位置和形状等。与之相比，注意过程则是发生于意识层面的高级认识，例如阅读、理解文字的含义，其效率远远低于前注意过程。如图 2-6 所示，在左右两图中数字“6”个数虽然相同，但二者所涉及的视觉感知机制完全不同。左图需要在意识层面计数，速度较慢；而右图可以很快得出答案，原因是其中的数字“6”使用了能激发前注意过程的视觉特性：仅数字“6”为黑色，其余数字均为浅灰色，两种颜色形成了反差强烈的前景和背景效应。

8 8 3 2 7 0 2 5
5 8 2 7 4 4 3 6
4 2 6 4 4 5 8 1
7 3 6 1 6 2 1 5
4 3 7 8 5 7 7 9
5 1 9 5 3 8 2 9
2 3 5 2 0 1 6 4

8 8 3 2 7 0 2 5
5 8 2 7 4 4 3 **6**
4 2 **6** 4 4 5 8 1
7 3 **6** 1 **6** 2 1 5
4 3 7 8 5 7 7 9
5 1 9 5 3 8 2 9
2 3 5 2 0 1 **6** 4

图 2-6　找出图中有几个“6”

在计算机学科的分类中，对数据进行交互的可视表达以增强认知的技术，称为可视化。它将不可见或难以直接显示的数据映射为可感知的图形、符号、颜色、纹理等，增强数据识别效率，高效传递有用信息。可视化的一个简明定义是“通过可视表达增强人们完成某些任务的效率”。可视化的终极目标是洞悉蕴含在数据中的现象和规律。

人类执行高效视觉搜索的过程通常只能保持几分钟，无法持久。从信息加工的角度看，丰富的信息消耗了大量的注意力，可视化作为某种外部内存，在人脑之外保存待处理信息，可补充人脑有限的记忆内存，有助于解决人脑的记忆内存和注意力的有限性的问题，同时，图形化符号可将用户的注意力引导到重要的目标，可高效地传递信息。

2. 视觉认知

与感知对应的概念是认知，是指人们获得知识或应用知识的过程，或信息加工的过程。在心理学领域，将认知过程看成由信息的获取、分析、归纳、解码、存储、概念形成、提取和使用等一系列阶段组成的按一定程序进行的信息加工系统。在科学领域，认知是包括注意力、记忆、产生和理解语言、解决问题，以及进行决策的心理过程的组合。依靠认知功能，人类完成了看的过程，它也是人们学习知识的手段。通常这一过程是在感知、直觉和推理的情况下完成的。

2.2.2　格式塔理论

格式塔心理学是心理学中为数不多的理性主义理论之一。它强调经验和行为的整体性，认为整体不等于部分之和，意识不等于感觉元素的集合。格式塔基本法则就是简单精炼法则，认为人们在进行观察的时候，倾向于将视觉感知内容理解为常规的、简单的、相连的、对称的或有序的结构。同时，人们在获取视觉感知的时候，会倾向于将事物理解为一个整体，而不是将事物理解为组成该事物所有部分的集合。

1. 接近性原则(proximity)

接近性原则是指某些距离较短或互相接近的部分，视觉上容易组成整体。例如，图 2-7 左图中的 10 个方块没有相互贴近，因此人们无法将它们归为一组；而右图的联合利华公司图标中，不同花纹颜色一致，由于空间距离贴近，因此被识别为组成一个大写的英文字母“U”，从而完成与公司名称文本的分组。

图 2-7　接近性原则举例

2．相似性原则(similarity)

相似性原则是指人们容易将看起来相似的物体看成一个整体。通常依据对形状、颜色、光照或其他性质的感知决定分组。例如，图 2-8 所示的散点图(左)和统计图(右)对不同个体着色，左图将散点图用两种颜色着色，可以让观者自然地将集合理解为两类；右图在图标直方图可视化中，相同颜色的图标被自动识别为同一类。这两个图的可视化结果自然体现了两个数据聚类。可以看出，接近原则与相似原则的区别是采用空间距离或属性相似性对数据分组。

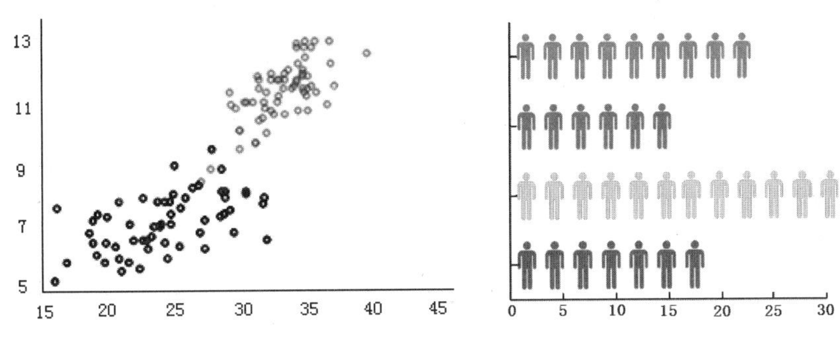

图 2-8　相似性原则举例

3．连续性原则(continuity)

连续性原则是指对线条的一种知觉倾向，人们在观察事物的时候会很自然地沿着物体的边界，将不连续的物体视为连续的整体。如图 2-9 所示，左图从离散到连续的视觉感知过程中，人们的视觉焦点会沿着散点分布形成连续的曲线；而右图中数据隔断过大，人眼重建的视觉感知可能与实际数据不符合，应用连续原则可能会导致感知错误。

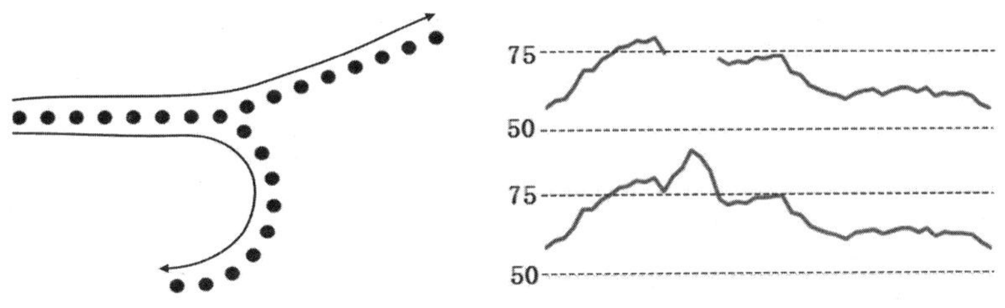

图 2-9　连续性原则举例

4．完整和闭合性原则(closure)

完整和闭合性原则是指彼此相属的部分容易组合成整体；相反，彼此不相属的部分，则容易被隔离开来。在某些视觉映像中，其中的物体可能是不完整的或者不闭合的，格式塔理论认为，只要物体的形状足以表征物体本身，人们会很容易地感知整个物体而忽视未闭合的特征。例如图 2-10 所示，人们可以很容易地从轮廓线中获得关于“点集子类边界”和“IBM”图标的视觉感知，而图中未闭合的特征并不影响人们识别这两种事物。

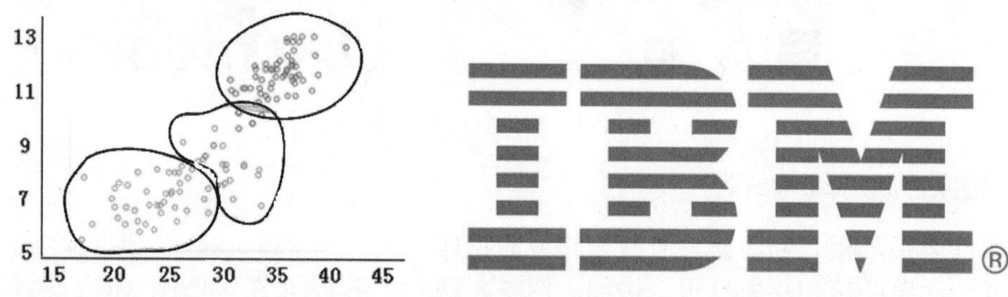

图 2-10　闭合原则举例

5．对称性原则(symmetry)

格式塔的对称性原则是指人的意识倾向于将物体识别为沿某点或某轴对称的形象，能够反映人们感知物体时的方式。按照该原则，数据被试图分为偶数个对称的部分，对称的部分则被下意识地识别为相连的形状，从而增强认知的愉悦度。因此，如果两个对称的形状彼此相似，则被认为是一个整体。图 2-11 展示了某国男女人口随年龄的分布情况，按照男女将年龄分布数据对称排列，增强数据的可读性。

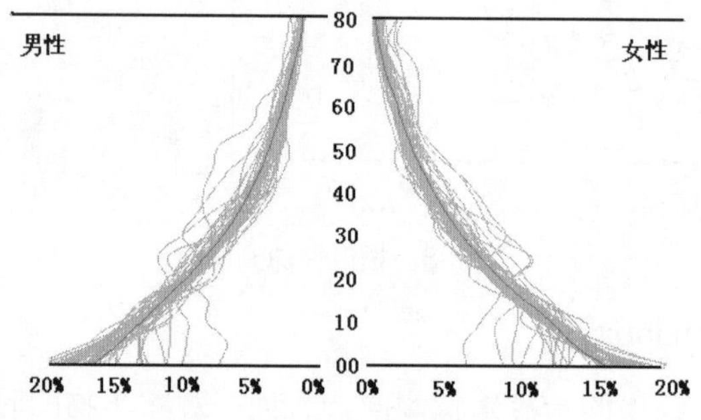

图 2-11　对称性原则举例

6．好图原则(good figure)

好图原则是指人眼通常会自动将一组物体按照简单、规则、有序的元素排列方式进行识别。即个体识别世界的时候通常会消除复杂性和不熟悉性并采纳最简化的形式。这种复杂性的消除有助于形成对被识别物体的理解，而且在人的意识中这种理解高于空间的关系。图 2-12 所示展现了对五环形状的两种识别：奥运五环标志和割裂的五个圆环。

7．经验原则(past experience)

经验原则是指在某些情形下视觉感知与过去的经验有关。如果两个物体看上去距离相近，或者时间间隔小，则它们通常被识别为同一类。图 2-13 所示两图分别将同一个形状放置在两个字母和两个数字之间，识别结果分别是 B 和 13。

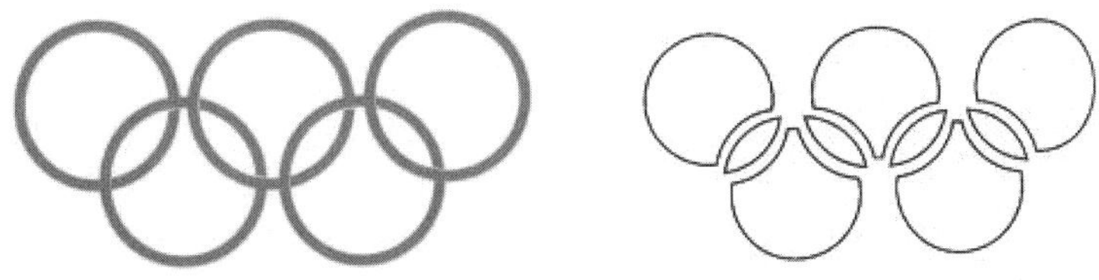

图 2-12　好图原则举例

图 2-13　经验原则举例

8．共势原则(common fate)

共势原则是指一组物体具有沿着相似的光滑路径运动趋势或具有相似的排列模式时，将被识别为同一类物体。例如图 2-14 所示，左图显示了一堆杂乱的字母，但人眼会很自然地识别出具有相同布局的字母并自动识别语句“look at me，follow me，read me!”；右图展示了 Hans Rosling 的著名可视化“各国状态趋势图”的一个实例，每个数据点代表一个国家某个年份的数据，随时间变化时，人眼自动将具有类似运动趋势的点聚类。即数据点的时变动态可视化可产生具有相同运动趋势的点聚成一类的视觉感知效果。

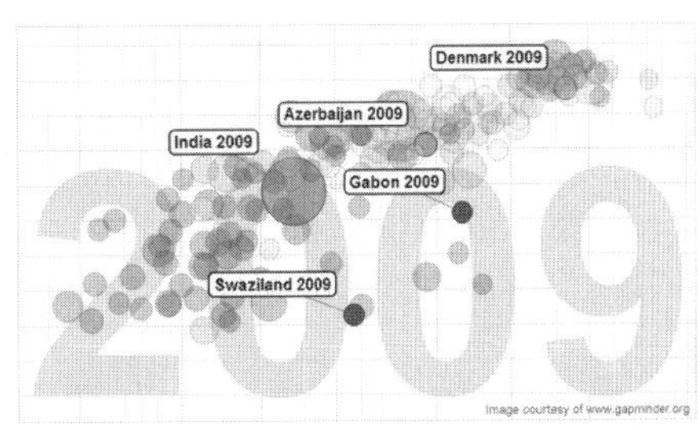

图 2-14　共势原则举例

综上所述，格式塔(完形理论)的基本思想是：视觉形象首先是作为统一的整体被认知，而后才以部分的形式被认知。在信息可视化设计中，视图的设计者必须以一种直观的、绝大多数用户容易理解的数据——可视化元素映射方式，对信息进行可视编码，这其中涉及用户对相应信息视觉元素的心理感知和认知过程。尽管格式塔心理学的部分原理对可视化设计没有直接的影响，但在视觉传达设计的理论和实践方面，格式塔理论及其研究成果将发挥重要作用。

2.2.3　标记与视觉通道

数据可视化为了达到增强人脑认知的目的，会利用不同的视觉通道对数据进行视觉编码。所以数据可视化的核心内容是可视化编码，是将数据信息映射成可视化元素的技术。可视化编码由两部分组成：标记(图形元素)和视觉通道。

1. 标记

标记是指数据属性到可视化图形元素的映射，即用来映射数据的人眼能够认知到的各种图形元素或者集合元素，用于直观代表数据的性质分类，常见的有点、线、面、体。标记可以用维度来区分，一维的标记是点；二维的标记是曲线和平面标记，包括方形、长方形、圆形和椭圆形；三维的标记包括三维的面和体，如立方体、球面、球体等，如图 2-15 所示。

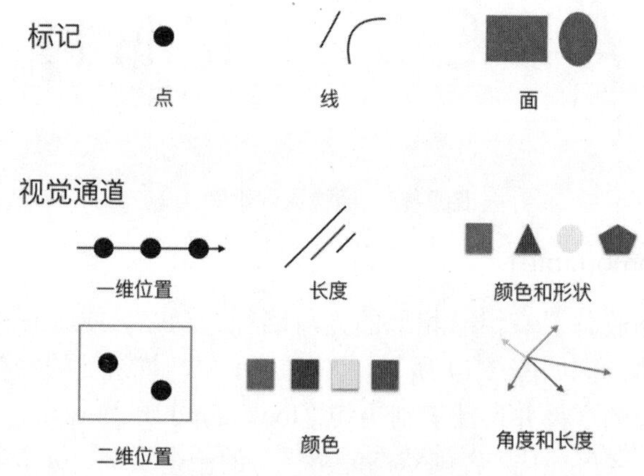

图 2-15　常用的标记和视觉通道

标记设计的自由度很大，很多可视化的设计工作着重于标记设计，既需要考虑标记反映数据的能力，也要考虑用户理解标记的能力和效率。过于简单的标记难以表达复杂的数据，而过于复杂的标记会造成理解困难。

2. 视觉通道

视觉通道是数据属性的值到标记的视觉表现属性的映射，用于展现数据属性的定量信息，控制几何标记的展示特性，常用的标记有颜色、色调、饱和度、亮度、长短、大小、形状、方向、空间位置等。

人类感知系统在获取周围信息的时候，存在两种最基本的模式。第一种模式感知的信息是对象本身的特征和位置等，对应的视觉通道类型为定性或分类；第二种模式感知的信息是对象的某一属性的取值大小，对应的视觉通道类型为定量或定序。例如，形状是一种典型的定性通道，人们通常会将形状辨认成圆、三角形或正方形等，而不是描述成大小或长短。反过来，长度则是典型的定量视觉通道，用户直觉地用不同长度的直线描述同一数据属性的不同的值，而很少用它们描述不同的数据属性，因为长线、短线都是直线。

例如，性别是一个数据属性，男和女就是性别属性的值，用一个面代表性别属性，用方框代表男，用椭圆代表女，面就作为了性别属性的标记，面的形状如方框和椭圆就代表数据属性的值，也就是性别属性具体的视觉特征，而视觉通道也就是标记面的形状。所以视觉通道映射的就是属性的值，也就是标记的视觉表现属性，比如点的位置、点的颜色、点的一维位置或二维位置等；线的长短、颜色、面积等。

视觉通道有三种类型：定性(分类型)、分组型、定量/定序型，如图2-16所示。

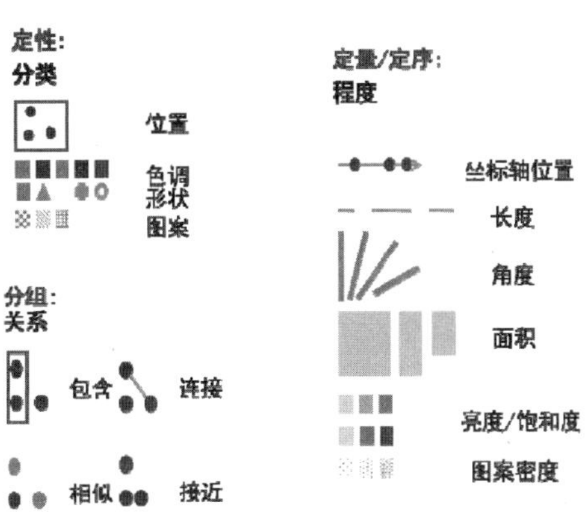

图2-16　视觉通道的选择与展示

(1) 定性型(分类)。常见的可以用位置、色调、形状、图案来表示分类，定性的视觉通道适合编码分类的数据信息。

(2) 分组型(关系)。通常是指多个或多种标记的组合模式，可以用包含、连接、相似和接近来表示分组的关系，适合将存在相互联系的分类的数据属性进行分组，从而表现数据的内在关联性。辨识分组最基本的通道是接近性，根据格式塔原则，人类的感知系统可以自动地将互相接近的对象理解为同一组。

(3) 定量/定序型(程度)。通常会用坐标轴位置、长度、角度、面积、亮度/饱和度、图案密度等表示，适合编码有序的或数值型的数据信息。例如，直线长度、区域面积、空间体积、斜度、角度、颜色的饱和度和亮度等。

下面介绍几种常见的视觉通道的类型。

1) 颜色

颜色视觉通道分两类，色调(hue)和饱和度(saturation)，两者可以分开使用，也可以结合起来用。色调就是通常所说的颜色，如红色、绿色、蓝色等。不同的颜色通常用来表示不同的数据分类，每个颜色代表一个分组。饱和度是一个颜色中色相的量。假如选择红色，高饱和度的红就非常浓，随着饱和度的降低，红色会越来越淡。同时使用色调和饱和度，可以用多种颜色表示不同的分类，每个分类有多个等级。

饱和度适合于编码有序数据的视觉通道。作为一个视觉通道，饱和度与尺寸视觉通道之间存在强烈的相互影响，在小尺寸区域上区分不同的饱和度比在大尺寸区域上区分困难很多，饱和度对于数据信息表达的精确性会受到对比度效果的影响。在大块区域(如背景)内，标准的可视化设计原则是使用低饱和度的颜色进行填充；对于小块区域，会使用更亮的、饱和度更高的颜色填充以保证它们容易被用户辨认。点和线是典型的小块区域的标记，人们对于不同饱和度的辨认能力较低，因此可使用的饱和度层次较少，通常只有3层；对于大区域的标记，如面积(各类形状标记)，可使用的饱和度层次则略多。

在日常生活中，也常常使用色调来分类。例如车牌颜色，有蓝色、黄色、白色、黑色，其中蓝色是小车车牌，黄色是大车或农用车车牌及教练车车牌，白色是特种车车牌(如军车、警车车牌及赛车车牌)，黑色是外商及外商的企业由国外自带车的车牌。人们对于色调的认知过程几乎不存在定量的比较思维，而且由于存在冷暖色调的区分，因此色调在可视化编码中也具有双层分类的表现能力。颜色作为整体可以为可视化增加更多的视觉效果，在实际的可视化设计中被广泛使用。

色调和饱和度一样，也会与其他视觉通道相互影响，主要表现为在小尺寸区域难以用色调分辨不同的速度，以及在不连续区域(或不相邻对象)也难以用色调准确比较和分区。一般情况下，人们可以较轻松地分辨多达 6～12 种不同的色调，而在小尺寸区域着色的情况下，可分辨的色调数量会略有下降。

图 2-17 所示是用定序(连续)数据的颜色映射美国各州人口数量的示意图。

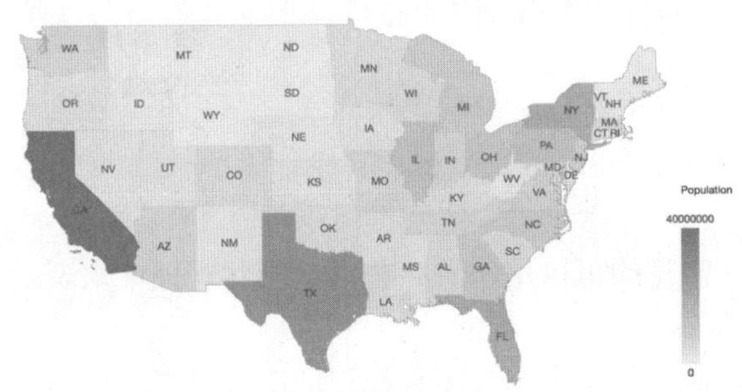

图 2-17　美国各州人口数量示意

2) 亮度

亮度适合于编码有序的数据。人们通常习惯于比较亮度的不同程度，并在思维中对这些不同亮度进行排序。受到人的视觉感知系统的影响，人对亮度区分的分辨能力较低，及亮度作为视觉通道的时候，其可辨性受到限制。因此，一般情况下，在可视化设计中尽量使用少于 6 个可辨的亮度层次。另外，两个不同层次的亮度之间所形成的边界现象要比较明显。因此，人在进行亮度的信息感知中缺乏精准性，因此亮度也就不太适合编码精度要求较高的数据属性。

3) 配色方案

在信息可视化设计中，配色方案是关系到可视化结果信息表达和美观的重要因素。优化配色方案的可视化结果能带给用户愉悦的心情，从而有助于用户更有兴趣探索可视化包含的信息，反之则会造成用户对可视化的抵触从而降低了可视化的效果。另外，和谐的配色方案也增加了可视化结果的美感。在设计可视化的配色方案时，设计者需要考虑很多的因素：如可视化所面向的用户群体、可视化结果是否需要被打印或复印(转为灰阶)、可视化本身的数据组成及其属性等。

由于数据具有定性、定量的不同属性，将数据进行可视化的时候需要设计不同的配色方案。对于定性的数据类型，通常使用颜色的色调视觉通道进行编码，因此设计者需要考虑如何选择适当的配色方案，使得不同的数据能被用户容易地区分；如果是定量的数据类型，则通过使用亮度或饱和度进行编码，以体现数据的顺序性质。在进行可视化设计的过程中，设计者还可以应用一些软件工具辅助配色方案的设计。

4) 透明度

透明度与颜色密切相关，通常作为颜色的第四个维度，取值范围是[0,1]，在两个颜色混合时可用于定义各自的权重，以调节颜色的浓淡程度。在三维空间数据场可视化或多层二维数据可视化中，透明度作为一个重要参数可用于显示不同深度、层次或重要性的数据。视觉感知的研究表明，人眼对透明度的感知有一定的限制，低于对颜色色调的感知。

颜色在数据可视化分析中通常被用于编码数据的分类或定序属性。当颜色的两种数据编码规则在用户所见的视图空间中存在相互遮挡时，可视化的设计者必须从中选择一种予以显示。但为了便于用户从整体把握数据的多重属性和空间分布，可以给颜色增加一个不透明度的分量通道，用于表示离观察者更近的颜色对背景颜色的透过程度。

5) 形状

形状所代表的含义很广，一般理解为对象的轮廓，或者事物外形的抽象。一般情况下，形状属于定性的视觉通道，因此仅适合于编码分类的数据属性，比如圆形、正方形，或者几种图形的组合。形状和符号通常被用在地图中，以区分不同的对象和分类。地图上的任意一个位置可以直接映射到现实世界，所以用图标来表示现实世界中的事物是合理的。比如，可以用一些树表示森林，用一些房子表示住宅区等。

在图表中，形状已经不像以前那样频繁地用于显示变化。例如，在图2-18中可以看到，三角形和正方形都可以用在散点图中，这样不同的形状比一个个点能提供的信息更多。

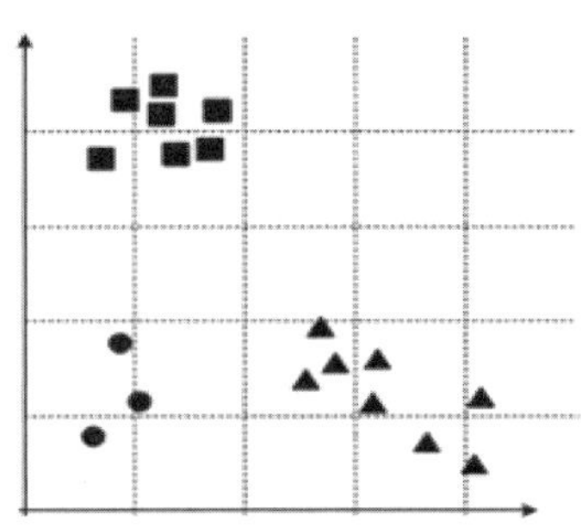

图2-18 散点图表

6) 位置

平面位置在所有的视觉通道中比较特殊，可以同时用于映射分类的数据属性以及定序或定量的数据属性的视觉通道。例如，在平面上相互接近的对象会被分成一类，相互远离的对象则可认为是不同的分类，所以位置可以用来表示不同的分类。另一方面，平面使用坐标来标定对象的属性大小时，位置可以代表对象的属性值大小，即平面位置可以映射定序或者定量的数据。

标记的位置有两个功能：一是数据值的某些空间位置信息可以用标记的位置来表示，例如地理信息可视化中数据在几点的位置、流场可视化值临界点的位置等；二是通过标记位置的控制，实现可视化显示目标的优化。例如，强调某些数据、显示尽可能多的数据、避免标记之间的互相覆盖、避免显示空间的浪费和强调美感等。由于可视化值、平面位置对于任何数据的表达都非常有效，甚至是最为有效的，因此，在用户设计信息可视化表前，首先需要考虑的问题是采用平面位置来编码哪种数据属性，这一选择甚至会主导用户对可视化结果中包含信息的理解。通常采用位置这一视觉通道编码数据值相对重要的属性。

要比较给定空间或坐标系中数值的位置，可通过一个数据点的 x 坐标和 y 坐标以及和其他点的相对位置来判断，如图2-19所示。

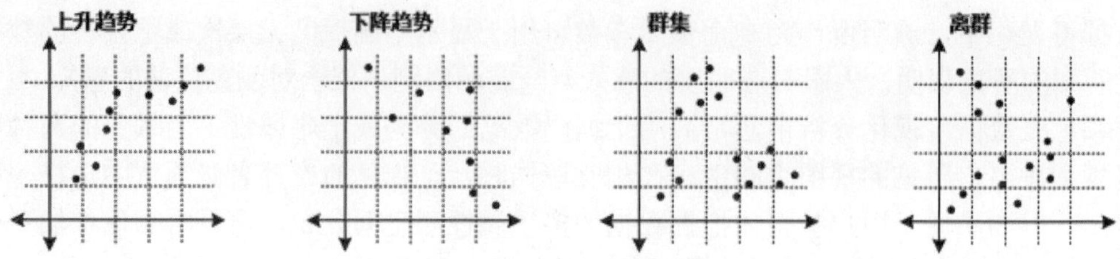

图 2-19　位置作视觉通道

用位置作视觉通道时，又可以分为水平和垂直两个方向的位置，水平位置和垂直位置属于平面位置的两个可以分离的视觉通道，当所需要编码的数据属性是一维时，可以仅选择其一。在表达相同的数据信息时，水平位置和垂直位置的表现力和有效性的差异比较小。但是受到重力场的影响，在相同条件下，人们更容易分辨出高度，而不是宽度，所以垂直方向的差异能被人们快速识别到。基于此考虑，显示器的显示比例通常被设计成包含更多的水平像素，从而使水平方向的信息含量可以与垂直方向的信息含量相当。

7) 尺寸

尺寸是定量/定序的视觉通道，因此适合于映射有序的数据属性。尺寸通常对其他视觉通道都会产生或多或少的影响，即当尺寸比较小的时候，其他视觉通道所表达的视觉效果就会受到抑制。例如，一个很大的红色正方形比一个红色的点更容易让人区别；人们也无法区分很小尺寸的形状。

长度被称为一维尺寸，包括垂直尺寸(高度)和水平尺寸(宽度)。面积是二维的尺寸，体积则是三维的尺寸。由于高维的尺寸蕴含了低维的尺寸，因此，可视化设计值应尽量避免同时使用两种不同维度的尺寸编码不同的数据属性。

人们对一维尺寸的判断是线性的，有清晰的认识。而随着维度的增加，人们的判断越来越不清楚，比如二维尺寸(面积)。因此，在可视化的过程中，往往将重要的数据用一维尺寸(高度或宽度)来编码，以方便用户对结果作出较为精确的定量认知和比较。

长度通常用于条形图中，条形越长，绝对数值越大，如图 2-20 所示。不同方向上，如水平方向、垂直方向或者圆的不同角度上都是如此。

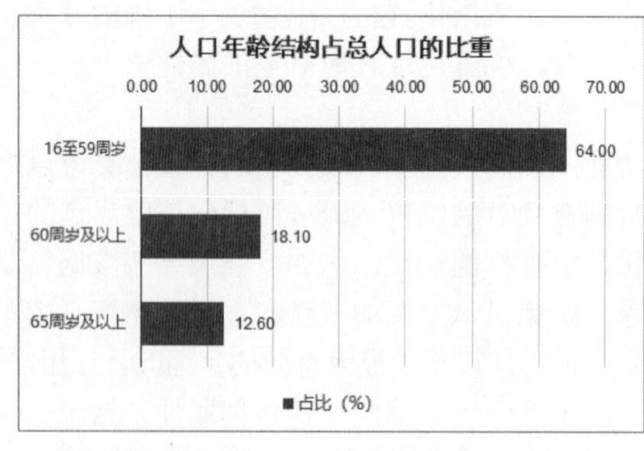

图 2-20　长度作视觉通道

8) 角度和方向

方向可用于分类的或有序的数据属性的映射，如图 2-21 所示，方向在其定义域内并非是单调函数，即不存在严格的增或减的顺序。在二维的可视化视图中，它具有四个象限，在每一个象限内，它可以被认为具有单调性，从而适合有序数据的编码，如图 2-21(a)所示。方向还可通过四个象限的区分对分类的数据进行映射，如图 2-21(b)所示。此外，在相邻的两个象限中间的方向呈现中性的特征，也可以被用于映射数据的发散性，如图 2-21(c)所示。

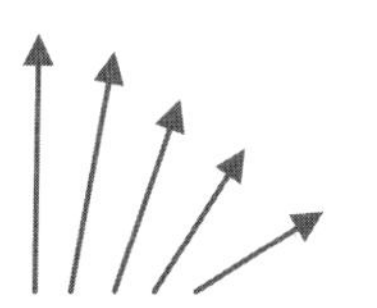

(a) 在一个象限内表现为有序性

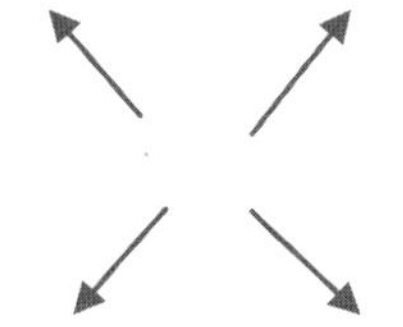

(b) 在四个象限表现为分类性

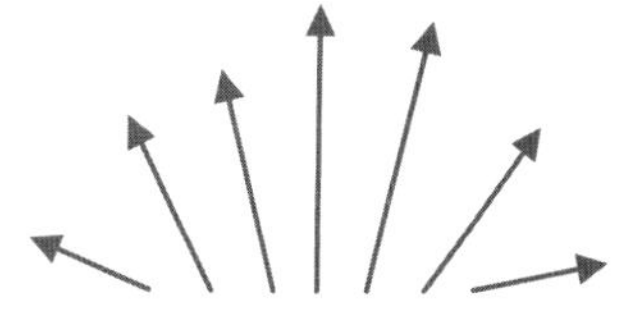

(c) 相邻两个象限表现为发散性

图 2-21　方向示意

标记的方向可以用来表示数据中的向量信息，如风场值的风向、血管值的血流方向等。局部标记如箭头、短线和椭圆利用方向表示某点上的向量信息，全局标记如流线则可以利用切线的方向表示流线上所有点的位置。

角度和方向类似，角度是相交于一个点的两个向量，通常用来表示整体中的部分。而方向则是坐标系中一个向量的方向，可用来帮助测定斜率，如图 2-22 所示，可以直观地看到增长、下降和波动。方向不仅仅可以用来分类，也可以用来排序。

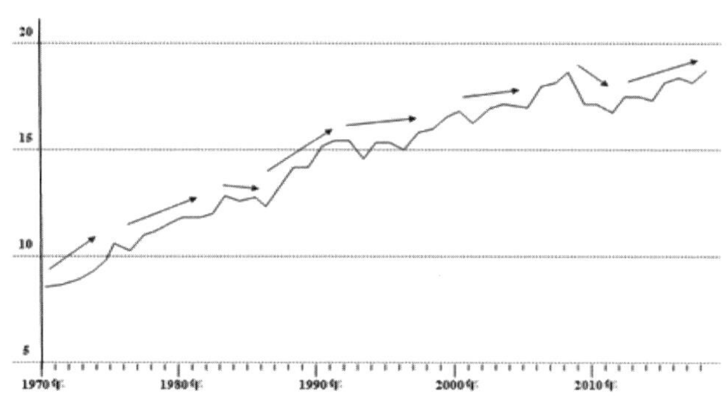

图 2-22　方向作视觉通道

9) 纹理

标记上的纹理也可以用来映射数据。纹理将细小的点和线等组合成不同的模式，用于区分不同种类的数据。纹理中的细节有尺寸、方向、颜色等属性。由于纹理可看成空间中表面或体内部的装饰，可以将纹理通过参数化映射到线、平面、曲面和三维体中。纹理可大致分为自然纹理和人工纹理，前者指自然世界中实际存在的有规则模式图案；后者指人工生成的规则图案。

3. 视觉通道的表现力和有效性

表现力和有效性可以衡量视觉通道可视化选用之后的效果，用来指导可视化设计者如何挑选合适的视觉通道，实现对数据信息完整而具有目的性的展现。

其中，表现力要求视觉通道准确编码数据包含的所有信息，需要尽量忠于原始数据。例如，对于有序的数据，应使用定序的而非定性的视觉通道。如果不加选择地使用视觉通道编码数据信息，可能会使用户无法理解或产生错误的理解。人类的感知系统对于不同的视觉通道具有不同的理解与信息获取能力，所以，使用高表现力的视觉通道编码数据中更重要的数据属性有助于提高可视化结果的有效性，使用户可以在较短的时间内精确地获取重要数据。

图 2-23 描述了各种类型的视觉通道按照表现力从高到低进行排序，但这个顺序仅代表了通常情况。根据实际使用的情况，各个视觉通道的表现力顺序也会相应地改变。

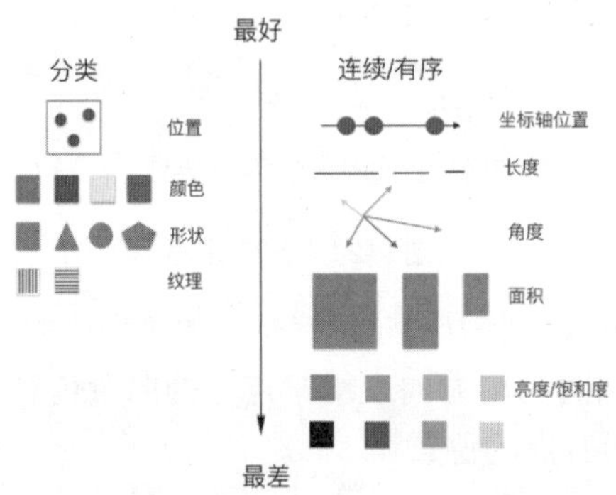

图 2-23　视觉通道表现力的精准程度

视觉通道的表现力判断标准包括精确性、可辨识性、可分离性和视觉突出。

1) 精确性(accuracy)

精确性描述可视化对数据信息的还原程度，人类感知系统对不同的视觉通道感知的精确性不同。视觉通道感知的精确性将影响可视化结果对数据信息传递的准确性，因此在表达定量数据的时候，通常采用一组某端对齐的柱状图。

2) 可辨识性(discriminability)

可辨识性是指区分同一视觉通道的多种取值状态，如何取值使得人们能够区分该视觉通道的两种或多种取值状态，是视觉通道的可辨识性问题。某些视觉通道只有非常有限的取值范围和取值数量，例如，人们区分不同直线宽度的能力非常有限，但当直线宽度持续增加时，会使得直线变成其他的视觉通道——面积。图 2-24 中，调整直线宽度仅能表现 3～4 种不同的数据属性值。当数据属性值的取值范围较大时，可以将数据属性值量化为较少的类，或者使用具有更大取值范围的视觉通道。

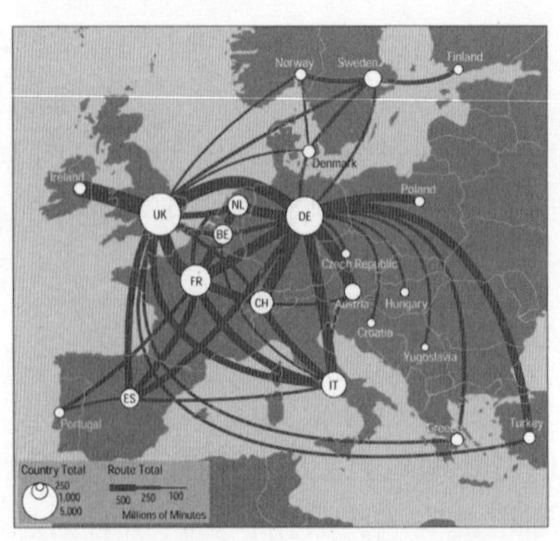

图 2-24　使用直线宽度编码通信网络带宽

3) 可分离性(separability)

可分离性是指降低多个视觉通道间的相互干扰，一个视觉通道的存在可能会影响人们对另外视觉通道的正确感知，从而影响用户对可视化结果的信息获取。如图 2-25(a)所示，位置和亮度是一对相互独立的视觉通道，用户可以分别根据点的位置和亮度，将这 8 个点分为两组，图 2-25(b)中的尺寸和亮度则开始产生影响，在尺寸较大的组里用户根据亮度能容易地将其中的 4 个点分成两组，而在尺寸较小的组内若再将点根据亮度进行分组，用户则需要更加集中注意力。造成这种现象的主要原因是点的尺寸会影响到人们视觉系统对亮度的判断，且尺寸越小，影响程度越大，因此尺寸和亮度不再是相互独立的视觉通道。类似地，人类视觉系统对尺寸和色调的判断也会存在相互干扰。在图 2-25(c)中，设计者通过宽度和高度将 8 个标记元素分为两组，但观者在视觉潜意识中趋向于将这 8 个对象分为三组，而不是设计者希望的两组。

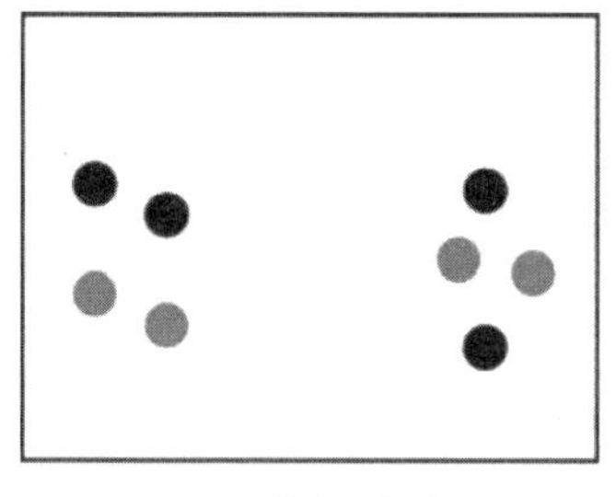

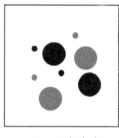

(a) 位置/亮度

(b) 尺寸/亮度

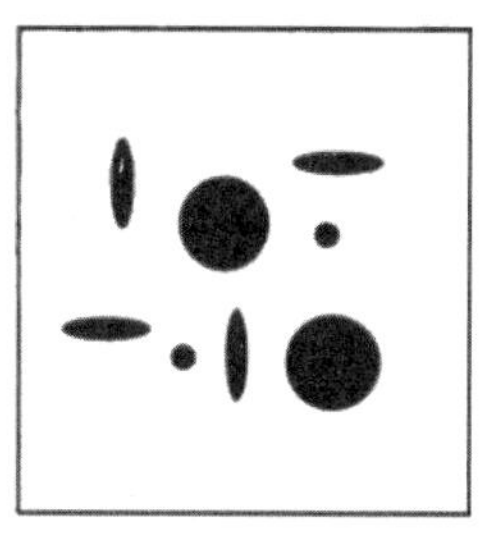

(c) 宽度/高度

图 2-25 视觉通道可分离性举例

4) 视觉突出(pop-out)

视觉突出是指突出某一对象和其他所有对象的不同。视觉突出感知能力使得人们发现特殊对象所需的时间不会随着背景对象数量的变化而变化。如图 2-26(a)和(b)，人眼可以根据圆点的亮度在很短的时间内发现黑色的圆点。在图 2-26(c)中，黑色圆点仍然可以较快地被发现，但其明显相对较弱，这是因为亮度视觉通道的表现力要大于形状通道的表现力。在图 2-26(d)中，人们需要通过顺序搜索和比较才能找到相异于所有其他对象的黑色圆点。

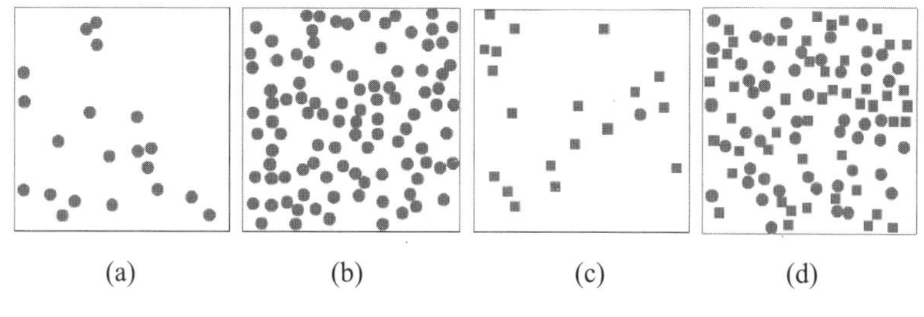

(a) (b) (c) (d)

图 2-26 视觉突出实例

许多视觉通道都有视觉突出特点，也有些视觉通道无视觉突出功能，如图 2-27 所示。颜色是最具有视觉冲击效果的，即颜色视觉通道在视觉突出的表现力是最强的，其次是形状，最弱的是位置。其他能表现视觉突出的视觉通道还有亮度、尺寸、延伸率、方向以及运动的状态、空间分组等。

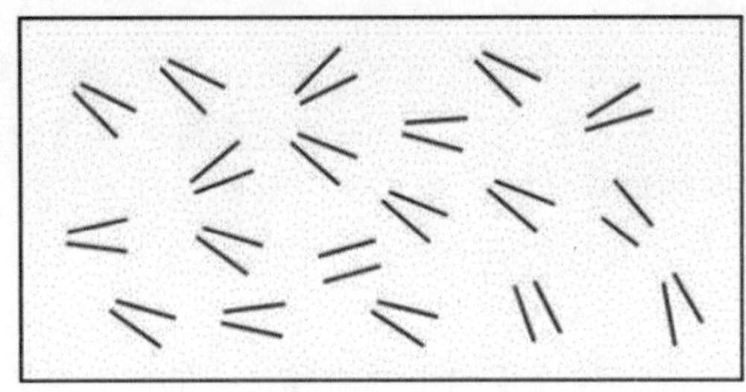

图 2-27　无视觉突出特点的视觉通道的例子

2.2.4　数据可视化的设计流程

数据可视化是一个流程，各流程之间是可以相互作用的、双向的。可视化流程以数据流为主线，主要包括数据采集、数据处理和变换、可视化映射、用户感知等设计步骤。先从数据源中选取用户需要的有效数据，再将有效数据映射到可视化标记和视觉通道，组成完整的可视化作品与用户进行交互。具体的可视化流程有很多种，图 2-28 列出了一个可视化的概念图。

图 2-28　可视化设计流程概念图

1．数据采集

数据是可视化的对象，数据可以通过仪器采样、调查记录、模拟计算等方式采集。数据的采集直接决定了数据的格式、维度、尺寸、分辨率和精确度等重要性质，并在很大程度上决定了可视化结果的质量。在设计一个可视化解决方案的过程中，了解数据的采集方法和属性，才能有的放矢地解决问题。例如在医学可视化中，了解 MRI 和 CT 数据的来源、成像原理和信噪比等有助于设计更有效的可视化方法。

2．数据处理和变换

数据的处理和变换可以认为是可视化的前期处理。一方面，原始数据不可避免地含有噪声和误差；另一方面，数据的模式和特征往往被隐藏。而可视化需要将难以理解的原始数据转变成用户可以理解的模式和特征并显示出来。这个过程包括去噪、数据清洗、提取特征等，为之后的可视化映射作准备。

3．可视化映射

可视化映射是整个可视化流程的核心，该步骤将数据的数值、空间坐标、不同位置数据间的联系等映射为可视化视觉通道的不同元素，如标记、位置、形状、大小和颜色等。这种映射的最终目的是让用户通过可视化洞察数据和数据背后隐含的现象和规律。因此可视化映射的设计不是一个孤立的过程，而是和数据、感知、人机交互等方面相互依托，共同实现的。

4．用户感知

用户感知是从数据的可视化结果中提取信息、知识和灵感。可视化映射后的结果只有通过用户感知才能转换成知识和灵感，用户的目标任务可分成三类：生成假设、验证假设和视觉呈现。数据可视化可用于从数据中探索新的假设，也可证实相关假设与数据是否吻合，还可以帮助专家向公众展示数据中的信息。用户的作用除被动感知外，还包括与可视化其他模块的交互。交互在可视化辅助分析决策中发挥了重要作用，有关人机交互的探索已经持续很长时间，但只能适用于海量数据可视化的交互技术，如任务导向的、基于假设的方法还是一个未解难题。可支持用户分析决策的交互方法涵盖底层的交互方式与硬件、复杂的交互理念与流程，需克服不同类型的显示环境和不同任务带来的可扩充性问题。

以上几个可视化模块是构成大多数可视化方法的核心流程。作为探索数据的工具，可视化有它的输入和输出。可视化研究的并非数据本身，而是数据背后的社会自然现象和过程。例如，基于医学图像研究疾病攻击人体组织的机理，气象数值模拟研究大气的运动变化、灾害天气的形成等。可视化的最终输出不是显示在屏幕上的像素，而是用户通过可视化从数据中得来的知识和灵感。

图 2-28 中各模块之间的联系并不仅是顺序的线性联系，还包括任意两个模块之间都存在的联系。图中的顺序线性联系只是对这个过程的一个简化表示。例如，可视化交互是在可视化过程中，用户通过修改数据采集、数据处理和变换、可视化映射各模块而产生新的可视化结果，并反馈给用户。

在任意一种可视化流程中，人是核心要素。一方面，机器智能部分替代人，承担对数据的计算和分析工作，而且在很多场合比人的效率高。另一方面，人是最终决策者，是知识的加工者和使用者，数据可视化工具目标可以增强人的能力，如果可以设计一个全自动的方案，不需要人的参与和判断，可视化也就失去了意义。

2.3 数据可视化的未来

2.3.1 数据可视化的应用领域

各种商业形态都会产生数据记录，可视化作为更好的交流和分析数据的有效手段，本身是一种比较通用的技术。有数据需要分析和交流数据的地方，就会用到数据可视化，下面列举一些涉及不同领域的现实场景，但各领域的划分有些不是互斥的。

1．科学可视化

科学可视化是可视化领域发展最早、最成熟的一个学科，面向的领域主要是自然科学，如物理、化学、气象气候、航空医学、生物学等，涉及对这些学科中数据和模型的解释、操作与处理，旨在寻找其中的模式、特点、关系以及异常情况。将科学观察的数据，通过多种技术形成各种可视化图形，以帮助理解和分析各种模式。例如，天气研究中通过颜色和标志等对风力、水流、气候学的可视化方法；生物科学中的生命科学可视化方法，如基因结构的可视化。

2. 商业领域可视化

使用可视化仪表盘，将很多关键数据指标展现为可视化形式，方便业务管理人员快速地捕获信息，同时也提升了在有限时间内摄取的信息量，帮助相关人员更有效地作出决策。另外，可视化本身就参与到分析进程中，而不是仅仅为了展现分析结果。例如，网站使用点击热力图，研究页面不同区域的点击情况，指导和改善网页设计。更进一步的技术，可以跟踪用户的视觉轨迹，进行用户页面注意力的研究。在大型的商业机构和公共场所，结合时间和空间，对人群的行为轨迹进行可视化分析，制定对应的人群管理和引导策略。

3. 地理信息可视化

这个领域的可视化历史悠久，并且运用广泛，大家最熟悉的就是地图的展示形式。结合近几年更加强大的信息采集，地图可以综合更多领域完成更加综合的分析，如人口的变迁、商业的演化、特定时期的人工流动分析等。地理信息可视化最基本的是地球投影，常见的投影方法有：墨卡托投影(又叫正轴等角圆柱投影)、亚尔勃斯投影(又叫等面积圆锥投影)、方位角投影(等距投影)。

4. 设备仿真运行可视化

计算机程控以及三维动画图像、与实体模型相融合，实现对设备的可视化表达，以对设备的位置、外形及参数一目了然，使管理者对设备有形象具体的概念，会大大减少管理者的劳动强度，提高管理效率和规律水平。

5. 大众传播领域

随着近几年信息图的兴起，传播领域使用了大量的可视化技术，以向大众清晰快速地传递很多信息和知识。

可视化是为了更好地传播和探索信息，所以在多个领域，可视化都不是作为一个完全独立的技术来使用的，都会结合领域知识、领域相关的数据，运用合理的可视化技术和方法，更好地完成目标。可视化本身也随着软硬件技术以及理论的发展在不断地拓展着应用范围。

2.3.2 数据可视化的现代意义

大数据(big data)的力量，正在积极地影响着我们社会的方方面面，它冲击着社会的各行各业，同时也正在彻底地改变人们的学习和日常生活。如今，通过简单、易用的移动应用和基于云端的数据服务，人们能够追踪自己的行为以及饮食习惯，还能提升个人的健康状况。因此，有必要真正理解大数据这个极其重要的议题。

大数据时代的数据复杂性更高，如数据的流模式获取、非结构化、语义的多重性等。数据可视化指综合运用计算机图形学、图像、人机交互等技术，将采集或模拟的数据映射为可识别的图形、图像、视频或动画，并允许用户对数据进行交互分析的理论、方法和技术。现代的主流观点将数据可视化看成传统的科学可视化和信息可视化的泛称，即处理对象可以是任意数据类型、任意数据特性以及异构异质数据的组合。

针对复杂和海量的数据，已有的统计分析或数据挖掘方法往往是对数据的简化和抽象，隐藏了数据集真实的结构，而数据可视化可还原乃至增强数据中的全局结构和具体细节。若将数据可视化看成艺术创作过程，则其最终生成的画面需达到真、善、美，以有效地挖掘、传播与沟通数据中蕴含的信息、知识与思想，实现设计与功能之间的平衡。

1. 真

真即真实性，指可视化结果是否正确地反映数据的本质。数据可视化之真是其实用性的基石。例如，在医学研究领域，数据可视化可以通过可视化不同形态的医学影像、化学检验、电生理信号、过往病史等，帮助医生了解病情发展、病灶区域，甚至拟定治疗方案。

2. 善

善即易感知，指可视化结果是否有利于公众认识数据背后所蕴含的现象和规律。可视化的终极目标在于帮助公众理解人类社会发展和自然环境的现状，实现政府与智能部门运行的透明性。

3. 美

美即艺术性，指可视化结果的形式与内容是否和谐统一，是否有艺术美感，是否有创新和发展。

好的可视化设计需要具备统计和设计方面的知识。没有前者，可视化只是插图和美术练习；没有后者，可视化就只是研究分析结果。但统计和设计只能帮助设计者完成数据图形的一部分。找到数据和它代表事物之间的关系按照“数字化叙事”去作设计，这是全面分析数据的关键，同样也是深层理解数据的关键。因此，数据可视化是在已识别、形式简约的情况下，尽可能做到美观。但不能为了追求简洁而导致信息不全，也不能为了追求美观而造成大量的数据冗余，关键数据不容易识别的现象。

可视化分析学是一门综合性学科，与多个领域相关，有信息可视化、科学可视化与计算机图形学等。与数据分析相关的领域包括信息获取、数据处理和数据挖掘。而在交互方面，则有人机交互、认知科学和感知等学科融合。可视化分析的基础理论和方法仍然是正在形成、需要深入探讨的前沿科学问题，在实际中的应用仍在迅速发展之中。

2.3.3 数据可视化面临的挑战

伴随着大数据时代的来临，数据可视化日益受到关注，可视化技术也日益成熟，但数据可视化依然存在许多问题，面临着巨大的挑战，具体包括以下几个方面。

(1) 数据规模大，已超越单机、外存模型甚至小型计算集群处理能力，而当前软件和工具运行效率不高，需探索全新思路解决该问题。

(2) 在数据获取与分析处理过程中，易产生数据质量问题，需特别关注数据的不确定性。

(3) 数据快速动态变化，常以流式形式存在，需要寻找流数据的实时分析与可视化方法。

(4) 面临复杂高维数据，当前的软件以统计和基本分析为主，分析能力不足。

(5) 多来源数据的类型和结构各异，已有方法难以满足非结构化、异构数据方面的处理需求。

2.3.4 数据可视化的现状及发展方向

数据可视化因为数据分析的火热而变得逐渐火热起来，但是数据可视化并不是一个新的技术，虽然数据可视化相对于数据分析来说相当的简单，但是数据可视化却是一个重要的技术。

在国外，数据可视化已经应用很成熟了，比如在新闻方面，借助于数据可视化技术，使用图像来传播信息，以提高新闻影响力。而在我国，数据可视化起步的时间较晚，但发展迅速，比如 360 平台的“360 星图”，依托 12 亿终端设备，使人们真切地看到大数据；再如阿里巴巴的淘宝指数，通过对旗下的电子交易产生的商业数据进行分析和可视化，为买家、卖家和其他第三方提供信息，进行分享；再比如国产的一款可视化工具——酷屏，其支持动态局部刷新，秒级响应，支持拖曳式操作，简便易上手，在易用性、性能、视觉、操作、图表分析方面有重要的设计决策。

数据可视化技术的发展主要集中在以下 3 个方向。

(1) 可视化技术与数据挖掘技术的紧密结合。数据可视化可以帮助人类洞察数据背后隐藏的潜在规律，进而提高数据挖掘的效率，因此，可视化与数据挖掘结合是可视化研究的一个重要方向。

(2) 可视化技术与人机交互技术的紧密结合。用户与数据交互，可方便用户控制数据，更好地实现人机交互，因此，可视化与人机交互相结合是可视化研究的一个重要发展方向。

(3) 可视化技术广泛应用于大规模、高纬度、非结构化数据的处理与分析。目前处在大数据时代，大规模、高纬度、非结构化数据层出不穷，若将这些数据以可视化形式完美地展示出来，对人们挖掘数据中潜藏的价值大有裨益。因此，可视化与大规模、高纬度、非结构化数据结合也是可视化研究的一个重要发展方向。

未来数据可视化已成为了必然趋势，国内的数据可视化工具也越来越多，数据可视化只有创新才能走得更远。越来越多的企业、政府等的应用场景也会普及数据可视化，根据实时的监控数据，把最新的数据展现在大屏幕上，清楚地看到自己想要的数据，同时根据这些数据作出决策的调整。

2.4 数据可视化分析常用工具介绍

大数据是当今最热门的技术之一，许多企业纷纷推出具备数据分析和可视化功能的软件。一些常见的、便于使用的数据可视化工具有 Excel、Tableau、quickBI、帆软等。本节从使用者的角度介绍 Excel 和 Tableau。

2.4.1 Excel 介绍

众所周知，Excel 是 Microsoft Office 中的一款电子表格软件，该软件通过工作簿(电子表格集合)来存储数据和分析数据，是常见的分析和显示数据的工具。现在的用户不仅需要基本的 Excel 功能，也需要 Excel 具备大数据分析能力。

Excel 的优势是功能全面而强大，操作简单。Excel 可生成诸如规划、财务等数据分析模型，并支持编写公式来处理数据和通过各类图表来显示数据。因此，Excel 也是许多专业数据分析员常用的入门工具之一，可以让数据分析工作变得轻松又简单。

Excel 提供了自动填充、自动更正、自动套用格式等方法，可以快速地输入数据，方便地选择数据和有效地设置数据格式；其预设定义了数学、财务、统计、查找和引用等类别的计算函数，可以通过灵活的计算公式完成各种复杂的计算和分析。Excel 提供了如柱形图、条形图、折线图、散点图、饼图等多种类型的统计图表，可以直观地展示数据各方面的指标和特性，并对数据进行分析和预测。Excel 还提供了数据透视表、模拟运算表、规划求解等多种数据分析和辅助决策工具，可以高效地完成各种统计分析、辅助决策的工作。

自 Excel 2013 以来，安装时自动增加了 PowerPivot 这组应用程序和服务，其强大的分析功能可以取代 Access 数据库中的一些基本功能，也简化了很多运算。在 Excel 2019 中，可以将数据模型视图另存为高分辨率图像文件，然后用于共享、打印或分析数据模型。Excel 2019 改进了【编辑关系】对话框，可更快创建更准确的数据关系。

本文使用 Excel 2019 实现数据可视化。

2.4.2 Tableau 软件概述

Tableau 是美国 Tableau 软件公司出品的一款专业的商业智能软件，主要面向企业数据提供可视化服务，能够满足企业的数据分析需求。在使用上，该软件方便快捷并且功能强大，采用简便的拖放式界面，用户不需要编写代码，就可以自定义视图、布局、形状、颜色等，快速展现各种不同的数据视角。

Tableau 简单、易用、快速，一方面归功于来自斯坦福大学的突破性技术。Tableau 是集复杂的计算机图形学、人机交互和高性能的数据库系统于一身的跨领域技术，如 VizQL 可视化查询语言和混合数据架构。另一方面在于 Tableau 专注于处理最简单的结构化数据，即已整理好的数据——Excel、数据库等，结构化数据处理在技术上难度较低，这样 Tableau 就可以把精力放在对快速、简单和可视化等方面作出更多的改进。

对比 Excel 来讲，Tableau 是专业化的商业智能工具，它的可视化更为突出，操作上较简便，并且可以连接各种类型的数据源，迅速进行海量数据处理。

2.4.3 Excel 和 Tableau 的区别

1. Excel 与 Tableau 的相同点

(1) 从功能上说，Excel 与 Tableau 都是数据分析的软件，它们可以通过从一系列的数据中生成交叉表、各种图形(直方图、条形图、饼图等)等来揭示业务的实质。

(2) 从操作上看，Excel 的数据透视表与 Tableau 生成图表的方式非常像，都是可以直接用鼠标选择行、列标签来生成各种不同的图形图表。

2. Tableau 的优势

(1) Tableau 更适合数据可视化。从本质上来说，Excel 是一种电子表格，它的功能非常多，比如记录数据、制作报表、画图，甚至游戏等，数据分析只是 Excel 的一种功能。在可视化数据方面，Tableau 比 Excel 做得更好。Tableau 投入了很多学术性精力研究人们喜欢什么样的图表，怎样在操作和视觉上给使用者带来极致的体验。它的设计、色彩、操作界面给人一种简单、清新的感觉。Tableau 可以一键生成一份美观的图表，Excel 要达到相同的效果可能要花大量的时间来调整颜色及字体等。

(2) Tableau 更适合创建交互式仪表板。例如，一个连锁的卖场，可能多个区域都在卖多种商品，如果在分析各个区域各个大类的商品的销售情况时，发现有一个地区销售情况很差，要想知道这个地区每个大类下各小类的销售情况以找到问题的原因。这个在 Tableau 中是很容易实现的，因为在 Tableau 中数据的汇聚及钻取只需要使用鼠标就可以做到。

(3) Tableau 可以管理大量的数据。Tableau 宣传它可以管理上亿的数据，这在 Excel 中是很难做到的，Excel 一般到几十万的数据时就非常卡了。Tableau 的性能主要是得益于它自己的数据引擎优化了 CPU 及内存，使用了一些高级查询技术来加快查询速度。

(4) Tableau 支持实时数据刷新。Tableau 可以连接多种数据源，呈现动态的数据变化，更加直观地进行数据分析和可视化呈现。Tableau 还可以实现数据与图表的完美嫁接，是人人都能使用的分析工具，简单易用。

(5) Tableau Desktop 拥有强大的性能，不仅能完成基本的统计预测和趋势预测，还能实现数据源的动态更新。能满足大多数企业、政府机构数据分析和展示的需要以及部分大学、研究机构可视化项目的要求，而且特别适合于企业。

Tableau Server 则是完全面向企业的商业智能应用平台，基于企业服务器和 Web 网页，用户使用浏览器进行分析和操作时，还可以将数据发布到 Tableau Server 与同事进行协作，实现了可视化的数据交互。

3. Excel 的优势

Tableau 是一款非常优秀的数据可视化软件。Excel 是最常用的办公软件，可以进行表格的编辑、表格化数据处理、制作数据图表等。在制作数据图表方面，Tableau 有其明显的优势，无论是制作过程、接入数据的种类、图表的演示效果等方面，Tableau 都展现出了非常优越的功能和性能。但是，Tableau 与 Excel 比还有很多不足，而且这些不足在很长一段时间内成为影响 Tableau 市场拓展的主要因素。

(1) Tableau 的普及很难达到 Office 办公软件的程度。Office 软件是装机必备，而 Tableau 的装机量显然远远达不到这个水平，这就要求用 Tableau 制作的文件必须被转换成图形格式，并被粘贴到相应的文件中，这就使得 Tableau 在展示过程中所独有的数据一致性的优势丧失殆尽。同时因为生成的是 JPEG 的图像格式，其显示的精度要低于 Excel 向 PowerPoint 文件粘贴的图像。另外，如果是整个仪表盘粘贴，各个图形之间没有空间像 PowerPoint 一样对图像进行标注和解释。仅仅这一点不足就足以使 Tableau 的优势丧失 1/3。

(2) Excel 在数据处理方面是根据工业化的管理理念发展到今天的，其表格化的数据结构和管理模式，还是比较适合静态的日常办公管理的。在传统的工业时代，大量的数据是以表格的形式存在的，Excel 无须进行数据转换，可以直接应用。对表格化的数据进行转化，是 Tableau 的一个大问题，数据少还没有问题，数据多了就很麻烦。

(3) 所有数据库都可以产生 Excel 类型的输出文件。Excel 中的数据透视表功能，可以方便地把数据库结构的数据源转换成表结构，所以 Excel 既可以处理表结构文件，也可以处理数据库结构文件。

(4) Excel 是一个载体，它提供了 VBA 语言可以做一些定制开发，还有很多 Excel 插件可以使用。比如在 Excel 中进行地图可视化、交互可视化，甚至连接数据库都可以使用插件来做到。Excel 中有大量的公式函数可以选择，以执行计算、分析信息并管理电子表格或网页中的数据信息列表与数据资料图表制作。例如，用于报表制作、数据处理、制作数据图表等。在数据处理方面，Excel 可以通过对行和列的设定，来对数据进行检索、计算等处理。在图表制作方面，Excel 可以制作简单的静态数据图表，比如最常用的条形图、线形图、饼图等。

但是 Excel 是静态数据的结构模式，无法展示动态数据，所以大多数人会利用 Excel 与 PowerPoint 结合，通过 PowerPoint 进行更加丰富的表达。并且 Excel 作为一款电子表格工具，其不适用于大型数据集。

本章小结

数据可视化主要旨在借助图形化手段，清晰有效地传达与沟通信息，并利用数据分析和开发工具发现其中未知信息的处理过程，从而形象、直观地表达数据蕴含的信息和规律。本章介绍了数据可视化的概念、发展历程、可视化的作用以及分类，详细讲解了格式塔理论、标记和视觉通道；数据可视化设计流程，主要包括数据采集、数据处理和变换、可视化映射、用户感知等设计步骤；数据可视化的应用领域、现状及发展方向。简单介绍了数据可视化分析常用的工具(Excel 2019 和 Tableau)。

习题

一、选择题

1. Data Visualization 的含义是(　　)。

A. 信息可视化　　B. 数据可视化
C. 科学计算可视化　　D. 知识可视化

2. 下列说法正确的是(　　)。

A. 用表现力更高的视觉通道编码数据中更重要的数据属性时，可视化结果的有效性更好
B. 标记是数据属性的值到标记的视觉表现属性的映射，用于展现数据属性的定量信息
C. 视觉通道是数据属性到可视化图形元素的映射，用于直观代表数据的性质分类
D. 以上都不正确

3. 下面不属于数据可视化的是(　　)。

A. 信息可视化　　B. 图形可视化
C. 科学可视化　　D. 可视化分析

4. 从宏观角度看，数据可视化的功能不包括(　　)。

A. 信息记录　　B. 信息的推理分析
C. 信息清洗　　D. 信息的传播

5. 下列叙述不正确的是(　　)。

A. 精确性是指描述可视化对数据信息的还原程度

B. 可辨认性是指区分同一视觉通道的多种取值状态

C. 视觉突出是指突出某一对象和其他所有对象不同

D. 可分离性是指多个视觉通道间相互关联，密不可分

6. 下面与数据可视化不是密切相关的选项是(　　)。

A. 信息图形　　B. 信息可视化

C. 科学可视化　　D. 信号处理

7. 市面上已经出现了众多的数据可视化软件和工具，下面不是大数据可视化工具的是(　　)。

A. Tableau　　B. PowerBI　　C. Echarts　　D. Photoshop

二、简答题

1. 什么是数据可视化？
2. 思考一下在日常生活中见到过哪些数据可视化作品。
3. 数据可视化未来的发展方向有哪些？

第3章 Excel 数据可视化分析方法

本章要点

◎ Excel 2019 的新增功能;

◎ 数据导入方法;

◎ Excel 实现数据清洗;

◎ 数据提取、合并、转换及数据抽样;

◎ 数据表格的图形化展示。

学习目标

◎ 掌握如何将外部数据导入 Excel 中;

◎ 能利用 Excel 实现数据清洗;

◎ 能对 Excel 中的数据进行提取、合并、抽样等;

◎ 熟练掌握 Excel 数据表格的图形化方法。

3.1 Excel 2019 介绍

Excel 是 Microsoft Office 中的一款电子表格软件，其主要功能是实现数据的输入和计算、数据的管理和分析。该软件通过工作簿(电子表格集合)来存储数据和分析数据。Excel 可生成诸如规划、财务等数据分析模型，并支持编写公式来处理数据和通过各类图表来显示数据。Excel 2019 开始集成一些企业级的功能/工具，如内置了 Power Query 插件、管理数据模型、预测工作表、PowerPrivot、PowerView 和 PowerMap 等数据查询分析工具。

企业需要将数据存储为不同的格式并存储在不同的容器中。Excel 2019 高级版提供了 Power BI 功能，可用来访问大量的企业数据，这样公司将能够访问存储在 Azure、Hadoop、Active Directory、Dynamic CRM、SalesForc 上的数据，而新的 PowerChart 是简单有用的数据可视化特性。

3.1.1 Excel 2019 的新增功能

与以前版本相比，Excel 2019 的功能更加强大，操作更加灵活。Excel 2019 继承了 Excel 2016 以功能区为操作主体的风格，更加便于用户操作。

Excel 2019 的新增功能如下。

1. 新增函数

Excel 2019 中新增了 CONCAT、IFS、MAXIFS、MINIFS、SWITCH、TEXTJOIN 等多个函数，不仅功能强大，而且可以简化之前版本函数参数繁杂的问题。

2. 增强的视觉对象

通过可缩放的向量图形(SVG)、将 SVG 图标转换为形状和插入 3D 模型来增强视觉效果。插入的 3D 模型可以 360° 旋转。此外，还增加了在线图标功能，如图 3-1 所示，大多数的图标结构简单、传达力强，可以像插入图片一样一键插入图标。

3. 新增图表

Excel 2019 引入了新的图表类型，如地图和漏斗图，如图 3-2 所示。地图图表可用来比较值和跨地理区域显示类别；漏斗图显示流程中多个阶段的值，如可以使用漏斗图来显示销售管道中每个阶段的销售潜在客户数。通常情况下，值逐渐减小，从而使条形图呈现漏斗形状。

4. 墨迹功能改进

Excel 2019 中的墨迹功能新增了金属笔以及更多的墨迹效果，如彩虹出釉、银河、熔岩、海洋、玫瑰金、金色、银色等色彩。此外，还可以根据需要创建一组个人使用的笔组，这样在所有 Windows 设备上的 Word、Excel 和 PowerPoint 中都可以使用该笔组。Excel 2019 还添加了墨迹公式功能，使得创建公式更简单。

5. 更佳的辅助功能

Excel 2019 提供了声音提示功能，在执行某些操作(如删除数据、修改数据)后会给出音频提示。

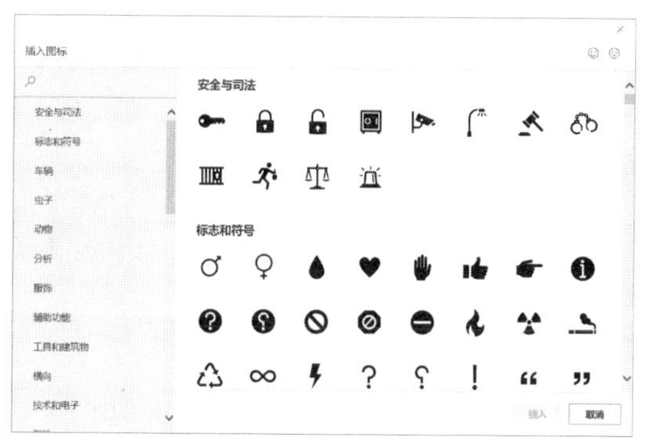
图 3-1 插入图标

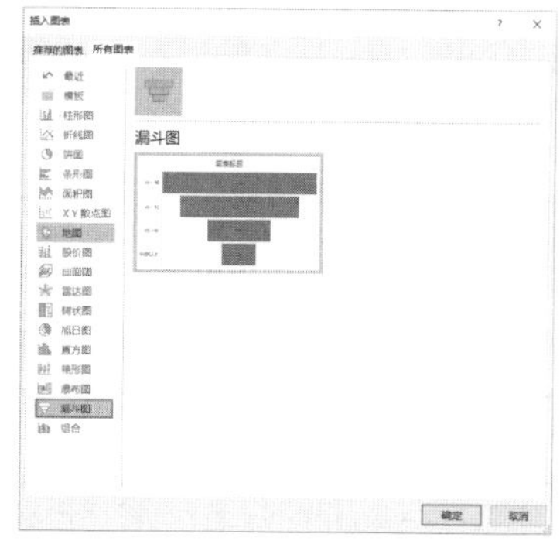
图 3-2 Excel 2019 新增图表

6. 增强的数据透视表功能

Excel 2019 中的数据透视表增强了个性化设置，默认的数据透视表布局，自动检测关系，创建、编辑和删除自定义度量值，自动时间分组等功能，可以使用户花费更少的精力来管理数据，从而提升工作效率。

7. 新的预测功能

新的预测功能如指数平滑法，可以更容易地分析数据。Excel 2019 中的其他数据分析功能列表如下。

(1) 自动关系检测，发现并创建可用于工作簿数据模型的图表关系，Excel 2019 可将用户需要的两个或多个表连接在一起并通知用户。

(2) 创建、编辑和删除自定义措施，可以直接从数据透视表字段列表来完成。

(3) 自动时间分组，通过自动监测和分组，能使用户更有效地使用数据透视表中的时间相关字段。

(4) 使用 PivotChart drill-down 按钮可在时间分组和其他数据层次结构间切换。

(5) 可通过数据透视表字段列表搜索整个数据集的重要字段。

(6) 智能重命名能够重命名工作簿数据模型的表和列。

(7) 多个可用性功能改进。例如延迟更新允许在 PowerPivot 中执行多个变化，不需要等到整个工作簿都已就绪，一旦 PowerPivot 窗口关闭，变化会一次发送出去。

3.1.2 安装 Office 2019 的硬件和操作系统要求

Office 2019 只支持 Windows 10 操作系统，不支持 Windows 7、Windows 8 操作系统。除了操作系统要求外，要安装 Office 2019，计算机硬件和软件的配置还要满足表 3-1 所示的要求。

表 3-1 安装 Office 2019 的硬件和软件要求

处理器	1.6GHz 或更快，2 核
内存	2GB RAM(32 位)；4GB RAM(64 位)
硬盘	4.0GB 可用磁盘空间
显示器	1280×768 屏幕分辨率

续表

操作系统	Windows 10、Windows Server 2019
浏览器	当前版本的 Microsoft Edge、Internet Explorer、Chrome 或 Firefox
.NET 版本	部分功能也可能要求安装.NET 3.5、4.6 或更高版本
多点触控	需要支持触摸的设备才能使用多点触控功能。但始终可以通过键盘、鼠标或其他标准输入设备或可访问的输入设备使用所有功能

3.2 Excel 数据的基本概念

3.2.1 数据表

数据表就是由字段、记录和数据类型构成的数据表。数据表设计的合理性直接影响后继数据处理的效率及深度。Excel 中常用的数据形式有一维表和二维表，从数据库的观点来说，维指的是分析数据的角度，一维表是最适用于透视和数据分析的数据存储结构。所谓一维表，也常称为流水线表格，就是工作表数据区域的顶端行为字段名(标题)，输入数据只需要一行一行添加即可，这些行称为数据(记录)，并且每列只包含一种类型的数据。二维表是一种关系型表格，通常数据区域的值需要通过行列同时确定。

判断数据表是一维表格还是二维表格的一个最简单的办法，就是看其每一列是否是一个独立的参数，如果每一列都是独立的参数就是一维表；二维表一般都是两个维度对应相应的数据，一般标题列对应一个维度，行对应一个维度，这样可以很详细地对数据进行展示；或者多列是同类参数就是二维表。如图 3-3 所示，1 月、2 月、3 月、4 月都属于月份，是同一类，则可以判断为二维表，而一维表中的列没有同类的，所以判断为一维表。

一维表

月份	地区	销售量	销售额
1月	北京	100	1200
2月	上海	200	2000
3月	杭州	300	1000
4月	哈尔滨	400	2300

二维表

地区	1月	2月	3月	4月
北京	100		64	72
上海	96	200	92	24
杭州	94	21	300	64
哈尔滨	41	30	97	100

图 3-3　一维表和二维表对比

一维表的优点是可以容纳更多的数据，可以让数据更多、更丰富、更详细。这种表格适合用来存储数据，如库存管理等，还可以作为数据分析的源数据，数据处理起来更方便。

二维表的优点是可以让数据看起来更加直观明显，这种表格一般用来展示数据，实现汇报表功能等。

为了后期更好地处理各种类型的数据表，建议在录入数据时，采用一维表的形式，避免采用二维表的形式对数据进行录入。如果获取的数据是二维表形式，在进行数据分析前需要将二维表转换为一维表。

将二维表转换为一维表的方法如下。

(1) 添加数据透视表功能。选择【文件】|【选项】菜单项，在弹出的【Excel 选项】对

话框中选择【自定义功能区】，在右侧列表框中选择【数据】选项卡，单击【新建组】按钮，再单击【重命名】按钮，将【新建组】名称修改为“数据透视表”；在【从下列位置选择命令】下拉列表框中选择【不在功能区中的命令】，然后在下面的列表框中选择【数据透视表和数据透视图向导】；选择右边【数据】选项卡下方刚建立的【数据透视表】，单击【添加】按钮，如图 3-4 所示。将【数据透视表和数据透视图向导】添加到自定义的数据透视表选项中。

图 3-4　将数据透视表和数据透视图向导添加到【数据】选项卡中

添加完成后的 Excel 数据透视表中的【数据透视表和数据透视图向导】将出现在【数据】选项卡中，如图 3-5 所示。

图 3-5　添加了【数据透视表和数据透视图向导】

(2) 单击【数据透视表和数据透视图向导】图标，弹出【数据透视表和数据透视图向导—步骤 1(共 3 步)】对话框，如图 3-6 所示，在【请指定待分析数据的数据源类型】选项区中选中【多重合并计算数据区域】单选按钮，【所需创建的报表类型】选项区中选中【数据透视表】单选按钮，单击【下一步】按钮。

(3) 在步骤 2a 界面的【请指定所需的页字段数目】选项区中选中【创建单页字段】单选按钮，如图 3-7 所示，单击【下一步】按钮。

(4) 在步骤 2b 界面中【选定区域】选择二维表所包含的单元格，单击【添加】按钮，将选择的区域添加到【所有区域】栏内，如图 3-8 所示，然后单击【下一步】按钮。

(5) 在步骤 3 界面中选择【数据透视表显示位置】为【新工作表】，如图 3-9 所示，单击【完成】按钮。生成的数据透视表如图 3-10 所示。

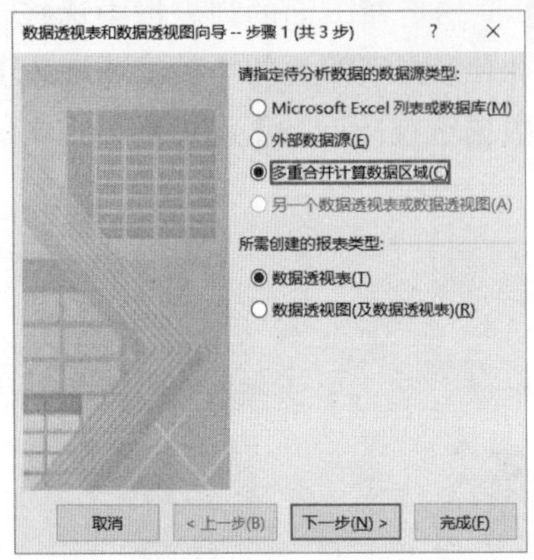

图 3-6 步骤 1 界面

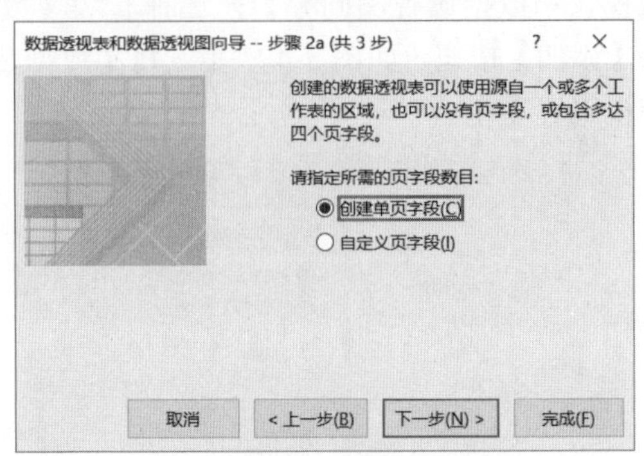

图 3-7 步骤 2a 界面

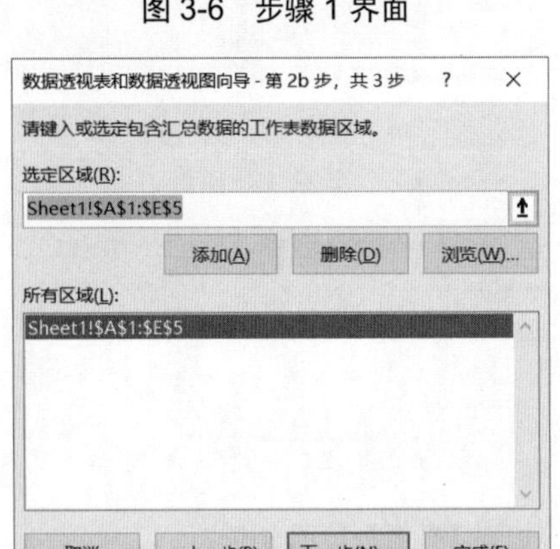

图 3-8 步骤 2b 界面

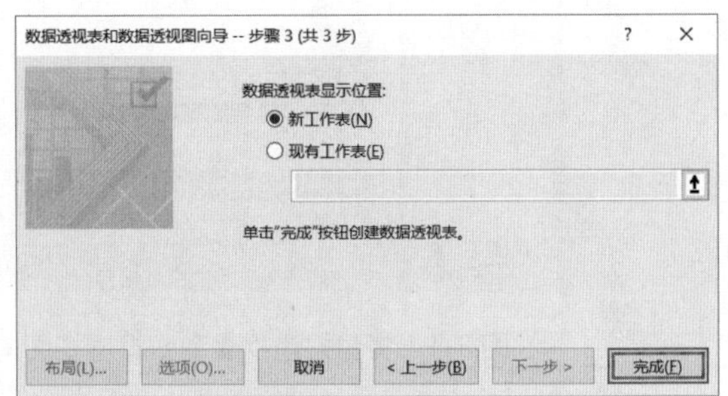

图 3-9 步骤 3 界面

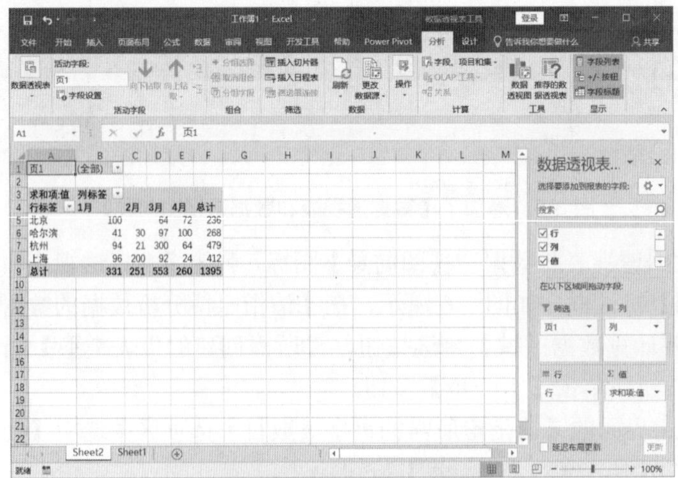

图 3-10 生成的数据透视表

(6) 双击行、列均为“总计”的 F9 单元格，此时 Excel 会自动创建一个新的工作表，并且是基于原二维表数据源生成的一维表格，如图 3-11 所示。

(7) 把数据表的列标题(字段)修改为相应的字段名称，不需要的列可以删除，修改后的一维表如图 3-12 所示。

	A	B	C	D	E
1	行	列	值	页1	
2	北京	1月	100	项1	
3	北京	2月		项1	
4	北京	3月	64	项1	
5	北京	4月	72	项1	
6	哈尔滨	1月	41	项1	
7	哈尔滨	2月	30	项1	
8	哈尔滨	3月	97	项1	
9	哈尔滨	4月	100	项1	
10	杭州	1月	94	项1	
11	杭州	2月	21	项1	
12	杭州	3月	300	项1	
13	杭州	4月	64	项1	
14	上海	1月	96	项1	
15	上海	2月	200	项1	
16	上海	3月	92	项1	
17	上海	4月	24	项1	
18					

图 3-11　基于原二维表数据源生成的一维表

	A	B	C	D
1	地区	月份	销售额	
2	北京	1月	100	
3	北京	2月		
4	北京	3月	64	
5	北京	4月	72	
6	哈尔滨	1月	41	
7	哈尔滨	2月	30	
8	哈尔滨	3月	97	
9	哈尔滨	4月	100	
10	杭州	1月	94	
11	杭州	2月	21	
12	杭州	3月	300	
13	杭州	4月	64	
14	上海	1月	96	
15	上海	2月	200	
16	上海	3月	92	
17	上海	4月	24	
18				

图 3-12　修改后的一维表

3.2.2　字段和记录

从数据分析的角度看，字段是事物或现象的某种属性，记录是事物或现象的某种属性的具体表现，也称为数据或属性值。字段可以简单理解为一个表中列的属性，而记录是表中的值。数据需要由字段和记录共同组合才有意义。

3.2.3　数据类型

Excel 中的数据类型就是指表中的记录的数据类型，一般一个表中一列数据的类型一致。在 Excel 中打开【设置单元格格式】对话框，可以看到 Excel 中支持的各种不同数据类型，如数值、货币、会计专用、日期、时间、文本、特殊或自定义等。

从数据分析的角度看，Excel 中常用的数据类型有数值型、文本型、日期型。

1．数值型数据

在 Excel 中，数值型数据包括 0～9 的数字以及含有正号、负号、货币符号、百分号等任一种符号的数据。默认情况下，数值自动沿单元格右边对齐。对于数值型数据，可以直接使用算术方法进行计算、汇总和分析等，如计算成绩分析表中某个学生的平均分、按平均分排序等。

2．文本型数据

在 Excel 中，字符型数据包括汉字、英文字母、空格等，每个单元格最多可容纳 32000 个字符。默认情况下，字符数据自动沿单元格左边对齐。文本型数据没有计算能力，可以使用字符串运算方法进行截取、统计、汇总和分析等，如分析学生优秀率、筛选不及格学生等。

3. 日期型数据

日期型数据是使用日期或时间进行计量的数据，如出生日期、入学日期等。对于日期型数据，可以使用日期或时间函数进行计算、统计、分析等，如分析学生信息表中学生年龄与分数的关系。

3.3 数据导入

3.3.1 文本数据导入

在日常工作中，用户往往需要使用 Excel 对其他软件系统生成的数据进行加工，这就需要将这些数据导入 Excel 中形成数据清单。

很多情况下，外部数据是以文本文件格式(.txt 文件或.csv)保存的，在导入文本格式的数据之前，可以使用记事本等文本编辑器打开数据源文件查看，以便对数据的结构有所了解。通常，以文本形式存储的数据，数据与数据之间会有固定宽度或用分隔符隔开，如图 3-13 所示，数据之间是用逗号分隔的。

学号,姓名,性别,平时成绩,考试成绩
2001047066,周明勇,男,84,78
2001047063,徐波,男,78,77
2001081078,莫世川,男,91,75
2001052001,和映雪,女,93,93
2001052021,赵宇,男,84,77
2001052029,胡洪明,男,84,79
2001052038,王孝颖,男,86,79
2001052064,刘蹇阳,男,83,80
2001052066,任添,男,81,82
2001052068,赵少华,男,79,65
2001052069,王学强,男,90,62
2001052071,冯超,男,84,78
2001052074,吴文均,男,78,67
2001053010,聂善波,男,98,90
2001053012,陈益彬,男,85,79

图 3-13 文本文件数据

【例 3-1】将“素材\第 3 章\学生成绩.txt”文本文件中的数据导入 Excel 文件中。可以使用 Excel 获取外部数据的功能导入文本文件中的数据，同时使用分列功能对原始数据进行处理。

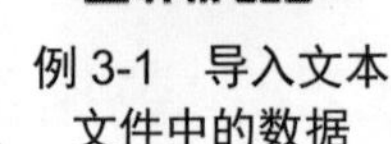
例 3-1 导入文本文件中的数据

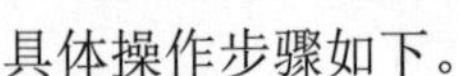
具体操作步骤如下。

(1) 新建 Excel 文件，单击【数据】选项卡，单击【获取和转换数据】中的【自文本/CSV】按钮，弹出【导入数据】对话框，选择需要导入的目标文本文件，单击【导入】按钮，或者直接双击文本文件。弹出图 3-14 所示的对话框，单击【加载】按钮，将文本数据导入 Excel 工作表中，如图 3-15 所示。

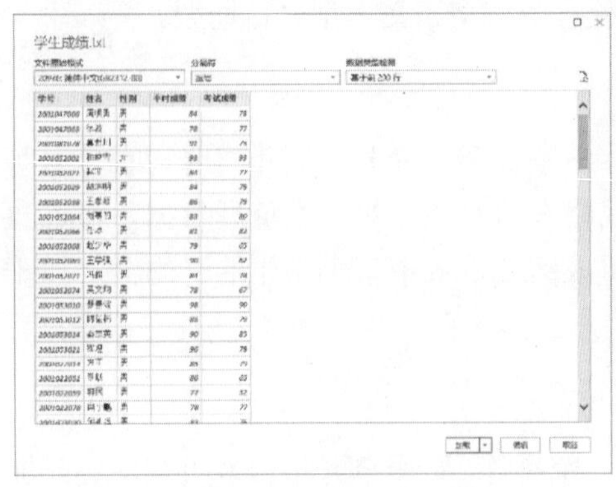

图 3-14 文本导入对话框

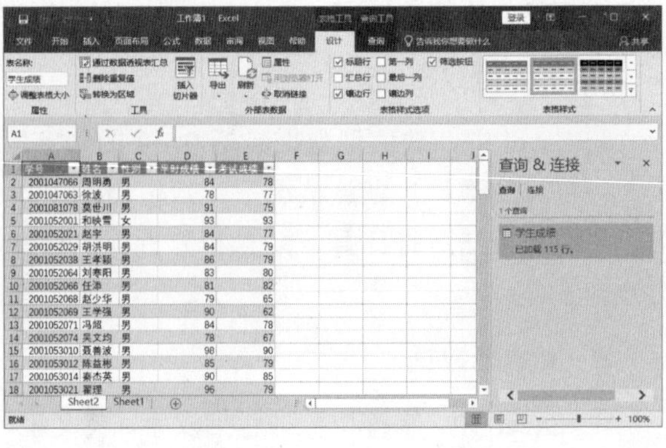

图 3-15 文本数据导入 Excel

(2) 为了显示旧版本 Excel 导入数据时出现的格式选项，可以进行如下设置：单击【文件】|【选项】命令，弹出【Excel 选项】对话框，选择【数据】，在【显示旧数据导入向导】

选项区勾选【从文本(I)(旧版)】复选框，如图 3-16 所示。

(3) 重新在【数据】选项卡中，单击【获取和转换数据】|【获取数据】|【传统向导】|【从文本(I)(旧版)】，选择要导入的文本数据，弹出【文本导入向导-第 1 步，共 3 步】对话框，如图 3-17 所示。

图 3-16 显示旧数据导入向导

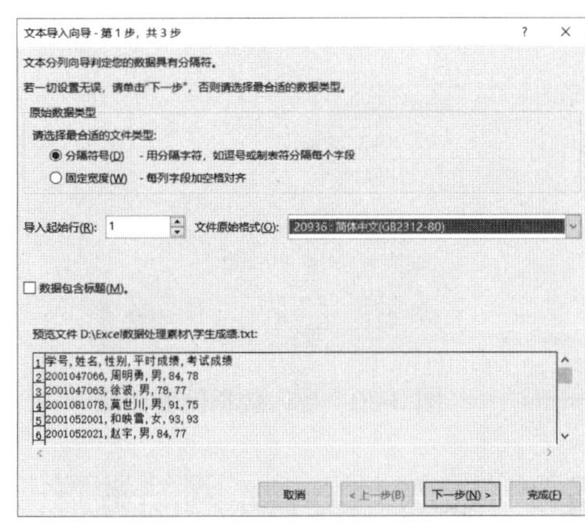

图 3-17 文本导入向导第 1 步

(4) 在【原始数据类型】选项区中选中【分隔符号】单选按钮。在【导入起始行】文本框中输入“1”，在【文件原始格式】里选择“简体中文(GB2312-80)”，设置完成单击【下一步】按钮。

(5) 由于本例中文本文件的数据使用了逗号(,)，所以，在图 3-18 所示界面【分隔符号】选项区勾选【逗号】复选框，勾选【连续分隔符号视为单个处理】复选框，单击【下一步】按钮。

(6) 在【文本导入向导—第 3 步，共 3 步】界面中可以设置每列的数据格式，如图 3-19 所示，如将学号、姓名、性别设置成文本型。

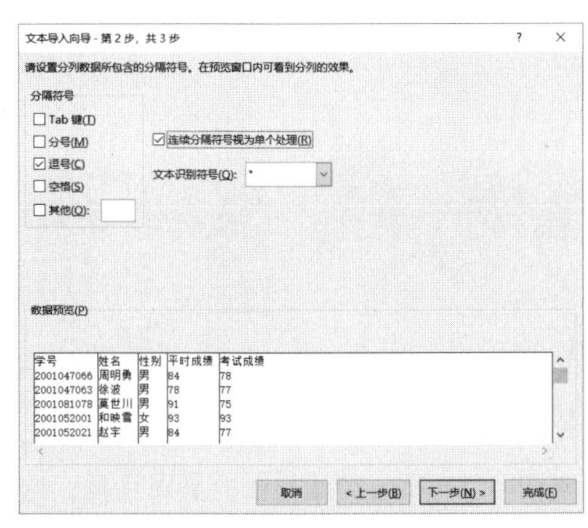

图 3-18 文本导入向导第 2 步

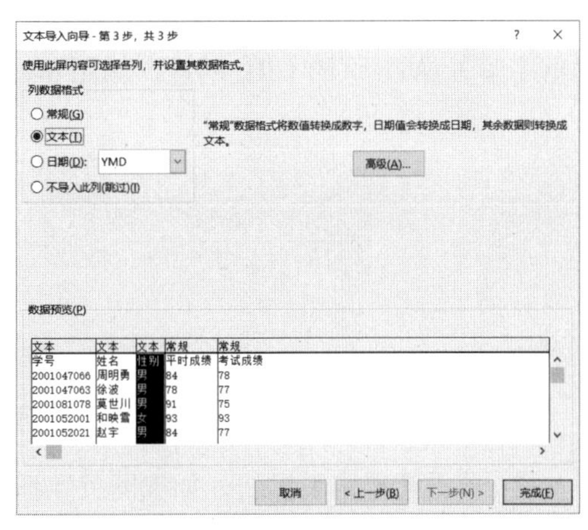

图 3-19 文本导入向导第 3 步

(7) 单击【完成】按钮，弹出【导入数据】对话框，根据需要可以选择相应的位置进行导入，如图 3-20 所示。

(8) 单击【确定】按钮，将文本数据导入 Excel 文件中，如图 3-21 所示。

图 3-20　导入数据位置选择

学号	姓名	性别	平时成绩	考试成绩
2001047066	周明勇	男	84	78
2001047063	徐波	男	78	77
2001081078	莫世川	男	91	75
2001052001	和映雪	女	93	93
2001052021	赵宇	男	84	77
2001052029	胡洪明	男	84	79
2001052038	王孝颖	男	86	79
2001052064	刘寒阳	男	83	80
2001052066	任添	男	81	82
2001052068	赵少华	男	79	65
2001052069	王学强	男	90	62
2001052071	冯超	男	84	78
2001052074	吴文均	男	78	67
2001053010	聂善波	男	98	90
2001053012	陈益彬	男	85	79
2001053014	秦杰英	男	90	85
2001053021	翟理	男	96	79
2001022014	方平	男	85	79
2001022051	章跃	男	86	65
2001022059	郭民	男	77	52
2001022078	肖小鹏	男	78	77
2001023020	何礼淳	男	83	76
2001023074	王小军	男	83	52
2001024024	何昊	男	84	70
2001024028	刘长茵	男	83	66
2001024032	何晓帆	男	82	65
2001024040	王小刚	男	84	79
2001024052	何磊磊	男	86	65
2001024062	刘俊	男	77	63

图 3-21　文本数据导入 Excel

3.3.2　导入 Internet 网站数据

在实际工作中，有时需要对网页上的一些数据信息进行分析。Excel 不但可以从外部数据库中获取数据，还可以从网页中轻松地获取数据。在 Excel 中，可以通过创建一个 Web 查询将包含在 HTML 文件中的数据插入 Excel 工作表中。并且，Excel 中还有刷新功能，即导入的网络数据可以根据网页数据的变化动态地更新，不需要再次导入数据就能获取最新的数据。

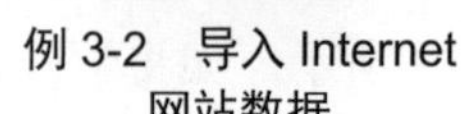

例 3-2　导入 Internet 网站数据

【例 3-2】将网页 http://www.mnw.cn/news/shehui/726472.html 中的“中国人口数量 2019 全国各省人口排名”数据导入 Excel 工作表中。

具体操作方法如下。

(1) 新建一个 Excel 文件，单击【数据】选项卡，再单击【获取和转换数据】|【自网站】，弹出【新建 Web】对话框，在对话框的 URL 文本框中输入 Web 页的 URL 网址，如图 3-22 所示。

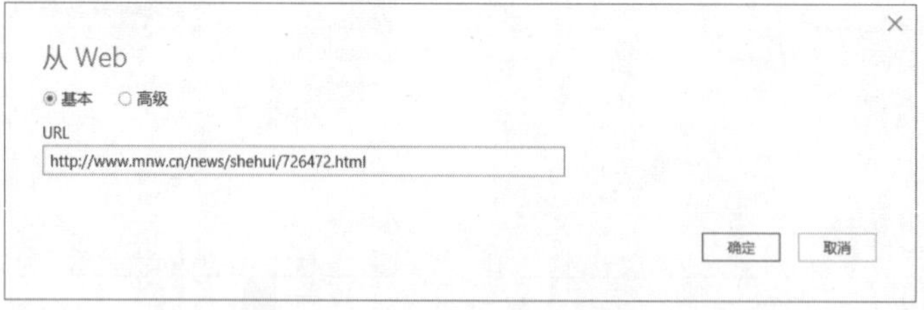

图 3-22　在 URL 文本框中输入网址

(2) 单击【确定】按钮，加载网页数据，弹出图 3-23 所示的【导航器】对话框。选择想要的数据，如 Table1，可以查看相应的数据。如果需要选择多个表，则勾选【选择多项】复选框。

(3) 单击【加载】下拉按钮，在下拉列表中选择【加载到】选项，弹出图 3-24 所示的对话框，选中【现有工作表】单选按钮，并在文本框中输入导入数据的起始单元格位置，如“=$A$1”。

(4) 单击【确定】按钮，即可导入该网页选定区域的数据获得更新数据。导入结果如图 3-25 所示。

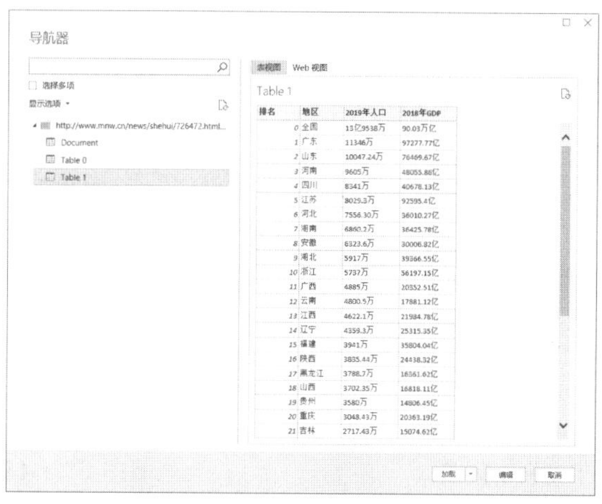

图 3-23　导航器

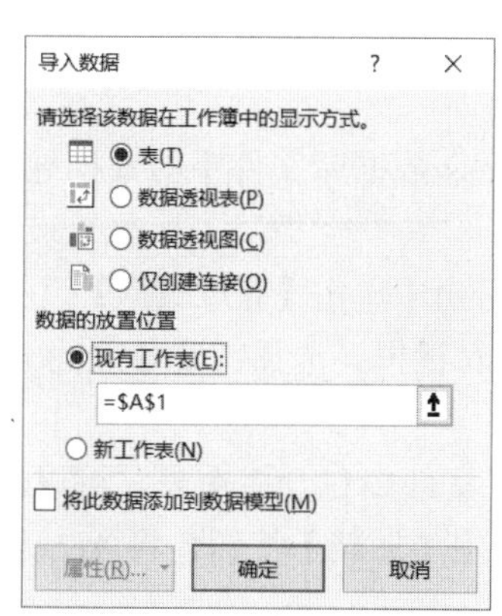

图 3-24　选择导入数据存放的位置

排名	地区	2019年人口	2018年GDP
0	全国	13亿9538万	90.03万亿
1	广东	11346万	97277.77亿
2	山东	10047.24万	76469.67亿
3	河南	9605万	48055.86亿
4	四川	8341万	40678.13亿
5	江苏	8029.3万	92595.4亿
6	河北	7556.30万	36010.27亿
7	湖南	6860.2万	36425.78亿
8	安徽	6323.6万	30006.82亿
9	湖北	5917万	39366.55亿
10	浙江	5737万	56197.15亿
11	广西	4885万	20352.51亿
12	云南	4800.5万	17881.12亿
13	江西	4622.1万	21984.78亿
14	辽宁	4359.3万	25315.35亿
15	福建	3941万	35804.04亿
16	陕西	3835.44万	24438.32亿
17	黑龙江	3788.7万	16361.62亿
18	山西	3702.35万	16818.11亿
19	贵州	3580万	14806.45亿
20	重庆	3048.43万	20363.19亿
21	吉林	2717.43万	15074.62亿
22	甘肃	2625.71万	8246.07亿
23	内蒙古	2534.0万	17289.22亿
24	新疆	2444.67万	12199.08亿
25	上海	2423.78万	32679.87亿
26	台湾	2369万	39001.04亿
27	北京	2170.7万	30319.98亿
28	天津	1559.60万	18809.64亿

图 3-25　网站数据导入 Excel 中

网站中的数据可能会更新，Excel 可以通过以下 3 种方法获得更新数据，分别是手动刷新、定时刷新、打开文件时自动刷新。

(1) 手动刷新数据。选中导入的外部数据区域中的任意单元格，单击【数据】选项卡，再单击【查询和连接】|【全部刷新】，如图 3-26 所示。或在导入的外部数据区域中的任意单元格上右击，在弹出的快捷菜单中选择【刷新】选项，都可以通过网络更新网页上的最新数据。

(2) 设置定时刷新数据。选中导入的外部数据区域中的任意单元格，单击【数据】|【查询和连接】|【全部刷新】|【连接属性】，弹出【查询属性】对话框，如图 3-27 所示。勾选【刷新频率】复选框，并设定刷新的间隔时间(分钟)，单击【确定】按钮完成设置。

(3) 打开工作簿时自动刷新。在如图 3-27 所示的【查询属性】对话框中，勾选【打开文件时刷新数据】复选框，单击【确定】按钮完成设置。当再次打开工作簿时，就会自动刷新数据。

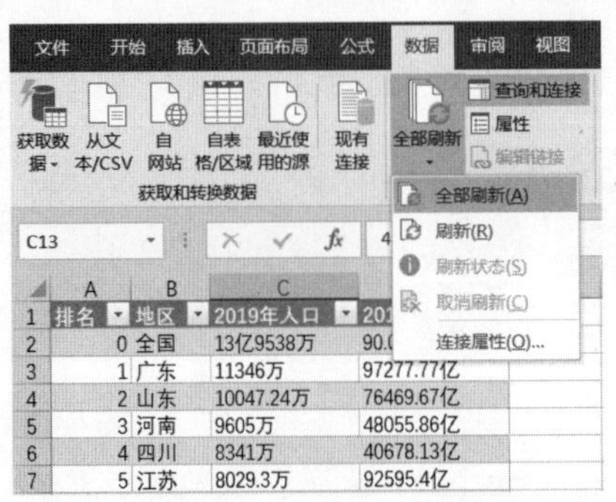

图 3-26　手动刷新数据

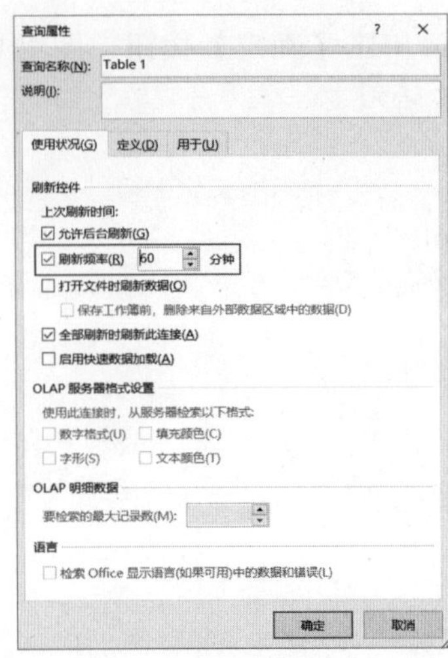

图 3-27　【查询属性】对话框

3.3.3　导入 Access 数据库数据

Excel 具有直接导入常见数据库文件的功能，可以方便地从数据库文件中获取数据。这些数据文件可以是 Microsoft Access 数据库、Microsoft SQL Server 数据库、Microsoft OLAP 多维数据集、dBase 数据库等。

通过获取外部数据的功能，可以将 Microsoft Access 数据库文件中的数据导入 Excel 工作表中，具体操作方法如下。

(1) 单击【数据】选项卡，在【获取和转换数据】分组中单击【获取数据】|【自数据库】|【从 Microsoft Access 数据库】，弹出【导入数据源】对话框，选择需要导入的 Access 数据库文件，然后单击【导入】按钮。

(2) 弹出图 3-28 所示的【导航器】，如果 Access 文件中包含多个表，可以勾选【选择多项】复选框，选择多个表。本例中选择表“1”，单击【加载】按钮，将 Access 数据库文件中的数据导入 Excel 中。

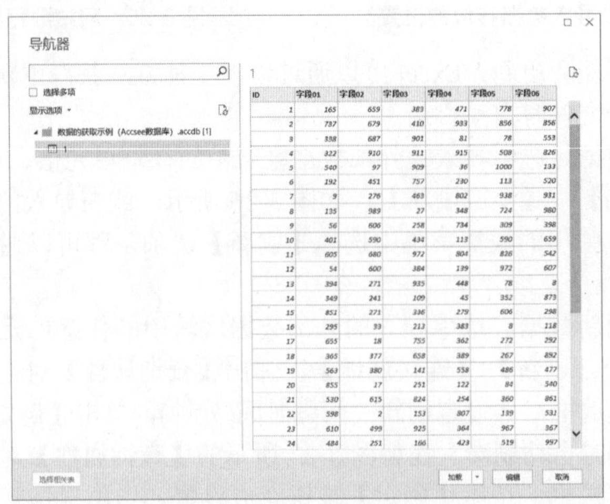

图 3-28　导入 Access 数据

3.3.4 有选择地导入 Excel 表数据

如果想按照一定的条件从外部数据源中有选择地获取部分数据，可以使用 Excel 的 Microsoft Query 功能。

【例 3-3】在“全球超市订单数据”明细表中，包括了“客户名称”“类别”“子类别”“产品名称”“数量”“利润”和“销售额”等 24 个字段，共 51 290 条记录，现需要将其中“客户名称”字段为 Aaron Bergman 且“商品类别”字段为“办公用品”的数据记录导入 Excel 工作表，新的数据表只保留“订单 ID”“客户 ID”“客户名称”“类别”“产品名称”“销售额”“数量”7 个字段。

例 3-3 选择性导入 Excel 表数据

具体的操作步骤如下。

(1) 在目标工作簿中单击【数据】|【获取和转换数据】|【获取数据】|【自其他来源】|【自 Microsoft Query】，弹出【选择数据源】对话框，如图 3-29 所示，在【数据库】选项卡的列表框中选择 Excel Files 选项，勾选【使用“查询向导”创建/编辑查询】复选框，单击【确定】按钮。

(2) 弹出【选择工作簿】对话框，找到需要导入的 Excel 文件，如图 3-30 所示，单击【确定】按钮。

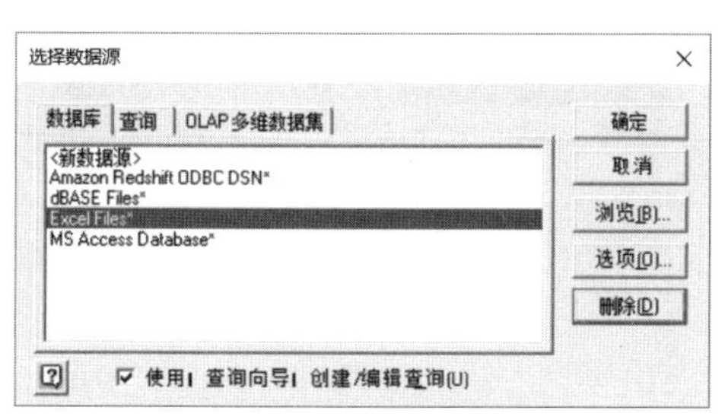

图 3-29 选择数据源

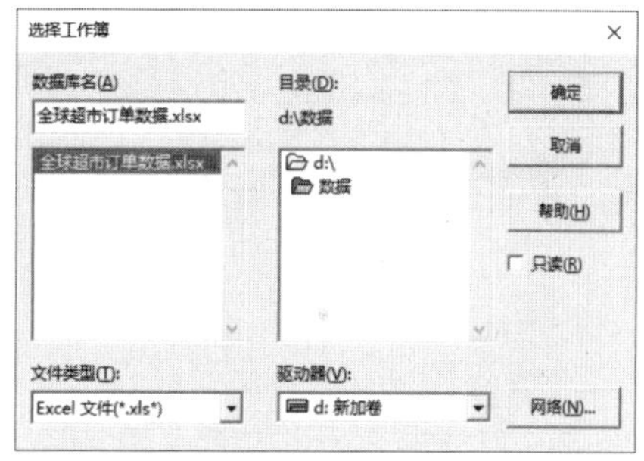

图 3-30 选择 Excel 工作簿

(3) 弹出【查询向导-选择列】对话框，【可用的表和列】列表框中展示了本工作簿可以使用的表和列树状结构，单击“+”按钮，就会展开相应数据表的子项目。单击名为“订单$”的数据源项左侧的“+”，或直接双击数据源项目，此时就会展开显示这个数据源所包含的数据字段名称，数据源项的“+”变成了“−”，如图 3-31 所示。

(4) 如果【可用的表和列】列表框中没有显示任何内容或弹出“数据源中没有包含可见的表格”对话框，则需要在图 3-29 所示的对话框中单击【选项】按钮，在弹出的【表选项】对话框中勾选【系统表】复选框，如图 3-32 所示，单击【确定】按钮返回【查询向导-选择列】对话框。

(5) 然后在【可用的表和列】列表框中选中需要在结果表中显示的字段名称，单击>按钮，所选择的字段就会自动显示在【查询结果中的列】列表框中，单击【下一步】按钮。

注意：【查询结果中的列】列表框中的项目可以通过右侧的微调按钮调整各次序，这个列表框显示的字段次序即为导入数据后字段的排列次序。

(6) 在弹出的【查询向导-筛选数据】对话框中的【待筛选的列】列表框中选中“客户名称”字段，在【只包含满足下列条件的行】的第一筛选条件中分别为其设置“等于”“Aaron

Bergman”，并选中【与】单选按钮；再选中“类别”字段，将第一个筛选条件设置为“等于”“办公用品”，并选中【与】单选按钮，即选择逻辑关系为“与”，表示需要同时满足这两个筛选条件，单击【下一步】按钮，如图 3-33 所示。

(7) 弹出【查询向导-排序顺序】对话框，在此可以对各字段列名进行排序，如在【主要关键字】下拉列表中选择“订单 ID”选项，选中右侧的【升序】单选按钮，单击【下一步】按钮，如图 3-34 所示。

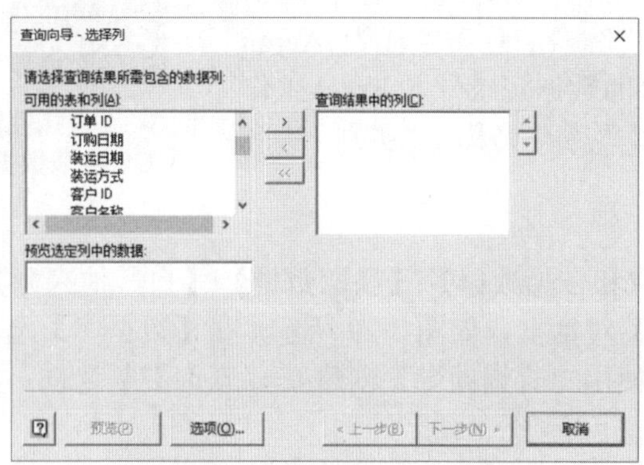

图 3-31　查询向导-选择列

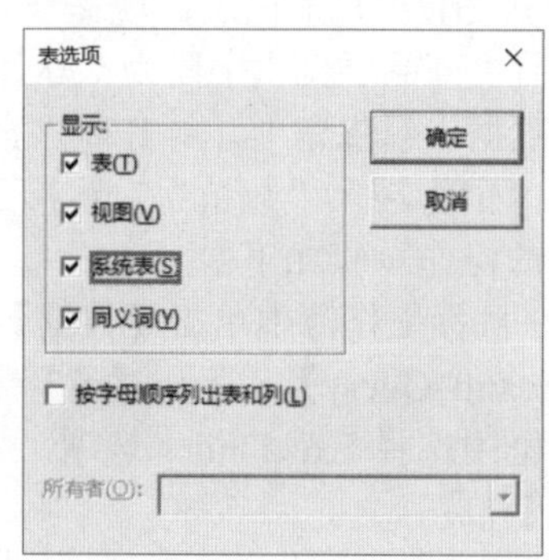

图 3-32　勾选【系统表】

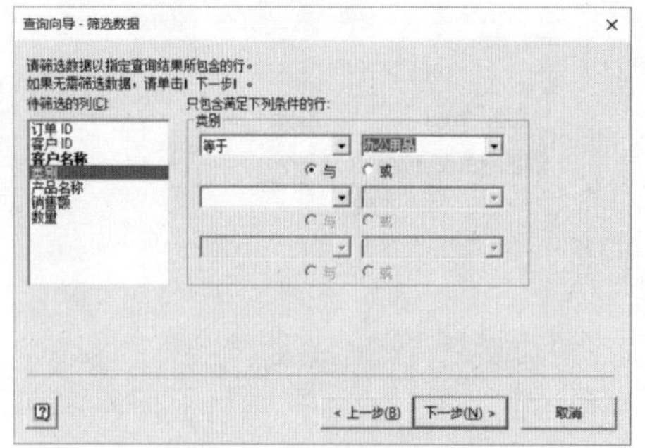

图 3-33　查询向导-筛选数据

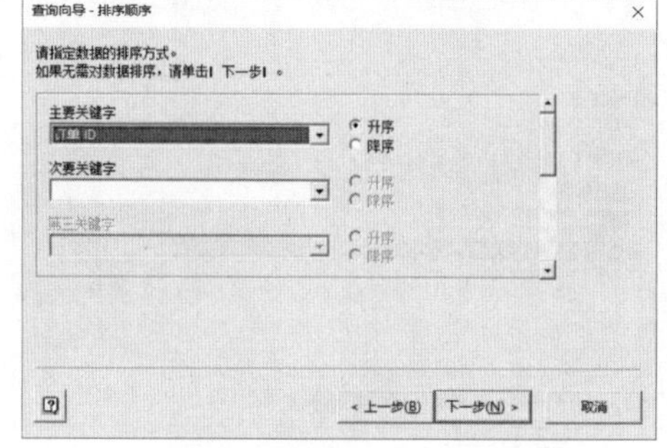

图 3-34　查询向导-排序顺序

(8) 弹出【查询向导-完成】对话框，选中【将数据返回 Microsoft Office Excel】单选按钮，单击【完成】按钮。此外，还可以单击【保存查询】按钮，将查询设置保存为“.bqy”类型的文件，以便于下次查询直接调用。

(9) 弹出【导入数据】对话框，选中【表】和【现有工作表】两个单选按钮，并在文本框中输入数据导入的起始单元格位置，单击【确定】按钮。

最终的导入结果如图 3-35 所示。

利用 Microsoft Query 功能导入数据，不仅可以导入 Excel 文件数据，还可以导入 Access 等数据库文件中的数据。多数情况下可以通过以上介绍的【自 Microsoft Query】命令直接导入数据，只有在执行下列特殊的查询任务时才需要使用 Query 或其他的程序。

(1) 数据导入 Excel 之前筛选数据行或列。

(2) 创建参数查询。

(3) 数据导入 Excel 之前进行排序。

(4) 连接多张数据列表。

	A	B	C	D	E	F	G
1	订单 ID	客户 ID	客户名称	类别	产品名称	销售额	数量
2	CA-2012-AB10015140-40958	AB-100151402	Aaron Bergman	办公用品	Akro Stacking Bins	12.624	2
3	CA-2012-AB10015140-40974	AB-100151404	Aaron Bergman	办公用品	Carina 42"Hx23 3/4"W Media Storage Unit	242.94	3
4	CA-2012-AB10015140-40974	AB-100151404	Aaron Bergman	办公用品	Newell 330	17.94	3
5	CM-2014-AB1522-41957	AB-1522	Aaron Bergman	办公用品	Boston Pencil Sharpener, Easy-Erase	120.84	4
6	CM-2014-AB1522-41957	AB-1522	Aaron Bergman	办公用品	Fiskars Trimmer, Easy Grip	175.68	4
7	ES-2012-AB10015139-41002	AB-10015139	Aaron Bergman	办公用品	Binney & Smith Markers, Fluorescent	50.7	2
8	ES-2012-AB10015139-41002	AB-10015139	Aaron Bergman	办公用品	Novimex Shipping Labels, Alphabetical	32.4	3
9	ES-2012-AB1001564-40988	AB-1001564	Aaron Bergman	办公用品	Harbour Creations Round Labels, Laser Printe	47.25	7
10	ES-2012-AB1001564-40988	AB-1001564	Aaron Bergman	办公用品	Elite Box Cutter, High Speed	104.67	3
11	ES-2012-AB1001564-41150	AB-1001564	Aaron Bergman	办公用品	Elite Letter Opener, High Speed	80.1	3
12	ES-2013-AB1001548-41345	AB-1001548	Aaron Bergman	办公用品	Stockwell Clamps, Bulk Pack	115.38	6
13	ES-2013-AB1001548-41345	AB-1001548	Aaron Bergman	办公用品	Tenex File Cart, Blue	239.76	2
14	ES-2015-AB1001545-42047	AB-1001545	Aaron Bergman	办公用品	Cardinal Binder Covers, Economy	12	1
15	ES-2015-AB1001564-42117	AB-1001564	Aaron Bergman	办公用品	Novimex Shipping Labels, Alphabetical	21.6	2
16	ID-2013-AB10015130-41636	AB-10015130	Aaron Bergman	办公用品	Wilson Jones Binding Machine, Clear	200.943	5
17	ID-2013-AB10015130-41636	AB-10015130	Aaron Bergman	办公用品	Acco Hole Reinforcements; Recycled	23.3064	4
18	ID-2015-AB1001559-42178	AB-1001559	Aaron Bergman	办公用品	Sanford Markers, Blue	67.89	4
19	ID-2015-AB1001559-42178	AB-1001559	Aaron Bergman	办公用品	Smead Folders, Single Width	72.708	5
20	ID-2015-AB1001559-42178	AB-1001559	Aaron Bergman	办公用品	Kleencut Letter Opener, Steel	50.3712	4
21	ID-2015-AB1001559-42178	AB-1001559	Aaron Bergman	办公用品	Tenex Box, Wire Frame	25.8462	2
22	ID-2015-AB1001559-42178	AB-1001559	Aaron Bergman	办公用品	Novimex Round Labels, 5000 Label Set	10.5894	3
23	IN-2014-AB1001558-41838	AB-1001558	Aaron Bergman	办公用品	Rogers Folders, Industrial	93.51	3
24	IN-2014-AB1001558-41838	AB-1001558	Aaron Bergman	办公用品	Rogers File Cart, Industrial	566.4	4
25	IN-2014-AB100157-41815	AB-100157	Aaron Bergman	办公用品	Cardinal Hole Reinforcements, Clear	12.96	3
26	IN-2014-AB100157-41815	AB-100157	Aaron Bergman	办公用品	OIC Clamps, Bulk Pack	88.965	5
27	IN-2014-AB100157-41941	AB-100157	Aaron Bergman	办公用品	Advantus Rubber Bands, Metal	30.078	2
28	IN-2015-AB1001558-42256	AB-1001558	Aaron Bergman	办公用品	Wilson Jones Binding Machine, Durable	50.46	1
29	IN-2015-AB1001558-42256	AB-1001558	Aaron Bergman	办公用品	Cardinal Index Tab, Clear	26.88	4

图 3-35　最终导入结果

注意：要使用 Excel 的“自 Microsoft Query”功能，用户必须安装 Microsoft Query，为此建议在安装 Excel 系统时使用完全安装方式。

3.4 Excel 实现数据清洗

对于海量数据来说，无论是手动录入还是从外部获取，难免会出现重复值、缺失值、无效值等不符合要求的数据。面对这样的数据，就需要进行清洗。数据清洗包括：清除不必要的重复数据、补充完整缺失的数据，检测逻辑错误的数据并纠正或删除，包括数据一致性的检查。数据清洗的目的是为后面的数据加工提供完整、简洁、正确的数据，将其更正为有实际意义的数据。

3.4.1　重复数据的处理

从数据源得到的数据不可避免地会有很多重复的数据。所谓重复项，通常是指数据清单中某些记录在各个字段中都有相同的内容。重复数据产生的原因一般是由于时间段过长，忘记前期已做记录，后期又重复录入；或同一工作任务被不同的人执行，导致相同的数据产生；也可能是在数据处理过程中产生重复数据。

【例 3-4】现有一张产品清单表出现重复记录，需要统计产品种类，因此该表中出现重复记录是不正确的，要求清除掉不必要的重复记录。

例 3-4、例 3-5
重复数据处理

下面介绍清除重复数据的几种处理方法。

1. 数据工具法

具体操作步骤如下。

(1) 打开“素材\第 3 章\数据清洗.xlsx”文件。

(2) 选定需要筛选出重复值的数据表，单击【数据】选项卡，再单击【数据工具】|【删除重复项】。

(3) 在弹出的【删除重复值】对话框中勾选一个或多个包含重复值的列，如图 3-36 所示，然后单击【确定】按钮。

此时会提示发现重复值的个数，并说明已将重复项删除，单击【确定】按钮，实现重复数据的清除，如图 3-37 所示。

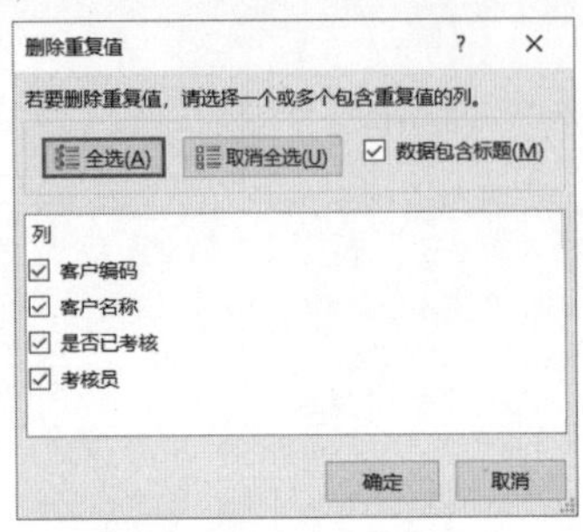

图 3-36 删除重复项

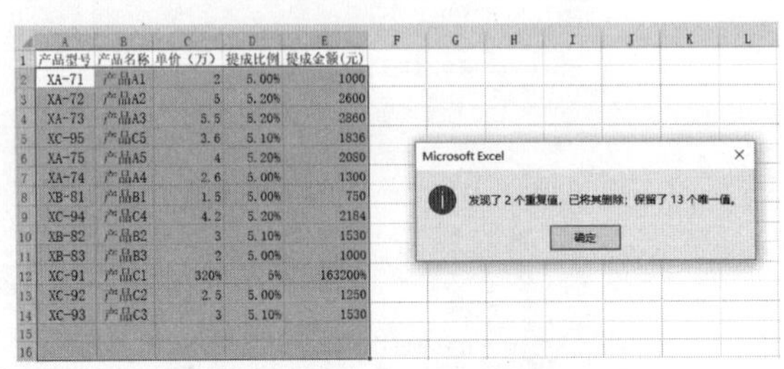

产品型号	产品名称	单价（万）	提成比例	提成金额(元)
XA-71	产品A1	2	5.00%	1000
XA-72	产品A2	5	5.20%	2600
XA-73	产品A3	5.5	5.20%	2860
XC-95	产品C5	3.6	5.10%	1836
XA-75	产品A5	4	5.20%	2080
XA-74	产品A4	2.6	5.00%	1300
XB-81	产品B1	1.5	5.00%	750
XC-94	产品C4	4.2	5.20%	2184
XB-82	产品B2	3	5.10%	1530
XB-83	产品B3	2	5.00%	1000
XC-91	产品C1	320%	5%	163200%
XC-92	产品C2	2.5	5.00%	1250
XC-93	产品C3	3	5.10%	1530

图 3-37 删除重复值后的数据

2．高级筛选法

在 Excel 里，可以利用筛选功能筛选出非重复项，具体操作步骤如下。

(1) 选中需要筛选数据所在的单元格，单击【数据】选项卡，在【排序和筛选】中单击【高级】按钮，弹出【高级筛选】对话框，如图 3-38 所示，在【方式】选项区选中【将筛选结果复制到其他位置】单选按钮，在【复制到】里选择“H1”，勾选【选择不重复的记录】复选框。

产品型号	产品名称	单价（万）	提成比例	提成金额(元)
XA-71	产品A1	2	5.00%	1000
XA-72	产品A2	5	5.20%	2600
XA-73	产品A3	5.5	5.20%	2860
XC-95	产品C5	3.6	5.10%	1836
XA-75	产品A5	4	5.20%	2080
XA-74	产品A4	2.6	5.00%	1300
XB-81	产品B1	1.5	5.00%	750
XC-94	产品C4	4.2	5.20%	2184
XB-82	产品B2	3	5.10%	1530
XB-83	产品B3	2	5.00%	1000
XC-91	产品C1	320%	5%	163200%
XC-92	产品C2	2.5	5.00%	1250
XC-93	产品C3	3	5.10%	1530
XA-75	产品A5	4	5.20%	2080
XC-94	产品C4	4.2	5.20%	2184

高级筛选
方式
在原有区域显示筛选结果(F)
将筛选结果复制到其他位置(O)
列表区域(L): $A$1:$E$16
条件区域(C):
复制到(T): Sheet1!$H$1
选择不重复的记录(R)
确定
取消

图 3-38 通过高级筛选去掉重复项

(2) 单击【确定】按钮，系统自动把筛选后没有重复的数据存储在从单元格 H1 开始的区域内。

3．函数法

使用 COUNTIF()函数实现重复数据的识别。

功能：COUNTIF()函数是对指定区域中符合指定条件的单元格计数。

语法：COUNTIF(range, criteria)

其中，range 表示要计算的非空单元格数目的区域；criteria 是以数字、表达式或文本形式定义的条件。

一般数据库中的数据均有一个主键，即不允许重复的键，计算主键的重复次数如果大于 1 即为重复的，删除重复的即可。

具体操作步骤如下。

(1) 在“产品型号”和“产品名称”之间插入一列，在 B2 单元格输入“=COUNTIF(A:A,A2)”，按 Enter 键，此时 B2 单元格的数值为 1；再通过 B2 单元格右下角的填充柄，完成 B3:B16 的计算，结果如图 3-39 所示。

(2) 删除数值大于 1 的记录，使所有标记数值都为 1 即可。

B2　=COUNTIF(A:A,A2)

	A	B	C	D	E	F	G	H	I
1	产品型号		产品名称	单价（万）	提成比例	提成金额(元)			
2	XA-71	1	产品A1	2	5.00%	1000			
3	XA-72	1	产品A2	5	5.20%	2600			
4	XA-73	1	产品A3	5.5	5.20%	2860			
5	XC-95	1	产品C5	3.6	5.10%	1836			
6	XA-75	2	产品A5	4	5.20%	2080			
7	XA-74	1	产品A4	2.6	5.00%	1300			
8	XA-75	2	产品A5	4	5.20%	2080			
9	XB-81	1	产品B1	1.5	5.00%	750			
10	XC-94	2	产品C4	4.2	5.20%	2184			
11	XB-82	1	产品B2	3	5.10%	1530			
12	XB-83	1	产品B3	2	5.00%	1000			
13	XC-91	1	产品C1	320%	5%	163200%			
14	XC-92	1	产品C2	2.5	5.00%	1250			
15	XC-93	1	产品C3	3	5.10%	1530			
16	XC-94	2	产品C4	4.2	5.20%	2184			

图 3-39　使用 COUNTIF()函数

4．条件格式法

有时不能确定工作表中是否有重复项，需要将这些重复数据标记出来。在 Excel 中，通过设置条件格式，能够快速实现对重复数据的标记。

选定需要清除重复值的列，单击【开始】选项卡，在【样式】|【条件格式】|【突出显示单元格规则】里选择【重复值】选项，弹出【重复值】对话框，如图 3-40 所示，将重复的数据及所在单元格设置为不同的颜色，然后根据需要进行删除即可。

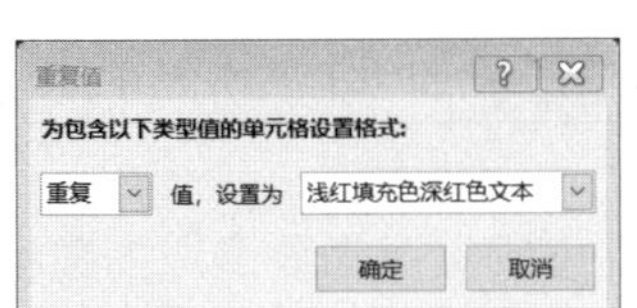

	A	B	C	D	E	F
1	产品型号		产品名称	单价（万）	提成比例	提成金额(元)
2	XA-71	1	产品A1	2	5.00%	1000
3	XA-72	1	产品A2	5	5.20%	2600
4	XA-73	1	产品A3	5.5	5.20%	2860
5	XC-95	1	产品C5	3.6	5.10%	1836
6	XA-75	2	产品A5	4	5.20%	2080
7	XA-74	1	产品A4	2.6	5.00%	1300
8	XA-75	2	产品A5	4	5.20%	2080
9	XB-81	1	产品B1	1.5	5.00%	750
10	XC-94	2	产品C4	4.2	5.20%	2184
11	XB-82	1	产品B2	3	5.10%	1530
12	XB-83	1	产品B3	2	5.00%	1000
13	XC-91	1	产品C1	320%	5%	163200%
14	XC-92	1	产品C2	2.5	5.00%	1250
15	XC-93	1	产品C3	3	5.10%	1530
16	XC-94	2	产品C4	4.2	5.20%	2184

图 3-40　标记重复数据

5．限制输入重复数据

在输入某些数据，如学号或编号时，为了防止重复输入数据，可以使用数据验证限制用户输入重复数据。

【例 3-5】在图 3-41 所示的学生成绩表中，要求 A 列的“学号”不能重复输入。

	A	B	C	D	E	F	G
1	学号	姓名	性别	线性代数	高等数学	大学英语	大学物理
2	100119	章中承	男	83	59.7	91	77
3	100120	薛利恒	男	34	52.9	60	96
4	100121	张月	女	74	65.8	38	88
5	100122	萧潇	女	46	82.9	75	54
6	100123	张志强	男	49	82.9	57	70
7	100124	章燕	女	72	68.8	90	35
8	100125	刘刚	男	81	49.9	95	78
9	100126	苏武	男	68	89.3	94	91

图 3-41　学生成绩表

例 3-5　重复数据处理

具体操作步骤如下。

(1) 选中 A 列，单击【数据】|【数据工具】|【数据验证】，弹出【数据验证】对话框。

(2) 切换到【设置】选项卡，在【允许】下拉列表中选择【自定义】选项，在【公式】文本框中输入“=COUNTIF(A:A,A1)=1”，如图 3-42 所示，单击【确定】按钮。

(3) 设置完成后，当在 A 列中输入重复学号时，会弹出图 3-43 所示的提示框，限制输入重复值。

图 3-42　设置不重复输入数据

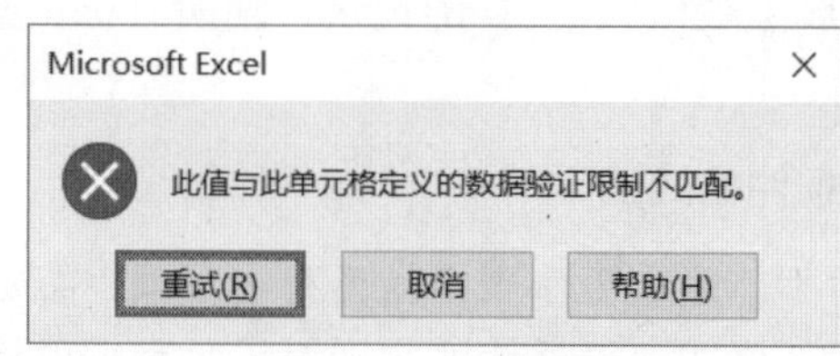

图 3-43　错误提示

如果不再需要使用单元格值的数据验证，可以对其进行删除，在图 3-42 所示的对话框中单击【全部清除】按钮即可。

3.4.2　缺失数据的处理

数据缺失是指数据在收集过程中由于缺少信息而造成的数据的聚类、分组、删失或截断。它是指现有数据集中某个或某些属性的值是不完整的。如果缺失值太多，说明数据收集过程存在问题，可以接受的缺失值应该控制在 10%以下。缺失值产生的原因多种多样，主要分为机械原因和人为原因。

(1) 机械原因是指由于机械原因导致的数据收集或保存失败造成的数据缺失，比如数据存储的失败、存储器损坏、机械故障导致某段时间数据未能收集(对于定时数据采集而言)。

(2) 人为原因是指由于人的主观失误、历史局限或有意隐瞒造成的数据缺失，比如，在市场调查中被访人拒绝透露相关问题的答案，或者回答的问题是无效的，数据录入人员失误漏录了数据等。

缺失数据定位后就可以进行数据填充了，处理数据缺失值常用的有 4 种方法。

(1) 将有缺失值的记录删除，这样将导致样本量减少。

(2) 用一个统计模型计算出来的值代替缺失值。

(3) 用一个样本统计计量的值代替缺失值，最典型的做法是使用该变量的样本平均值代替缺失值。

(4) 将有缺失的记录保留，只在相应的分析中作必要的排除。

对于缺失的数据，可以用查找替换的方法进行修复。

例 3-6　缺失值处理

【例 3-6】打开“素材\第 3 章\缺失数据.xlsx”文件。该工作表为统计某一地区的平均值，但获取的数据中，男女身高都有缺失值，为了分析方便，可以用男性或女性的平均身高来各自填充缺失的身高值。

查看数据缺失，首先应该定位缺失的数据所在的单元格，具体操作步骤如下。

(1) 选中男性身高的数据区域。

(2) 单击【开始】选项卡，单击【编辑】|【查找和选择】|【定位条件】，弹出【定位

条件】对话框，选中【空值】单选按钮，如图 3-44 所示，单击【确定】按钮，则所有的空值都被一次性选中。

(3) 再单击【开始】|【编辑】|【查找和选择】|【替换】，弹出【查找和替换】对话框，如图 3-45 所示，用男性平均身高填充缺失项即可。

图 3-44　定位缺失数据位置

图 3-45　替换缺失值

3.4.3　错误数据规整

在实际工作过程中，难免会出现错误数据，产生的原因往往是业务系统不够健全，在接收数据输入后没有进行判断就直接写入后台数据库造成的，比如数值数据输成全角字符、日期格式不正确、日期越界等。对于有逻辑错误的数据，在分析之前需要清除逻辑错误。所谓逻辑错误就是不应该取的值出现在数据表的值上，如性别栏只能是男或女，如果出现了其他值，就出现了错误。对于有逻辑错误的数据，可以使用 if()函数来判断，然后用 and 或 or 函数找出错误并加以修改，也可以使用 IFERROR 函数。下面先简单介绍这几种函数的用法。

1. if 函数

功能：判断是否满足某个条件，如果满足返回一个值，如果不满足则返回另一个值。

语法：if(logical_test, value_if_true, value_if_false)

其中，logical_test 代表任何可能被计算为 true 或 false 的数值或表达式；value_if_true 是 logical_test 为 true 时的返回值，如果忽略，则返回 true；value_if_false 为 logical_test 为 false 时的返回值，如果忽略，则返回 false。

2. and 函数

功能：检查是否所有参数均为 true，如果所有参数值均为 true，则返回 true。

语法：and(logical1, logical2,...)

其中，logical1,logical2,...是 1～255 个结果为 true 或 false 的检测条件，检测内容可以是逻辑值、数组或引用。

or()函数与 and()函数类似，但在 or()函数中，如果任一参数值为 true，即返回 true，只有当所有参数值均为 false 时才返回 false。

【例 3-7】用 IF 函数判断性别是否有问题。

具体操作步骤如下。

可在 G2 单元格中输入“=IF(OR(B2="F",B2="M"),"正常","异常")”，此时 G2 单元格内容显示为正常，复制公式后，结果如图 3-46 所示。

	A	B	C	D	E	F	G	H
1	会员编号	性别	生日	职业	省份	入会管道	判断性别列是否正常	
2	A1101	F	1956/4/21	行政及主	北京市	DM	正常	
3	A1102	M	1995/5/9	技术性人	甘肃省	自愿	正常	
4	A1103	F	1949/4/30	服务工作	广东省	DM	正常	
5	A1104	F	1963/10/10	服务工作	广东省	自愿	正常	
6	A1105	M	1992/5/7	行政及主	北京市	自愿	正常	
7	A1106	F	1964/7/26	服务工作	北京市	DM	正常	
8	A1107	F	1979/9/28	行政及主	吉林省	广告	正常	
9	A1108	M	1955/4/8	家政管理	湖北省	自愿	正常	
10	A1109	F	1996/2/21	其他	河南省	DM	正常	
11	A1110	N	1962/3/12	服务工作	广西省	自愿	异常	
12	A1111	F	1976/1/9	行政及主	北京市	DM	正常	
13	A1112	F	1942/1/14	技术性人	甘肃省	自愿	正常	
14								

图 3-46　利用 IF 函数判断性别列是否异常

3．IFERROR 函数

语法：IFERROR(Value,Value_if_error)

功能：当 value 是个错误值时，该公式将返回 value_if_error 参数的值，否则直接返回 value。

如果出现的错误类型并不影响计算结果，可以显示为空白或用 9 代替，以方便查阅。例如利用公式“=IFERROR(B2,0)”来判断 B2 单元格中的值，如果为一个错误值，就返回 0，否则返回 B2 中的值。

3.5 数据转换

数据经过清洗后，还需要进一步对数据进行信息的提取、计算、分组、转换等处理，变成我们需要的数据表。

3.5.1 数据提取

数据提取是指保留数据表中某些字段的部分信息，组合成一个新的字段。可以进行字段分列即截取某字段的部分信息，如抽取身份证号中的出生年月；也可以进行字段合并，如将某几个字段合并为一个新字段；也可以进行字段匹配，如将原数据表中没有但其他数据表中有的字段有效地匹配为新的字段。

字段分列常用方法有两种：菜单法和函数法。

1．菜单法

例 3-8～例 3-10
数据提取

【例 3-8】打开“素材\第 3 章\数据提取.xlsx”文件，从工作表的“生日”字段中提取出“出生年份”“出生月份”和“出生日期”三个字段。

具体操作步骤如下。

(1) 选中需要分列的“生日”字段，在其后分别插入三列。单击【数据】|【数据工具】|【分列】，在弹出的【文本分列向导-第 1 步，共 3 步】对话框中选中【分隔符号】单选按钮，如图 3-47 所示。

(2) 单击【下一步】按钮，对话框界面切换到【文本分列向导-第 2 步，共 3 步】，在

【分隔符号】选项区中勾选【其他】复选框，并输入“/”，如图 3-48 所示。

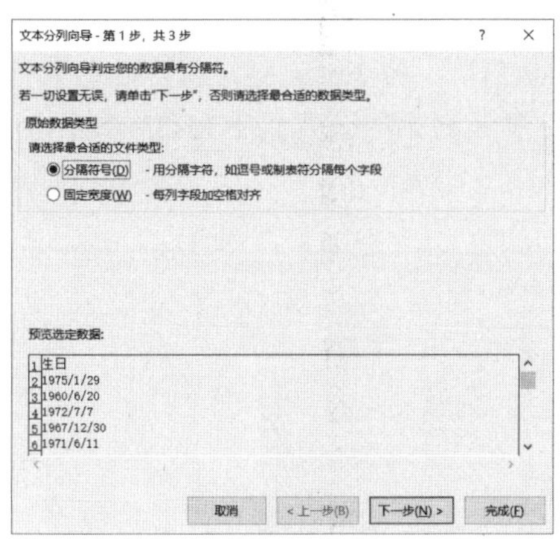

图 3-47　文本分列向导 第 1 步

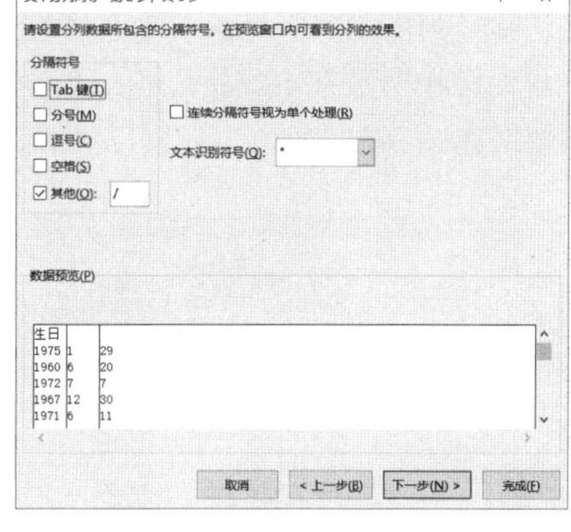

图 3-48　文本分列向导 第 2 步

(3) 单击【下一步】按钮，对话框界面切换到【文本分列向导-第 3 步，共 3 步】，分别设置分隔后的每个列的属性，【目标区域】选择“F1”单元格，如图 3-49 所示。

(4) 单击【完成】按钮。分别在 F1、G1、H1 单元格输入“出生年份”“出生月份”和“出生日期”，如图 3-50 所示。

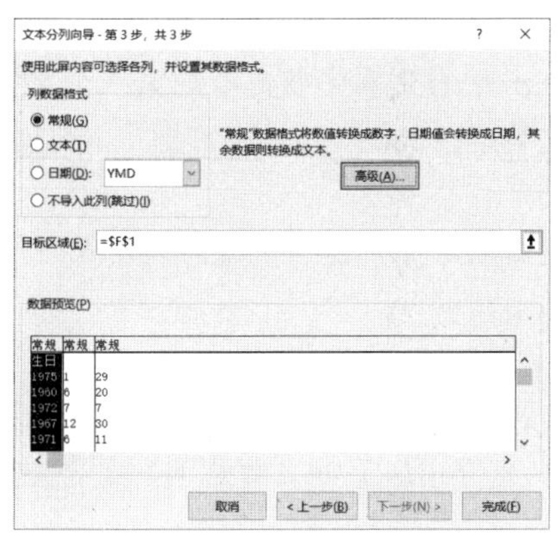

图 3-49　文本分列向导 第 3 步

图 3-50　分列完成后的表

2．函数法

如果需要提取特定的几个字符或其中的第几个字符，并且没有特定的分隔符，这时就需要借助 Excel 的 LEFT()或 RIGHT()、MID 等函数来实现。下面来介绍这几种常用函数的用法。

1) LEFT()函数、RIGHT()函数

功能：从一个文本字符串的第一个字符开始返回指定个数的字符。

语法：LEFT(text, num_chars)

text 表示要提取字符的字符串，也可以是单元格的引用。num_chars 表示要提取的字符个数，num_chars 必须大于或等于 0。如果 num_chars 大于文本长度，则 LEFT 返回所有文本；如果忽略 num_chars，则默认为 1。

RIGHT(text, num_chars)函数是从 text 的右边提取 num_chars 个字符。

【例 3-9】打开“素材\第 3 章\利用函数提取数据.xlsx”文件，在“订单 ID”字段中提取订单编号，订单 ID 字段中的后 5 位数字可以作为订单号。具体操作步骤如下。

在订单号列的 B2 单元格中输入“=RIGHT(A2,5)”，按 Enter 键，就可以截取订单 ID 的后 5 位为订单号放在 B2 单元格，接着复制 B2 单元格中的公式到 B3:B23 单元格中，完成后的数据如图 3-51 所示。

B2 =RIGHT(A2,5)

订单 ID	订单号	订购日期	装运日期	装运方式	客户 ID	客户名称	细分市场
CA-2014-AB10015140-41954	41954	2014/11/11	2014/11/13	一级	AB-100151402	Aaron Bergman	消费者
IN-2014-JR162107-41675	41675	2014/2/5	2014/2/7	二级	JR-162107	Justin Ritter	公司
IN-2014-CR127307-41929	41929	2014/10/17	2014/10/18	一级	CR-127307	Craig Reiter	消费者
ES-2014-KM1637548-41667	41667	2014/1/28	2014/1/30	一级	KM-1637548	Katherine Murray	家庭办公室
SG-2014-RH9495111-41948	41948	2014/11/5	2014/11/6	当日	RH-9495111	Rick Hansen	消费者
IN-2014-JM156557-41818	41818	2014/6/28	2014/7/1	二级	JM-156557	Jim Mitchum	公司
IN-2012-TS2134092-41219	41219	2012/11/6	2012/11/8	一级	TS-2134092	Toby Swindell	消费者
IN-2013-MB1808592-41378	41378	2013/4/14	2013/4/18	标准级	MB-1808592	Mick Brown	消费者
CA-2014-AB10015140-41954	41954	2014/11/11	2014/11/13	一级	AB-100151402	Aaron Bergman	消费者
CA-2012-AB10015140-40974	40974	2012/3/6	2012/3/7	一级	AB-100151404	Aaron Bergman	消费者
CA-2012-AB10015140-40974	40974	2012/3/6	2012/3/7	一级	AB-100151404	Aaron Bergman	消费者
ID-2013-AJ107801-41383	41383	2013/4/19	2013/4/22	一级	AJ-107801	Anthony Jacobs	公司
SA-2012-MM7260110-41269	41269	2012/12/26	2012/12/28	二级	MM-7260110	Magdelene Morse	消费者
MX-2013-VF2171518-41591	41591	2013/11/13	2013/11/13	当日	VF-2171518	Vicky Freymann	家庭办公室
IN-2014-PF1912027-41796	41796	2014/6/6	2014/6/8	二级	PF-1912027	Peter Fuller	消费者
ES-2015-BP1118545-42216	42216	2015/7/31	2015/8/3	二级	BP-1118545	Ben Peterman	公司
CA-2012-AB10015140-40958	40958	2012/2/19	2012/2/25	标准级	AB-100151402	Aaron Bergman	消费者
ES-2015-PJ1883564-42255	42255	2015/9/8	2015/9/14	标准级	PJ-1883564	Patrick Jones	公司
IN-2015-JS156857-42035	42035	2015/1/31	2015/2/1	一级	JS-156857	Jim Sink	公司
TZ-2015-RH9555129-42343	42343	2015/12/5	2015/12/7	二级	RH-9555129	Ritsa Hightower	消费者
PL-2013-AB600103-41494	41494	2013/8/8	2013/8/10	一级	AB-600103	Ann Blume	公司
CA-2012-AB10015140-40974	40974	2012/3/6	2012/3/7	一级	AB-100151404	Aaron Bergman	消费者

图 3-51 截取订单 ID 的后 5 位数字

2) MID 函数

功能：从一个字符串中截取指定个数的字符。

语法：MID(text, start_num, num_chars)

其中，text 指要提取字符的文本字符串；start_num 代表文本中要提取的第一个字符的位置，其中文本第一个字符的 start_num 值为 1，以此类推；num_chars 用来指定 MID 从文本中返回的字符个数(用数字表示)。

【例 3-10】从员工身份证号码中筛选出 8 位出生日期，已知从身份证号码的第 7 位开始连续 8 位是出生日期。

具体操作步骤如下。

打开“素材\第 3 章\数据提取.xlsx”文件，在 8 位出生日期的 N2 单元格中输入“=MID(L2,7,8)”，按 Enter 键后，截取身份证号中的 8 位出生日期。复制 N2 中的公式，得到的结果如图 3-52 所示。

N2 =MID(L2,7,8)

工号	部门	姓名	性别	生日	婚姻状况	籍贯	参加工作日期	职务	职称	学历	身份证号	联系电话	8位出生日期
7405	行政部	周新联	男	1975/1/29	已婚	北京	1996/10/15	业务员	助理经济师	大本	110101197501295776	13512341253	19750129
7204	人事部	周晓明	女	1960/6/20	已婚	北京	1979/3/6	业务员	经济师	大专	110101196006203132	13512341241	19600620
7404	行政部	周金馨	女	1972/7/7	已婚	北京	1996/3/24	业务员	经济师	大本	110101197207075470	13512341252	19720707
7201	人事部	赵文	女	1967/12/30	已婚	北京	1991/1/18	部门主管	经济师	大本	110102196712301800	13512341238	19671230
7403	行政部	张玉丹	女	1971/6/11	已婚	北京	1993/2/25	业务员	经济师	大本	110101197106115328	13512341251	19710611
7205	人事部	张淑纺	女	1968/11/9	已婚	安徽	2001/3/6	统计	助理统计师	大专	110101196811092306	13512341242	19681109
7406	行政部	张玫	女	1984/8/4	未婚	北京	2008/8/10	业务员	助理经济师	硕士	110101198408045976	13512341254	19840804
7303	财务部	张进明	男	1974/10/27	已婚	北京	1996/7/14	会计	助理会计师	大本	110103197410273859	13512341245	19741027
7102	经理室	尹洪群	男	1968/9/18	已婚	山东	1986/4/18	总经理	高级工程师	大本	110102196809180011	13512341235	19680918
7305	财务部	杨阳	男	1973/3/19	已婚	湖北	1998/12/5	会计	经济师	硕士	110101197303194151	13512341247	19730319
7103	经理室	扬灵	男	1973/3/19	已婚	北京	2000/12/4	副总经理	经济师	博士	110101197303191117	13512341236	19730319
7104	经理室	沈宁	女	1977/10/2	未婚	北京	1999/10/23	秘书	工程师	大专	110101197710021836	13512341237	19771002
7306	财务部	任萍	女	1979/10/5	未婚	北京	2004/1/31	出纳	助理会计师	大本	110101197910054776	13512341248	19791005

图 3-52 利用函数 MID 提取字段

3.5.2 字段合并

Excel 中的字段合并是指将多个字段的文字或数字合并成一个字段，最常用的是使用 CONCATENATE()函数或文本运算符&。

1. CONCATENATE()函数

功能：CONCATENATE()函数将多个文本字符串合并到一起。

【例 3-11】将素材中的“省份”字段与“城市”字段合并为“出生地”字段。

具体操作步骤如下。

在 C2 单元格中输入“=CONCATENATE(A2,B2)”，按 Enter 键后，将省份和城市合并在一个单元格中，合并后的结果如图 3-53 所示。

	A	B	C
1	省份	城市	出生地
2	河北省	石家庄	河北省石家庄
3	河南省	郑州	河南省郑州
4	广东省	汕头	广东省汕头

图 3-53　合并字段

2. 文本运算符&

在例 3-11 中的 D1 单元格内输入公式“A1&B1”，也可以将“省份”字段和“城市”字段进行合并。

3.5.3　行列区域转换

为了更方便地进行数据分析，有时需将数据表的行列互换，行列互换可采用选择性粘贴功能实现。

具体操作步骤如下。

(1) 选择需要转换的数据区域并右击，在弹出的快捷菜单中选择【复制】命令，如图 3-54 所示。

	A	B	C	D	E	F
1	品牌	1季度	2季度	3季度	4季度	平均销量
2	长虹	52	22	32	57	40.75
3	康佳	40	16	44	23	2
4	东芝	34	46	12	23	28.75
5	TCL	60	25	25	28	34.5

图 3-54　选择需要转换的数据

(2) 选中一个目标单元格，右击，在弹出的快捷菜单中选择【选择性粘贴】命令，弹出【选择性粘贴】对话框，勾选【转置】复选框，如图 3-55 所示。

(3) 单击【确定】按钮即可得到图 3-56 所示的结果。

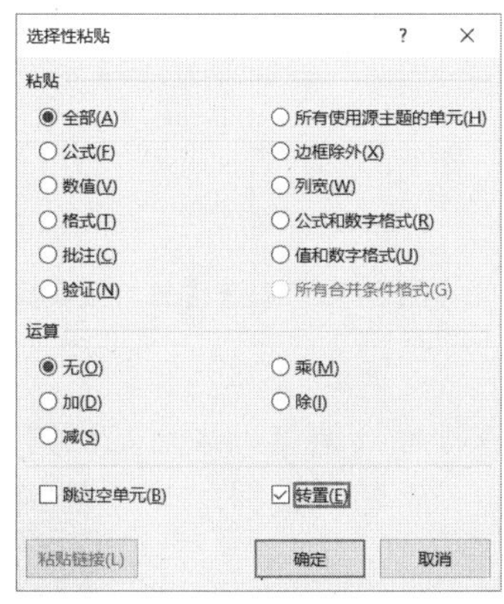

图 3-55　【选择性粘贴】对话框

8	品牌	长虹	康佳	东芝	TCL
9	1季度	52	40	34	60
10	2季度	22	16	46	25
11	3季度	32	44	12	25
12	4季度	57	23	23	28
13	平均销量	40.75	2	28.75	34.5

图 3-56　行列互换

3.6 数据抽样

数据抽样是指从总体中抽取一部分样本进行研究分析，用来估计和推断总体的情况，是数据分析里常用的一个统计方法。抽样的方式有周期模式和随机模式。

周期模式即所谓的等距抽样，需要输入周期间隔。输入区域中位于间隔点处的数值以及此后每一个间隔点处的数值将被复制到输出列中，当到达输入区域的末尾时，抽样将停止。随机模式适用于分层抽样、整群抽样和多阶段抽样等。随机抽样需要输入样本数，系统自动进行抽样，不用受间隔规律的限制。

在数据抽样中，常用的有“抽样”工具和函数。

1. “抽样”工具

在 Excel 中要使用“抽样”工具，需要先启用【开发工具】选项，再加载【分析工具库】。具体操作步骤如下。

(1) 单击【文件】|【选项】|【自定义功能区】，弹出【Excel 选项】对话框，选择【自定义功能区】，在【自定义功能区(B)】选项区中，勾选【开发工具】复选框，如图 3-57 所示。Excel 工作表的选项卡区就会显示【开发工具】选项。

(2) 单击【开发工具】选项卡，在【加载项】中单击【Excel 加载项】，在弹出的【加载项】对话框的【可用加载宏】列表框中勾选【分析工具库】复选框，如图 3-58 所示，单击【确定】按钮后，【数据】选项卡下会出现【分析】组及【数据分析】功能。

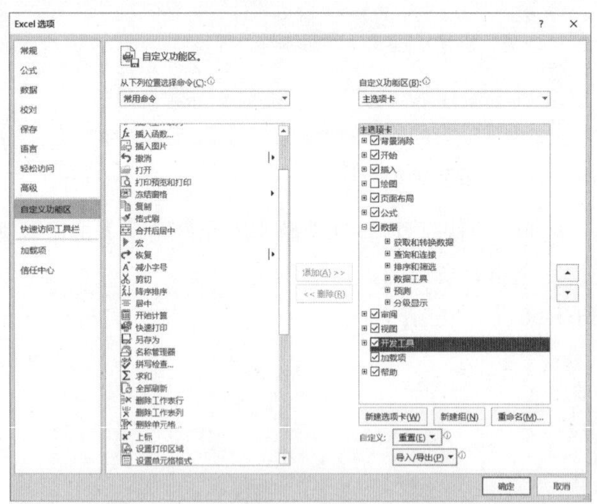

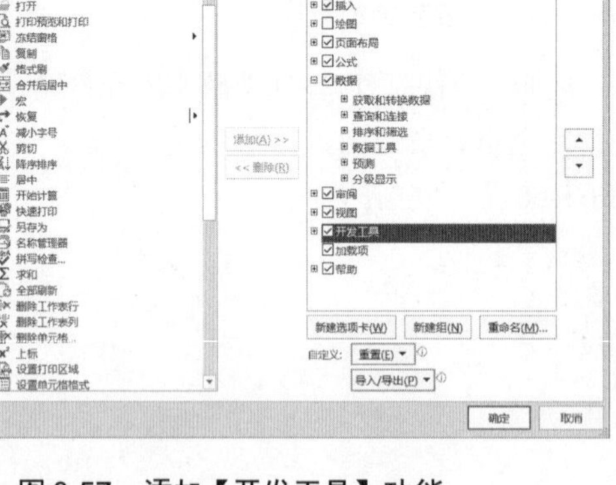

图 3-57　添加【开发工具】功能

图 3-58　勾选【分析工具库】复选框

下面以一个实例来介绍【抽样】工具的使用。

【例 3-12】学校要检查学生考试试卷，要对总体进行抽样调查，现对某班的全体学生随机抽取 25 名作为调查样本，利用 Excel 分析工具产生一组随机数据。

具体操作步骤如下。

(1) 打开“素材\第 3 章\抽样.xlsx”文件。原始数据无特殊要求，只要满足行或列为同一类型的属性值即可，本例中显示的是学生学号。

例 3-12　数据抽样

(2) 选择【数据】|【分析】|【数据分析】菜单项，弹出【数据分析】对话框，如图 3-59 所示，在【分析工具】列表框中选择【抽样】选项，单击【确定】按钮。

(3) 在弹出的【抽样】对话框中，设置【输入区域】为“$A$2:$A$58”，【抽样方法】为“随机”，【样本数】为“25”，【输出区域】为“$B$2”，如图 3-60 所示；单击【确定】按钮完成设置。

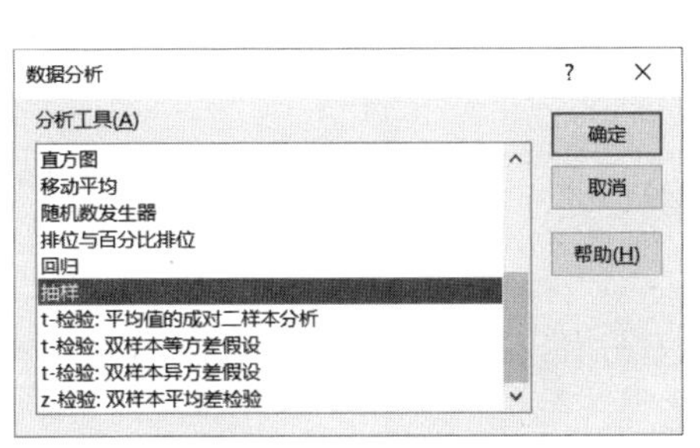

图 3-59 选择【抽样】

图 3-60 设置抽样参数

其中，

【输入区域】：把原始总体数据放在此区域，数据类型不限，数值型或文本型均可。

【抽样方法】：有间隔模式和随机模式两种。

【样本数】：在此输入需要抽取总体中数据的个数。每个数值都是从输入区域随机位置上抽取出来的，而且任何数值都可以被多次抽取，所以抽样所得数据实际上有可能小于所需数量。

【输出区域】：如果选择的是“周期”，则输出表中数值的个数等于输入区域数值的个数除以“间隔”；如果选择的是“随机”，在输出表中数值的个数等于“样本数”。

(4) 这时将会随机产生 25 个样本数据。由于随机抽样时总体中的每个数据都可能被多次抽取，所以样本中的数据一般会有重复现象，可以利用【条件格式】|【突出显示单元格规则】|【重复值】选项，将重复结果用不同颜色标记出来，如图 3-61 所示。也可以使用【筛选】功能对所得样本数据进行筛选，依次单击【数据】|【排序和筛选】|【高级】，弹出【高级筛选】对话框，勾选【选择不重复的记录】复选框，如图 3-62 所示。

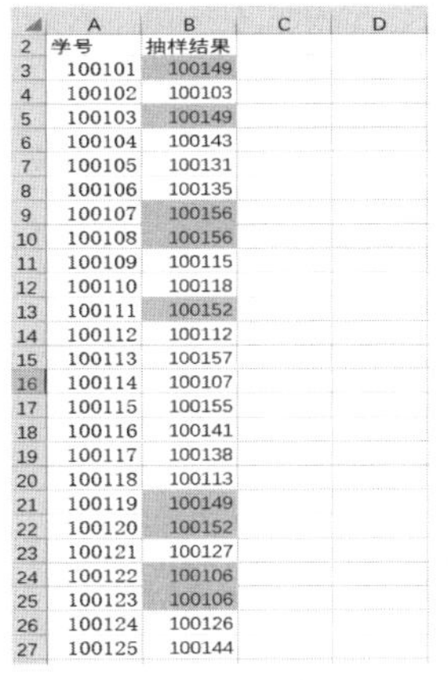

	A	B	C	D
2	学号	抽样结果		
3	100101	100149		
4	100102	100103		
5	100103	100149		
6	100104	100143		
7	100105	100131		
8	100106	100135		
9	100107	100156		
10	100108	100156		
11	100109	100115		
12	100110	100118		
13	100111	100152		
14	100112	100112		
15	100113	100157		
16	100114	100107		
17	100115	100155		
18	100116	100141		
19	100117	100138		
20	100118	100113		
21	100119	100149		
22	100120	100152		
23	100121	100127		
24	100122	100106		
25	100123	100106		
26	100124	100126		
27	100125	100144		

图 3-61 抽样结果

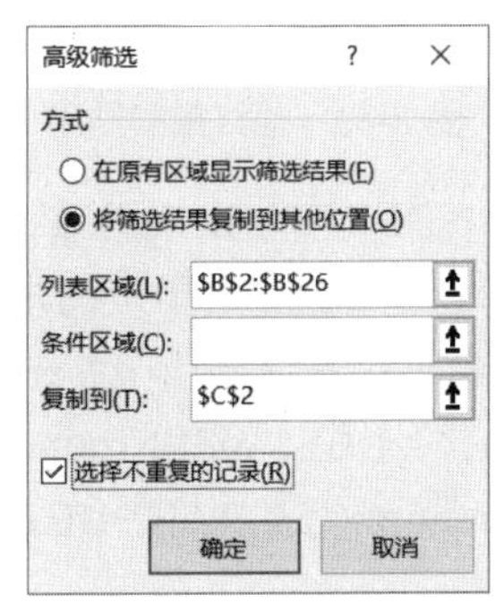

图 3-62 高级筛选

(5) 最后的样本结果如图 3-63 所示。在实际工作中，可以根据经验适当调整数据样本的数量设置，以使最终所得样本数量不少于所需数量。可以使用筛选功能去重复值，或直接使用周期抽样方式。

2. 使用函数完成数据抽样

1) RAND()函数

功能：自动返回大于等于 0 并且小于 1 的不重复随机数据，每次计算生成的数据都不一样。

语法：RAND()

如果要随机抽取 0～100 的数值，只要把随机数公式写成“=RAND()*100”即可。

具体操作步骤如下。

(1) 将“学号”列复制到 B1 单元格，在 A 列中生成不重复的序列号。

(2) 利用 RAND()函数生成随机序列号，从 50 个学号中抽取 20 个。在 C2 单元格中输入生成随机序号函数“=INT(1+RAND()*20)”，INT 函数的功能是取整。将公式复制粘贴到 C3:C21 单元格，此时生成 20 个随机数，可以按 F9 键刷新，直到没有重复项，如图 3-64 所示。必要时可以在随机数据生成后通过复制粘贴去掉公式仅保留数据。

(3) 利用 VLOOKUP()函数实现生成的随机序号对应的学号。

在 D2 单元格输入“=VLOOKUP(C2,$A$1:$B$51,2,TRUE)”,然后将公式复制到 D3:D21。抽样后的数据如图 3-64 所示。

	A	B	C	D
2	学号	抽样结果	去掉重复项的抽样结果	
3	100101	100149	100149	
4	100102	100103	100103	
5	100103	100149	100149	
6	100104	100143	100143	
7	100105	100131	100131	
8	100106	100135	100135	
9	100107	100156	100156	
10	100108	100156	100115	
11	100109	100115	100118	
12	100110	100118	100152	
13	100111	100152	100112	
14	100112	100112	100157	
15	100113	100157	100107	
16	100114	100107	100155	
17	100115	100155	100141	
18	100116	100141	100138	
19	100117	100138	100113	
20	100118	100113	100127	
21	100119	100149	100106	
22	100120	100152	100126	
23	100121	100127	100144	
24	100122	100106		
25	100123	100106		
26	100124	100126		
27	100125	100144		

图 3-63 最终抽样结果

	A	B	C	D	E
1	序号	学号	随机抽取序号	抽样结果	
2	1	100101	29	100129	
3	2	100102	21	100121	
4	3	100103	32	100132	
5	4	100104	27	100127	
6	5	100105	17	100117	
7	6	100106	13	100113	
8	7	100107	47	100147	
9	8	100108	44	100144	
10	9	100109	12	100112	
11	10	100110	26	100126	
12	11	100111	4	100104	
13	12	100112	30	100130	
14	13	100113	2	100102	
15	14	100114	3	100103	
16	15	100115	37	100137	
17	16	100116	45	100145	
18	17	100117	31	100131	
19	18	100118	39	100139	
20	19	100119	18	100118	
21	20	100120	33	100133	
22	21	100121			
23	22	100122			
24	23	100123			
25	24	100124			

图 3-64 生成随机序号及查询序号对应学号编号

2) RANDBETWEEN()函数

功能：返回大于等于指定的最小值、小于等于指定的最大值之间的一个随机整数。每次计算工作表时都将返回一个新的数值。

语法：RANDBETWEEN(bottom, top)

其中，bottom 代表 RANDBETWEEN 将返回的最小整数，top 是 RANDBETWEEN 将返回的最大整数。

注意：随机函数家族的所有函数，RAND、RANDBETWEEN 都是易失性函数，只要软件运行一些特定动作，如编辑单元格、关闭重启表格等就会重新计算，因此，如果想要固化随机的数值，要在编辑栏使用F9刷新后确定，或运算完使用选择性粘贴功能保留数据。

3.7 数据表格的图形化展示

本节主要介绍数据在表格中的展示，包括数据列突出显示、图标集、数据条以及迷你图等，使数据经过分析后得出的结论能更简单直观地表达出来。

3.7.1 Excel中的条件格式

条件格式就是让符合条件的单元格显示为预设的格式。条件格式又称为数据管理的小闹钟，可以作为数值变化的报警和提醒。Excel条件格式预设了5种类型的规则，即突出显示单元格规则、最前/最后规则、数据条、色阶和图标集，如图3-65所示，以突出显示相关单元格、强调特殊值，以及实现数据的可视化效果。

单击【新建规则】，弹出【新建格式规则】对话框，如图3-66所示，可以创建6条规则。这6条规则可以分为三类：单元格内可视化、数值突出显示、使用公式控制格式。

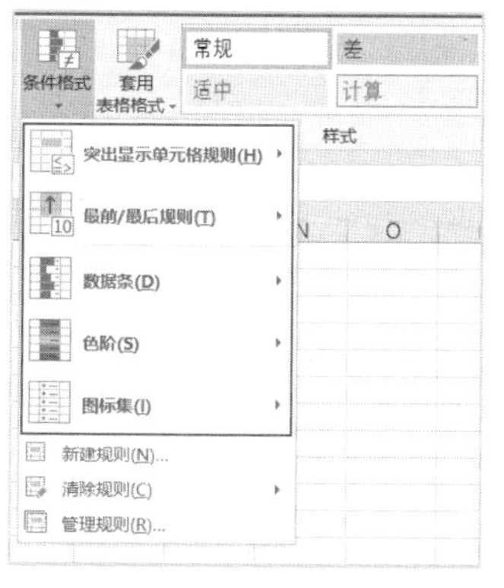

图3-65　条件格式

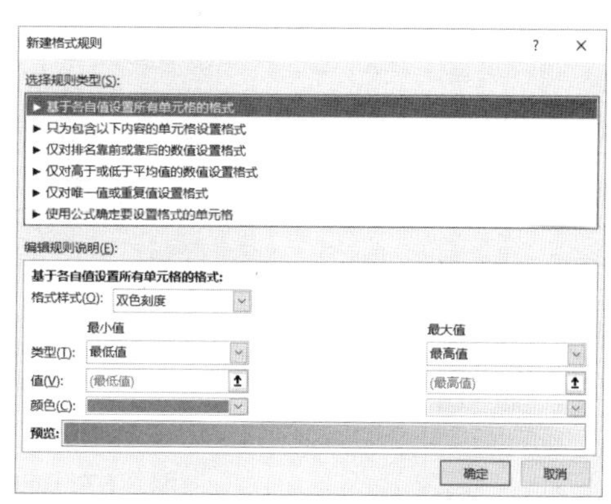

图3-66　新建格式规则

1. 单元格内可视化

单元格内可视化使用第一个规则类型，是将数值转化为图形表示。这里的图形化指的是单元格的格式，通过格式的差异体现出数值的差异，从而将数值巧妙地转化为图形表达。

2. 数值突出显示

新建规则中的第2～5条都属于数值突出显示的范畴，是将满足特定条件(需要关注的数据)的数值设置为特别的格式，以突出显示。这些条件包括：大于(或者小于)某值、包含特定文本、排名前几名的数值、高于或低于平均值、唯一值或重复值。这些条件类似于筛选的条件。事实上，对特殊数值进行突出显示也属于筛选的一种。

3. 使用公式控制格式

【使用公式确定要设置格式的单元格】这条规则中，“条件”指的是公式的运算结果，只有当条件为真时，格式才能生效，而且要求公式的结果必须是逻辑值。

3.7.2　突出显示特殊数据的单元格

在实际的工作中，常需要在大量的数据中查找满足一定条件的数据，并把它们突出显示出来，说明此类数据在整个列中具有强调作用。如果利用筛选功能筛选出符合条件的数据，筛选结果虽然能满足要求，但是在实际的数据分析工作中，重复筛选的工作量很大。如果要同时比较三组筛选结果，则需要打开三个窗口来进行对比。而通过设置条件格式突出显示满足条件的单元格，既快捷又方便，即使数据量很大时也不会很麻烦。

【例 3-13】打开“素材\第 3 章\可视化元素应用.xlsx”，在“突出显示单元格”工作表中将各科成绩不及格的单元格突出显示为预设的格式。

例 3-13　突出显示单元格

具体操作步骤如下。

选取需要查找的数据区域，单击【开始】选项卡，再单击【样式】|【条件格式】|【突出显示单元格】|【小于】，弹出【小于】对话框，输入小于的条件“60”，默认满足条件的单元格格式为“浅红填充深红色文本”，如图 3-67 所示。

学号	姓名	性别	线性代数	高等数学	大学英语	大学物理
100119	章中承	男	83	59.7	91	77
100120	薛利恒	男	34	52.9	60	96
100121	张月	女	74	65.8	38	88
100122	萧潇	女	46	82.9	75	54
100123	张志强	男	49	82.9	57	70
100124	章燕	女	72	68.8	90	35
100125	刘刚	男	81	49.9	95	78
100126	苏武	男	68	89.3	94	91
100127	刘惠	女	83	76.1	72	62
100128	刘思云	女	40	81.4	71	87
100129	张严	男	71	64	46	55
100130	周晓彤	女	55	82.5	93	82
100131	沈君毅	男	70	38.4	77	55
100132	王晓燕	女	91	70.9	43	73
100133	吴开	男	62	70.3	72	65
100134	黎辉	男	70	52.1	48	45
100135	李爱晶	女	44	96.9	69	81
100136	肖琪	女	65	71.5	67	70
100137	司徒春	男	96	81.8	74	78

小于
为小于以下值的单元格设置格式:
60
设置为 浅红填充色深红色文本
确定　取消

图 3-67　突出显示单元格规则

【突出显示单元格规则】列表中还有很多其他条件的设置，如图 3-68 所示，其中【大于】、【小于】、【介于】、【等于】都是对数值数据设置的条件，其用法与平时的数字比较一样；而【文本包含】相当于数学中的“小于等于”，只是这里针对的是文本类型的数据，比如“员工”包含在“员工姓名”中；【发生日期】针对的是日期格式的数据；【重复值】选项就是对有重复值的单元格进行突出显示，类型可以是数值型、文本型、日期型等。

本例也可以通过新建规则完成。打开【新建格式规则】对话框，在【选择规则类型】中选择“只为包含以下内容的单元格设置格式”，然后设置单元格中的值小于 60，如图 3-69 所示；单击【格式】按钮，弹出【设置单元格格式】对话框，如图 3-70 所示，可以设置字体格式为加粗、红色，通过【填充】选项卡设置单元格背景色等格式。

如果需要清除突出显示的单元格，单击【条件格式】|【清除规则】选项，从中可以选择【清除所选单元格的规则】和【清除整个工作表的规则】，如图 3-71 所示。

图 3-68　突出显示单元格规则

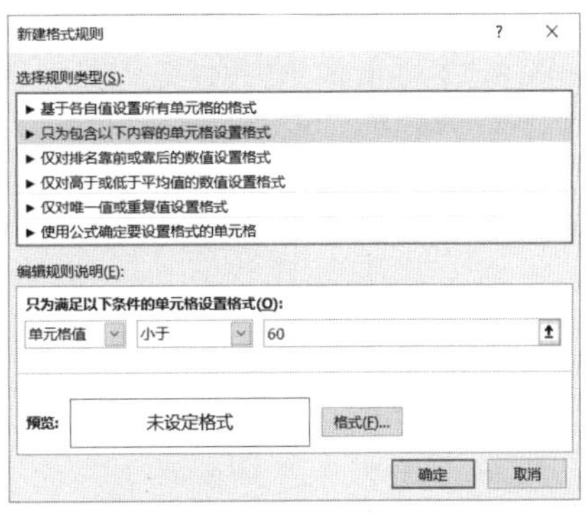

图 3-69　设置突出显示值小于 60 的单元格格式

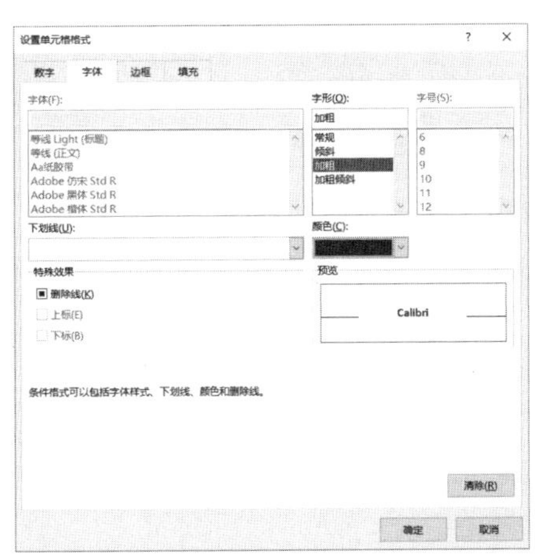

图 3-70　设置单元格格式

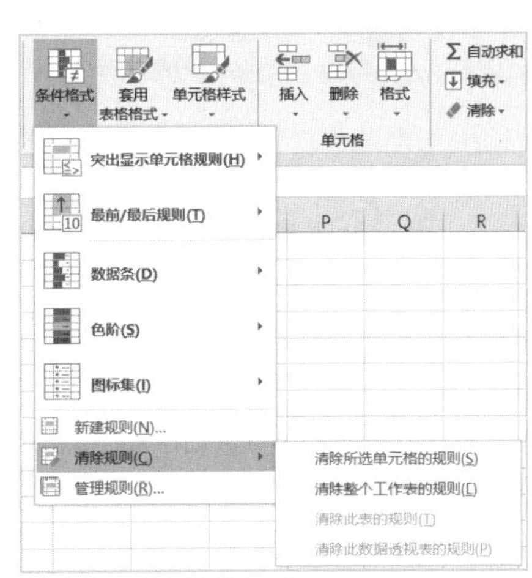

图 3-71　清除规则

3.7.3　用数据条展示数值大小

利用【条件格式】下的数据条规则可使数据图形化，即可以通过数据条来表示数值的大小，数据条越长数值就越大，相反则数值越小。也可以展示数据的进度(将最大值设置为目标值)。数据条不仅是代表数据大小的图形，它还可以帮助用户查看表格中各单元格数值之间的对比关系，当需要在大量数据中观察较大值与较小值时，使用数据条就显得很直观。

【例 3-14】打开“素材\第 3 章\可视化元素应用.xlsx”文件，打开“数据条”工作表，为“月销量”所在列的数据添加数据条。

例 3-14、例 3-15
数据条

具体操作步骤如下。

(1) 选中“月销量”数据列，单击【条件格式】|【数据条】，在展开的列表中选择【其他规则】选项，弹出【新建格式规则】对话框，如图 3-72 所示。

(2) 在【格式样式】下拉列表中选择【数据条】选项；默认情况下，【最小值】和【最大值】的类型都是“自动”，表示最大值对应的数据条将充满单元格。在本例中，将【最大值】的类型更改为“数字”，并输入目标值 110000，表示大于 110000 的数值对应的数据条将充满单元格，其他值按比例填充数据条。

(3) 设置完成后，“月销量”字段就像一个条形图一样，一眼就能看出数值的大小和进度，如图 3-73 所示。

图 3-72 设置数据条参数

	A	B	C	D	E
1	商品ID	商品名称	商品售价	月销量	
2	209	朝花夕拾	17.1	15524	
3	279	快乐读书	16.8	125424	
4	378	假如给我	29.8	1525	
5	389	口才三绝	29.8	15869	
6	408	快乐读书	16.8	16336	
7	467	成语故事	9.9	114785	
8	509	中国经典	19.8	144563	
9	548	口才三绝	29.8	12536	
10	563	昆虫记	11.8	17536	
11	636	365夜睡前	39.8	1123	
12	665	伴随孩子	16.8	10236	
13	669	宝宝启蒙	26.8	17563	
14	703	你比我想	29.9	14125	
15	725	夏洛的网	19.5	19636	
16	761	公主童话	19.8	1752	
17	777	5分钟玩出	28.8	11256	
18	818	和大人一	29.85	1357	
19	832	断舍离	16	1442	
20	885	成语接龙	29.8	2563	
21	918	读书不是	26.8	12365	

图 3-73 设置“数据条”后

其中，数据条【最大值】指的是数据条达到满格时应该对应的数值。最大值有 6 种数据类型赋值：最高值、数字、百分比、公式、百分点值、自动。“最高值”是指当前数据列中的最高值；“数字”是自定义数值；“公式”是使用公式定义。

数据条的另一个经典用法是突出正负值，在表达数据的增长情况时，非常清晰。如果数据中有负数(数据纵向排列)，则默认的数据条是左右分开的，右边代表正数，左边代表负数，并以不同的颜色区分，默认情况下的负数用红色的数据条表示。如果数据中既有正数又有负数还有零时，表示零的单元格则不会显示数据条。

【例 3-15】为产品销量数据表中【同比增长】列设置数据条，则增长为负值的数据条会显示为红色。

具体操作步骤如下。

(1) 选择“同比增长”数据列，在图 3-72 所示对话框中单击【负值和坐标轴】按钮，弹出【负值和坐标轴设置】对话框，如图 3-74 所示。

(2) 在【负值和坐标轴设置】对话框中设置负值条形图的颜色和坐标轴的位置。

(3) 设置完成后的效果如图 3-75 所示。

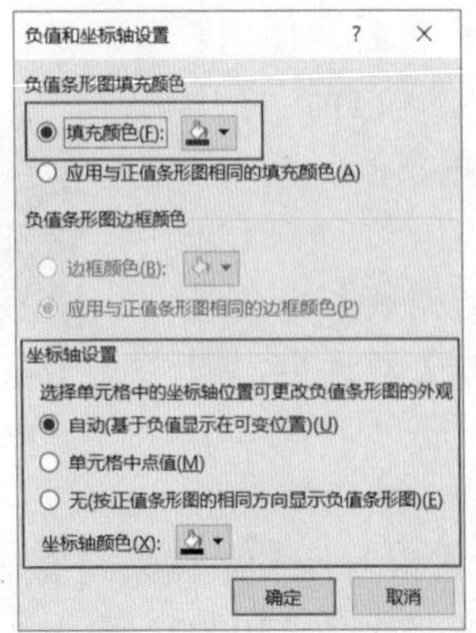

图 3-74 负值和坐标轴设置

	A	B	C	D	E	F
1	商品ID	商品名称	商品售价	月销量	同比增长	
2	209	朝花夕拾	17.1	15524	23	
3	279	快乐读书	16.8	125424	112	
4	378	假如给我	29.8	1525	-65	
5	389	口才三绝	29.8	15869	-23	
6	408	快乐读书	16.8	16336	12	
7	467	成语故事	9.9	114785	267	
8	509	中国经典	19.8	144563	45	
9	548	口才三绝	29.8	12536	-130	
10	563	昆虫记	11.8	17536	-5	
11	636	365夜睡前	39.8	1123	-90	
12	665	伴随孩子	16.8	10236	89	
13	669	宝宝启蒙	26.8	17563	45	
14	703	你比我想	29.9	14125	23	
15	725	夏洛的网	19.5	19636	-10	
16	761	公主童话	19.8	1752	-170	
17	777	5分钟玩出	28.8	11256	-60	
18	818	和大人一	29.85	1357	-10	
19	832	断舍离	16	1442	-170	
20	885	成语接龙	29.8	2563	-9	
21	918	读书不是	26.8	12365	20	

图 3-75 突出正负值

3.7.4 使用图标集展示数据特征

除了可以使用数据条突出显示外，还可以利用图标集的方式将某些数据标识后重点显示出来。图标集是将多种样式的图标汇聚在一起，表示不同范围内的数据。例如，我们经常会用优良中差来评定学生的成绩，而判定成绩一般使用 if 函数或者 vlookup 函数，还有一个更好的方法就是图标集，不必知道成绩的具体情况，只需要了解大概情况。

【例 3-16】 打开“素材\第 3 章\可视化元素应用.xlsx”文件，在“图标集”工作表中学生的“成绩”列设定，85 分以上为优秀，用绿色的旗表示；75 分以上为良好，用黄色的旗表示；低于 75 分为一般，用红色的旗表示。

例 3-16 图标集

具体操作步骤如下。

(1) 选中数据列，在【条件格式】子菜单中选择【图标集】|【其他规则】选项。

(2) 在弹出的【新建格式规则】对话框中创建需要的格式规则，如图 3-76 所示。

(3) 划分结果如图 3-77 所示。

需要注意的是，使用图标集最多只能设置 5 个等级图标。

图 3-76 图标选择

	A	B	C	D
1	学号	姓名	成绩	
2	100119	章中承	83	
3	100120	薛利恒	34	
4	100121	张月	74	
5	100122	萧潇	46	
6	100123	张志强	49	
7	100124	章燕	72	
8	100125	刘刚	81	
9	100126	苏武	68	
10	100127	刘惠	83	
11	100128	刘思云	40	
12	100129	张严	71	
13	100130	周晓彤	55	
14	100131	沈君毅	70	
15	100132	王晓燕	91	
16	100133	吴开	62	
17	100134	黎辉	70	
18	100135	李爱晶	44	
19	100136	肖琪	65	
20	100137	司徒春	96	

图 3-77 划分结果

3.7.5 迷你图

迷你图是单元格中的一个微型图表，是常规图表的缩小版，可对数据进行直观展示，包括折线图、柱形图和盈亏图等。迷你图以单元格为绘图区域，可以便捷地绘制出简明的数据小图表。将迷你图放在其数据附近，可显示一系列数据的趋势，具有非常好的视觉冲击效果。如果迷你图中的数据源发生改变，则相应的图形也随之改变。迷你图的样式设置与常规的图表一样，只是它的表现形式更加简单而已。迷你图占用的空间非常小，可以直接打印出来。

【例 3-17】 打开“素材\第 3 章\可视化元素应用.xlsx”文件，在“迷你图”工作表中用迷你折线图为每位学生的成绩做一个趋势图，可以一目了然地显示每位学生这一学期成绩的大致情况。

例 3-17 迷你图

具体操作步骤如下。

(1) 单击【插入】选项卡，选择【迷你图】|【折线图】菜单项，弹出【创建迷你图】对话框，【数据范围】选取工作表中的“C2:H21”单元格，设置【位置范围】为“$I$2:$I$21”，如图 3-78 所示。

(2) 为所选区域插入折线迷你图后，在【迷你图工具】|【设计】|【显示】中勾选【标记】复选框，这样就在默认的折线迷你图中将各转折点用圆点标记突出显示出来。结果如图 3-79 所示。

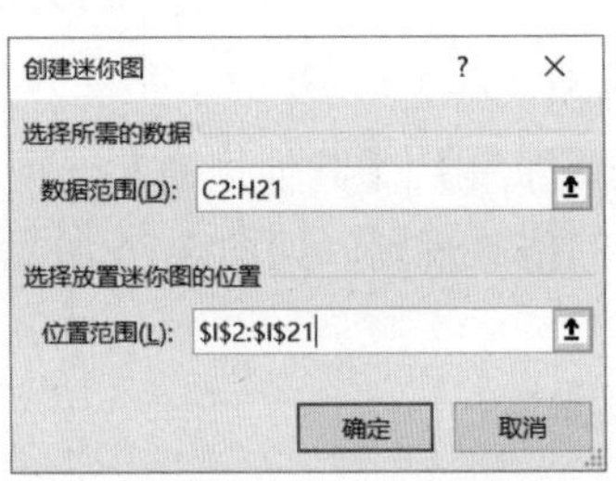

图 3-78　创建迷你图

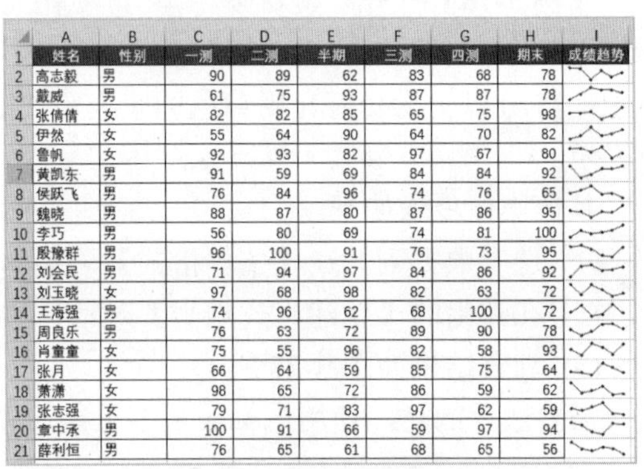

	A	B	C	D	E	F	G	H	I
1	姓名	性别	一测	二测	半期	三测	四测	期末	成绩趋势
2	高志毅	男	90	89	62	83	68	78	
3	戴威	男	61	75	93	87	87	78	
4	张倩倩	女	82	82	85	65	75	98	
5	伊然	女	55	64	90	64	70	82	
6	鲁帆	女	92	93	82	97	67	80	
7	黄凯东	男	91	59	69	84	84	92	
8	侯跃飞	男	76	84	96	74	76	65	
9	魏晓	男	88	87	80	87	86	95	
10	李巧	男	56	80	69	74	81	100	
11	殷豫群	男	96	100	91	76	73	95	
12	刘会民	男	71	94	97	84	86	92	
13	刘玉晓	女	97	68	98	82	63	72	
14	王海强	男	74	96	62	68	100	72	
15	周良乐	男	76	63	72	89	90	78	
16	肖童童	女	75	55	96	82	58	93	
17	张月	女	66	64	59	85	75	64	
18	萧潇	女	98	65	72	86	59	62	
19	张志强	女	79	71	83	97	62	59	
20	章中承	男	100	91	66	59	97	94	
21	薛利恒	男	76	65	61	68	65	56	

图 3-79　成绩趋势图

(3) 在【迷你图工具】|【设计】|【类型】中可以更改迷你图的类型，在【样式】组中可以为迷你图选择各种样式、更改迷你图颜色和标记颜色等，如果数据中含有正值和负值，则选择【迷你图工具】|【设计】|【组合】|【坐标轴】，用于显示坐标轴。

本章小结

本章使用 Excel 2019 对数据进行分析，实现数据预处理，可以使读者进一步了解 Excel 2019 的新增功能、工作界面、数据基本概念等。本章重点介绍了数据导入、数据清洗、数据转换、数据抽样等数据分析方法，并能够对数据表格实现图形化展示。

习题

选择题

1. 某企业数据库中存在着大量与业务属性相关的脏数据，例如，客户出生日期的格式错误。为了预防这种情况的出现，可以采用的方法是(　　)。[多选]

　A. 在数据清洗的过程中对这部分数据进行修正

　B. 在客户输入信息时尽可能使用非开发的输入手段，例如下拉菜单等

　C. 对开发输入的数据进行必要的校验

　D. 在数据清洗的过程中删除这部分数据

2. 在处理数据时，通常可以通过(　　)操作来变换数据在 Excel 表格中的位置。

　A. 删除　　B. 转置　　C. 分列　　D. 拆分

3. 在 Excel 中，获取外部数据的来源不包括(　　)。
   A. 现有连接　　B. 来自 Access　　C. 来自网站　　D. 来自 Word
4. 将 TXT 文档数据导入 Excel 中是在(　　)菜单中完成的。
   A. 数据　　B. 插入　　C. 文件　　D. 开始
5. 关于 Excel 数据源说法错误的是(　　)。
   A. 在 Microsoft Query 中可以随时对查询的结果进行修改
   B. 在 Excel 中应用 Microsoft Query 访问外部数据库时，首先要创建数据源
   C. Microsoft Query 直接与外部数据库连接
   D. 可以直接在 Excel 中访问 Access 数据库中的数据
6. 在把文本文件的数据导入 Excel 电子表格时，要把文本文件转换为 Word 文件。(　　)
   A. 正确　　B. 错误
7. 在 Excel 中进行条件格式设置，下面说法错误的是(　　)。
   A. 一次可以设置多个条件
   B. 在进行条件设置时，能对字符型数据设置条件格式
   C. 一次只能设置一个条件
   D. 在进行条件设置时，能对数值型数据设置条件格式
8. 设 B1 为字符“100”，B2 为数字“3”，则 B3 中输入公式“=COUNT(B1:B2)”等于(　　)。
   A. 2　　B. 3　　C. 103　　D. 100
9. Excel 数据透视表的数据区域默认的字段汇总方式是(　　)。
   A. 平均值　　B. 乘积　　C. 求和　　D. 最大值
10. Excel 实现统计分析的主要途径是数据分析工具。(　　)
   A. 错误　　B. 正确
11. 数据透视表能完成的操作是(　　)。
   A. 汇总　　B. 分组透视　　C. 排序　　D. 筛选
12. 以下属于数据分析工具库中的工具是(　　)。
   A. 直方图　　B. 方差分析　　C. 模拟运算表　　D. 规划求解
13. 在 Excel 中，关于 VLOOKUP 函数的参数叙述错误的是(　　)。
   A. 第 3 个参数指要返回的数据所在列的序号
   B. 第 4 个参数为 true 表示精确查找
   C. 第 1 个参数指要查找的值
   D. 第 2 个参数指搜索的区域

第4章 Excel 数据可视化应用

本章要点

- ◎ 认识图表；
- ◎ 设计图表时需要注意的问题；
- ◎ 常用图表的应用场合和制作方法；
- ◎ 特殊图表的应用场合和绘制方法；
- ◎ 数据透视表。

学习目标

- ◎ 掌握图表的视觉机制；
- ◎ 能制作并优化柱形图、折线图、饼图和散点图等常用图表；
- ◎ 能绘制直方图、瀑布图、子弹图和漏斗图；
- ◎ 能使用数据透视表、切片器制作动态图表。

4.1 认识图表

图表是数据的一种可视化的表示形式，是 Excel 中最常用的对象之一，它根据工作表中的数据系列生成，是工作表数据的图形分析方法。图表与工作表相比，更能形象地反映出数据的对比关系，通过图表可以使数据更加形象化，一目了然，当数据发生变化时，图表也会随之变化。

在数据可视化领域，经常使用各种图表来形象直观地展现数据，业务人员或者数据分析人员可以通过图表分析业务的经营状况，发现公司经营过程中潜在的隐患，还可以通过图表挖掘其中潜在的价值。Excel 图表主要属于统计图表的范畴，被广泛应用于现代商务企业。一般现代企业的统计信息错综复杂、千变万化，为了更好地展示企业数据及内在的关系，需要对这些数据的属性进行抽象化的分析与研究。

4.1.1 图表的优势

图表是对数据的图形表达，高质量的图表能够快速传达各类数据信息、有效提高沟通效率，还能提升观点的说服力和研究报告的专业形象。

和文字、表格等其他表达方式相比，图表的独特优势在于能够以图形方式快速传达数据的“形态”信息。例如，图表能够清晰展现趋势、异常值、不同数据点之间的对比、不同数据系列的形态差异等。在表格中难以表达出来的重要信息借助于图表可让人一目了然。

图表的优势具体表现在以下几个方面。

(1) 直观形象地展示数据。图表最大的特点就是直观形象，能将数据图形化，从而更直观地显示数据，使商业数据的对比和变化一目了然，对提高信息整体价值，更准确直观地表达信息和观点具有重大意义。

(2) 丰富的图表种类。由于不同的数据具有不同的特点，因此需要用不同的图表来展示。Excel 中内置了多种图表类型，如柱形图、折线图、饼图、散点图、面积图等，以及通过图表间的相互组合而形成的复合图表类型。不同类型的图表可能具有不同的构成要素，如折线图通常要有坐标轴，而饼图没有。

(3) 图表随数据源变动。图表随数据源变动是指图表内容自动随数据的变化而变化。但图表随数据源变动的前提是将 Excel 重新计算的模式设置为默认值“自动重算”。在“自动重算”模式下，如果修改源数据区域单元格的数据，则图表将随之变化。

将 Excel 工作簿设置为自动重算模式的方法为：打开【Excel 选项】对话框，选择【公式】，在【计算选项】|【工作簿计算】选项区选中【自动重算】单选按钮，如图 4-1 所示。

图表的力量来源于其视觉表达机制，要理解图表就要理解这个机制的原理。二维表的本质是在一个坐标轴平面上，通过各类图形对象及其视觉属性，展示特定的数据信息。这其实就是常规图表的三大要素。

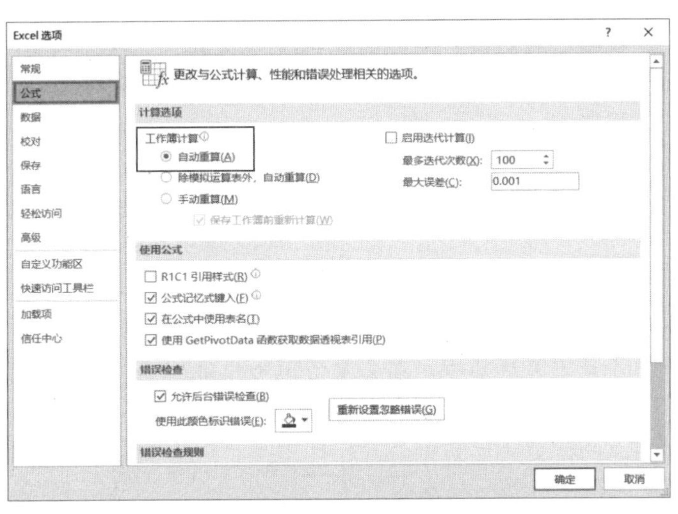

图 4-1　设置“自动重算”模式

4.1.2　图表的类型

Excel 2019 的默认图表共有 17 大类，分别是柱状图、折线图、饼图、条形图、面积图、XY 散点图、地图、股价图、曲面图、雷达图、树状图、旭日图、直方图、箱形图、瀑布图、漏斗图和实际运用到的组合图。其中，瀑布图和漏斗图以柱形或条形表示数据，可以将它们归类于柱形图系列。箱形图常见于科学论文图表，树状图和漏斗图常见于商业图表。Excel 2010 及以下版本是没有组合图的，需要一系列操作才能设置完成组合图的效果。

根据数据呈现出来的关系大致可以分为 6 种类型，分别是成分、排序、时间序列、频率分布、相关性和多重数据比较。

(1) 成分。用于表示整体中的一部分。常用图表：饼图、圆环图、柱形图和条形图。

(2) 排序。用于不同项目、类别数据间的比较。常用图表：柱形图、条形图、气泡图。

(3) 时间序列。用于表示数据按一定的时间顺序发展的走势、趋势。常用图表：柱形图、折线图、面积图。

(4) 频率分布。频率分布与排序类似，用于表示各项目、类别之间的比较，也可用于频数分布。常用图表：柱形图、条形图、折线图。

(5) 相关性。可理解为用于衡量两类项目的关系，即观察其中一类项目的大小是否随着另一项目的大小有规律地变化。

(6) 多重数据比较。即为数据类型多于两个的数据的分析比较。常用图表：柱形图、雷达图。如果比较的数据类型较多，柱形图实际展现出来不够清晰明显，建议使用雷达图。

4.1.3　坐标轴平面

常规图表需要在由两个或更多坐标轴构成的平面空间上展现(常规图表不包含饼图、热力图等不需要坐标轴的图表类型)。坐标轴平面通常由横坐标轴(以下简称“横轴”)和纵坐标轴(以下简称“纵轴”)组成。除极少数例外的情况，数值一般体现在纵轴刻度上，称之为数值轴；分类信息体现在横轴上，称为分类轴。

坐标轴提供了关键的位置信息。数值的位置反映数量大小，分类的位置则代表数据的类别标签，通常为时间或归属的实体。因此，坐标轴是图表的生存平台，离开了坐标轴，图表也就完全失去了意义。

4.1.4 图表的视觉机制

1. 图形对象和视觉属性

图表使用各类图形对象表达数值数据。常见的图形对象包括点、线、柱(条)形、面积等，有时也会使用颜色、角度等表达数据。在大多数可视化软件中，图表类型及其结构变化由上述图形对象决定。不同的图形对象在展示数据信息方面各有特点，点、线和柱(条)形都是通过坐标轴平面空间内的位置表达数据的，饼图用的是扇区面积，气泡图用的是位置和圆圈大小，热力图通过颜色区分数值的高低。

同时，不同的图形对象还拥有不同的视觉属性，大体上可分为形状和颜色两大类。形状和图形对象的几何特性有关，颜色则使用不同色系或同色系但饱和度不同的颜色表达。不同的可视化软件所提供的形状和颜色选项或有差别。

视觉属性由图形对象决定。例如，数据标记、线条颜色主要适用于点图和线图，而不适用于柱形图和条形图；填充图案仅适用于柱形图、条形图及面积类图形对象等。在不同的应用场景中，形状属性和颜色属性可能发挥不同的作用。在黑白印刷中颜色显示受限的情况下，会优先使用形状属性；在彩色印刷和多数电子屏幕中，颜色属性则凭借其视觉吸引力更受用户青睐。以常见的柱形图为例，使用横向、纵向条纹等图案填充的柱形图通常多在学术作品中出现，而报纸杂志及电子出版物中大多使用丰富多样的色彩来填充。

对于仅包含单个数据系列的图表，一个分类轴和一个数值轴(XY 散点图有两个数值轴)就足以满足绘图的需要，因此，视觉属性在此类图表中的意义不大。例如，对于图 4-2 所示的各图表，就存在多余的视觉属性。

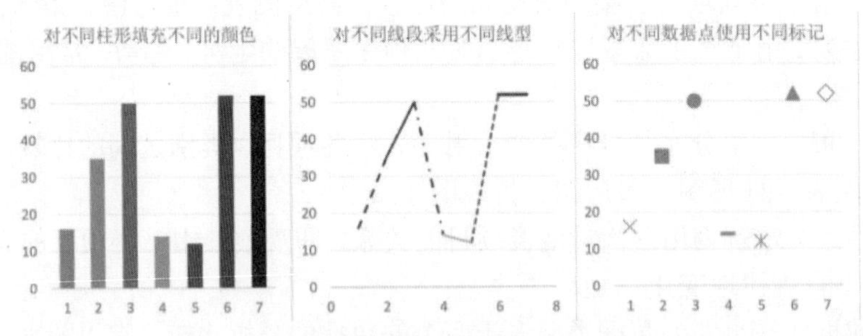

图 4-2 多余的视觉属性

视觉属性的意义主要体现在多数据系列的图表中。随着数据维度的增加，二维图仅能提供一个分类轴，此时可使用形状和颜色等属性对多个数据系列进行区分。此外，在许多较大的样本数据中，如需将部分特定数据点突出显示，也离不开对视觉属性的合理使用，这时，视觉属性是一种有力的分组、聚类表达。图 4-3 所示反映了 28 个成员国对欧盟的出口依赖及欧盟移民在本国人口中所占比例。图中左上部分代表对欧盟出口依赖程度较低、欧盟移民占本国人口比例较大的区域。图中对部分数据点即惠誉国际评级机构认定的高风险国使用特殊的颜色和形状标记来区分。这些聚集于图表左上区域的国家同时又具备两个共同特点：岛屿国家、英联邦成员国或前成员国。

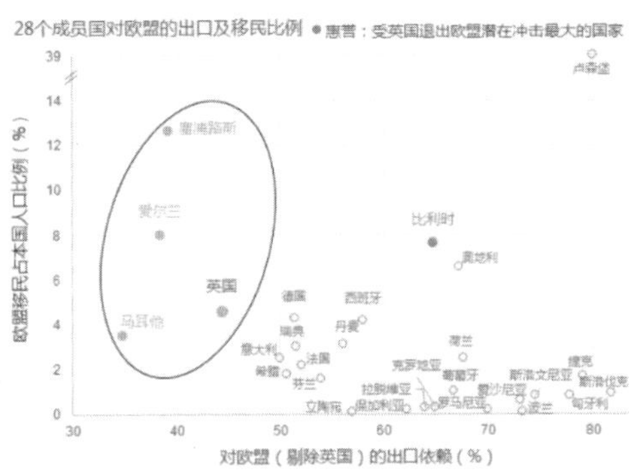

图 4-3　视觉属性在数据分组中的应用示例

因此，对视觉属性的合理应用是数据可视化的关键环节。图表可以展现数据形态，好的图表能高效地向用户传达数据信息和观点，原因就在于其充分利用了视觉上的前注意处理。视觉刺激和感知很大程度上发生在前注意过程中。作为视觉感知的初期阶段，前注意过程产生于意识层之下，能以极高速度捕捉视觉对象的各种信息，如颜色、位置和形状等。为了实现高效的传达和沟通，图表设计和制作的关键是要让前注意处理尽可能发挥作用。换言之，在某种意义上，制作图表时要用心构思，才可使用户无须费神即可解读。

2. 设计图表时注意事项

采用何种方式展现数据，要依据具体的应用需求而定，必要的时候可以添加文字描述和表格。例如，当需要展现数据精度或提供准确数据供查询时，以及对于数量级别差异悬殊的数据，信息特征不明确、缺乏任何形态或趋势的数据，就需要使用文字或表格来描述。此外，前注意处理尽管高效但却极易耗尽注意力资源，在处理视觉属性上也存在一些限制。而且，前注意过程仅在一定限制范围内有效，超出范围会导致其效果迅速恶化，妨碍数据表达。

因此，在设计图表时需要注意以下几方面。

(1) 在图表中使用单一视觉属性存在数量限制，因为随着数量的增加，视觉效果会显著弱化。有研究表明，二维图表中图形对象的任意视觉属性都不应超过 4 个，否则会造成类似“内存耗尽”的不良后果。如图 4-4 所示，左右两图分别使用了 8 种和 4 种颜色代表对应数量的数据系列，右图包含 4 个系列，想明确看出各季度具体的变化特点相当不易，左图数据系列数量翻倍，各系列的数据信息就更无法感知了。

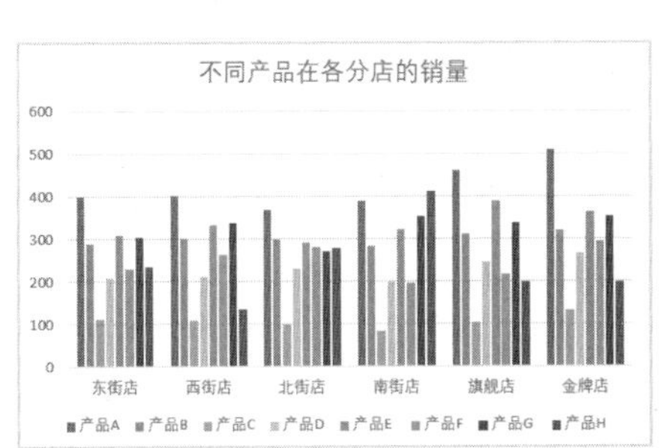

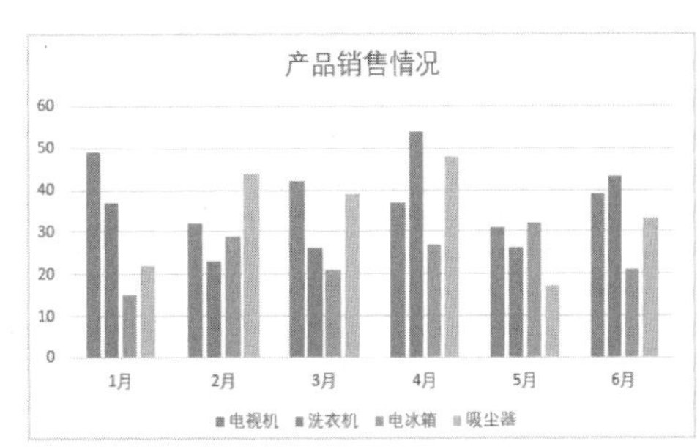

图 4-4　单一视觉属性的数量限制

由此可见，在颜色数量超出前注意过程处理能力的情况下，无论是应用不同颜色，还是使用强弱不同的同一个颜色，视觉效果都无法得到改善。另外，在图表中对同一个图形对象使用多种视觉属性的情况下(如同时使用形状和颜色)，前注意过程几乎更是无法发挥作用。当各系列数据缺乏显著差异时，图表甚至会立即陷入视觉陷阱，丧失最基本的可读性。图 4-5 所示的两个图都是不恰当地同时使用了形状和颜色两种属性，导致图表难以阅读。

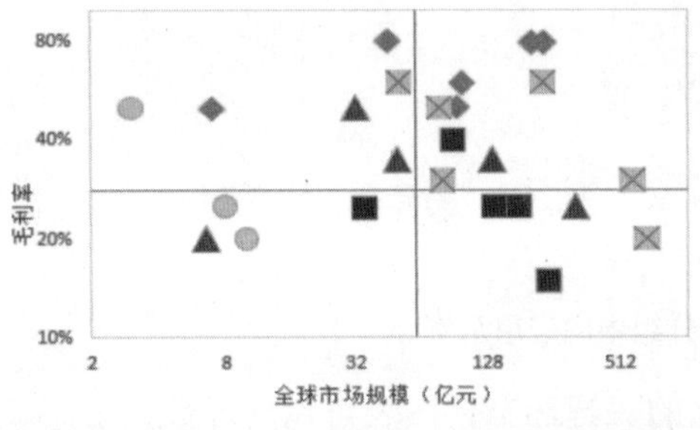

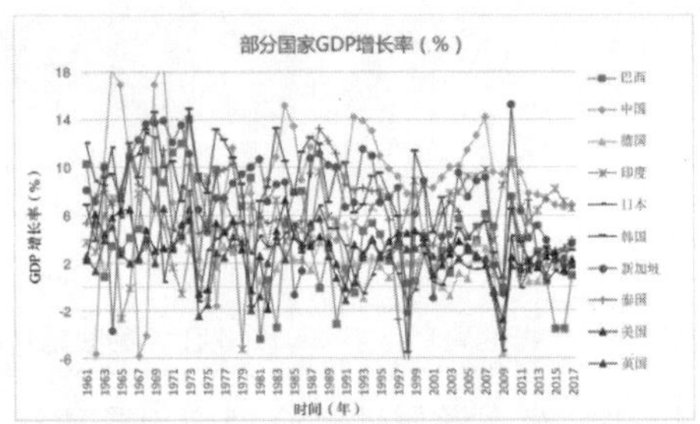

图 4-5　不恰当地使用多重视觉属性

(2) 单系列柱形图或条形图，无论数据信息有何特征，只要增加数据点和数据系列，其视觉效果就将急转直下。原因在于随着数据点的增加，柱形或条形的紧密堆簇会妨碍用户对不同数据的识别和对比。随着数据系列数量的增加，这个缺陷将变得更加明显，因为每增加一个数据系列，图表就需要多使用一种色彩并产生大面积的颜色区域，而且颜色面积的增加和数据点的增加不成比例。

例如，图 4-6 所示是一个单系列条形图，由于仅含一个数据系列，且绘图数据事先经过排序，所以图中数据信息清晰简洁，反映了学生某科成绩排名情况。图 4-7 所示包含三个系列(三科成绩)的条形图，对比图 4-6 的视觉效果可发现，随着数据系列的增加，不同系列之间的干扰变得严重，解读图中数据系列的信息明显变得困难。

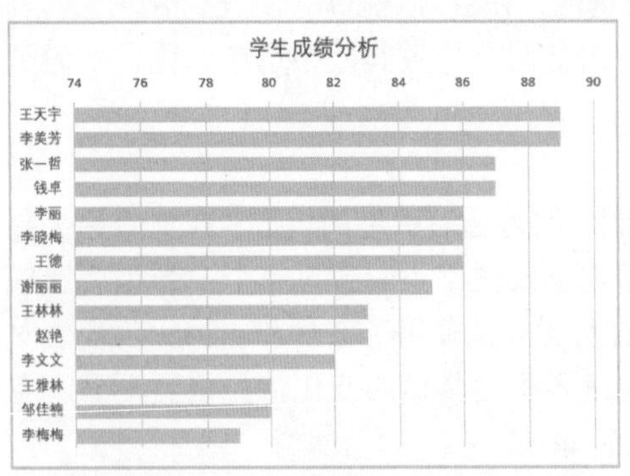

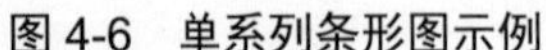
图 4-6　单系列条形图示例

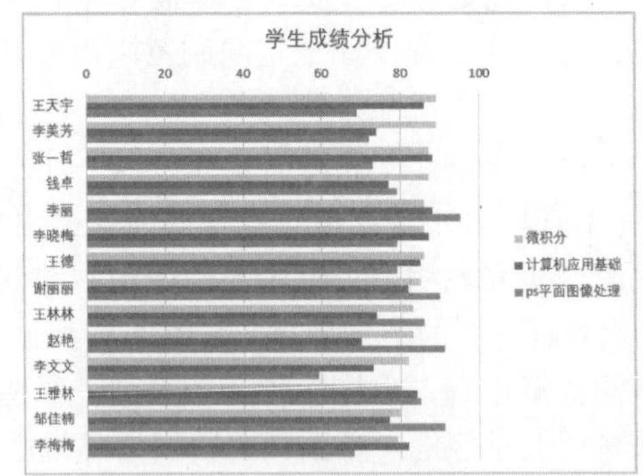

图 4-7　多系列条形图示例

(3) 当出现多维度数据时，如图 4-8 所示，对比 1995 年和 2012 年亚洲部分经济体对中国和日本的出口在其出口总额中所占份额的变化情况，由于绘图数据包含经济体、出口目的地和年份等多个维度，因此图 4-8 将其处理为两个并列的条形图，分别与两个年份对应。红蓝交错的条形导致用户在注意过程中无法快速获得有价值的信息。

因此，如何在数据分类及系列数量不断增加的情况下，确保图表仍可被前注意过程高效处理，以保持图表的视觉质量不被破坏、清晰传达数据的形态信息，是数据可视化在图表层面的核心要义。要避免在图表表达中滥用用户的注意力，同时设计者更应注重数据本身的意义，探索和提炼更有价值的信息。

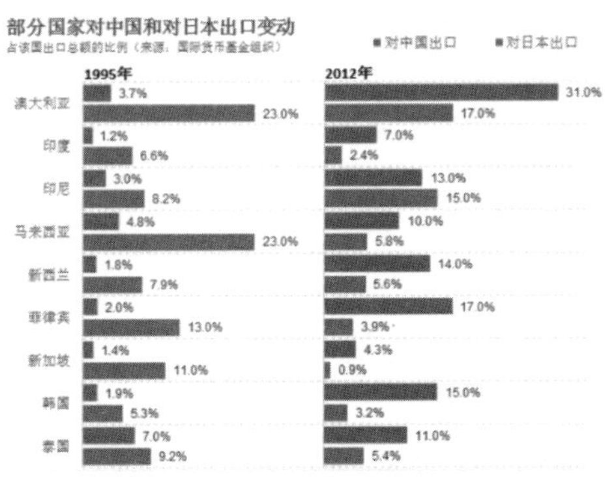

图 4-8　多维度条形图实例

4.2 设计图表

4.2.1 最大化数据墨水

著名的世界级视觉设计大师爱德华 • 塔夫特提出并定义了数据墨水比(data-inkratio)的概念。一幅规范的图表，其绝大部分笔墨都应该用于展示数据信息，为了让人直观地看清数据分析的结果，数据变化则笔墨也跟着变化。数据笔墨是图表中不可去除的核心，是用来展示数据信息的非多余的部分。因此，图表设计的根本原则就是最大化数据墨水比，图表中的每一点墨水都要有存在的理由，并且是为了展示数据。

1. 数据墨水与非数据墨水

在 Excel 图表中，数据墨水是指数据系列生成的数据图。对一幅图表而言，曲线、柱形、条形、扇区等用来显示数据量的元素，对数据墨水比起着至关重要的作用。

非数据墨水是指除系列数据生成的数据图外的其他内容，如网格线、坐标轴、填充色、背景图片等元素并非必不可少，属于非数据墨水。

2. 如何最大化数据墨水比

数据墨水比只是一个概念，并不是真的指数据墨水与非数据墨水之间具体的比值。数据墨水比要求在设计图表时，要根据实际的需求，考虑每个图表元素的使用目的与最佳视觉效果。对于并非必不可少的图表元素，要减少和弱化，同时增强和突出数据元素。

1) 增强和突出数据墨水

(1) 过滤掉所有不必要的数据元素，数据系列不要太多，过多会造成信息过载、视觉焦点分散。

(2) 将重要的数据突出强调出来。

2) 减少和弱化非数据墨水

(1) 减少不必要的背景填充色。

(2) 减少无意义的颜色变化。

(3) 去掉网格线、表格边框线、图表区和绘图区的边框线及不必要的装饰。

(4) 去掉3D效果。

(5) 弱化坐标轴颜色、网格线颜色和填充颜色。

4.2.2 图表元素

Excel图表提供了多种图表元素，可以方便灵活地调整图表。常见的图表元素如下。

(1) 图表区。整个图表对象所在的区域像一个“容器”，容纳所有的图表元素及手动添加的其他对象。

(2) 图表标题。Excel默认使用系列名称作为图表标题，通常需要根据商业数据的内容修改具有描述性的标题。

(3) 绘图区。包含数据系列图形的区域。

(4) 图例。图表中的图形代表哪一个数据系列。

(5) 数据标签。随数据系列而显示的数据源的值，过多使用数据标签容易使图表变得混乱。因此，通常在数据标签和Y轴刻度标签中选择一项进行显示。

(6) 坐标轴。包括横坐标轴和纵坐标轴，坐标轴上包含刻度线和刻度线标签等。

(7) 网格线。包括水平网格线和垂直网格线，分别对应Y轴和X轴的刻度线。

(8) 数据系列。根据数据源绘制图形，用来形象化地反映数据，是图表的核心元素。

(9) 坐标轴标题。描述垂直坐标轴和水平坐标轴的名称。

大多数情况下，不需要图表具有所有的图表元素，只需根据数据情况选择合适的图表元素进行显示即可。

4.2.3 图表中添加数据系列

图表绘制完成后，有时需要向图表中再添加其他数据系列，或者将同一数据系列多次加入图表中。操作方法有如下几种。

1. 复制粘贴法

选择需要加入图表中的数据区域进行复制，然后选择图表粘贴，即可在图表中添加数据系列。

2. 框线扩展法

选择图表时，其对应的源数据区域周围会出现紫色、绿色或蓝色的不同框线。如果要加入的数据与已有数据是连续的，则可以直接用鼠标将其拖到区域右下角，将蓝色区域拖入想要加入的数据区域即可。

3. 通过【选择数据】命令添加

这是最常见的添加方式。选择图表，打开【选择数据源】对话框，重新设置【编辑数据系列】中的数据内容即可。

若要往图表中添加散点图数据系列，可以先在【选择数据源】对话框中添加一个数据系列，将该数据系列调整为散点图类型，然后指定该系列的X、Y值引用位置即可。

4.2.4 调整坐标轴

1. 使用双坐标轴

利用图表进行数据分析时，经常会遇到两组数据差异很大的数据，制作出来的图表差异太大，数值小的系列很难显示出来。

为了让数值较小的系列显示出来，可以利用次坐标轴来实现，也就是用两个坐标轴来表示数据。具体操作步骤如下。

(1) 根据相应数据绘制柱形图，由于系列 1 和系列 2 的数值大小差异过大，如图 4-9 所示，系列 2 的数据很难正常显示，这就需要用两个坐标轴分别表示两组数据。

(2) 右击“系列 2”，打开【设置数据系列格式】窗格，在【系列选项】|【系列绘制在】中选中【次坐标轴】单选按钮，如图 4-10 所示。

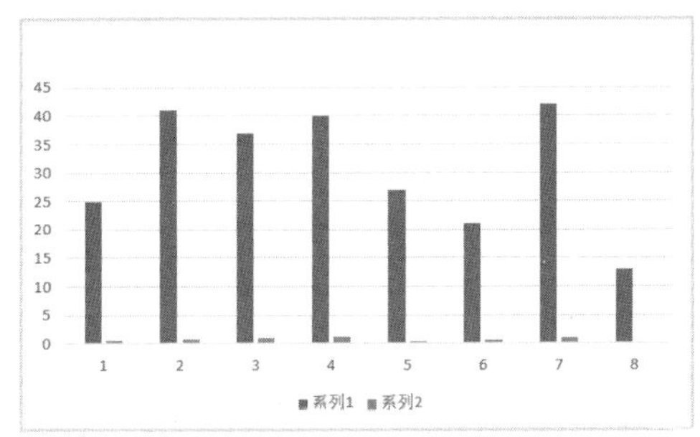

图 4-9 一个坐标系

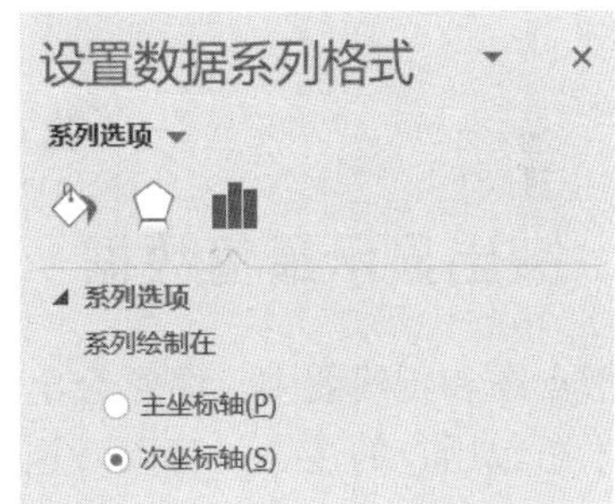

图 4-10 选择“次坐标轴”

(3) 改变其中一个系列的图表类型。在【更改图表类型】对话框中，将“系列 2”改为“带数据标记的折线图”，如图 4-11 所示，单击【确定】按钮。此时，“系列 1”和“系列 2”都可以正确地显示在图表中，效果如图 4-12 所示。

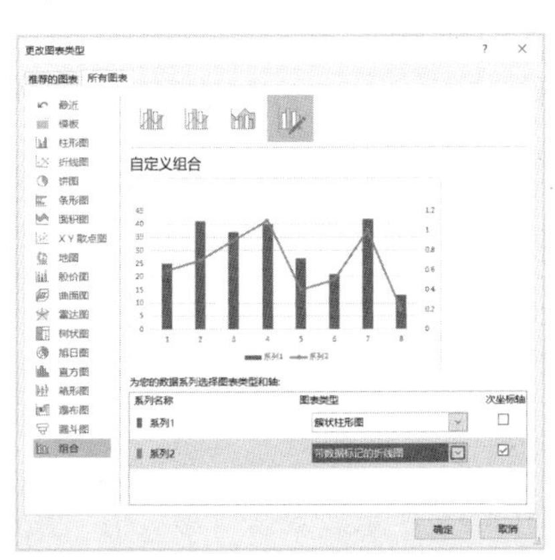

图 4-11 更改图表类型

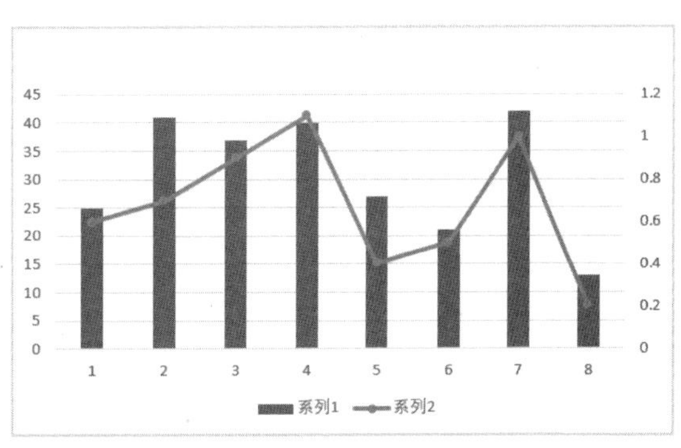

图 4-12 完整显示数据

从上面的例子中可以看出，“系列 1”以左侧坐标轴为依据，而“系列 2”以右侧的坐标轴为依据，从而使制作的图表具有双坐标轴特点。图表中以“系列 1”的坐标轴为主坐标轴，而以“系列 2”的坐标轴为次坐标轴，用户可以很轻松地查看到图表传达的信息。

2．调整坐标刻度

对于 Excel 默认生成的图表，有时需要调整坐标值的刻度，如调整刻度的最大值、最小值及间隔等，以达到更好的展示效果，提高图表的可读性。

可以通过打开【设置坐标轴格式】窗格，在【坐标轴选项】区域根据需要调整【边界】和【单位】文本框中的值，如图 4-13 所示。【最小值】表示刻度的起始值，【最大值】表示刻度的终止值，在【单位】选项区中修改主要值即可。

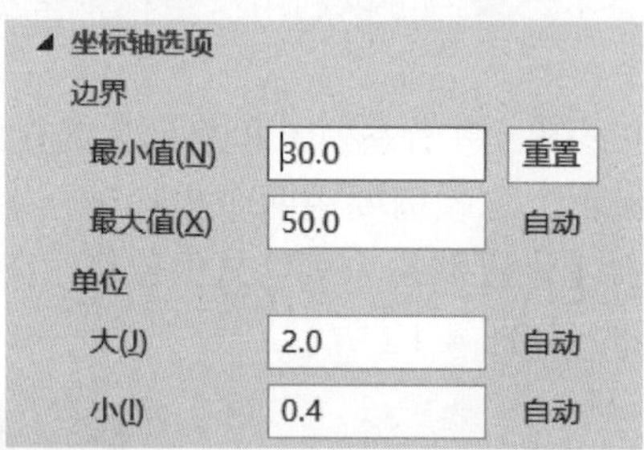

图 4-13　调整坐标轴刻度

4.2.5　突出显示最值数据

在散点图和折线图中，经常会出现最大值或最小值，如果同一张图表的数据信息量较大，为了引起用户的注意，可以对这些最值数据进行强调，将其突出显示出来。要想快速找出该数据区域中的最大值和最小值，通过手动的方式显示是不可取的，不仅费时费力，还不一定能找出正确的目标值。

具体操作步骤如下。

(1) 为数据源添加两个辅助列，即“最大值”与“最小值”列。输入获取最大值的公式“=IF(A2=MAX($A$2:$A$7),A2,NA())”；获取最小值公式为“=IF(A2=MIN($A$2:$A$7),A2,NA())”，如图 4-14 所示。

B2　=IF(A2=MAX($A$2:$A$7),A2,NA())

	A	B	C	D	E	F	G
1	销量	最大值	最小值				
2	2343	2343	#N/A				
3	916	#N/A	916				
4	1701	#N/A	#N/A				
5	1465	#N/A	#N/A				
6	1074	#N/A	#N/A				
7	1600	#N/A	#N/A				

图 4-14　添加辅助列

(2) 选择 A1:C7 单元格区域，插入折线图，如图 4-15 所示。双击“最大值”系列，打开【设置数据系列格式】窗格，在【填充与线条】|【填充】|【标记】|【数据标记选项】中，选中【内置】单选按钮，对标记的类型和大小进行设置，如图 4-16 所示。用相同方法对最小值的数据标记选项进行设置。

(3) 为“最大值”和“最小值”系列添加数据标签。设置完成后，折线图的效果如图 4-17 所示，可以看到图表中销量的最大值与最小值被自动突出显示。

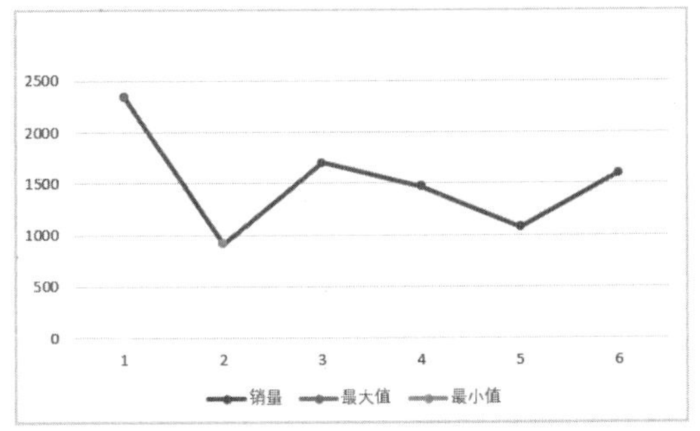

图 4-15　插入折线图

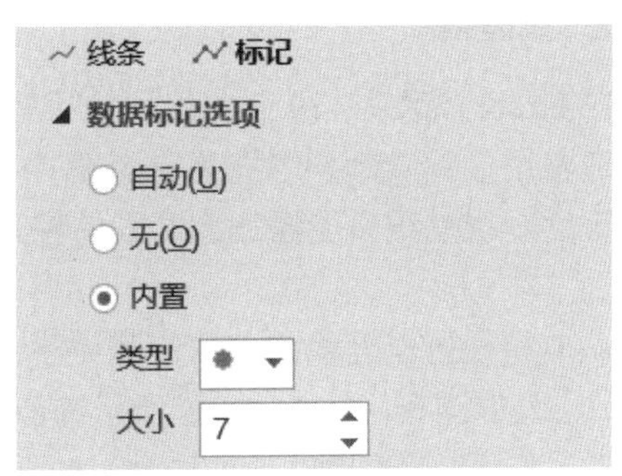

图 4-16　数据标记选项

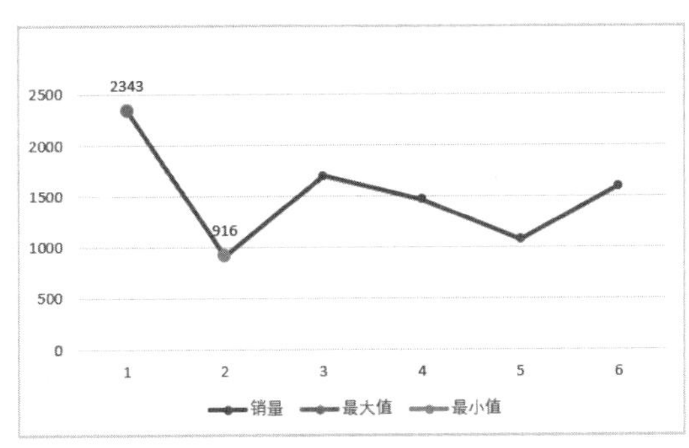

图 4-17　突出显示最大值和最小值

4.2.6　使用趋势线和误差线分析数据

1. 趋势线

趋势线是以图表方式显示数据的变化趋势，同时还可以用来进行预测分析，也称为回归分析。通过回归分析，可以将图表中的趋势线延伸至实际数据以外，预测未来值。趋势线的类型包括线性、对数、多项式、乘幂、指数及移动平均等，如图 4-18 所示。

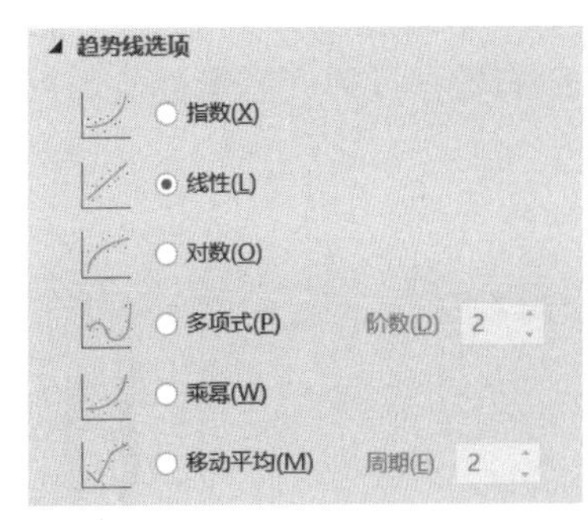

图 4-18　趋势线

每种趋势线都表示了它的特殊意义。

(1) 指数趋势线。增长或降低的速度持续增加，且增加幅度越来越大。

(2) 线性趋势线。增长或降低速率比较稳定。

(3) 对数趋势线。在开始阶段增长或降低幅度比较快，再逐渐趋于平缓。

(4) 多项式趋势线。增长或降低的波动较多。

(5) 幂趋势线。增长或降低的速度持续增加，且增加幅度比较恒定。

(6) 移动平均趋势线。增长或降低说明发生逆转。

线性趋势线是适用于简单线性数据集合的最佳拟合直线，如数据点的构成趋势接近一条直线，就可以选用线性的趋势线。

2. 误差线

在 Excel 图表中，误差线表示图形上相对于数据系列中每个数据点或数据标记的变化范围，通常用于统计或科学记数法数据中，显示相对序列中的每个数据标记的潜在误差或不确定程度。误差线只能添加到二维的柱形图、条形图、折线图、面积图、XY 散点图和气泡图中。

添加和设置误差线的方法步骤如下。

(1) 选中图表，按图 4-19 所示的步骤添加标准误差误差线。也可以根据需要选择其他误差线，Excel 图表提供了几种常用的误差线，下面简单进行介绍。

① 标准误差误差线。标准误差误差线的中心与数据系列的数值相同，正负偏差为对称的数值，并且所有数据点的误差量数据均相同。数据系列的各个数据点数值波动越大，则标准误差越大。如果数据系列的各个数据点值相同，则标准误差为 0。

② 百分比误差线。基于所选数据的值上下波动一定百分比(默认为 5%，可调)。

③ 标准偏差误差线。基于当前样本所估算出的总体数据的波动情况。

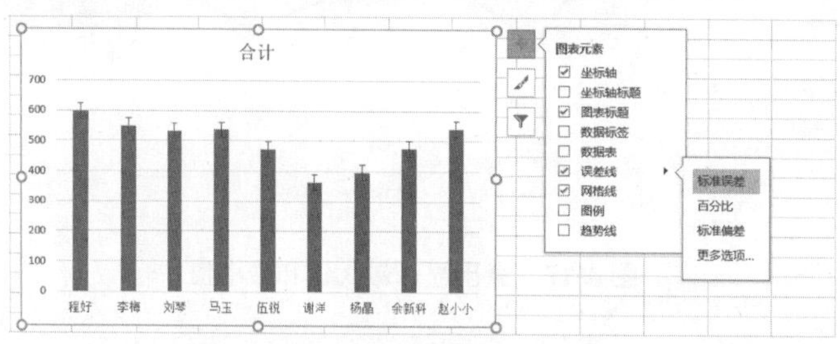

图 4-19　为柱形图添加误差线

(2) 将误差线的误差量设置为固定值“100”。双击图表中的误差线，打开【设置误差线格式】窗格，选中【垂直误差线】|【误差量】下的【固定值】单选按钮，并设置为“100”，如图 4-20 所示。固定误差线的中心与数据系列的数值相同，正负偏差为对称的数值，并且所有数据点的误差量数值均相同。

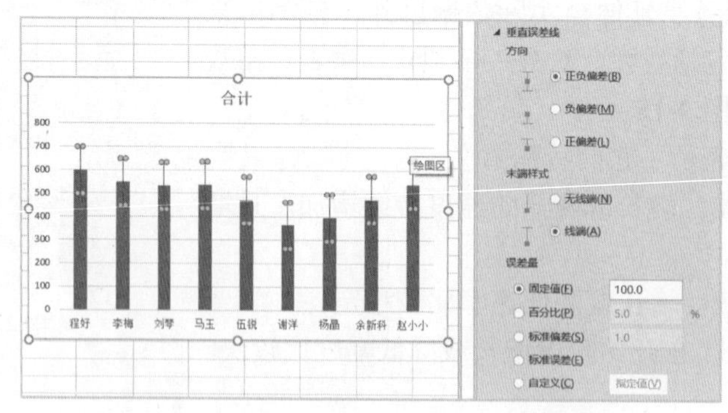

图 4-20　误差线的误差量设置为固定值

(3) 选中【误差量】为“百分比”，并设置【百分比】为“10”，此时，各个数据点的误差量为百分比与各个数据点数值相乘的积。

(4) 选中【误差量】下的【标准偏差】单选按钮，并设置【标准偏差】为“1”，如图 4-21 所示，标准偏差误差线的中心为数据系列各数据点的平均值，正负偏差为不对称的数值，各数据点的误差量均相同。数据系列的各个数据点数值波动越大，则标准偏差越大。如果数据系列的各个数据点值相同，则标准偏差为0。

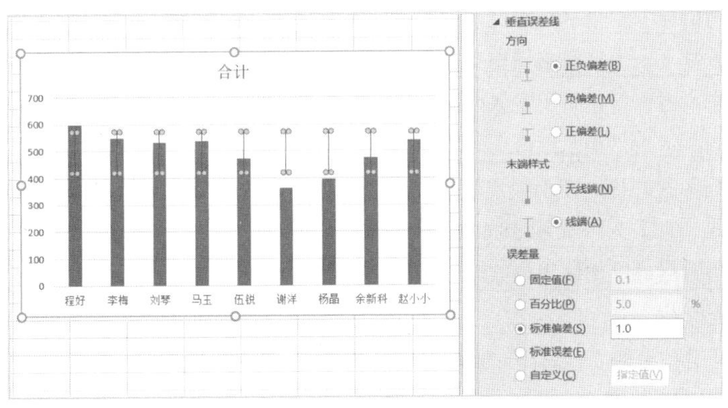

图 4-21　误差量设置为标准偏差

4.2.7　自定义数字格式代码

自定义数字格式代码在 Excel 中的应用非常广泛。自定义格式代码可以为正数、负数、零值和文本这 4 种类型的数值指定不同的格式，在其代码组成结构中，用 4 个区段来分别代表不同的数值类型，且区段与区段之间用分号分隔。完整自定义数字格式代码的组成结构为："大于条件值"格式、"小于条件值"格式、"等于条件值"格式、文本格式。

在没有特别指定条件值的时候，默认的条件值为 0，因此，自定义数字格式代码的组成结构也可视作：正数格式、负数格式、零值格式、文本格式。虽然格式代码的结构中有 4 个区段，但是并不需要每次都严格按照 4 个区段来编写格式代码，只写一个或两个区段也是可以的。表 4-1 列出了没有按 4 个区段写代码时，代码结构的变化。

表 4-1　自定义数字格式代码结构规则

区段数	代码结构的意义
1	格式代码作用于所有类型的数值
2	第一区段作用于正数和零值，第二区段作用于负数
3	第一区段作用于正数，第二区段作用于负数，第三区段作用于零值

了解了格式代码的基本结构后，还要掌握其中的代码所表示的含义，才能更好地用格式代码来自定义数字格式。格式代码是通过不同的占位符来描述格式化语意的，是格式代码的最基本元素。占位符由字符组合而成，常见的代码如表 4-2 所示。

表 4-2　常用的代码表示的含义

代　码	含　义
#	数字占位符，表示只显示有效数字，不显示无意义的零值。例如使用格式"#.##"显示 12.503，则结果为 12.5
0	数字占位符，如果数字位数少于格式中的零的个数，显示无意义的 0。例如，使用格式 00.000 显示 6.9，则结果为 06.900

续表

代 码	含 义
_	留出与下一个字符等宽的空格
*	重复下一个字符来填充列宽
@	文本占位符，引用输入字符。例如，设置格式为“@天气”，输入文本“华东地区”，则显示为“华东地区天气”
?	数字占位符，在小数点两边为无意义的零添加空格，以便使小数点对齐。例如使用格式“？.？？”显示 38.604，则结果为“38.”
.	小数点，例如使用格式#.##显示 653.321，则结果为 653.32
%	百分数
,	千分位分隔符(该符号的位置是固定的)，例如使用格式#，##0 显示 1384627.8，则结果为 1,384,628
X	如果在小数点左边，并且其左边不再有其他标识符，则代表数据到此截断，否则等同于#标识符。例如使用格式 X##显示 111439，则结果为 439；若使用格式.X 显示 0.75，则结果为“.8”
“文本”	显示双引号里面的文本
[颜色]	颜色代码，选择代码格式后在文本框中可将其修改为其他颜色，其代码值可以是中文，如[黑色]、[白色]、[红色]；也可以是英文，如[black]、[white]、[red]。需要注意的是，在英文版中用英文代码，在中文版中则必须用中文代码

【例 4-1】为图 4-22 中数值轴上的 30 加上温度符号℃，其他刻度使用普通数字。

具体操作步骤如下。

(1) 在图表中双击数值轴，打开【设置坐标轴格式】任务窗格，在【数字】选项区【格式代码】文本框中输入“[=30]0℃;0”格式代码，如图 4-23 所示。该代码各部分的含义如下。

◎ “[=30]”用于判断数值坐标轴的刻度是否为 30。

◎ “0℃”表示条件成立时显示的数据格式，其中“0”表示数字占位符，这部分的整体含义是指当刻度值为 30 时，在数据后面添加单位“℃”。

◎ 分号右侧的“0”表示条件不成立时执行的数字格式设置。

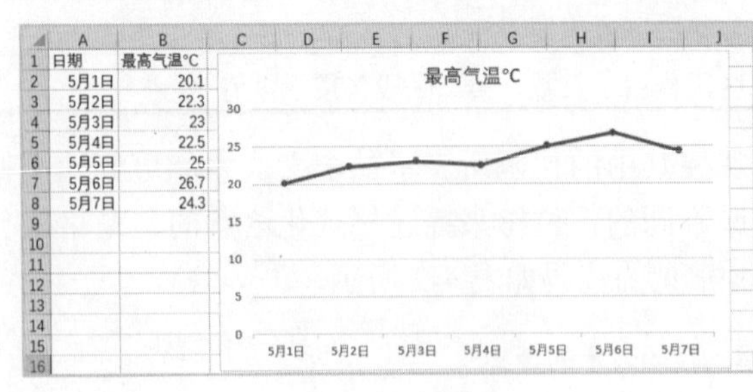

图 4-22 折线图

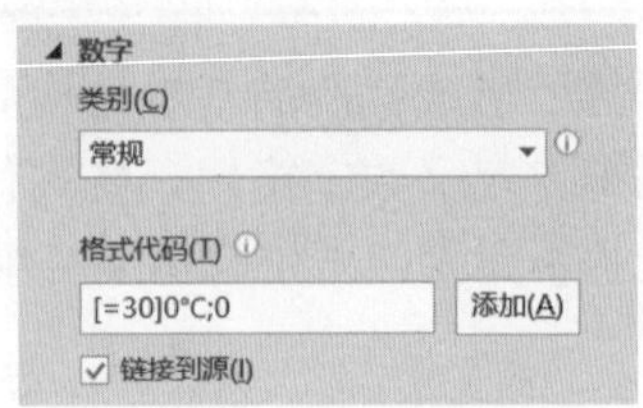

图 4-23 设置格式代码

(2) 设置完格式代码后，单击【添加】按钮。可以看到图表的数值轴中只有最上方的刻度值 30 带有“℃”符号，如图 4-24 所示。需要注意的是，这里是固定将值为“30”的数据右侧添加“℃”符号，如果图表中的最大刻度变为其他数据，则“℃”符号不会自动添加到新的最大刻度值上。

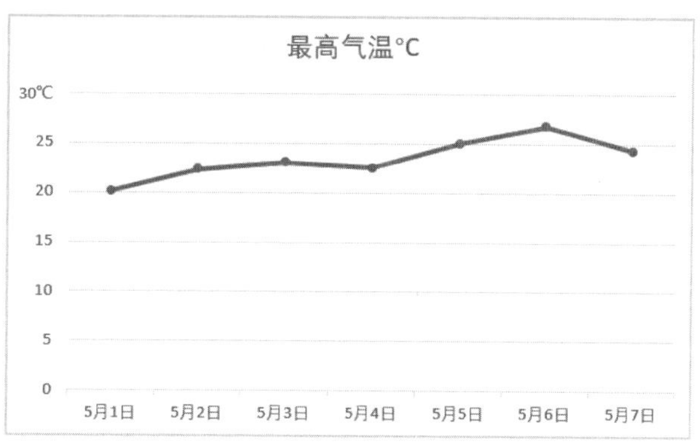

图 4-24 设置格式代码后的效果

4.3 柱形图/条形图

4.3.1 认识柱形图/条形图

柱形图是最为常用的图表类型之一，由一系列高度不等的纵向条纹表示数据分布的情况，适用于展示二维数据集，如显示一段时间内的数据变化或比较各项数据大小，其中一个坐标轴表示需要对比的分类维度，另一个轴代表相应的数值(如月份、商品销量)，或者展示在一个维度上，用于比较多个同质可比的指标(如月份、苹果产量、桃子产量)。柱形图是基础的三大图表之一，可以通过次坐标、变形、逆转来实现复杂图表的制作。柱形图可以直观地反映数据的变化和对比情况，其典型的应用场景如产品各个时间段内的销售量或销售额的对比。

柱形图采用的标记是矩形，必备的视觉通道是矩形的高度与 x 坐标次序。由于人眼对高度差异很敏感，所以柱形图的辨识效果非常好。其他需要的视觉通道还有色彩、纹理以及数值轴的绝对位置等。柱形图适合应用于小规模数据集，简单直观，用来显示各个数据大小、突出数据系列之间数值差别等场景。

Excel 中的柱形图包括常规柱形图、圆柱形、圆锥图和棱锥图 4 类，每类又有簇状柱形图、堆积柱形图、百分比堆积柱形图以及相应的三维柱形图几种类型，如图 4-25 所示。其中堆积柱形图表示各个项目与整体之间的关系，用来比较各类别的值在总和中的情况；百分比柱形图是以百分比形式比较各类别的值在总和中的情况。

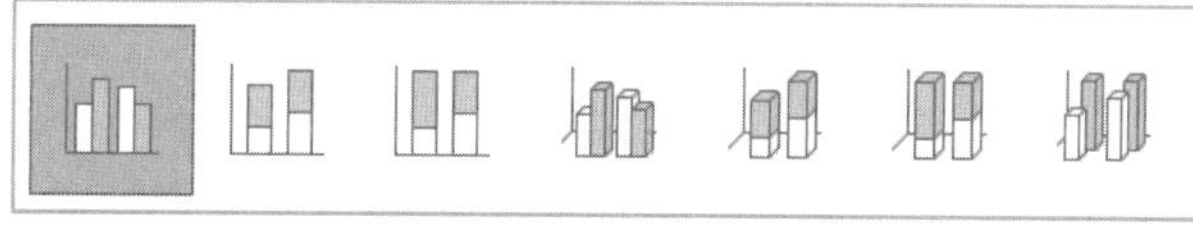

图 4-25 柱形图子类型

条形图与柱形图类似，也是用于显示一段时间内的数据变化或比较各项数据的大小。条形图与柱形图的区别在于：条形图沿水平轴(X 轴)组织数据，沿垂直轴(Y 轴)组织类型，而柱形图沿水平轴(X 轴)组织类型，沿垂直轴(Y 轴)组织数据。条形图一般适用于多分类项目的比较(人们习惯垂直方向滚动屏幕)，特别是项目的名称特别长的时候，用柱形图会无法完全呈现数据系列名称，采用条形图则可有效解决该问题。同时在制条形图时，可将数据进行降序排列，使得条形图呈现出数据的阶梯变化趋势。

条形图常被用来表示多项目的对比关系，特别是只有一两个系列类别时最合适。当系列类别大于 2 时，选择柱形图会比条形图更适合。但是一般在对比图形中，系列数要小于等于 4。

Excel 提供的条形图的子类型有簇状条形图、堆积条形图、百分比堆积条形图、三维簇状条形图、三维堆积条形图、三维百分比堆积条形图等。

【例 4-2】在学生成绩统计表中，通过对数据进行处理，计算出每个学生的平均成绩，可以利用柱形图将平均值中的最大值和最小值用不同颜色的柱状图标识出来。

例 4-2 柱形图

具体操作步骤如下。

(1) 处理原始数据。利用数据透视表处理原始数据后得到相应的数据结果，如图 4-26 所示。

	A	B	C	D	E	F	G	H	I	J	K	L	M	N	O
1	上半学期期末成绩统计表														
2	学生编号	姓名	语文	数学	英语	物理	化学	合计				姓名	总分		
3	001	程好	140	113	102	104	140	599				程好	599		
4	002	李梅	120	140	99	123	67	549				李梅	549		
5	003	赵小小	111	120	104	105	100	540				刘琴	533		
6	004	马玉	120	120	105	90	102	537				马玉	537		
7	005	刘琴	120	89	114	108	102	533				伍锐	472		
8	006	余新科	120	78	87	95	96	476				谢洋	364		
9	007	伍锐	105	102	98	89	78	472				杨晶	396		
10	008	杨晶	102	50	89	105	50	396				余新科	476		
11	009	谢洋	113	50	59	86	56	364				赵小小	540		

图 4-26 整理每个学生的总分

(2) 在 N 列算出最高分，在 N3 单元格中输入公式"=IF(M3=MAX($M$2:$M$11),M3,0)"，在 N4:N11 中进行填充，不是最高分的对应单元格内填充为 0；在 O 列中算出最小值，在 O3 单元格中输入"=IF(M3=MIN($M$2:$M$11),M3,0)"，单击下拉填充柄填充 O4:O11 单元格，不是最低分的对应单元格内填充为 0，结果如图 4-27 所示。

	A	B	C	D	E	F	G	H	I	J	K	L	M	N	O	P
1	上半学期期末成绩统计表															
2	学生编号	姓名	语文	数学	英语	物理	化学	合计				姓名	总分	最高分	最低分	
3	001	程好	140	113	102	104	140	599				程好	599	599	0	
4	002	李梅	120	140	99	123	67	549				李梅	549	0	0	
5	003	赵小小	111	120	104	105	100	540				刘琴	533	0	0	
6	004	马玉	120	120	105	90	102	537				马玉	537	0	0	
7	005	刘琴	120	89	114	108	102	533				伍锐	472	0	0	
8	006	余新科	120	78	87	95	96	476				谢洋	364	0	364	
9	007	伍锐	105	102	98	89	78	472				杨晶	396	0	0	
10	008	杨晶	102	50	89	105	50	396				余新科	476	0	0	
11	009	谢洋	113	50	59	86	56	364				赵小小	540	0	0	

图 4-27 算出极值分数的数据表

(3) 选中 L2:M11 单元格区域，单击【插入】选项卡，再单击【图表】|【簇状柱形图】，结果如图 4-28 所示。该柱状图中用到的标记主要是矩形，视觉通道是矩形在 x 轴上的一维位置，表示每个学生。用矩形对应的 y 轴的绝对刻度来表示每个学生成绩的总分。

(4) 选中生成的柱形图，右击，在弹出的快捷菜单中选择【选择数据】命令。

(5) 弹出【选择数据源】对话框，如图 4-29 所示，单击【图例项(系列)】选项区的【添加】按钮，在弹出的【编辑数据系列】对话框中输入数据，在【系列名称】中选择 N 列，在【系列值】中选择 N3:N11 单元格区域，如图 4-30 所示。按照同样的操作，添加最低分系列。增加了极值的成绩柱状图如图 4-31 所示。

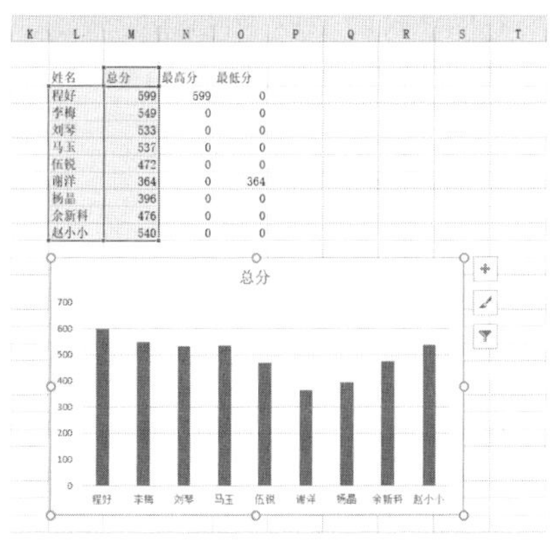

图 4-28　学生成绩总分的柱形图

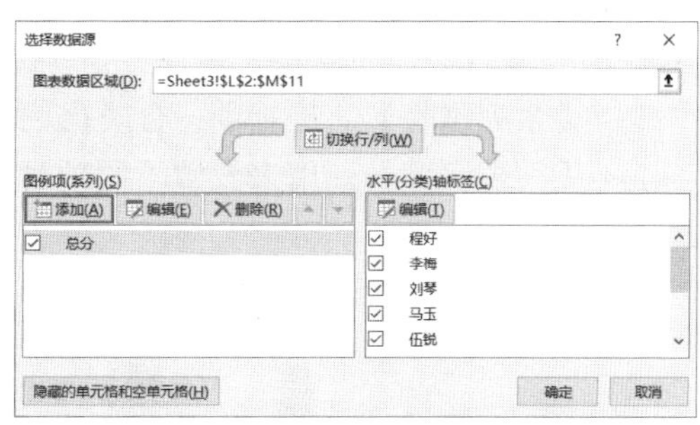

图 4-29　【选择数据源】对话框

图 4-30　编辑数据系列

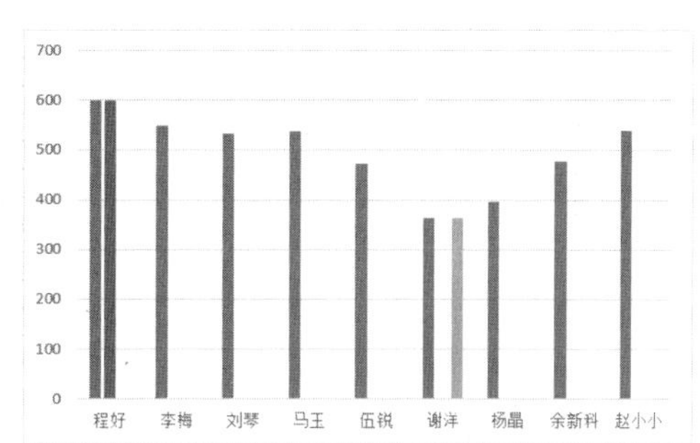

图 4-31　增加了极值的成绩柱状图

(6) 选中图中“程好”同学对应的柱状图，右击，在弹出的快捷菜单中选择【设置数据系列格式】命令，在弹出的窗格中将【系列选项】中的【系列重叠】值改为 100%，如图 4-32 所示，即可达到条件格式的显示效果，将最高分与最低分用不同颜色的柱状图显示出来，最终效果如图 4-33 所示。

图 4-32　设置数据系统格式

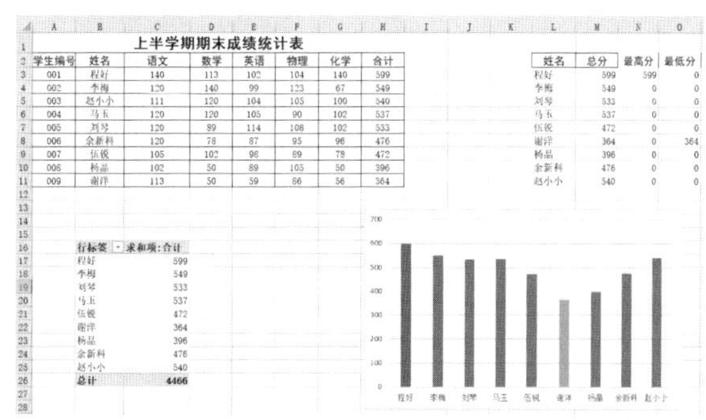

图 4-33　最高分与最低分突出显示的柱状图

本例涉及系列重叠，但并不是所有的柱形图都适合使用系列重叠，必须有多个数据分类项目才可以用，它的作用是将同一数据分类项目中的数据条分开或重叠。

【**例 4-3**】默认图表如图 4-34 所示，通过设置系列重叠可以改变多个系列之间的间距。具体操作步骤如下。

单击图表中的任意数据系列，打开【设置数据系列格式】窗格，在【系列选项】下设置【系列重叠】值为“-5%”，表示同一数据分类项目中两数据条以条间距的5%微小距离分开，调整后的效果如图4-35所示。如果将【系列重叠】设置为大于0的百分比，则表示同一数据分类项目中两个数据条的重叠程度。

其中：

(1) 【系列重叠】。控制同一分类内两个数据条之间的重合程度。

(2) 【间隙宽度】。用来设置不同项目分类之间的间隔大小及数据条的长度和宽度。

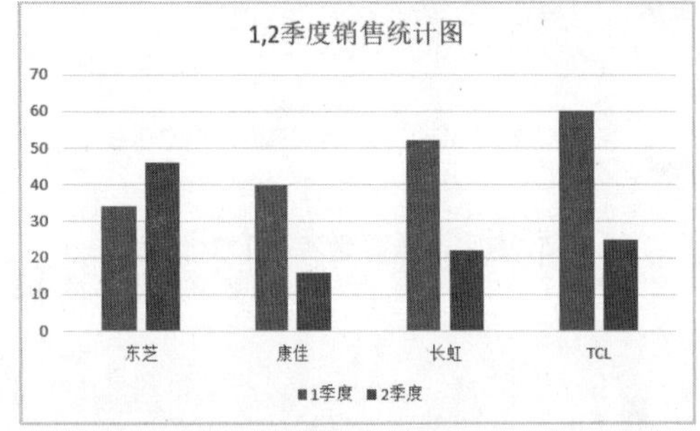

图4-34 默认图表

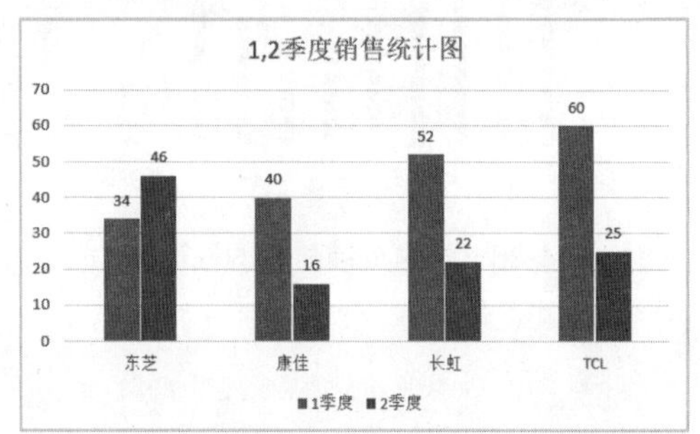

图4-35 缩小系列之间的间隔

4.3.2 柱形图/条形图的绘制技巧

1. 以零基线为起点

零基线就是以零作为标准参考点的一条线，零基线的上方规定为正数，下方规定为负数，相当于十字坐标轴中的水平轴。在Excel中，常说的零基线就是图表中数字的起点线，一般只展示正数部分。若是水平条形图，零基线与水平网格线平行；若是垂直条形图，则零基线与垂直网格线平行。

在柱形图中不要随意修改图表的零基线位置，虽然改变零基线位置可以让有差异的数值更加明显，但会误导人们对图表的阅读。

如图4-36所示，左图的数据起点是¥100，从中可以读出每个职工的奖金；而右图的数据起点是0，即把零基线作为了起点。左图的不足之处在于不便于对比每个直条的总价值，从图表上看感觉王枫的奖金是魏宏的4倍，但事实上王枫的奖金只比魏宏的多150元，这种错误的导向就是因为数据起点设定不恰当造成的。

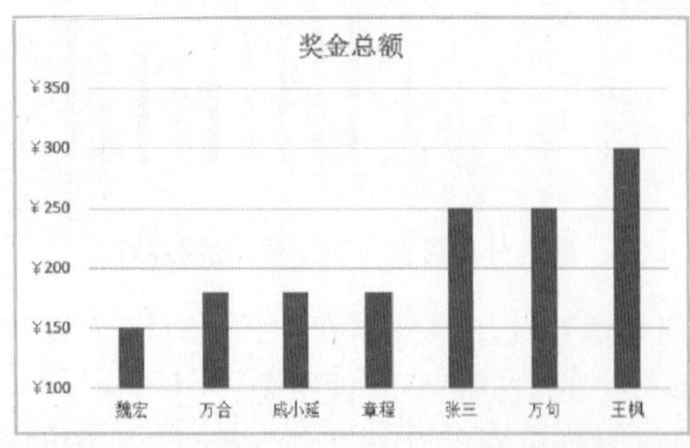

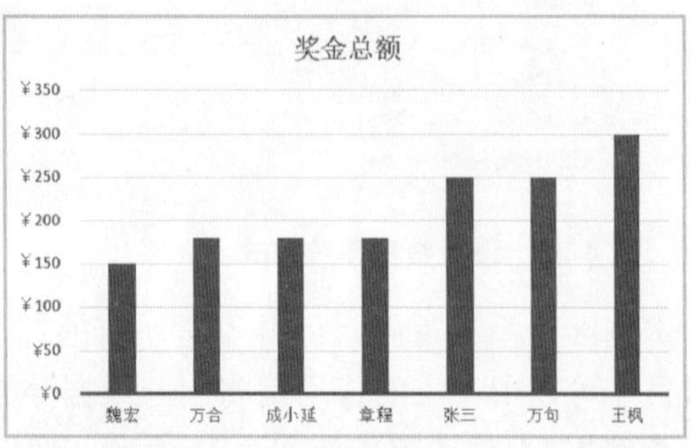

图4-36 不同零基线对比

设置零基线的操作步骤如下。

(1) 右击图表上的垂直(值)轴，在弹出的快捷菜单中选择【设置坐标轴格式】命令。

(2) 弹出【设置坐标轴格式】任务窗格，在【坐标轴选项】下将【边界】组中的【最小值】改为0，如图4-37所示。

零基线在图表中非常重要，因此在绘制时要突出显示零基线。比如，设置零基线的线条比其他网格线线条粗、颜色重，设置方法如图4-38所示。如果直条的数据值接近零，还需要将其数值标注出来，如图4-39所示。

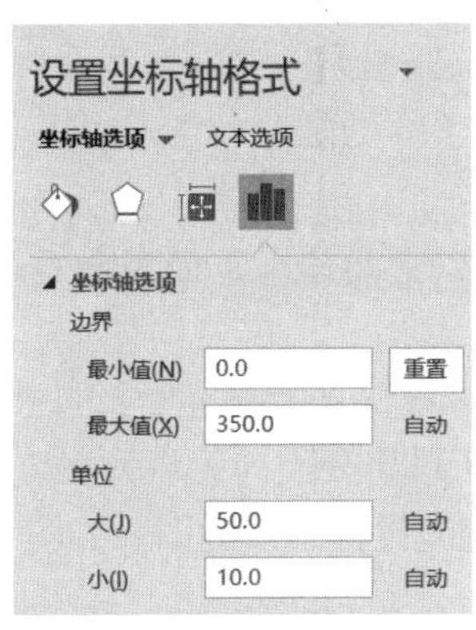

图4-37 设置坐标轴格式

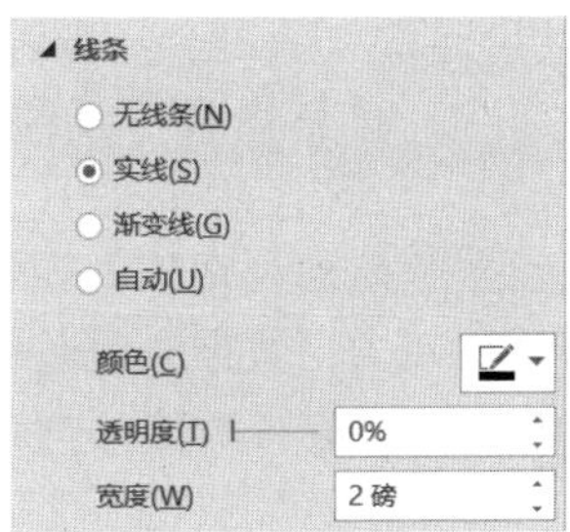

图4-38 将零基线的线条加粗

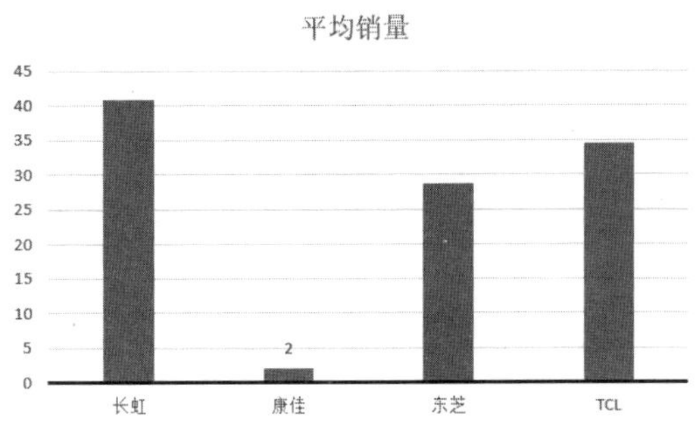

图4-39 添加数据标签

柱形图常被用来对比不同项目的数值大小，对于人眼能分辨出的差异，往往会忽略数据标签的显示，因为通过比较数据条的长短，便能估计出差异的范围。但如果对比的数据条差异不大，人眼不能轻易地辨别数据条的长度时，使用数据标签就显得尤为重要。

要显示数据标签，先选中图表，单击图表右上角出现的【图表元素】，再勾选【数据标签】复选框即可。如果想删除多余的数据标签，只显示部分标签，可单击选中所有的数据标签，再双击需要删除的数据标签即可；或选中单独的某个标签，再按Delete键便可删除。

2. 条间距

在柱状图或条形图中，直条的宽度与相邻直条间的间隔决定了整个图表的视觉效果。即便表示的是同一内容，也会因为各直条的不同宽度及间隔而给人以不同的印象。如果直条的宽度小于条间距，则会形成一种空旷感，即用户阅读图表时注意力会集中在空白处，而不是数据系列上。Excel给出的默认柱形图和条形图数据条之间的间距不仅影响美观，而且影响图表表达效果。Excel 默认的柱形图数据系列格式如图 4-40 所示。

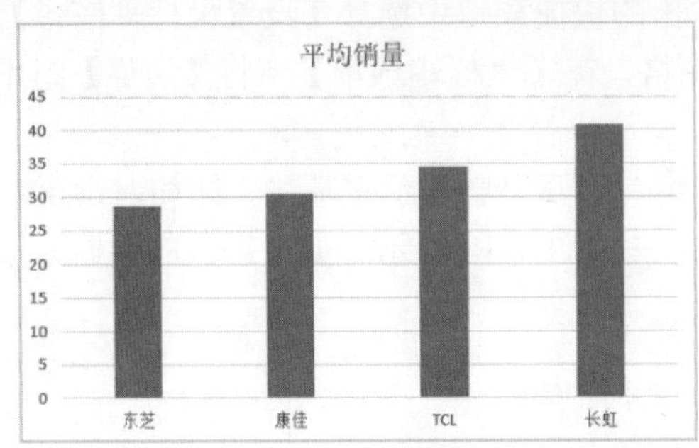

图 4-40　默认数据系列格式

一般情况下，将直条宽度设置为数据条间距的一倍以上两倍以下最为合适，修改操作步骤如下。

打开【设置数据系列格式】窗格，在【系列选项】下设置【间隙宽度】的百分比大小。分类间距百分比越大，数据条就越细，条间距就越大，所以将分类间距调为小于等于 100%较为合适。可以直接输入数值，也可以拖动滑块调整数值。设置好后的图表如图 4-41 所示。

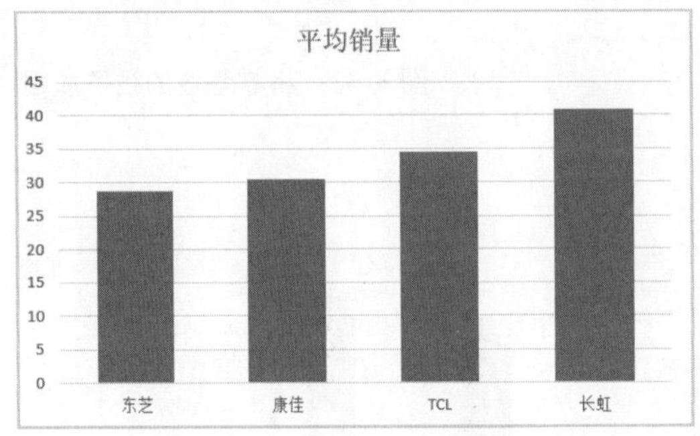

图 4-41　优化后的图表

3. 网格线、图例、填充和刻度的优化

在绘制柱形图/条形图的时候，通常会用到辅助元素，如网格线、图例、矩形的填充、数值轴的绝对刻度等。

1) 网格线

网格线的作用是方便用户在阅读图表时进行值的参考。Excel 默认的网格线是灰色的，显示在数据系列的下方。虽然网格线能起到读取数值的作用，但不是任何图表都适合用。Excel 中的网格线属于辅助元素，相对于图表中必不可少的元素来说，应尽量减弱或直接删除这些辅助元素，尤其在条形图中应该尽量避免使用网格线。

因为，在人的潜在视觉意识里，人眼对高度更加敏感。例如，用图 4-42 中的左图所示的条形图表展示数据，用矩形图的长度表示各省的人口数，但人们最先关注到的是纵向的网格线，当发现纵向的网格线并不代表数据时，才会把视觉聚集到表示人口数量的矩形条上，这时的网格线增加了图形的复杂度，让条形图的相对长度难以辨识。因此，为了满足人类潜意识的阅读习惯，不干扰对数据的展示效果，将条形图中的纵向网格线去掉，以增强对数据条的关注度。

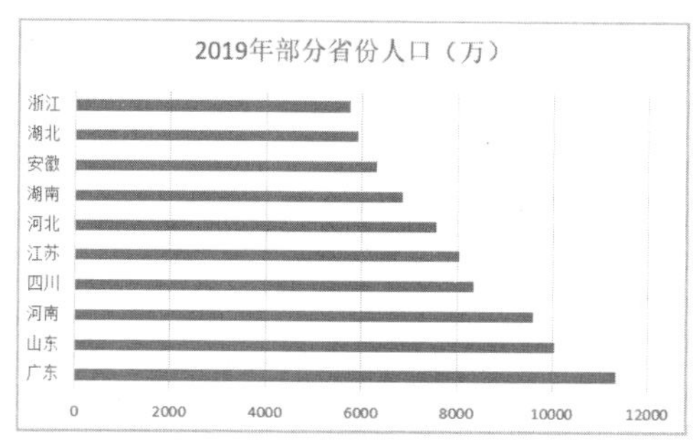

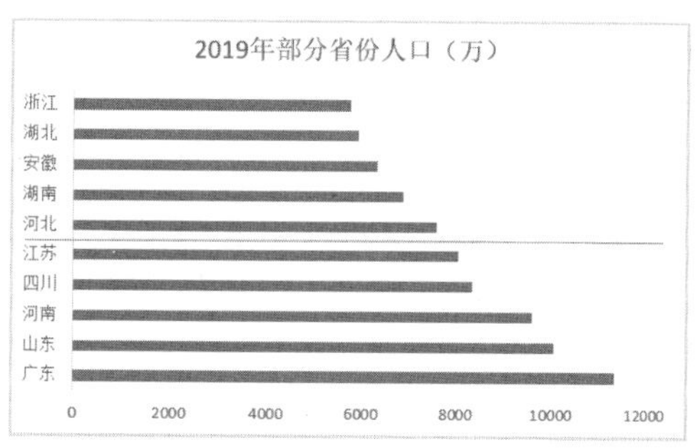

图 4-42　优化网格线

删除网格线的具体操作步骤如下。

选中图表，单击右侧【图表元素】按钮，在展开的列表中取消勾选【网格线】复选框，如图 4-43 所示，此时图表上的网格线被取消。然后单击【插入】选项卡，在【插图】中单击【形状】，在展开的下拉列表中选择【直线】，在图表的指定区域绘制一条直线，效果如图 4-42 中的右图所示。

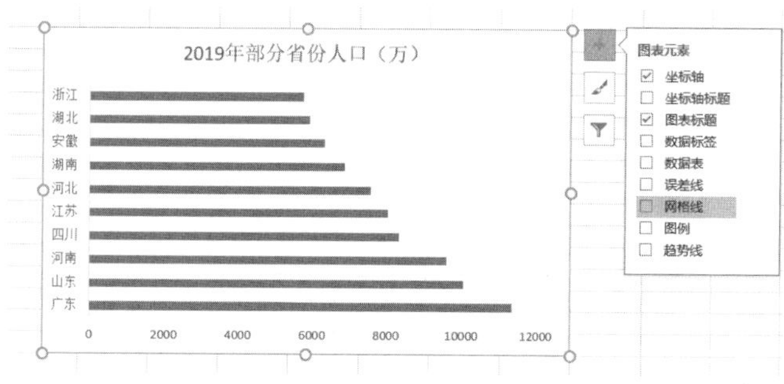

图 4-43　删除网格线

2) 图例

要看懂图表，必须先认识图例。图例是集中放置在图表一角或一侧的各种形状和颜色所代表内容与指标的说明。它具有双重任务，在绘制图表时图解是表示图表内容的准绳，在使用图表时是必不可少的阅读指南。图例虽然不是图表的主要信息，但却是了解图表信息的钥匙。

默认情况下，图例都是放置在图表底部，但人们习惯于从上至下或从左到右地去阅读，图例放在图表的下方，表示用户要先从下方了解图例，再回到中间部分查看图表内容，如图 4-44 所示。所以，根据阅读习惯，应该将图例放在图表信息的上方或左侧。调整具体操作步骤如下。

选中图表，单击【图表工具】|【设计】选项卡，在【图表布局】中单击【添加图表元素】下三角按钮，在展开的列表中选择【图例】|【顶部】选项，修改后的效果如图 4-45 所示。也可以将图例放置在图表的左右两侧，效果都比放在底部好。

3) 矩形的填充

系列填充颜色对图表的影响很大，使用不同颜色的目的是为了区分不同分类项目下的数据系列，如果颜色过于繁多，会让人头晕目眩。如图 4-46 所示，默认情况下，图表中每个系列颜色分明，经过对比可分辨出不同季度下每种产品的平均销售量。但若在此基础上

进行更改，使其颜色由亮至暗过渡，会具有更强的说服力，因为在多数据条种类中(一般保持在4种或4种以下)，同色系的颜色具有相似性，不会因为颜色繁多而眼花缭乱。重新设置颜色的具体操作步骤如下。

选中图表，在【图表工具】|【设计】选项卡下单击【图表样式】中的【更改颜色】下拉三角按钮，在展开的列表中选择需要的颜色。最终效果如图4-47所示。

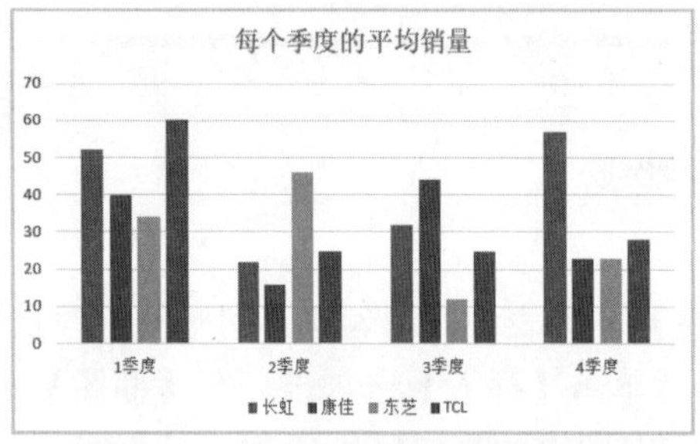

图4-44 默认图例位置

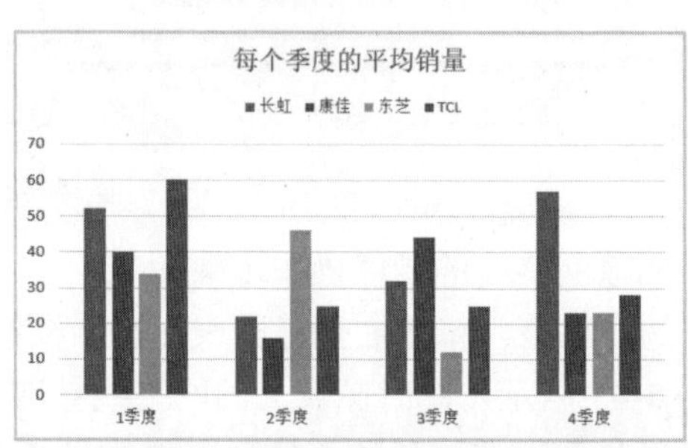

图4-45 优化图例位置

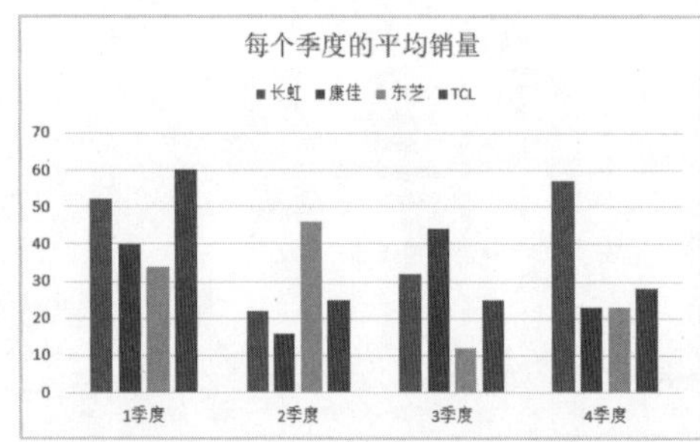

图4-46 默认系列填充颜色

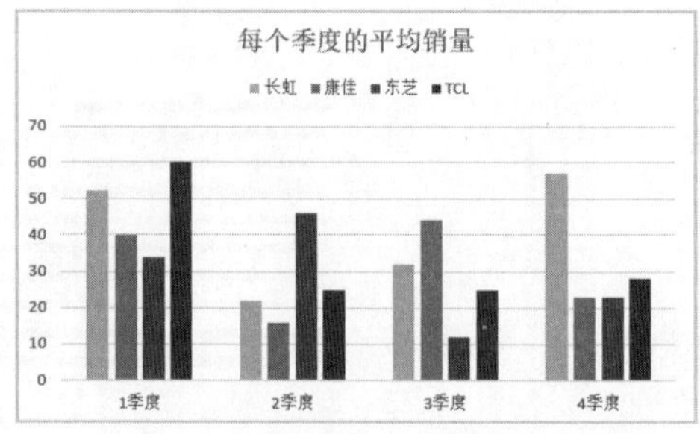

图4-47 调整系列填充颜色

在图表系列的颜色设计上，最好由明至暗进行布局。如果有一个从暗到明的图表，则可以用改变系列位置的方式来达到从明到暗的排列效果，如图4-48所示。

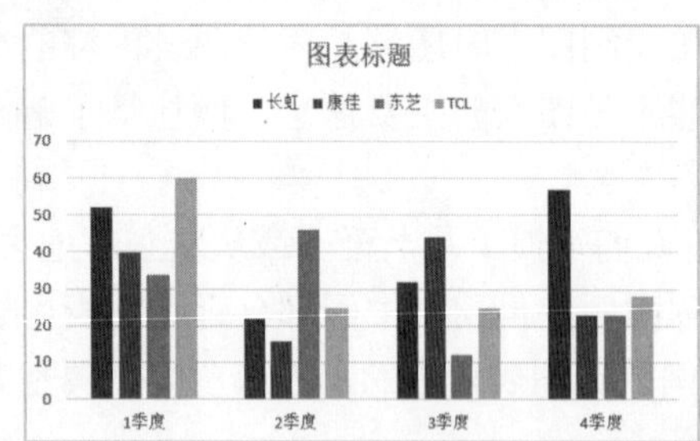

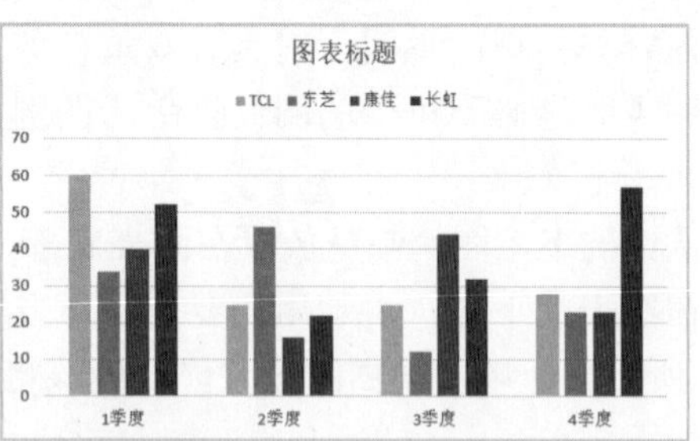

图4-48 设置图例颜色由明到暗

具体操作步骤如下。

单击第一个数据条，此时数据分类项目中相同性质的数据条被选中，这时在编辑栏中会出现一组公式“=SERIES(填充!$A$2,填充!$B$1:$E$1,填充!$B$2:$E$2,1)”，将公式末尾的数字“1”改为数字“4”，按Enter键后可发现排列在第一位置的数据条换到了第四(最后)位置，而其他数据条依次向前推移一个位置。用同样的方法可继续对数据条进行由明至暗的重排，相应的图例顺序也发生了变化。

SERIES()函数：SERIES()是生成图表系列的专用函数，无法在单元格中使用，只能用在 Excel 图表中。

语法：SERIES(标题,显示在分类轴上的标志,数据源,系列顺序)

【例 4-4】下面是各行业就业人员年平均工资。由于行业名称太长，X 轴上无法完全显示，只能按图 4-49 中左图所示的方式显示，很不美观。利用 SERIES()函数用简称代替行业名称。

具体操作步骤如下。

(1) 选中系列，原公式为“=SERIES(拓展!$B$2, 拓展!$A$3:$A$6, 拓展!$B$3:$B$6,1)”。

(2) 修改公式为“=SERIES(拓展!$B$2,{"供应业","信息服务业","设施管理业","居民服务业"},拓展!$B$3:$B$6,1)”，修改后的图表如图 4-49 所示。

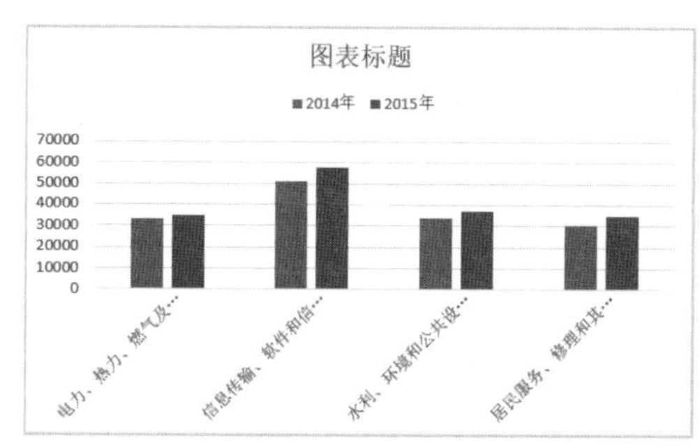

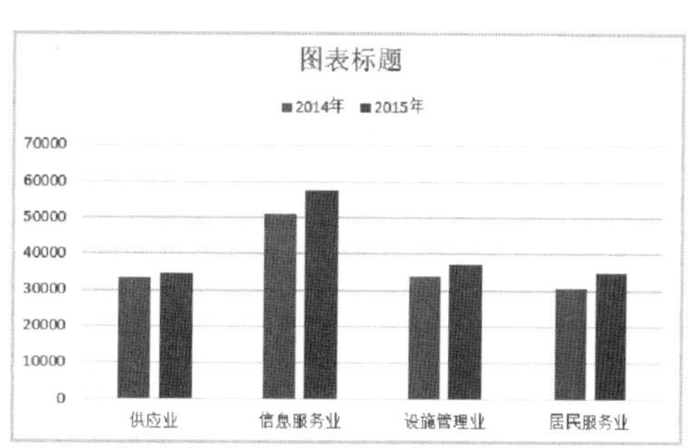

图 4-49 使用 SERIES 函数优化图表

4) 刻度

坐标轴的刻度类型分为算术刻度、对数刻度和半对数刻度。算术刻度是绘制图表时系统默认的均匀坐标，即笛卡儿坐标。如果数据的值在一个很大范围内，使用对数刻度可以降低数据间的差异。而半对数刻度就是一个普通的算术刻度和一个分布不均匀的对数刻度组合使用的刻度。例如，在股票交易中，每天的交易额可达到几百万，甚至上亿，如果还按照默认的算术刻度值去分析数据就毫无意义了，为了减少数据间的差异，使用对数刻度会有很好的效果。

【例 4-5】打开“素材\第 4 章\柱形图优化.xlsx”文件，在【刻度】工作表中可以看出，由于各板块的资金净流入数据差距比较大，因此放在同一个图表上来展示时，比较小的数据几乎不显示，如图 4-50 所示图表中的家具、电器等板块，原因是横坐标刻度是均匀分布的 100000、200000、300000 等。现将这些均匀的刻度值改为指数级增长的 10、100、1000 等，使得各个量级的数据都能正常显示，并且在不同项目间仍能展现出符合数据逻辑的大小对比关系。

具体操作步骤如下。

(1) 双击水平坐标轴，打开【设置坐标轴格式】窗格，在【坐标轴选项】中勾选【对数刻度】复选框，如图 4-51 所示。

(2) 切换到【设置数据标签格式】窗格，在【标签选项】选项区，选中【标签位置】中的【数据标签内】单选按钮，如图 4-52 所示。修改后图表的最终效果如图 4-53 所示。

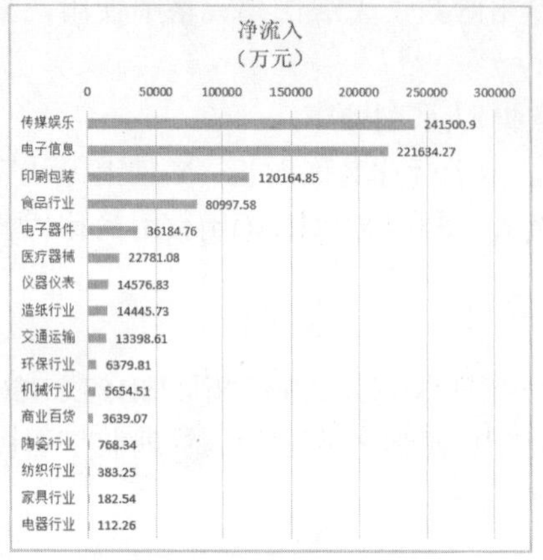

图 4-50　默认条形图刻度

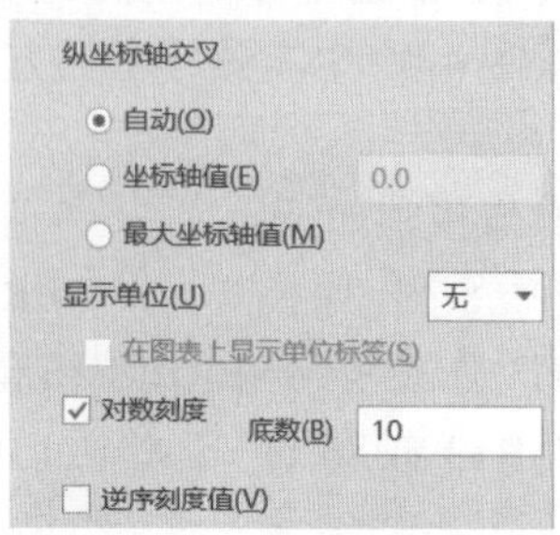

图 4-51　设置对数刻度

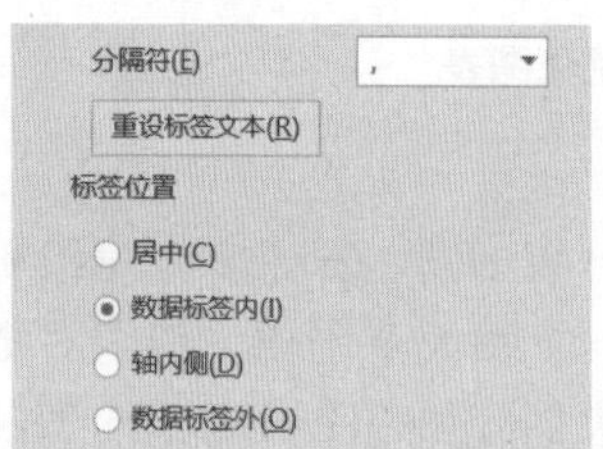

图 4-52　改变数据标签位置

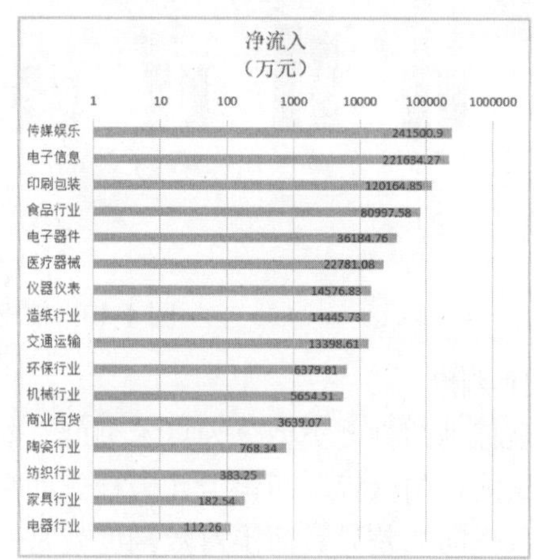

图 4-53　优化后最终效果

4.3.3　复杂柱形图/条形图

1．堆积柱形图

柱形图按数据组织的类型分为簇状柱形图、堆积柱形图和百分比堆积柱形图。簇状柱形图用来比较各类别的数值大小；堆积柱形图用来显示单个项目与整体间的关系，比较各个类别每个数值占总数值的大小，是数据的累加，各数据系列之间根据汇总柱形图的高低进行对比分析；百分比堆积柱形图用于某一系列数据其内部各组成部分的分布对比情况，各数据系列按照构成百分比进行汇总，即各数据系列的总额为 100%，数据条反映的是各系列中各类型的占比情况。

为了反映数据细分和总体情况，常常会用到堆积条形图，这种图形让用户既能看到整体分布情况，又能看到某个分组单元的总体情况，还能看到组内组成部分的细分情况，一举多得。

堆积柱形图/条形图的组成要素有 3 个：组数、组宽度和组限。

(1) 组数。是指把数据分成几组，一般会将数据分成 5～10 组。

(2) 组宽度。通常来说，每组的宽度是一致的，组数和组宽度的选择不是独立的，根据经验，近似组宽度=(最大值-最小值)/组数，然后根据四舍五入确定初步的近似组宽度，再根据数据的状况进行调整。

(3) 组限。分为组下限(进入该组的最小可能数据)和组上限(进入该组的最大可能数据)，并且一个数据只能在一个组限内。

绘制堆积柱形图/条形图时，不同组之间是有空隙的。

例 4-6 总分比例柱形图

【例 4-6】打开“素材\第 4 章\堆积柱形图.xlsx”文件。根据各品牌每个季度销售量统计表，绘制总分比例柱形图，总分比例柱形图比一般的堆积柱形图多一条显示总数的柱子，可以很清晰地看到总数的组成部分，即在一张图表上展示总分关系。

具体操作步骤如下。

(1) 打开数据表，本例数据为每个季度各品牌的销量和总销量，复制“总销量”列，粘贴到最右侧，作为辅助列，如图 4-54 所示。

品牌	长虹	康佳	东芝	TCL	总销量	辅助列
1季度	52	40	34	60	186	186
2季度	22	16	46	25	109	109
3季度	32	44	12	25	113	113
4季度	57	23	23	28	131	131

图 4-54 添加辅助列

(2) 选中数据，插入【堆积柱形图】，如图 4-55 所示。选中“辅助列”系列，在【设置系列格式】窗格中将其设置为【次坐标轴】。再将“总销量”系列也设置为【次坐标轴】，效果如图 4-56 所示。

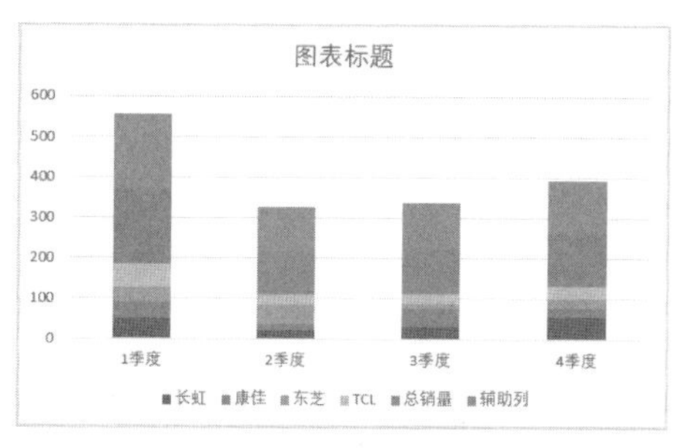

图 4-55 堆积柱形图

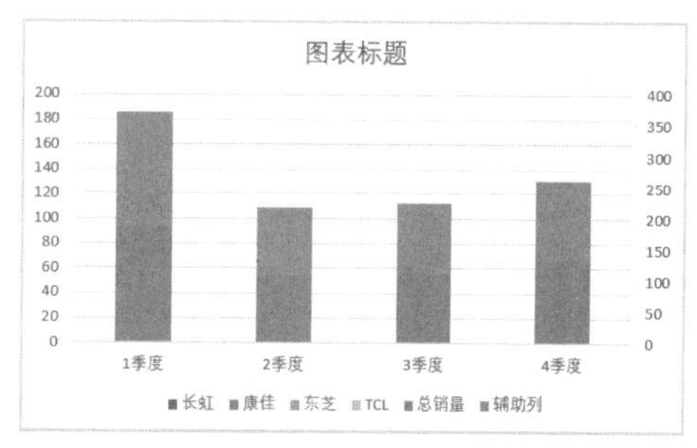

图 4-56 设置为【次坐标轴】

(3) 选中“总销量”，打开【更改图表类型】对话框，将“总销量”和“辅助列”的图表类型更改为“簇状柱形图”，如图 4-57 所示。

(4) 选中“辅助列”，在【图表工具】|【格式】|【图表样式】|【图表填充】中单击【无填充】，生成的“总销量”的堆积柱形图效果如图 4-58 所示。

(5) 在【图表工具】|【格式】|【当前所选内容】中选择“长虹”，将其【间隙宽度】调整到和“总销量”一致，如图 4-59 所示。

(6) 设置系列格式，右击“长虹”系列，打开【设置数据系列格式】窗格，将边框的颜色调整为“白色”，其他系列类似操作。删除“辅助列”图例，将图表字体、颜色进行一些调整，最终效果如图 4-60 所示。

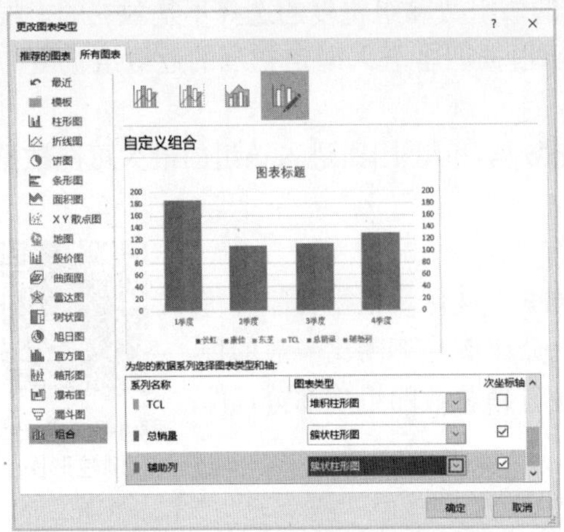

图 4-57　更改图表类型

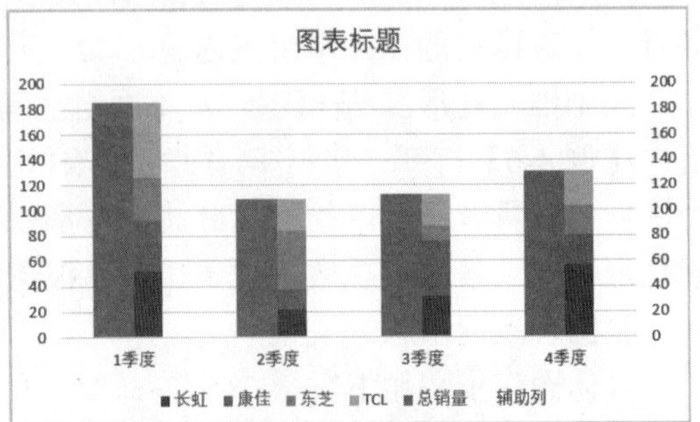

图 4-58　效果图

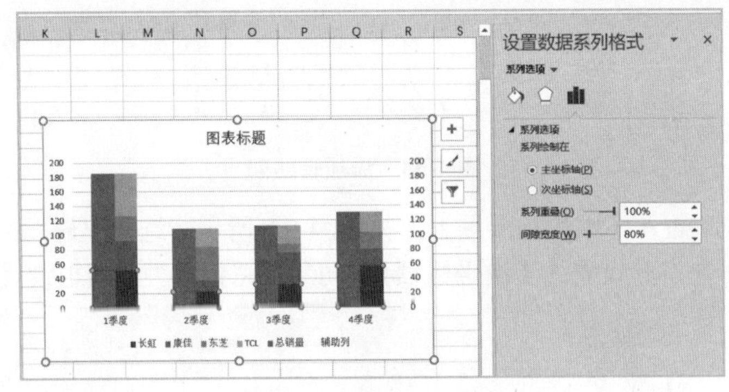

图 4-59　调整间隙宽度

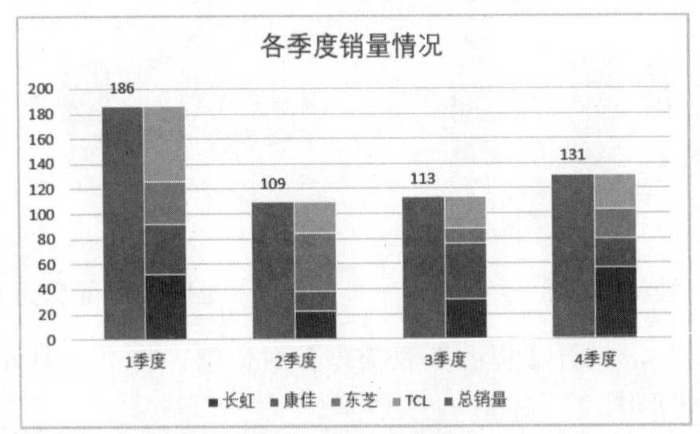

图 4-60　最终效果图

不等宽柱形图

2．不等宽柱形图

不等宽柱形图，顾名思义，其本质是柱形图，只是柱形图数据条的宽度不一样(普通柱形图的数据条宽度相同)。不等宽柱形图在常规柱形图的基础上实现了宽度和高度两个维度的数据记录和比较。因为宽度不一致，所以不等宽柱形图具有普通柱形图没有的优势，即一张图可以展现两个不同方面的内容。比如，分析收益成本时用不等宽柱形图，柱子的宽度可以表示收益的多少，柱子的高低可以表示成本的高低。又比如，做销售团队的业绩和资源分析时，柱子的高度可以展现资源占比的高低，宽度则可以表示各团队的销售业绩。因此，不等宽柱形图的优势是显而易见的，它可以简单直观地比较两个不同信息，从而帮助我们发现问题和解决问题。

制作不等宽柱形图相对普通柱形图的制作要难很多，真正的难点是作图的思路和辅助列的运用，下面通过实例来介绍不等宽柱形图的制作方法。

【例 4-7】打开“素材\第 4 章\柱形图优化.xlsx”文件，利用散点图制作不等宽柱形图。

具体操作步骤如下。

(1) 根据原始表添加辅助表。辅助表中的“X 值”代表 X 坐标轴，由“增长率”累加获得；“Y 值”代表 Y 坐标轴，就是原始表中的“产值”列；“误差线 X 负偏差”是原始表中的“增长率”；“误差线 Y 负偏差”是“产值”列，“误差线 Y 正偏差”是下一个数据点和当前数据点的差值。得到的辅助表如图 4-61 所示。

	A	B	C	D	E	F	G	H	I	J
1	原始表				辅助表					
2	项目	增长率	产值		X值	Y值	误差线X负偏差	误差线Y负偏差	误差线Y正偏差	
3	A	12%	1000		12%	1000	12%	1000	-200	
4	B	15%	800		27%	800	15%	800	500	
5	C	6%	1300		33%	1300	6%	1300	-800	
6	D	8%	500		41%	500	8%	500	-500	
7										

图 4-61　根据原始表添加辅助表

(2) 制作散点图。选中数据区域 E2:F6，单击【插入】|【图表】中的【散点图】，得到散点图如图 4-62 所示。

(3) 添加误差线。选中图表，单击【图表工具】|【设计】|【图表布局】|【添加图表元素】|【误差线】下的【标准误差】，效果如图 4-63 所示。

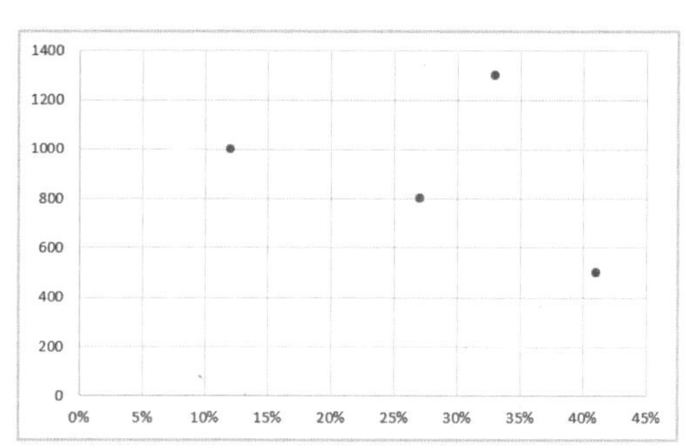

图 4-62　插入散点图

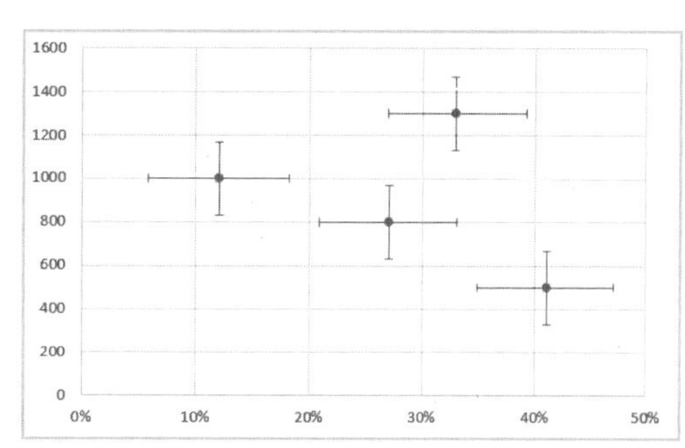

图 4-63　在散点图中添加误差线

(4) 设置 X 轴误差线。单击【图表工具】|【格式】|【当前所选内容】下的【系列“Y 值”X 误差线】，打开【设置误差线格式】窗格，在【水平误差线】|【方向】选项区选中【负偏差】单选按钮，在【末端样式】选项区选中【无线端】单选按钮，在【误差量】选项区选中【自定义】单选按钮，如图 4-64 所示。然后单击【指定值】按钮，弹出【自定义错误栏】对话框，在【负错误值】文本区域选中 G3:G6 单元格区域，如图 4-65 所示。

(5) 设置 Y 轴误差线。

选择【系列“Y 值”X 误差线】，在【垂直误差线】|【方向】选项区选中【正负偏差】单选按钮，在【末端样式】选项区选中【无线端】单选按钮，在【误差量】选项区选中【自定义】单选按钮，然后单击【指定值】按钮，弹出【自定义错误栏】对话框，选择【正错

误值】和【负错误值】单元格区域，如图 4-66 所示。

(6) 对图表进行美化，最终效果如图 4-67 所示。其中，宽度代表“增长率”，高度代表“产量”。

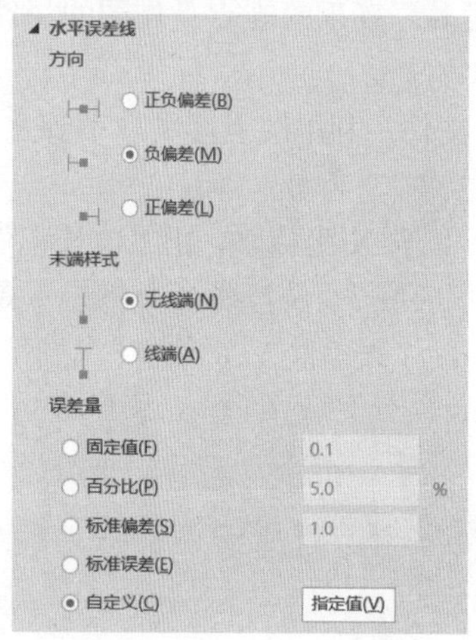

图 4-64　设置 X 轴误差线

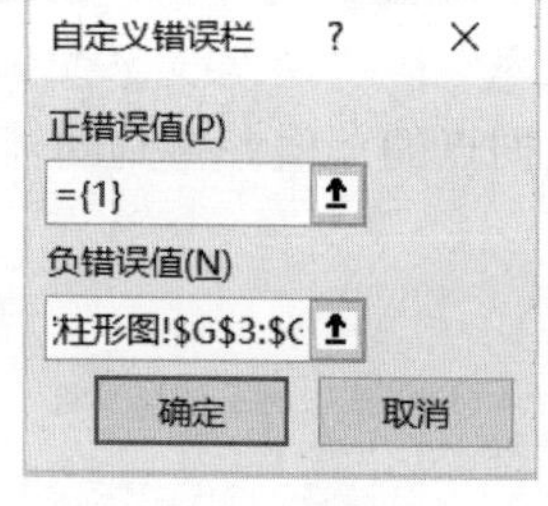

图 4-65　设置指定值

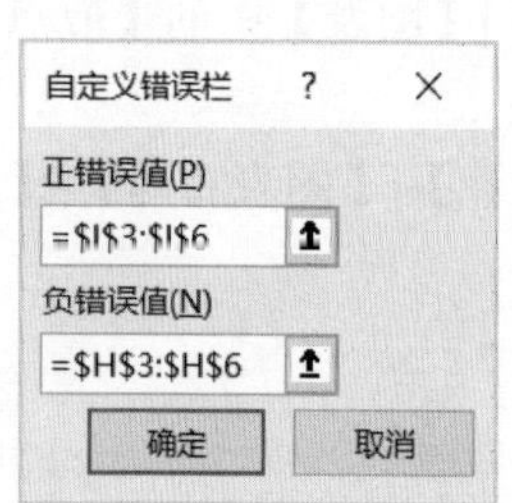

图 4-66　自定义错误栏

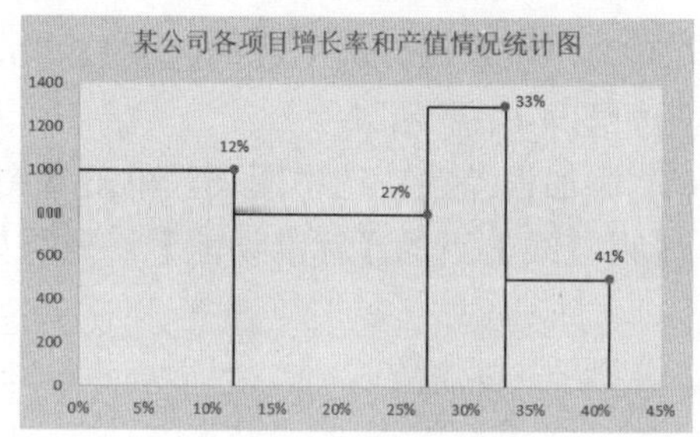

图 4-67　不等宽柱形图

3. 慎用三维效果的柱形图

多数情况下，使用三维效果的目的是为了体现立体感和真实感，但三维效果并不适用于柱形图，因为柱形图顶部的立体效果会让数据产生歧义，导致用户失去正确的判断。例如图 4-68 中的图表使用了三维效果展示各产品 2019 年的销售额，细看会发现无法找到直条的顶端与网格线相交的位置，也就是直条对应的数据并不明确，这是图表分析中的大忌。因此切忌不能将三维效果用于柱形图值，若要展示一定程度的立体感，可以选用不会产生歧义的阴影效果。

对于三维条形图和柱形图，还可以将有关数据系列更改为圆锥、圆柱或棱锥图表类型。具体操作步骤如下。

右击柱形图，打开【设置数据系列格式】窗格，如图 4-69 所示，选择柱体形状。

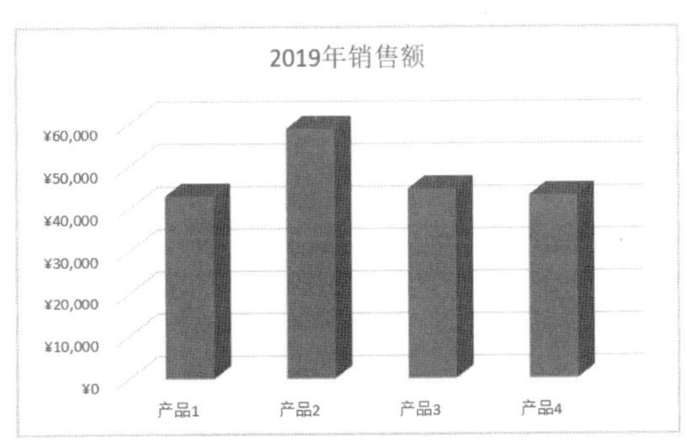

图 4-68　三维柱形图

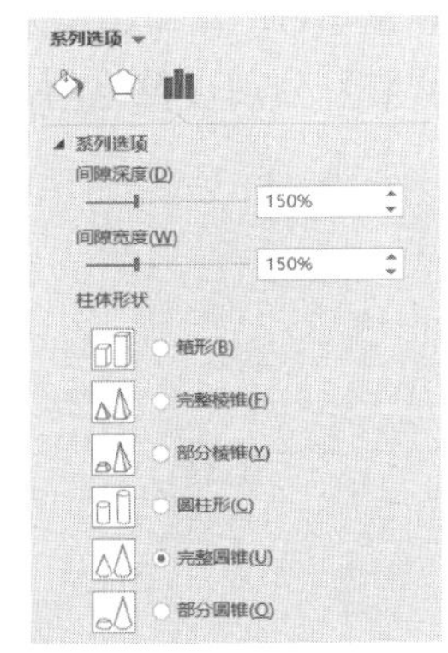

图 4-69　更改柱体形状

4.3.4　应用实例——利用旋风图展示数据对比关系

条形图是最适合用来表达对比关系数据的图表，条形图中的成对条形图，也称为旋风图或蝴蝶图，则更适合表达两组数据之间的不同。基于这个特点，旋风图拥有其他条形图不可比拟的优势，因此旋风图在生活中应用非常广泛。旋风图的主要用途就是作两组数据的对比分析，它的展示效果非常直白，两组数据对比非常鲜明，一眼就能够看出来孰强孰弱。

	A	B	C	D
1	日期	入库	出库	
2	2019/10/1	87	17	
3	2019/10/2	65	59	
4	2019/10/3	95	72	
5	2019/10/4	64	25	
6	2019/10/5	35	57	
7	2019/10/6	78	15	
8	2019/10/7	37	42	
9	2019/10/8	25	17	
10				

图 4-70　入库出库数量

绘制旋风图的具体操作步骤如下。

(1) 将数据源进行相关处理后，得到图 4-70 所示的结果。

(2) 插入堆积条形图。选择数据，单击【插入】|【图表】|【柱形图】，选择【二维条形图】中的【堆积条形图】，得到图表如图 4-71 所示。

旋风图

(3) 这是两个系列的可视化图，需将“入库”系列改为次坐标轴。选中“入库”系列，按 Ctrl+1 组合键打开【设置数据系列格式】窗格，在【系列选项】选项区选中【次坐标轴】单选按钮，效果如图 4-72 所示。

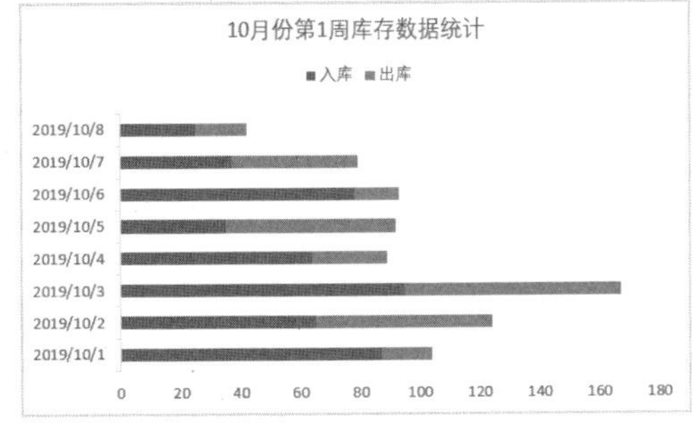

图 4-71　入库出库对比图

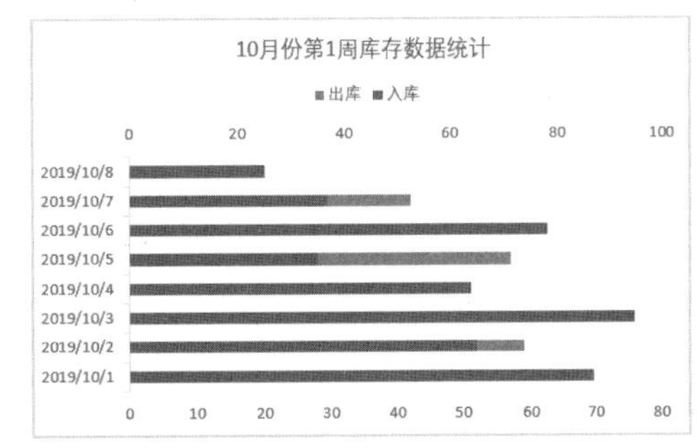

图 4-72　改成双坐标轴的效果图

(4) 将两个系列的数据条分离。选择绘图区正下方的坐标轴，然后打开【设置坐标轴格式】窗格，在【坐标轴选项】选项区设置主坐标轴的边界值，【最小值】和【最大值】分别设置为-100 和 100，并勾选【逆序刻度值】复选框。以同样的方法将下方坐标轴的【最小值】和【最大值】分别设置为-100 和 100，如图 4-73 所示，效果如图 4-74 所示。

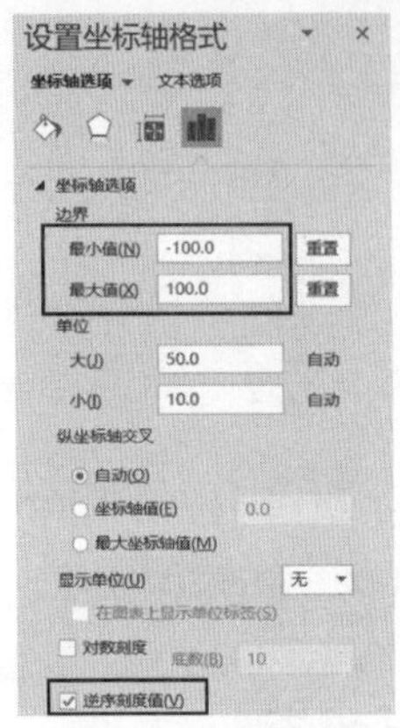

图 4-73　设置坐标轴格式

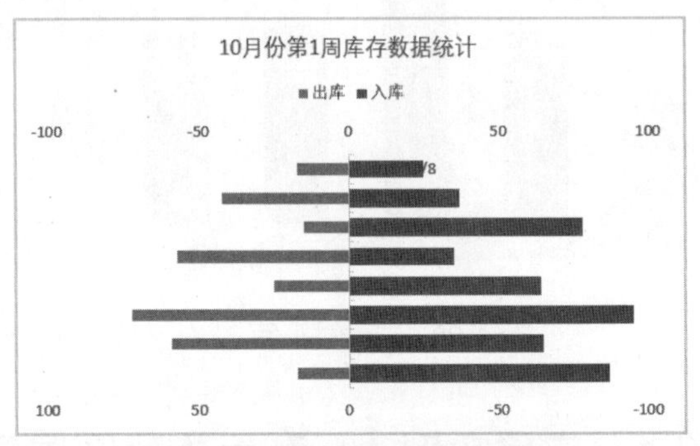

图 4-74　数据条分离的效果图

(5) 设置中间坐标轴位置。选中绘图区中间坐标轴，打开【设置坐标轴格式】窗格，在【坐标轴选项】|【标签】选项区【标签位置】下拉列表中选择“高”选项，如图 4-75 所示。设置完成后效果如图 4-76 所示。

图 4-75　设置标签位置

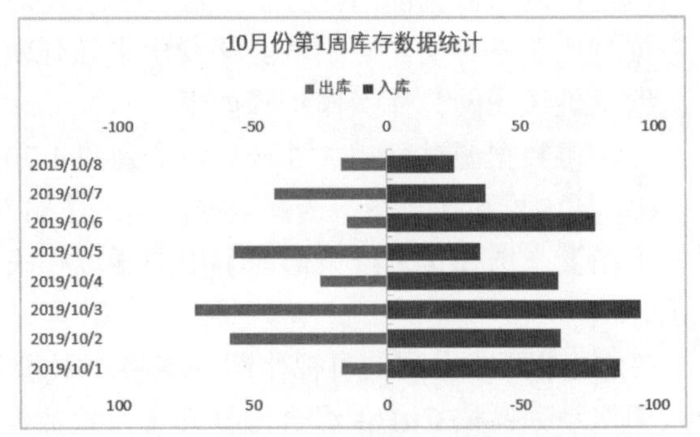

图 4-76　调整后效果图

(6) 改变日期标签格式。选择纵坐标轴，打开【设置坐标轴格式】窗格，在【坐标轴选项】|【坐标轴位置】选项区勾选【逆序日期】复选框，设置【标签位置】为“高”，在【数字】|【格式代码】文本框中输入“mm-dd aaaa”，然后单击【添加】按钮，如图 4-77 所示。

(7) 隐藏绘图区上方的坐标轴。分别选中绘图区上方的两个坐标轴，打开【设置坐标轴格式】窗格，在【坐标轴选项】|【标签】的【标签位置】下拉列表中选择“无”选项。

(8) 设置两个系列的间距。选中垂直坐标轴，打开【设置坐标轴格式】窗格，在【填充与线条】|【线条】选项区设置【颜色】为“白色”、【宽度】为“4 磅”，如图 4-78 所示。

(9) 添加数据标签。选中“入库”系列，右击，在弹出的快捷菜单中选择【添加数据标签】|【添加数据标签】命令；然后选中图表中的数据标签，打开【设置数据标签格式】窗格，在【标签选项】选项区设置【标签位置】为“轴内侧”、颜色为“白色”。用同样方法给“出库”系列添加数据标签。

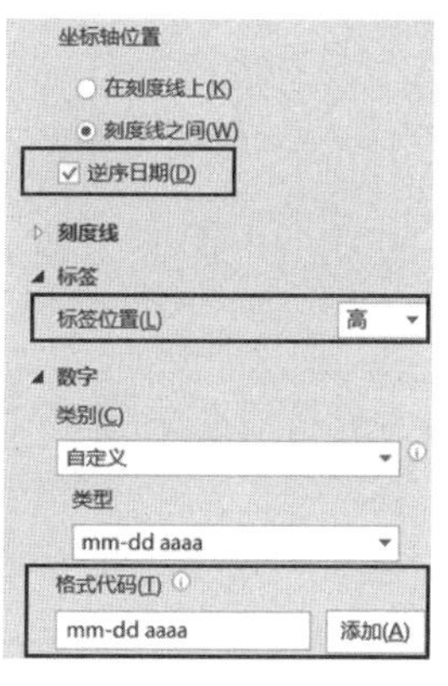

图 4-77　设置标签格式

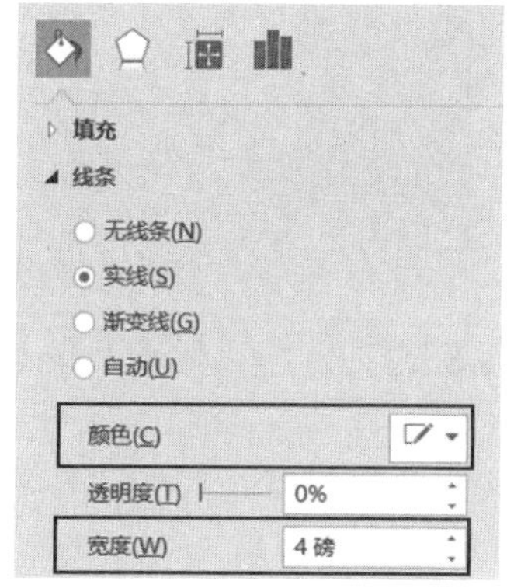

图 4-78　设置系列间距

(10) 美化图表。可以调整图表的布局，增加标题、副标题、数据单位等信息，最终效果如图 4-79 所示。

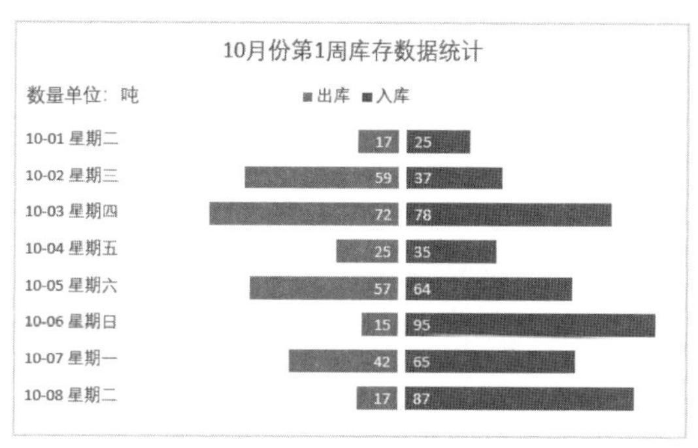

图 4-79　最终效果图

4.4　折线图

4.4.1　认识折线图

折线图也是一种经常会用到的图表类型。折线图是用直线段将各数据点按照某种顺序连接起来而组成的图形，以折线方式显示数据的变化趋势和对比关系，适合展现较大的数据集。折线图可用于随时间变化的数据以及对数据变化趋势的分析，可以清晰展现数据的增减的趋势、增减的速率、增减的规律、峰值等特征。例如，利用折线图可以直观地看到销售—利润及月销售变化趋势等。折线图适用于二维的大数据集，尤其是趋势比单个数据点更重要的场合；也适合多个二维数据集的比较，但是需要注意的是，同一个图上最好不要超过 5 条折线。

Excel 2019 提供的折线图子类型包括折线图、堆积折线图、百分比堆积折线图、带数据标记的折线图、带数据标记的堆积折线图、带数据标记的百分比堆积折线图、三维折线图等，如图 4-80 所示。当有多个类别或数值相近似时，一般使用不带数据标签的折线图较为合适。

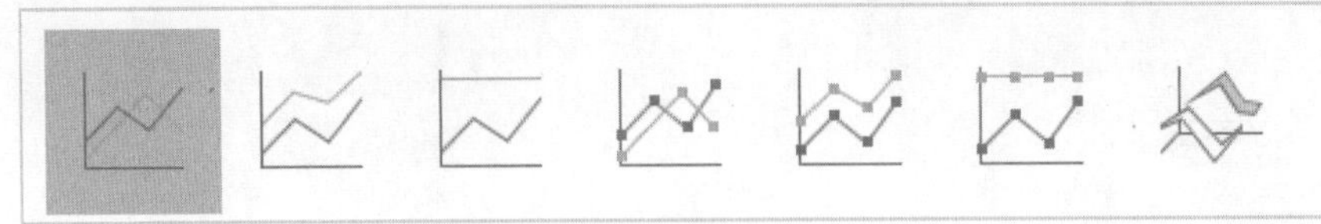

图 4-80　折线图子类型

【例 4-8】打开“素材\第 4 章\折线图.xlsx”文件，用专业折线图来展示数据。

例 4-8　折线图

具体操作步骤如下。

(1) 经过数据处理后，得到相应的数据结果，用常规数据图表中的折线图来分析，可以得到图 4-81 所示的可视化图。

图 4-81　不同能源发电量分布图

(2) 对折线图作一些相应的修改，做成专业的图表(纵向折线图)，这就需要在数据中加入一辅助数据列，如图 4-82 所示。

(3) 选中表中的所有数据，单击【插入】|【图表】|【条形图】按钮。

(4) 在图表中右击“核能发电量”或“可再生能源发电量”数据系列，在弹出的快捷菜单中选择【更改系列图表类型】命令。

(5) 弹出【更改图表类型】对话框，单击系列名称对应的图表类型下拉按钮，在弹出的【图表类型】下拉列表中选择“XY(散点图)”中的第四种类型，即带直线和数据标识的散点图，如图 4-83 所示。可以用同样的方法改变“核能发电量”或“可再生能源发电量”系列所对应的图表类型，如图 4-84 所示。

(6) 选中折线图的某一部分，右击，在弹出的快捷菜单中选择【选择数据】命令，在弹出的【选择数据源】对话框中单击【图例项(系列)】|【编辑】按钮，再在弹出的图 4-85 所示的对话框中进行 X、Y 轴值的修改。利用上述方法再对 “可再生能源发电量”数据系列进行修改。

(7) 选中图中的坐标，在弹出的对话框中选择【设置坐标轴格式】，将“辅助”列的格式填充方式改为无填充；删除次坐标轴；将网格线去掉，效果如图 4-86 所示。

(8) 增加数据标签。选中折线图，在弹出的对话框中选择【添加数据标签】，再进行相应样式的修改，得到图 4-87 所示的效果。

	A	B	C	D	E
1	2006-2016年不同能源发电量情况				
2	年份	核能发电量	可再生能源发电量	辅助	
3	2006年	15	26	0.1	
4	2007年	20	13	0.2	
5	2008年	9	22	0.3	
6	2009年	18	27	0.4	
7	2010年	19	21	0.5	
8	2011年	15	25	0.6	
9	2012年	15	41	0.7	
10	2013年	9	36	0.8	
11	2014年	17	37	0.9	
12	2015年	19	42	1	
13	2016年	17	40	1.1	
14					

图 4-82　添加辅助列

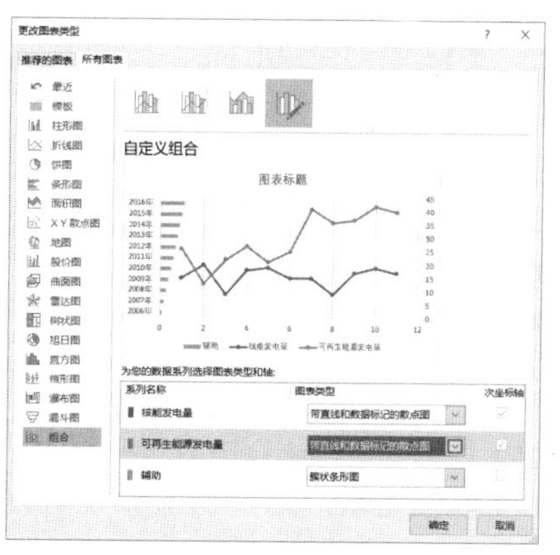

图 4-83　更改图表类型

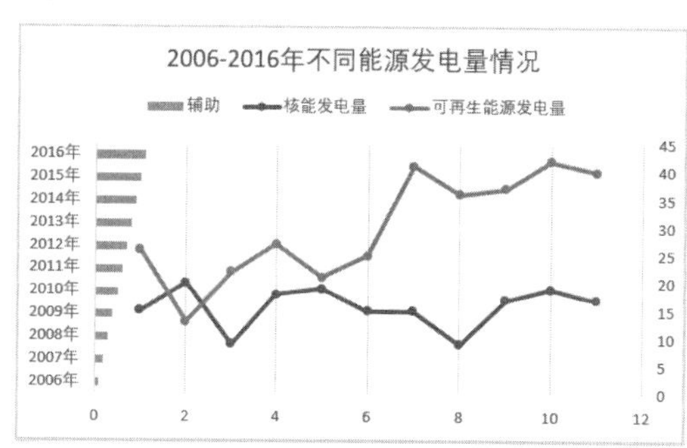

图 4-84　不同能源发电散点图

图 4-85　修改 X、Y 轴值

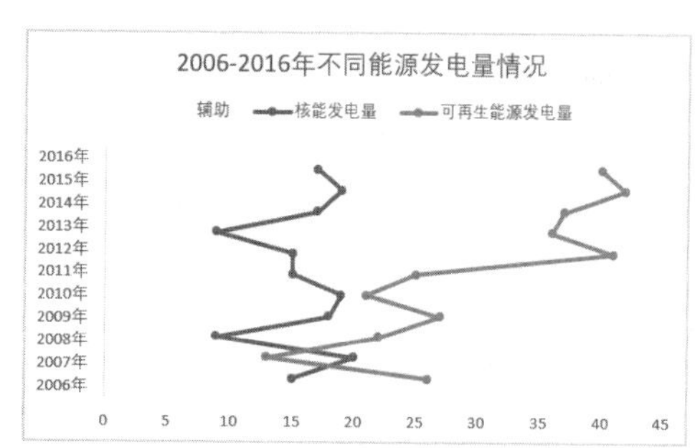

图 4-86　修改后的效果图

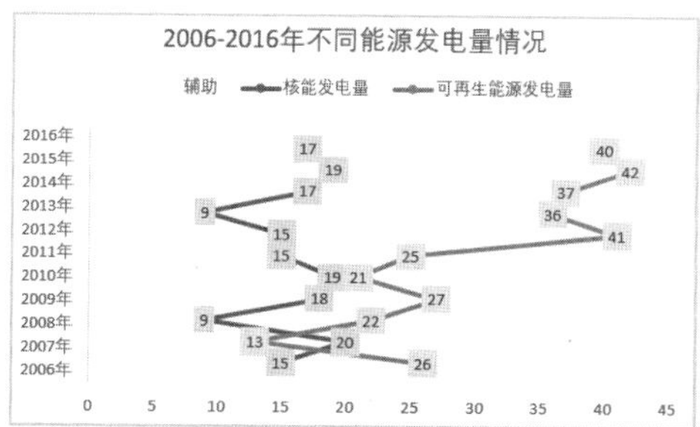

图 4-87　美化后的效果图

4.4.2 折线图的优化

1. 减小 Y 轴刻度单位增强数据波动情况

折线图用于显示数据随时间或有序类别而变化的趋势。在折线图中 Y 轴表示的是数值，X 轴表示的是时间或有序类别，折线图可以显示数据点以表示单个数据值，也可以不显示这些数据点，而只表示某类数据的趋势。当有多个类别或数值相近似时，一般使用不带数据标签的折线图较为合适，如图 4-88 所示。

从图中可以看出，Y 轴边界是以 0 为最小值、60 为最大值设置的边界刻度，并按 10 为主要刻度单位递增，这使得折线位置过于靠上，给人以悬空感，并且折线的变化趋势不明显。

对图 4-88 的图表进行优化，将图表 Y 轴以 30 作为基准线，主要刻度单位按照 5 开始增加。

具体操作步骤如下。

(1) 双击 Y 轴坐标，打开【坐标轴格式】窗格，在【坐标轴选项】中输入边界最小值“30”，边界最大值“50”，然后输入最大单位“5”，单击【确定】按钮，效果如图 4-89 所示。这样设置后的折线占了图表的 2/3 左右，既不拥挤也不空旷，同时也能反映出数据的变化情况。

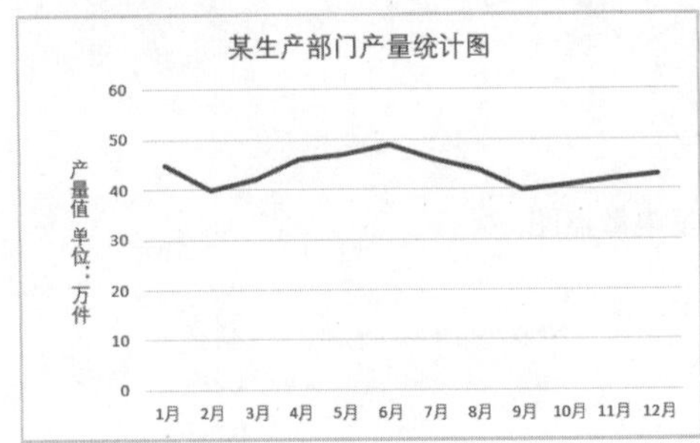

图 4-88 绘制折线图

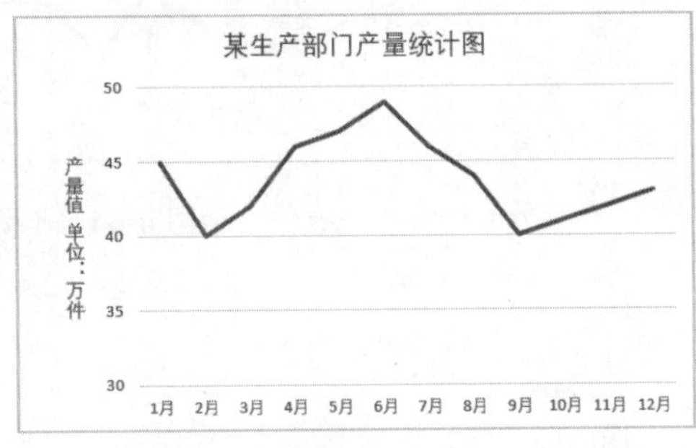

图 4-89 优化折线图

(2) 进一步美化图表。选中图表，更改图表类型为“带数据标记的折线图”，然后打开【设置数据系列格式】窗格，在【填充与线条】|【标记】|【边框】中，单击【实线】，并设置颜色为“白色”，宽度为“2.5 磅”；选中【数据标记选项】中的【内置】单选按钮，将【大小】调整为“6”。设置后的效果如图 4-90 所示。

(3) 添加柱形图作为网格线。在数据表中复制 B3:M3 数据到 B4:M4 区域来增加辅助行，选中图表，在【选择数据源】中添加“辅助行”图例项(系列)，然后选中“辅助行”系列，更改图表类型为柱形图；修改柱形图的格式，去掉边框，选用一种合适的底纹进行填充，再调整柱形图的【间隙宽度】为合适大小，效果如图 4-91 所示。

2. 突出显示折线图中的数据点

在折线图中只要不是表示不同类别的数值大小，一般是不需要显示数据标签的。但是当一些数据变化不明显时，就无法观察它的拐角点，这时只能借助数据标签来比较大小了。当然，除了使用数据标签直接分辨出数据的转折点外，还可以通过在系列线的拐角处用一些特殊形状作标记的方法来分辨出每个数据点。

图 4-90 美化图表

图 4-91 添加柱形图

虽然折线图和柱状图都能表示某个项目的趋势，但是柱状图更加注重数据条本身的长度，即数据条所表示的值，所以一般都会将数据标签显示在数据条上。若在有较多数据点的折线图中显示数据点的值，不但数据之间难以辨别所属系列，而且整个图表也会失去美观性。如图 4-92 所示，图表中用数据标签标注各转折点的位置，但并不直观，而且不同折线之间的数据标签容易重叠，使得数字难以辨认。一般只有在数据点相对较少时，才会显示数据标签。

对图 4-92 所示的图表进行优化，在各转折点位置显示比折线线条更大、颜色更深的圆点形状，这样整个图表的数据点之间不仅容易分辨，而且图表也显得简单。除此之外，特意将每条折线的最高点和最低点用数据标签显示出来。

具体操作步骤如下。

(1) 双击图表中的任意系列，弹出【设置数据系列格式】窗格，在【系列选项】|【标记】选项列表下，展开【数据标记选项】列表，选中【内置】单选按钮，并设置标记【类型】为“圆形”，大小调整为“7”。需要注意，在折线图中标记各数据点时，选择不同的形状可出现不同的效果。但是在设置标记点的类型时有必要调整形状的大小，使其不至于太小而难以分辨，也不至于过大而削弱折线本身的作用。系统默认的标记点“大小”为“5”，也可单击数字微调按钮进行调整。

(2) 为形状填充不同于折线本身的颜色。在【标记】列表下，展开【填充】列表，在列表中设置填充颜色。

(3) 选择其他系列进行设置。最终效果如图 4-93 所示。

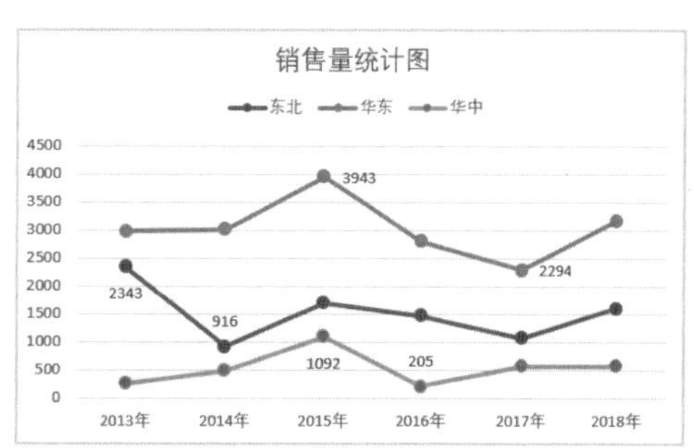

图 4-92 插入折线图

图 4-93 优化折线图

4.4.3 应用实例——利用柱形图和折线图组合分析产品销售情况

组合图是指由两种或两种以上不同的图表类型组合在一起来表现数据的一种形式，最常见的是折线图与柱形图的组合，这样表示出来的数据形式更为直观。

柱形图和折线图

在本实例中，通过对“销量增长率统计表”的数据进行整理，绘制柱形图和折线图组合图表来分析、对比各月产量及去年同期增长率。

具体操作步骤如下。

(1) 选中整理后的数据，单击【插入】|【图表】|【柱形图】图标，选择一个比较合适的样式，绘制基本柱形图，如图 4-94 所示。

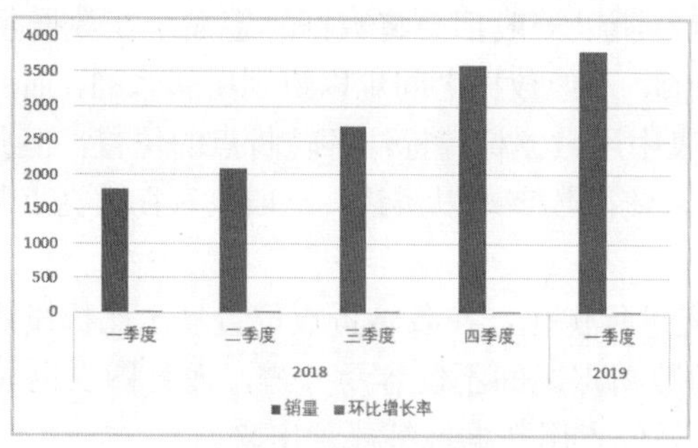

图 4-94　绘制柱形图

(2) 从图表中可以看出“环比增长率”系列在“销量”系列的柱形图上几乎看不出来，原因是不在一个数量级上。解决办法就是使用双坐标，使“环比增长率”系列能够突出显示出来。选中“环比增长率”系列，打开【设置数据系列格式】窗格，将“环比增长率”系列设为次坐标，如图 4-95 所示。

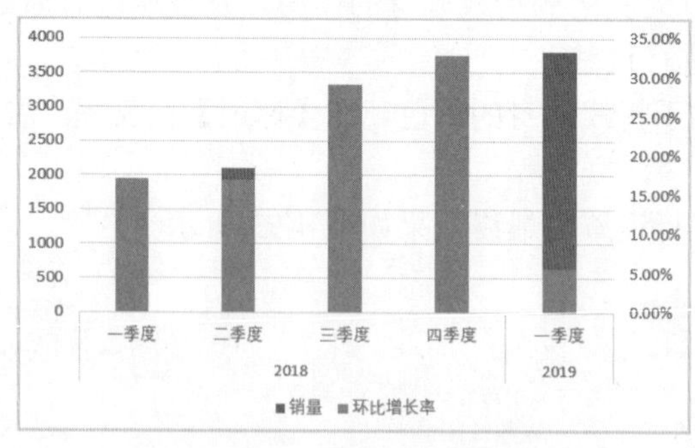

图 4-95　设置次坐标轴

(3) 选择“销量”系列的柱形图，右击，在弹出的快捷菜单中选择【更改系列图表类型】命令，将“销量”系列的图表类型改为“带数据标记的折线图”，如图 4-96 所示。接下来对图表进行美化。

(4) 更改数据系列的默认颜色。可以在【格式】|【形状样式】|【形状填充】内设置颜色，也可以在【设置数据系列格式】|【填充与线条】中进行设置。

(5) 设置折线图样式。在【设置数据系列格式】窗格中将折线改为“无线条”；在【数据标记选项】中选中【内置】单选按钮，并设置【类型】为“圆形”，大小调整为“35”。然后修改标记的样式，并添加数据标签。

(6) 将柱形图的【次坐标轴 垂直(值)轴】的【最大值】调整为“1”，【单位】|【大】设置为“0.25”，使柱形图和折线图保持一定距离。调整柱形图的【间隙宽度】为合适大小，然后修改相关的数据标题，最终效果如图4-97所示。

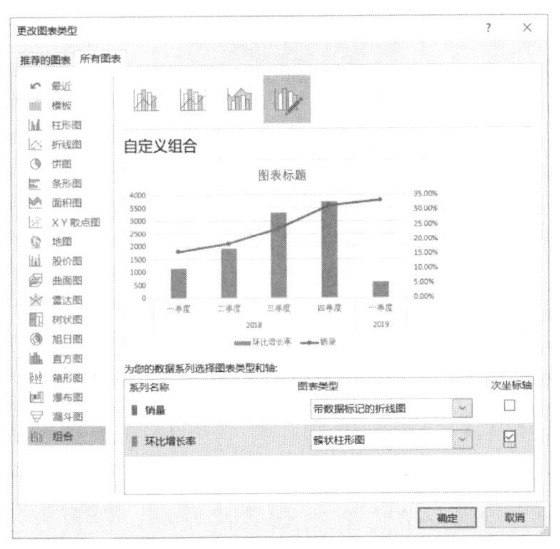

图4-96　制作组合图

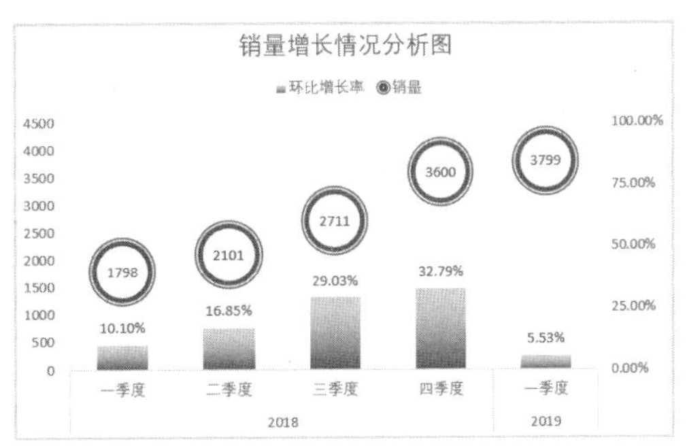

图4-97　最终效果图

4.5 饼图

4.5.1　了解饼图

饼图以整个圆形表示所有数据，以圆心角不同的扇形表示不同的数据类型，用以直观地描述一个数据系列中各项数据的大小及其在总的数据中所占的比例。饼图只能有一个数据系列，并且要绘制的数值没有负值，几乎没有零值；各类别分别代表整个饼图的一部分，且类别数目无限制。饼图适用于简单的占比图，在不要求数据精细的情况下使用。例如，饼图在产品的成本分析、市场份额占有率分析或职工表中各年龄层次人数占的比例等情况的描述中非常有用。但是，由于人眼对面积大小不敏感，还是要尽量避免使用饼图。

Excel中饼图的子类型有饼图、三维饼图、复合饼图、复合条饼图和圆环图，如图4-98所示。其中复合条饼图是将定义的数据提取出来，并显示在另一个堆叠条形图中的饼图中。

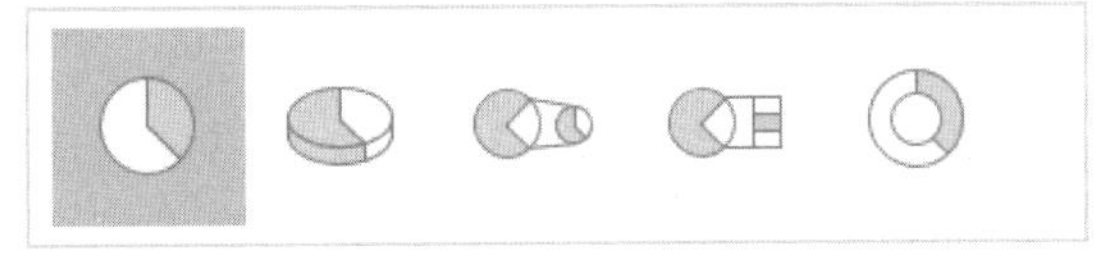

图4-98　饼图子类型

下面通过一个实例来了解一下饼图的应用。

例4-9　饼图

【例4-9】 打开“素材\第4章\饼图.xlsx”文件，利用饼图展示表中数据。具体操作步骤如下。

(1) 利用数据透视表处理原始数据，得到图 4-99 所示的数据结果。

(2) 选中数据，单击【插入】|【图表】|【饼图】菜单项，得到图 4-100 所示的饼图。

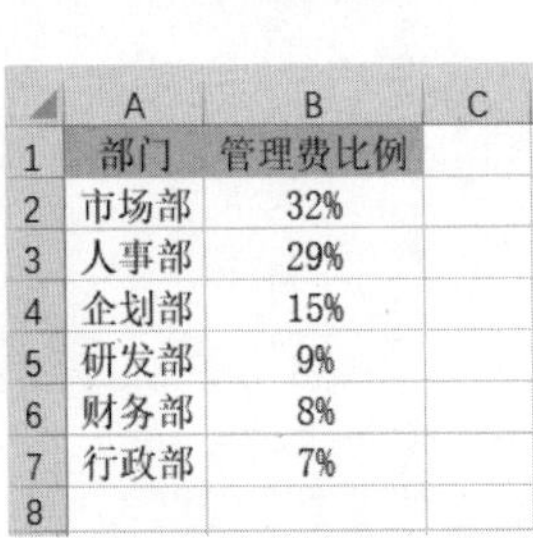

	A	B	C
1	部门	管理费比例	
2	市场部	32%	
3	人事部	29%	
4	企划部	15%	
5	研发部	9%	
6	财务部	8%	
7	行政部	7%	
8			

图 4-99　数据表

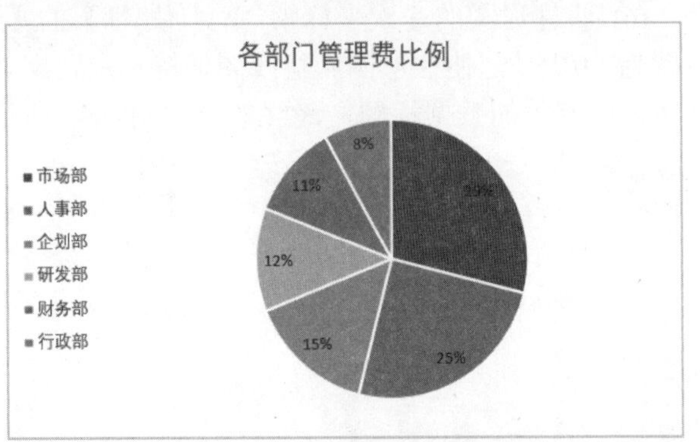

图 4-100　绘制饼图

(3) 对上面的饼图作一些修改，以体现出立体感。右击图表，在弹出的快捷菜单中选择【数据源】命令，弹出【编辑数据源】对话框，单击【添加】按钮，在【编辑数据系列】对话框中添加一列数据，如图 4-101 所示。

(4) 添加完数据后，选中图表，更改图表类型为“圆环图”，并设置次坐标，设置方法如图 4-102 所示。设置完成后单击【确定】按钮。

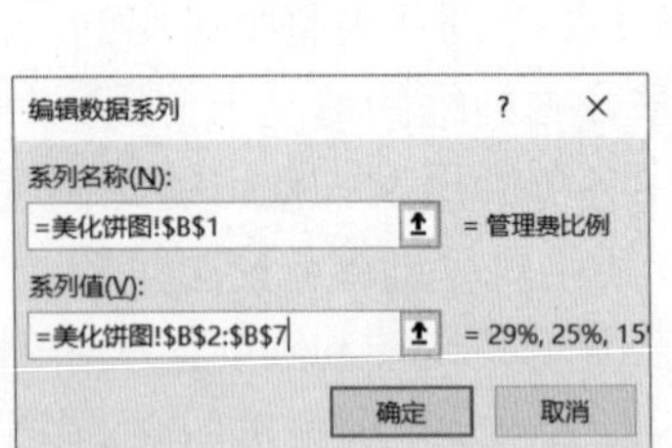

图 4-101　编辑数据系列

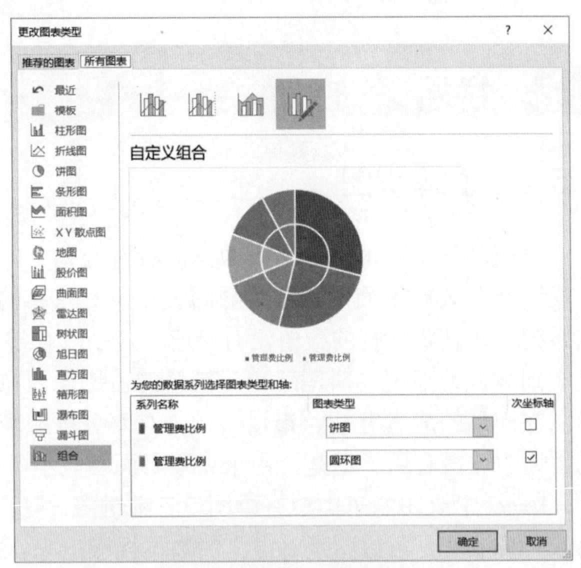

图 4-102　绘制组合图

(5) 选中圆环图，打开【设置数据系列格式】窗格，将【系列选项】下的【圆环图圆环大小】调整为“90%”，如图 4-103 所示。

(6) 将饼图和圆环图设置为无线条。双击饼图，在【设置数据系列格式】|【填充与线条】窗格中单击【无线条】。用同样方法选中圆环图，也将其设置为无线条。

(7) 选中圆环图，将每个系列的填充颜色重新设置，然后添加数据标签，并设置标签格式，最终效果如图 4-104 所示。

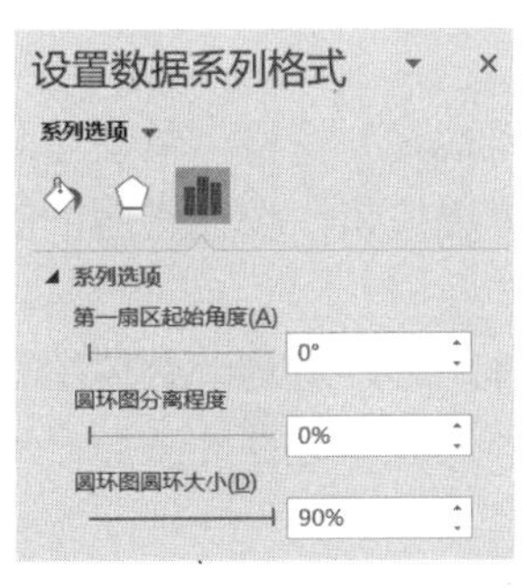

图 4-103 设置数据系列格式

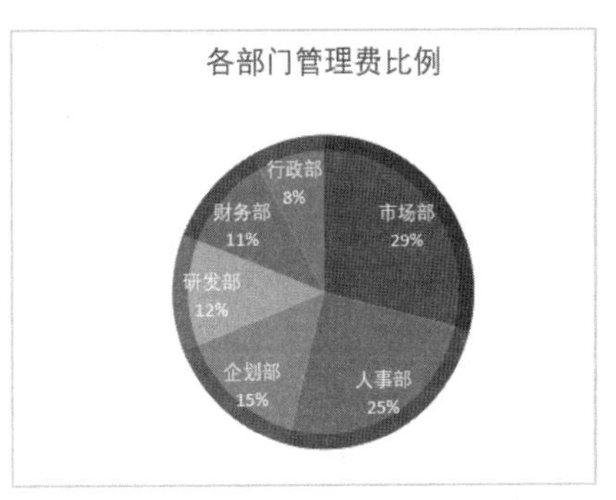

图 4-104 美化饼图

4.5.2 饼图的优化

1. 优化饼图扇区位置和颜色

饼图可以显示一个数据系列中各项占总和的比例，其中的数据点为整个饼图的百分比。图 4-105 所示的图表中，数据是按降序排列的，所以饼图中切片的大小是以顺时针方向逐渐减小的。但这种饼图在实际中不符合读者的阅读习惯，因为人们习惯从上至下地阅读。并且在饼图中，如果按规定的顺序显示数据，会让整个饼图在垂直方向上有种失衡的感觉。正确的阅读方式是从上往下阅读的同时还会对饼图左右两边切片大小进行比较，所以需要对数据源重新排序。

除了通过更改数据源的排序改变饼图切片的分布位置外，还可以对饼图切片进行旋转，使饼图的两个较大扇区分布在左右两侧。

具体操作步骤如下。

双击饼图的任意扇区，打开【设置数据系列格式】窗格，在【系列选项】中调整【第一扇区起始角度】为“240°”，即将原始饼图的第一个数据的切片按顺时针旋转 240°，同时使用单色过渡进行填充，得到的效果如图 4-106 所示。

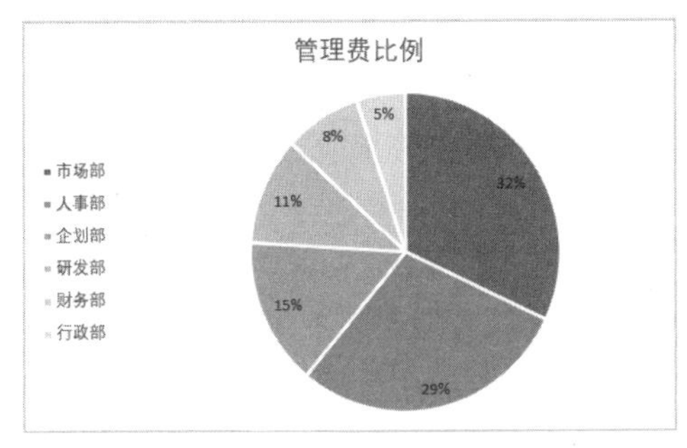

图 4-105 默认饼图

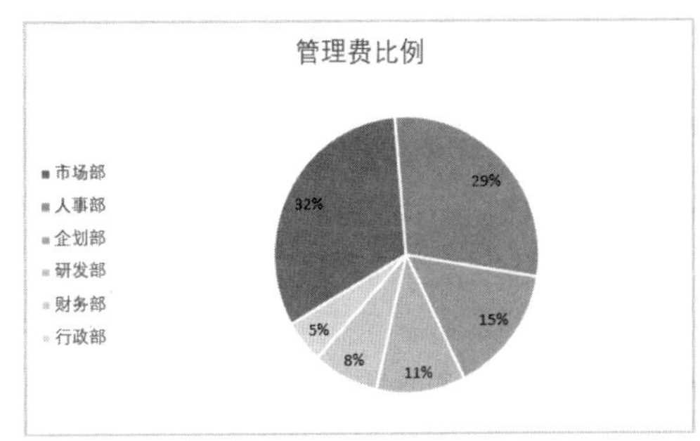

图 4-106 优化饼图位置

考虑到分类项目中的颜色不宜过多，而饼图中占百分比重较大的切片经常是分析的重点，所以在绘制饼图时除了将数据较大扇区进行合理的分布外，它的颜色分配也应该相对其他切片要更能引人注意。如果使用色调相近的一组颜色填充切片，由于数据源是经过排序的，所以数据越排在后面，它的颜色就会越浅，导致图表中占比最小的扇区容易被人忽视，而数据较大的扇区可能就不太明显，这时可以通过双色刻度渐变填充。

具体操作步骤如下。

在图表中单击“人事部”扇区，打开【设置数据序列格式】窗格，单击【系列选项】下的【填充】按钮，在展开的列表中选中【纯色填充】单选按钮，填充相应的颜色，效果如图 4-107 所示。

另外，在饼图中，当一组数据中有一个特别大的值时，可以将这一数值所代表的饼图切片填充为另一种显眼的颜色，而与整个饼图原先的色彩失去相近性，从而出现另一种对比效果，如图 4-108 所示。

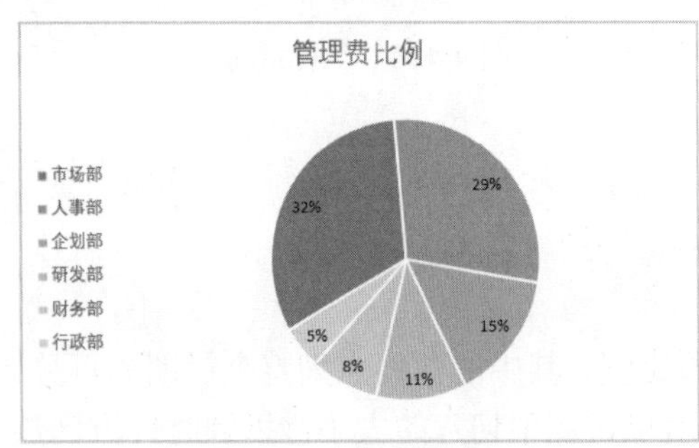

图 4-107　优化饼图颜色

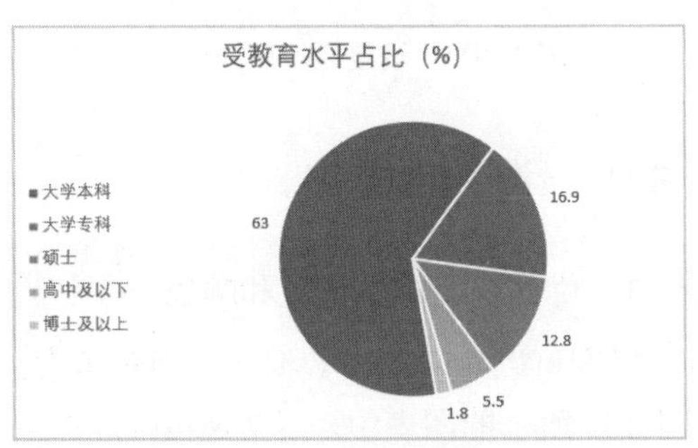

图 4-108　实现对比效果

2. 分离圆饼图扇区强调特殊数据

在饼图中，每个扇区就是一个分类的数据。在图表绘制过程中，常用颜色的反差来强调需要关注的某些特殊数据，因为颜色的差异能直接冲击视觉，更容易引起重视。但在饼图中，还有一种更好的方式来表达这些特殊数据，就是将需要强调的扇区分离出来。默认情况下，饼图所有的扇区的起点都在中心点上，如果将某个扇区分离出来，则饼图的整体性将被破坏，但是很容易突出显示分离出来的需要强调的扇区。

【例 4-10】打开“素材\第 4 章\饼图.xlsx”文件，将各地区的图书销售数量的占比情况做成饼图进行分析。

由于西南地区图书销售量的占比情况需要特意关注，所以用与其他颜色反差较大的颜色来进行强调，如图 4-109 所示。

使用扇区分离的方式进一步优化图表，将西南所代表的扇区单独分离出来，这样不但强调了特殊数据，而且整个饼图在颜色的搭配上也很和谐，效果会更好。

具体操作步骤如下。

在饼图中单击需要强调的扇区(系列为“西南”)，在【设置数据系列格式】窗格中的【系列选项】下设置【饼图分离(X)】的百分比值为“22%”，即将所选中的扇区单独分离出来。优化后的效果如图 4-110 所示。

在饼图中为了显示各部分的独立性，可以将饼图的每个部分都独立分割开，这样的图表在形式上胜过没有被分开的扇区，如图 4-111 所示。分割饼图中的每个扇区与单独分离某个扇区的原理是一样的，首先选中整个饼图，将【饼图分离(X)】的百分比值设置为“8%”。

饼图分离的值越大，扇区之间的空隙也就越大。

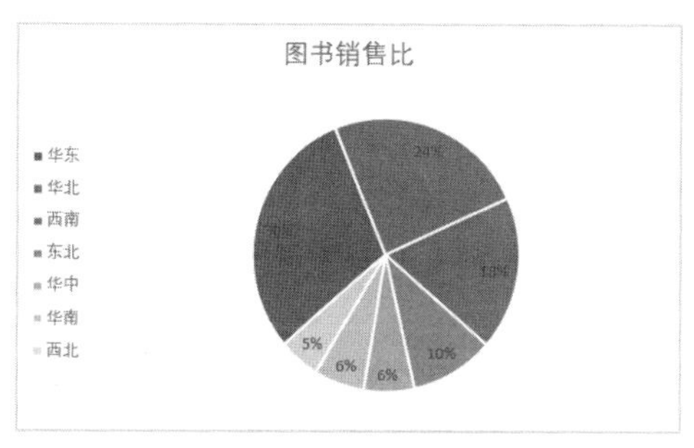

图 4-109　用颜色突出扇区

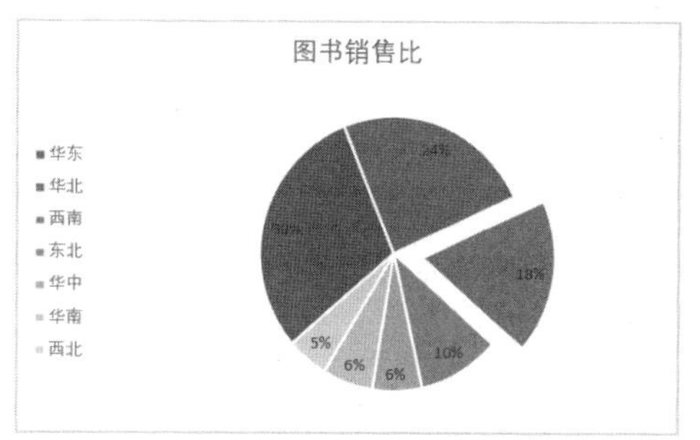

图 4-110　使用扇区分离来强调特殊数据

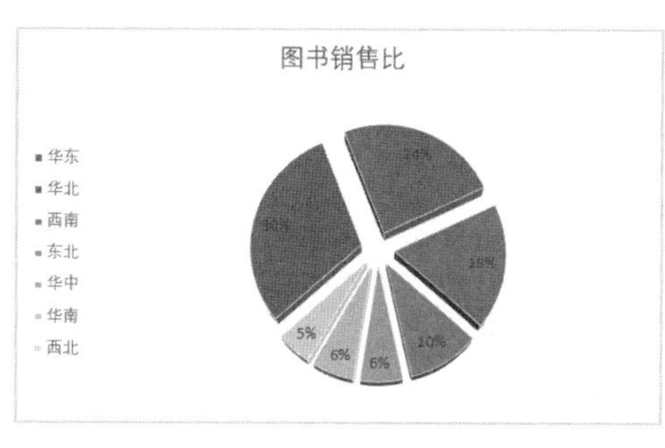

图 4-111　饼图分离效果图

4.5.3　复杂饼图

1. 复合饼图

常见的饼图有平面饼图、三维饼图、复合饼图和圆环图，它们在表示数据时各有千秋。但无论对于哪种类型的饼图，它们都不适合于表示数据点较多的数据，因为数据点较多会降低图表的可读性，而且不便于数据的分析和展示。

【例 4-11】打开“素材\第 4 章\饼图.xlsx”文件，需要展示每个季度的销量结构，还要突出展示第四季度三个月的具体销量比。

如果利用饼图展示产品每个月份的销售比，若想知道第四季度的销量比，用户需要进行二次计算才能了解每个季度的销量。而且饼图中的数据点太多会降低图表的可读性，也会使图表失去直观性，如图 4-112 所示。解决的办法是使用复合饼图。

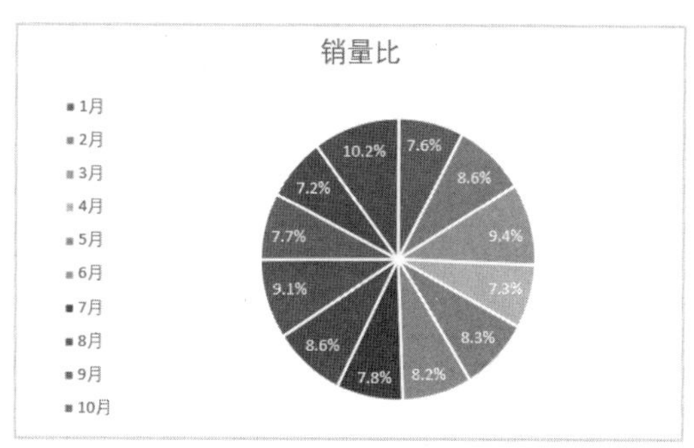

图 4-112　每个月份的销售比饼图

具体操作步骤如下。

(1) 将数据源的月份值换成季度值的表现形式，将第四季度三个月的销量单独统计出来，数据整理结果如图 4-113 所示。

(2) 选取更改后的数据区域 A1:D7，插入饼图中的【复合条饼图】。

(3) 双击饼图，在打开的【设置数据系列格式】窗格【系列选项】下设置【第二绘图区中的值】为“3”，如图 4-114 所示。

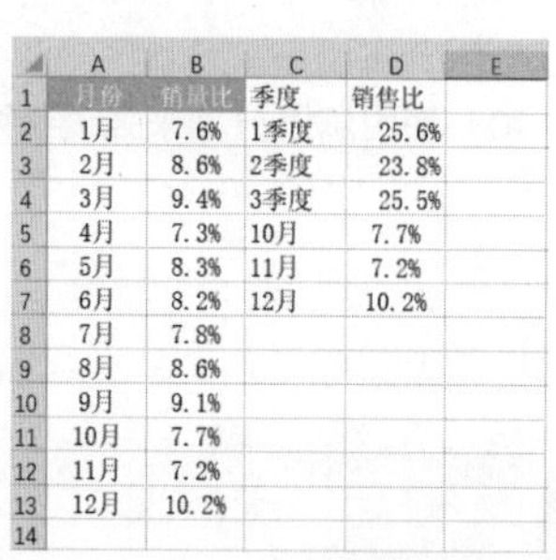

	A	B	C	D	E
1	月份	销量比	季度	销售比	
2	1月	7.6%	1季度	25.6%	
3	2月	8.6%	2季度	23.8%	
4	3月	9.4%	3季度	25.5%	
5	4月	7.3%	10月	7.7%	
6	5月	8.3%	11月	7.2%	
7	6月	8.2%	12月	10.2%	
8	7月	7.8%			
9	8月	8.6%			
10	9月	9.1%			
11	10月	7.7%			
12	11月	7.2%			
13	12月	10.2%			
14					

图 4-113　修改数据源

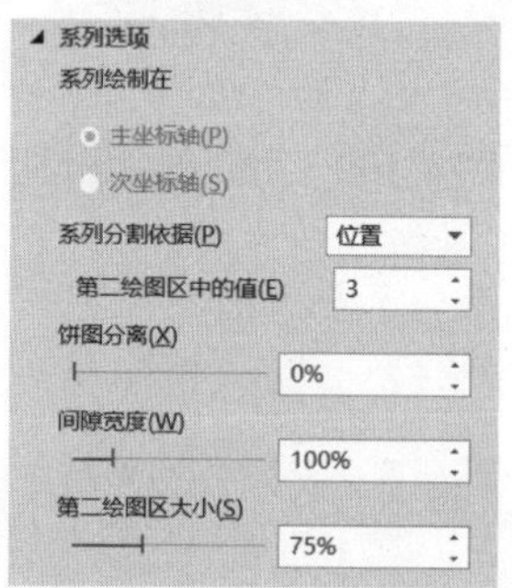

图 4-114　设置参数

(4) 最终效果如图 4-115 所示。

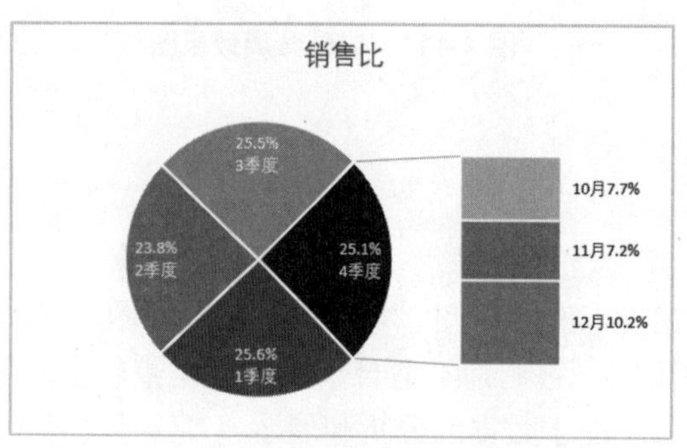

图 4-115　使用复合饼图展示数据

2. 圆环图

和饼图类似，圆环图是显示各个部分与整体之间的关系。饼图只适用于一组数据系列，而圆环图可以包含多个数据系列，所以圆环图又是特殊的饼图。圆环图在圆环中显示数据，每个圆环代表一个数据系列，利用圆环图来表示不同对象间的对比关系，如不同月份间的数据比较。

1) 利用多个圆环图展示不同分类的对比关系

【例 4-12】打开“素材\第 4 章\饼图.xlsx”文件，利用圆环图展示一季度每个月的产品销售情况。

具体操作步骤如下。

(1) 选中数据，插入圆环图，得到图 4-116 所示的图表，用来表示不同月份的销售情况对比关系。

(2) 默认的圆环图圆环宽度明显不够，若要显示数据标签，则会由于空间不足而混乱，而且添加的形状指代也不明显，需进一步优化，对圆环的内径大小进行设置。

(3) 双击图表中的圆环，打开【设置数据序列格式】窗格，在【系列选项】中将【圆环图内径大小】由默认的“75%”改为“15%”，这样圆环的宽度就增加了，并将每个圆环代表的月份值显示在垂直方向上，这既明确了圆环所代表的月份值，也能看出每个环中 5 种产品的比重，图表的效果就更明显了，如图 4-117 所示。

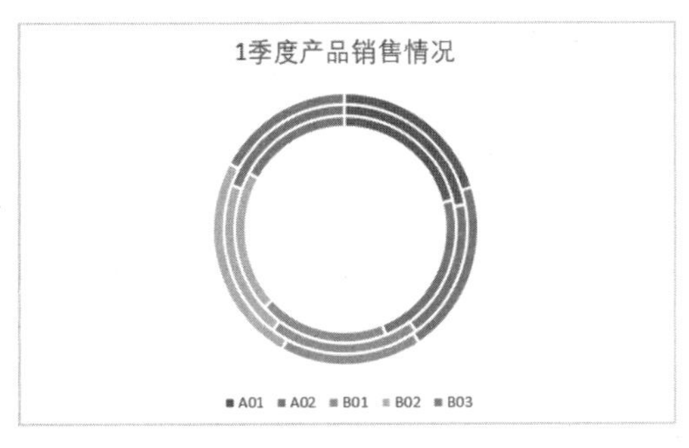

图 4-116　绘制圆环图

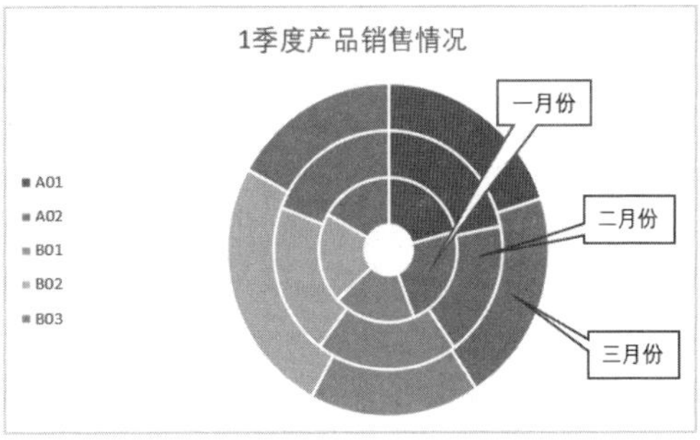

图 4-117　优化圆环图

也可以使用多个饼图对象重叠展示多个项目的对比关系，如图 4-118 所示这样不仅能表示出每季度是一个整体，每个月之间还能形成一种强烈的对比关系，视觉效果和信息传递的有效性都比较强。

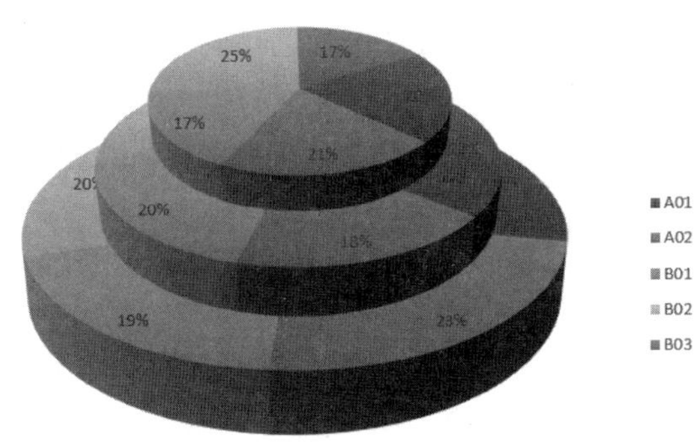

图 4-118　饼图重叠

2) 单个圆环图的应用

圆环图主要用于表现一个总体中各个组成部分占总数的比例，比传统的饼图有优势的地方是中空的地方可以更好地展示比例数据，同时样式更加美观。

【例 4-13】绘制图 4-119 所示报告中的单个圆环图样式。

具体操作步骤如下。

(1) 打开“素材\第 4 章\饼图.xlsx”文件，数据处理后得到数据源，添加辅助列。

(2) 选中数据源，插入圆环图，绘制基本图形，将图表设定为无线条。

(3) 为圆环图添加“比重”百分比数据标签，拖动到圆环中央，并设置字号和颜色；按报告中样图设置“比重”数据和“辅助比例”数据点的颜色，效果如图 4-120 所示。

3) 利用圆环图绘制南丁格尔玫瑰图

南丁格尔玫瑰图是弗罗伦斯 • 南丁格尔所发明的，又名为极区图，是一种圆形的直方图。南丁格尔是英国护士和统计学家，她在英国军营工作时收集了克里米亚战争时期的士兵不同月份的死亡率和原因分布，通过玫瑰图的方式有效地打动了当时的高层管理人员，于是医疗改良的提案才得到大力的支持，将士兵的死亡率从42%降低至2%，因此后来将此图形称为南丁格尔玫瑰图。

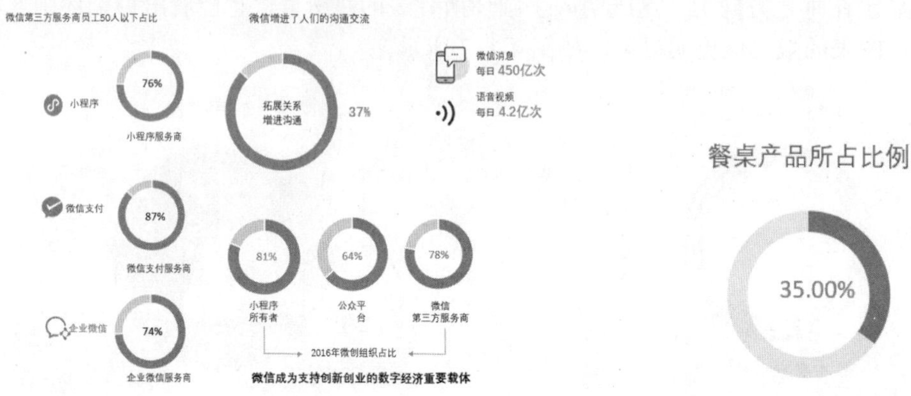

图 4-119　样图　　图 4-120　绘制单个圆环图

南丁格尔玫瑰图和饼图类似，可以看作是饼图的一种变形，用法也一样，主要用在需要查看占比的场景中。两者唯一的区别是：饼图是通过角度判别占比大小，而玫瑰图可以通过半径大小或者扇形面积大小来判别。玫瑰图目前应用领域也比较广泛。

下面通过一个实例介绍如何使用 Excel 中的圆环图制作南丁格尔玫瑰图。

具体操作步骤如下。

(1) 打开“素材\第 4 章\饼图.xlsx”文件，在原始数据的基础上添加辅助列，如图 4-121 所示。

(2) 选中辅助列 C2:C7，在【插入】|【图表】菜单项中选择【环形图】选项。复制 C2:C7 区域，粘贴到图表中，由于各部分最多的人数是 10，需构建 10 个圆环。选中圆环，在打开的【设置数据系列格式】|【系列选项】中，调整【圆环图圆环大小】为“8%”，来改变内环的大小；在【填充与线条】|【边框】中单击【无线条】，去掉每个圆环的边框，效果如图 4-122 所示。

	A	B	C	D
1	部门	人数	辅助列	
2	市场部	10	1	
3	人事部	5	1	
4	企划部	6	1	
5	研发部	8	1	
6	财务部	4	1	
7	行政部	3	1	
8				

图 4-121　准备数据

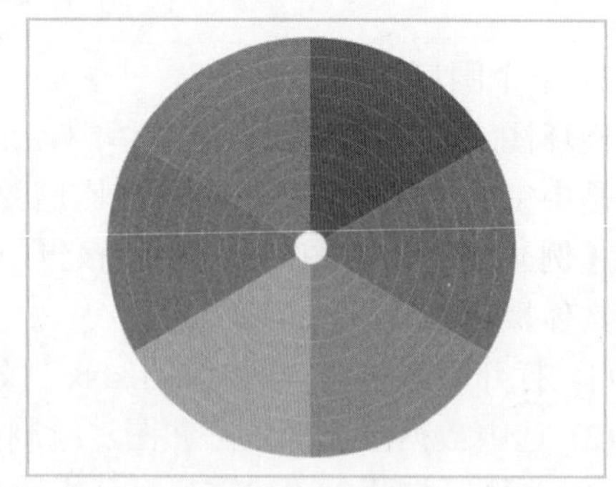

图 4-122　绘制南丁格尔玫瑰图

(3) 由于每个圆环代表 1 人，然后根据各部门的人数选中不需要的颜色块，进行无色填充，按 F4 键重复上一次操作。

(4) 美化图表，修改代表每个部门的扇区填充颜色和边框颜色，最终效果如图 4-123 所示。

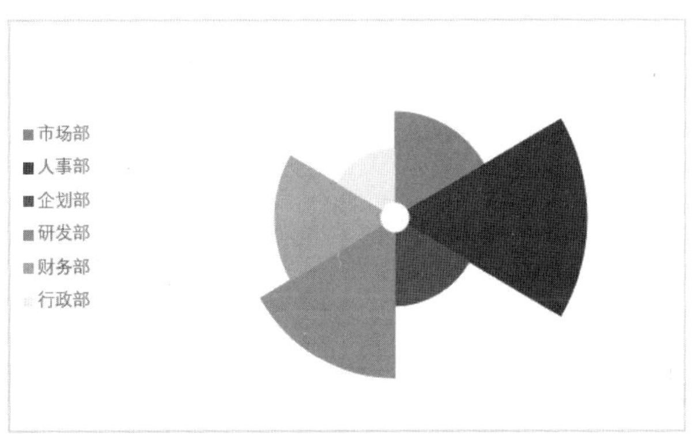

图 4-123 南丁格尔玫瑰图

3. 环形柱状图

环形柱状图

环形柱状图是柱形图变形呈现形式的一种，通常单个数据系列的最大值不超过环形角度 270°，并由最外环往最内环逐级递减来展示数据。环形柱状图本质上是圆环图。

【例 4-14】打开“素材\第 4 章\柱形图优化.xlsx”文件，根据所给数据源制作一个环形柱状图。

具体操作步骤如下。

(1) 先对数据进行一个升序的排序，然后添加辅助列“环形占比度数”，计算公式为“=B3/MAX(B3:B6)*270”，计算出各项目在环形图中的度数，最大值为 270°。

(2) 根据步骤(1)求出的度数计算未占环形的度数，即用 360 减去已计算出的所占度数。结果如图 4-124 所示。

C3 =B3/MAX(B3:B6)*270

	A	B	C	D	E
1					
2	项目	成绩	环形占比度数	未占环形度数	
3	A	50	100	260	
4	C	85	170	190	
5	B	100	200	160	
6	D	135	270	90	
7					

图 4-124 计算辅助列

(3) 根据环形的度数来插入环形图。选择项目 A 计算出的辅助值 C3:D3 区域，在【插入】|【图表】菜单项中单击【环形图】选项。

(4) 选择项目 C 的辅助值，按 Ctrl+C 组合键复制，然后单击已插入的圆环图，按 Ctrl+V 组合键粘贴，其他项目也依次如此操作。选中任一圆环，在【设置数据系列格式】|【系列选项】|【圆环图圆环大小】中调整圆环的大小，得到图 4-125 所示的图表。

(5) 将红色圆环部分调整为无色填充。选中一个红色圆环，在打开的【设置数据系列格式】窗格中单击【填充】下的【无填充】，然后依次选择其他红色圆环，按 F4 键重复操作即可。将蓝色圆环填充颜色的透明度调整为 45%。

(6) 使用照相机功能将项目名称添加到环形柱状图中，效果如图 4-126 所示。

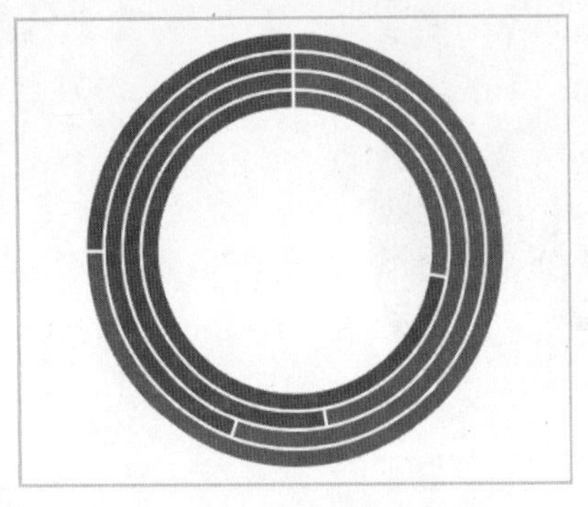

图 4-125　绘制圆环图

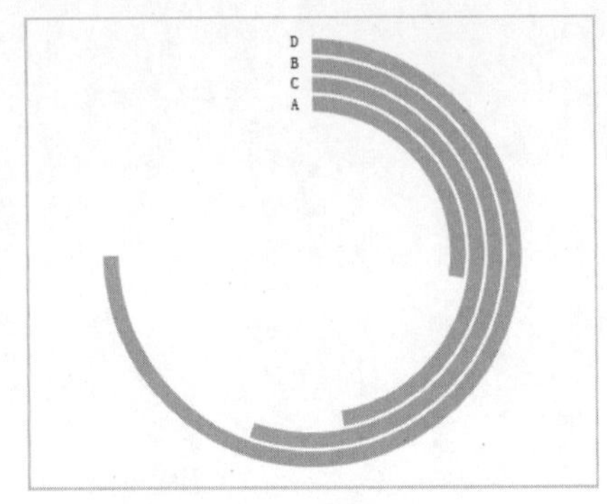

图 4-126　制作环形柱状图

4.5.4　应用实例——使用雷达图分析学生各科成绩

雷达图和圆环图有着相似的样式，可以表示多个数据系列不同点的对比关系，用于分析某一事物在各个不同维度指标下的具体情况，并将各指标点连接成图。雷达图，又可称为戴布拉图、蜘蛛网图、星图、网络图，是以从同一点开始的轴表示三个或更多个系列的二维图表，轴的相对位置和角度通常是无信息的。雷达图相当于平行坐标图，轴径向排列。雷达图适用于多维数据(四维以上)，且每个维度必须可以排序，可以绘制数据时间、季节的变化特性。但是使用雷达图数据点最多为 6 个，否则无法辨别，会造成图表可读性下降，因此适用场合有限。需要注意的是，如果用户不熟悉雷达图，解读会有困难，所以使用时应尽量加上说明，减轻解读负担。

现在越来越多的公司和单位使用雷达图来分析比较数据，因为雷达图可以在同一坐标内展示多指标的分析比较情况，比普通的柱形图和饼图显得更专业。雷达图包括带数据标记的雷达图、填充雷达图。

【例 4-15】利用雷达图分析每个班级各科平均成绩。

具体操作步骤如下。

(1) 经过数据处理得出每个班级各科平均成绩。

(2) 选中数据源，单击【插入】|【图表】菜单项，弹出【插入图表】对话框，在【所有图表】选项区中单击【雷达图】选项，绘制基本雷达图，如图 4-127 所示。

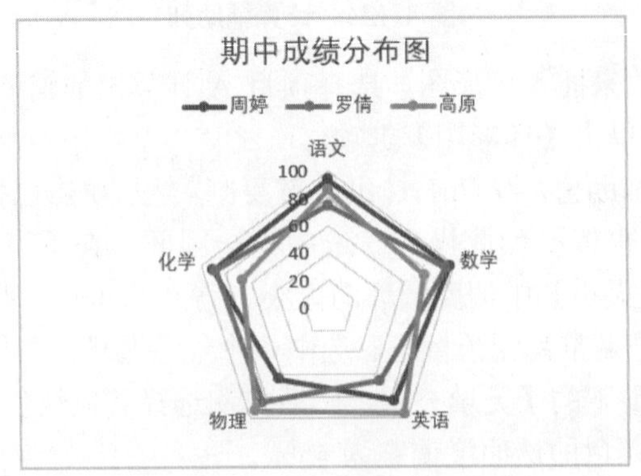

图 4-127　绘制雷达图

通过这个雷达图可以看到很多信息，比如罗倩同学的语文和英语平均成绩最差，其余三科成绩都不错，有偏科现象；高原同学的化学和数学成绩最差，需要追赶；周婷同学的物理最差等。面积越大的数据点，就表示越重要。

雷达图可用于同时对多个指标进行对比分析和对同一指标在不同时期的变化进行分析。雷达图的优点是直观、形象、易于操作；缺点是当参加评价的对象较多时，很难给出综合评价的排序结果。

雷达图还有一种填充雷达图，可以用来绘制玫瑰图，此处不再赘述。

4.6 散点图和气泡图

4.6.1 散点图

散点图用于显示若干数据系列中各数值之间的关系。散点图也被称为“相关图”，通过观察散点图上数据点的分布情况，可以推断出变量之间的相关性。如果变量之间不存在相互关系，那么在散点图上就会表现为随机分布的离散的点；如果存在某种相关性，则大部分的数据点就会相对密集并以某种趋势呈现。数据的相关性主要分为：正相关(两个变量值同时增长)、负相关(一个变量值增加另一个变量值下降)、不相关、线性相关、指数相关等。

散点图有两个数值轴，沿水平轴(X 轴)和垂直轴(Y 轴)各显示一组数据，散点图将这些数值合并为单一数据点并以不均匀间隔或簇显示它们。散点图与折线图类似，将带标记的折线图的连线去掉即可得到一般的散点图。散点图的重要作用是绘制函数曲线，如指数函数、对数函数以及其他复杂函数。无相关性的数据不建议使用散点图。散点图的子类型有仅带数据标记的散点图、带平滑线和数据标记的散点图、带平滑线的散点图、带直线和数据标记的散点图以及带直线的散点图共 5 类，还包含 2 种气泡图，如图 4-128 所示。如果为了表示数据的连续性，用带平滑线和数据标记的散点图比普通的散点效果更好。

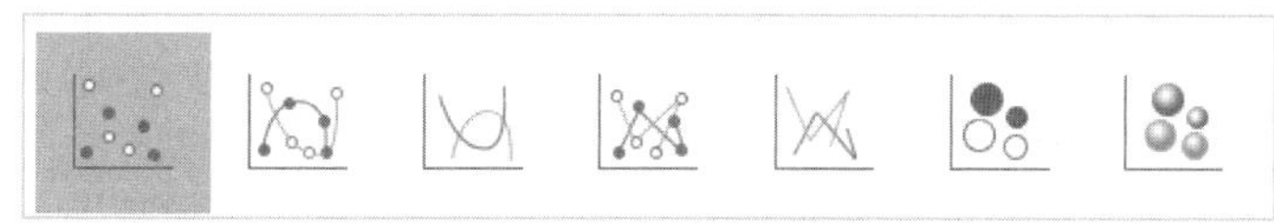

图 4-128　散点图子类型

散点图通常用于显示和比较数值，如科学数据、统计数据和工程数据。当要在不考虑时间的情况下比较大量数据点时，散点图就是最好的选择。散点图中包含的数据越多，比较的效果越好。在默认情况下，散点图以圆点显示数据点，如果有多个序列，可考虑将每个序列点的标记形状更改为方形、三角形、菱形或其他形状。

【例 4-16】打开“素材\第 4 章\散点图和气泡图.xlsx”文件，Sheet1 工作表中的数据是某工厂最近数月的产品产量和相应的耗电量的统计记录，要求根据目前的数据规律，预测当产量达到 800 吨时需要的耗电量。通过绘制散点图的方式进行简单的观察判断。

例 4-16　散点图

具体操作步骤如下。

(1) 选中数据区域，单击【插入】|【图表】|【散点图】菜单项，在【插入图表】对话

框中选择【带平滑线和数据标记的散点图】，生成基本的 XY 散点图，如图 4-129 所示，其中以产品产量数据为 X 轴，以耗电量数据为 Y 轴。

(2) 为了使图表显示更美观和更具可读性，可以调整图表格式和坐标轴刻度，具体做法参照 4.4.2 小节的介绍，修改后如图 4-130 所示。

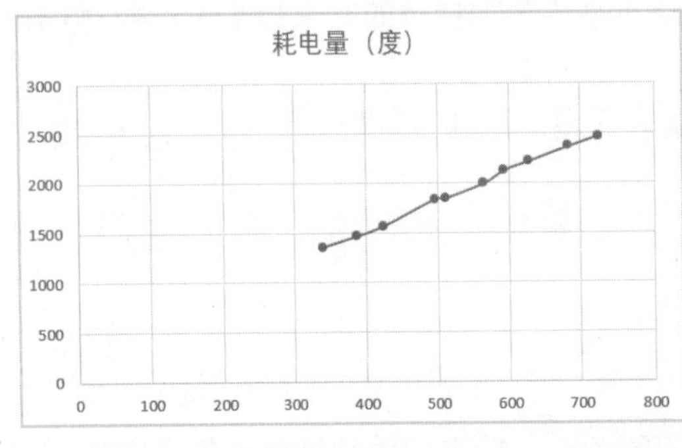

图 4-129　绘制散点图

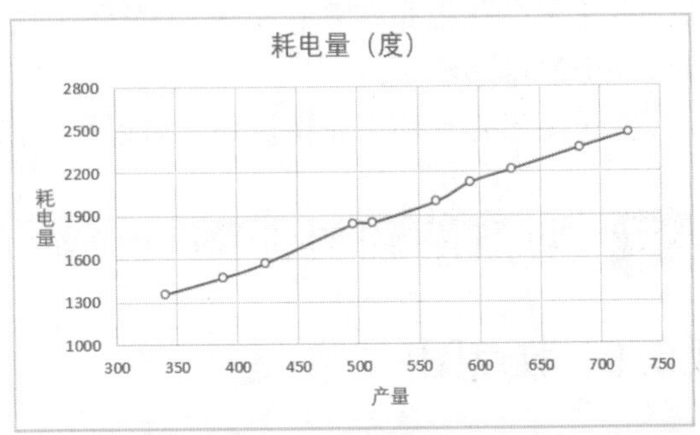

图 4-130　调整刻度

通过观察散点图可以发现，随着产量的增长，耗电量也随之同步增长，并且两者的增长趋势接近于一条直线，由此可以近似认为，产量和耗电量两组数据之间存在着线性关系。使用图表来表现数据图形，可以通过添加趋势线来显示趋势规律，会更加简单、直观。例 4-16 图表中添加趋势线的操作步骤如下。

(1) 在图表中选中数据系列，右击，在弹出的快捷菜单中选择【添加趋势线】命令。

(2) 在弹出的【设置趋势线格式】窗格的【趋势线选项】选项区中选中【线性】单选按钮，如图 4-131 所示。

◎　指数趋势线。适合于增长或降低的速度持续增加，且增加幅度越来越大的数据组。

◎　线性趋势线。适合于增长或降低速率比较稳定的数据组，数据点的组成在图表上表现为一条直线。

◎　对数趋势线。适用于增长或降低的幅度一开始比较快，后来慢慢地趋于平缓的数据。

◎　多项式趋势线。适合于增长或降低的波动较多的数据组，数据在图表上表现为包含一个或多个波峰和波谷的曲线。多项式趋势线可以设定阶数，能够对多种不规则的数据组进行十分贴近的拟合。

◎　乘幂趋势线。适合于增长或降低的速度持续增加，且增加幅度比较恒定的数据组。

(3) 添加了线性趋势线的散点图如图 4-132 所示。观察图表可以发现，新增的趋势线与原有的数据点连线几乎完全重合，此趋势线反映了当前已知数据的趋势规律。

(4) 使用趋势线来进行未知数据的预测。本例要预测产量达到 800 吨时所对应的耗电量，在图表上选中趋势线，打开【设置趋势线格式】窗格，在【趋势预测】中将【前推】的数值调整为 76(800−724=76)，勾选【显示公式】复选框，如图 4-133 所示。

(5) 设置好的图表效果如图 4-134 所示，趋势线延长到 X 轴坐标值为“800”的位置，此时趋势线右侧端点位置的 Y 轴坐标值即为需要预测的耗电量近似数值。

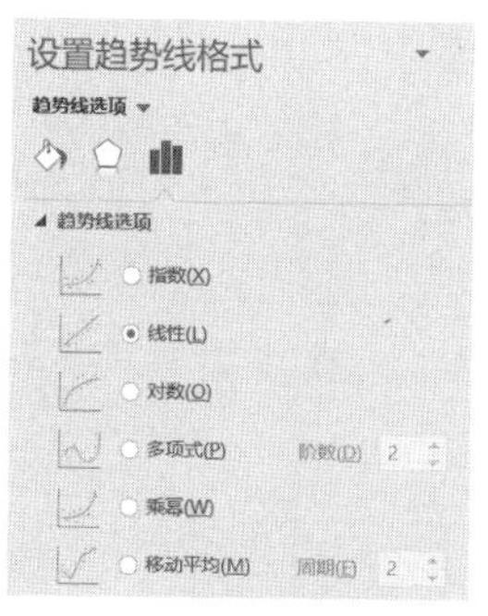

图 4-131　选择线性趋势线

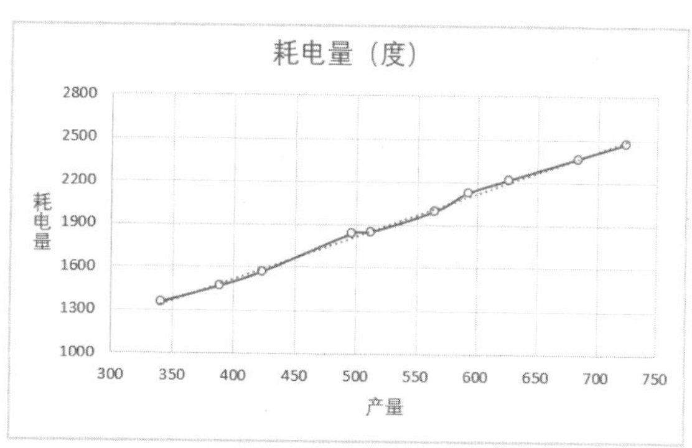

图 4-132　在图表中添加线性趋势线

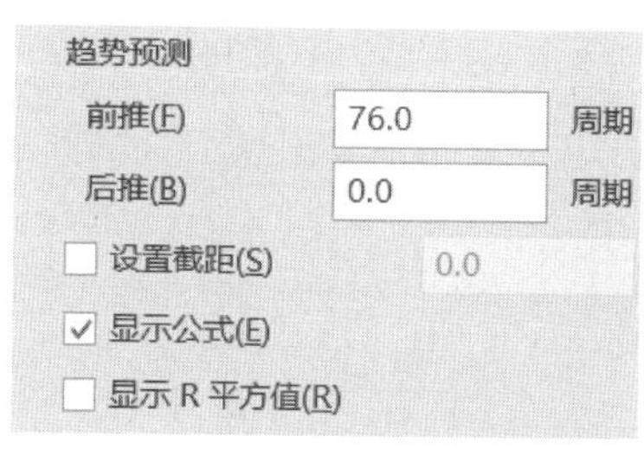

图 4-133　设置趋势线预测未知数据

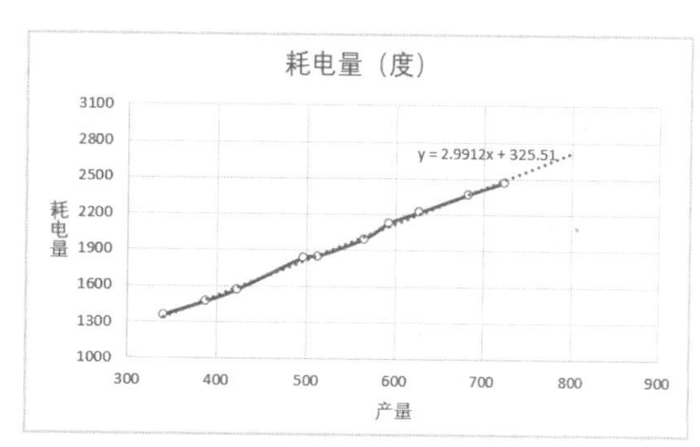

图 4-134　效果图

这里有 3 点需要说明。

◎　预测有前推和后推两种情况，主要用于将趋势线向左右两侧延长，其中前推是将趋势线向右侧延长，后推是将趋势线向左侧延长。

◎　【显示公式】复选框，是将趋势线的公式显示到图表上，方便后面根据该公式预测未来的数据。

◎　R 平方值是决定系数，通过该系数可以方便地判断趋势线是否合适。R 平方值的取值范围为 0～1，当值越接近 1 时，则表示趋势线越符合实际情况。

4.6.2　散点图的绘制技巧

散点图有两个重要的作用，一是分析数据点的分布，二是查找变量的相关性。当要分析数据点的分布情况时，要最大限度地将图表做得有规律，最好让用户更快地辨别出差异。所以需要对散点图的分布进行深度处理，使其更加美观、可读性更高。

【例 4-17】打开“素材\第 4 章\散点图和气泡图.xlsx”文件，该表是两家公司的员工薪资记录，利用散点图表示两组数据的分布情况。

例 4-17　利用散点图表示数据分布

具体操作步骤如下。

(1) 选中数据区域，插入散点图，生成基本散点图图表，默认的散点很凌乱，如图 4-135 所示。

(2) 对该散点图作优化。选中图表，右击，在弹出的快捷菜单中单击【选择数据】命令。

在弹出的对话框里选择【图例项】中的“A 公司”，再单击【编辑】按钮，弹出【编辑数据系列】对话框，将 X 轴与 Y 轴系列值互换，如图 4-136 所示。

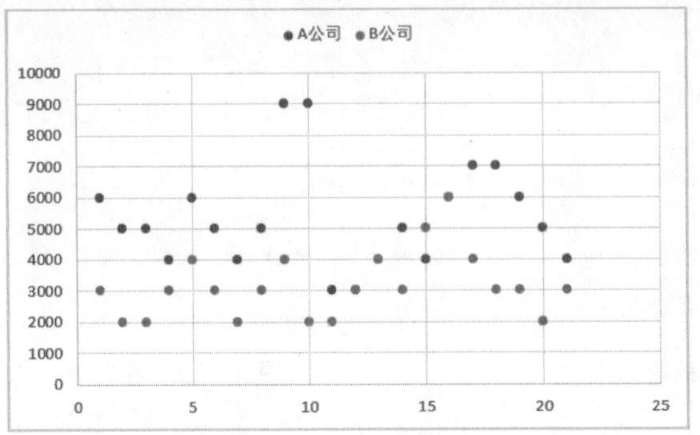

图 4-135　绘制散点图

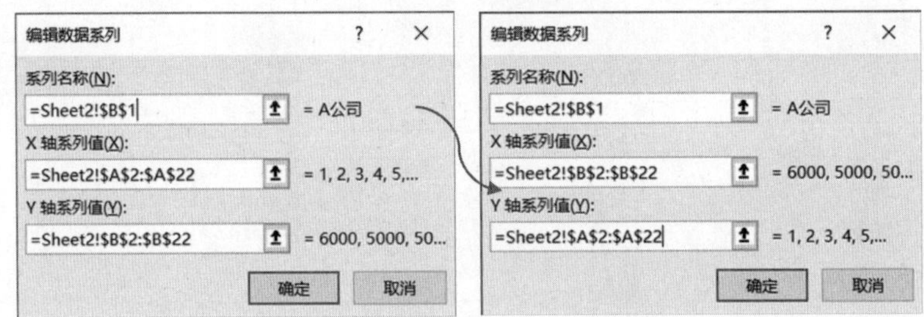

图 4-136　将 X 轴与 Y 轴系列值互换

(3) 用同样方法将 B 公司的 X 轴与 Y 轴的系列值互换。

(4) 将图表的 X、Y 轴系列值互换后，单击图表中的 Y 轴坐标，在【设置坐标轴格式】|【坐标轴选项】中勾选【逆序刻度值】复选框，选择 X 轴，并将 X 轴的【最小值】改为“1000”，去掉水平网格线，在垂直网格线的引导下，数据点像被串起来的“垂帘”，这样的视觉效果比较明显，如图 4-137 所示。优化后的图表可以更加快速地辨别出两家公司的差异位置是 4000，即 A 公司的员工薪资多数集中在 4000 以上，而 B 公司员工的薪资更多集中在 4000 以下。

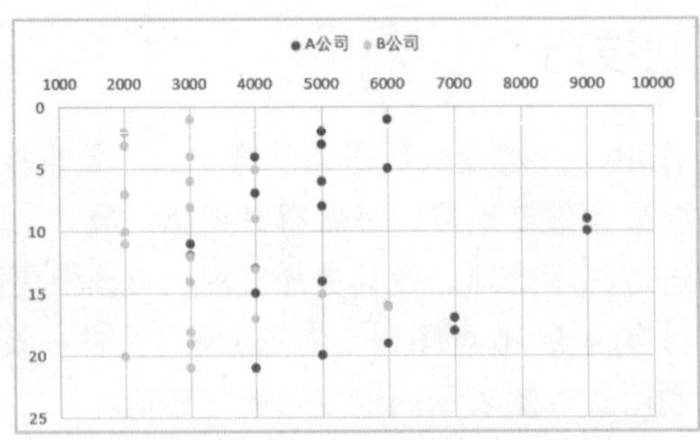

图 4-137　通过 XY 轴系列值互换使数据更有规律

折线图与散点图在表现形式上很相似，它们本质的区别在于：折线图显示随单位(如时间)而变化的连续数据，因此非常适用于显示在相等时间间隔下数据的变化趋势。在折线图中，类别数据沿水平轴均匀分布，所有值数据沿垂直轴均匀分布。而散点图有两个数值轴，沿水平轴(X 轴)方向显示一组数值数据，沿垂直轴(Y 轴)方向显示另一组数值数据，将这些数值合并为单一数据点并以不均匀间隔或簇进行显示。

4.6.3 气泡图的绘制技巧

气泡图是散点图的变换类型，比散点图多了一个维度，是一种通过改变各个数据标记大小来展示第三个变量数值大小的图表。由于从视觉上难以分辨数据标记大小的差异，一般会在数据标记上添加第三个变量的数值作为数据标签。气泡图与散点图相似，不同之处在于气泡图允许在图表中额外加入一个表示大小的变量。

一般情况下，制作气泡图是为了查看数据的分布情况，因此在设计气泡图时，运用象限坐标来体现数据的分布情况。

【例 4-18】打开“素材\第 4 章\散点图和气泡图.xlsx”文件，制作气泡图，使用四象限坐标显示数据分布情况。

例 4-18 气泡图

具体操作步骤如下。

(1) 选中数据区域，插入三维气泡图，打开【选择数据源】对话框，单击【编辑】按钮，在【编辑数据系列】对话框中设置各项内容，如图 4-138 所示。

图 4-138 【编辑数据系列】对话框

(2) 气泡图初步形成，在【设置数据系列格式】窗格中将【缩放气泡大小为】改为“70”，效果如图 4-139 所示。

(3) 从图中可以看出气泡图只在一个象限内。如果将气泡图显示在 4 个象限，需进一步设置。根据数据表可以找出处于中心位置的用户对应的数据是 14、45、70，分别表示横坐标、纵坐标与气泡大小，因此只需设置 X 轴、Y 轴的交点为 14 与 45 即可。

(4) 双击纵坐标，在【设置坐标轴格式】|【坐标轴选项】中选中【横坐标轴交叉】下的【坐标轴值】单选按钮，并在右侧的文本框中输入“45”，如图 4-140 所示。使用相同的方法将【纵坐标轴交叉】下的【坐标轴值】设置为“14”。

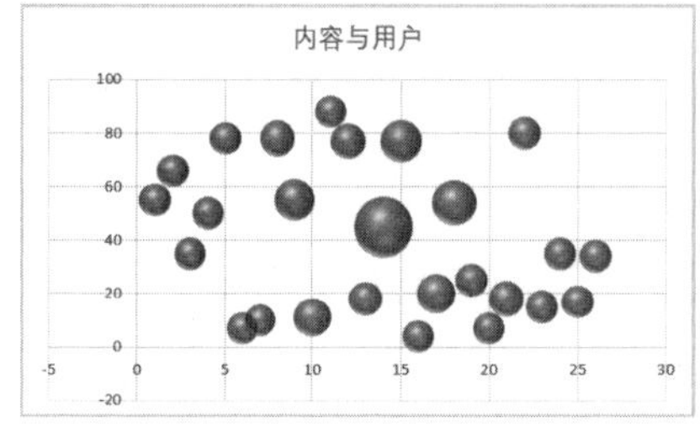

图 4-139 初步形成气泡图

图 4-140 设置 X 轴、Y 轴交点

(5) 为图表中的气泡添加数据标签，并在【设置数据标签格式】窗格中取消勾选【Y 值】复选框，勾选【单元格中的值】复选框，在弹出的对话框中选择数据表中的“应用”列，并设置数据标签的格式，效果如图 4-141 所示。可以看出，项目与中心用户的远近程度表示App 用户活跃度，气泡大小代表 APP 订阅用户量。

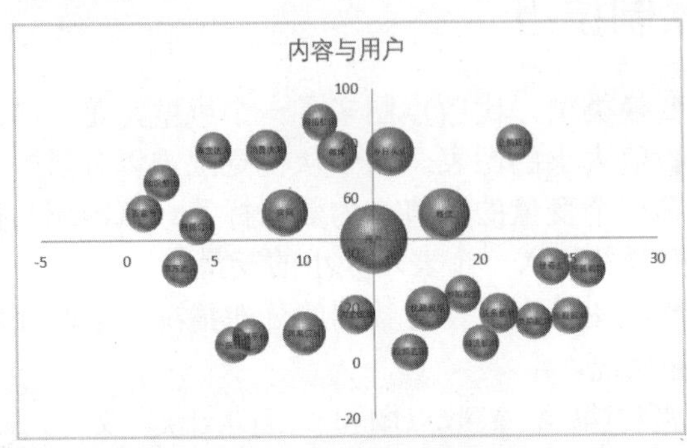

图 4-141　4 象限气泡图

4.6.4　应用实例——使用散点图展示某年级学生身高、体重分布情况

XY 散点图主要用于比较几个数据系列中的数值，或将两组数值显示为 XY 坐标系中的系列，常用来显示两个变量之间的关系。

例 4-19　散点图表示男生、女生的身高、体重分布情况

【例 4-19】使用散点图展示男生、女生的身高、体重分布情况。

具体操作步骤如下。

(1) 打开“素材\第 4 章\散点图和气泡图.xlsx”文件，选中数据，插入散点图，得到如图 4-142 所示图表。

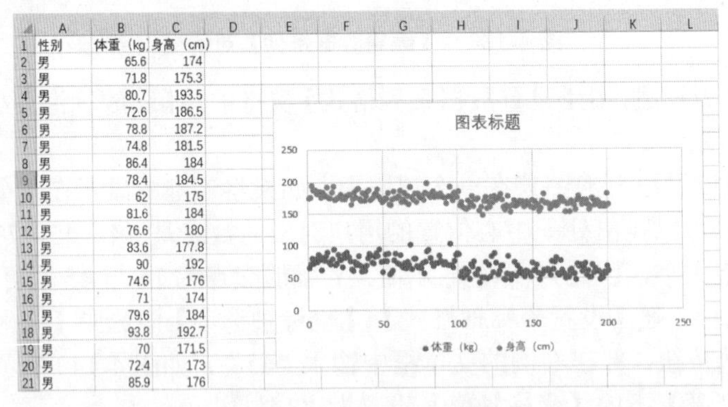

性别	体重（kg）	身高（cm）
男	65.6	174
男	71.8	175.3
男	80.7	193.5
男	72.6	186.5
男	78.8	187.2
男	74.8	181.5
男	86.4	184
男	78.4	184.5
男	62	175
男	81.6	184
男	76.6	180
男	83.6	177.8
男	90	192
男	74.6	176
男	71	174
男	79.6	184
男	93.8	192.7
男	70	171.5
男	72.4	173
男	85.9	176

图 4-142　制作散点图

(2) 为了展示男女身高体重的分布情况，对默认的散点图进行修改。打开【选择数据源】对话框，选中“体重”系列，单击【编辑】按钮，修改【X 轴系列值】为男性身高，【Y 轴系列值】为男性体重，系列名称为“男”。用同样的方法修改“身高”系列，系列名称改为“女”，修改【X 轴系列值】为女性身高，【Y 轴系列值】为女性体重，如图 4-143 所示。

(3) 修改完成后，得到图 4-144 所示的散点图效果。

图 4-143　修改数据系列

(4) 根据身高体重的取值范围，修改坐标轴的最小值。右击横坐标，打开【设置坐标轴格式】窗格，在【坐标轴选项】|【边界】下将【最小值】改成“40”，将纵坐标的【最小值】改为“140”，效果如图 4-145 所示。

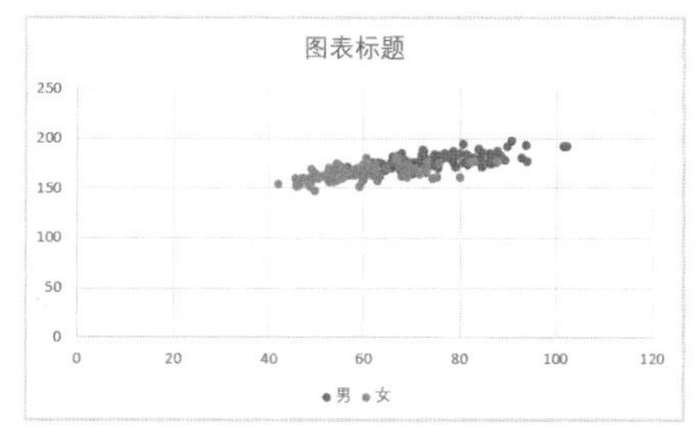

图 4-144　修改系列后的散点图

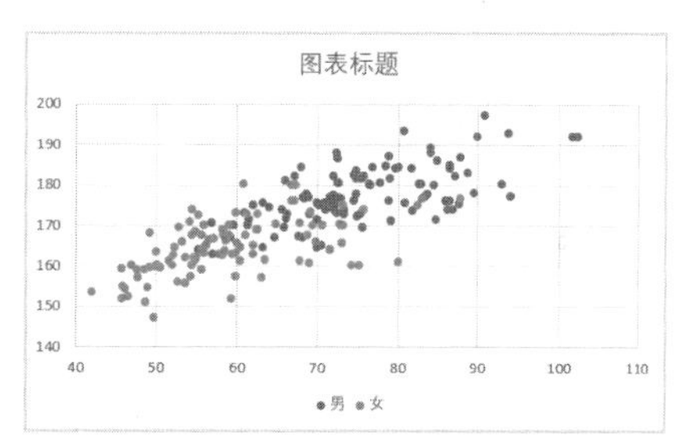

图 4-145　修改坐标轴最小值

(5) 进一步优化散点图，设置散点的大小、颜色等，最终效果如图 4-146 所示。从图表中可以很直观地看出男生女生身高体重的分布情况。

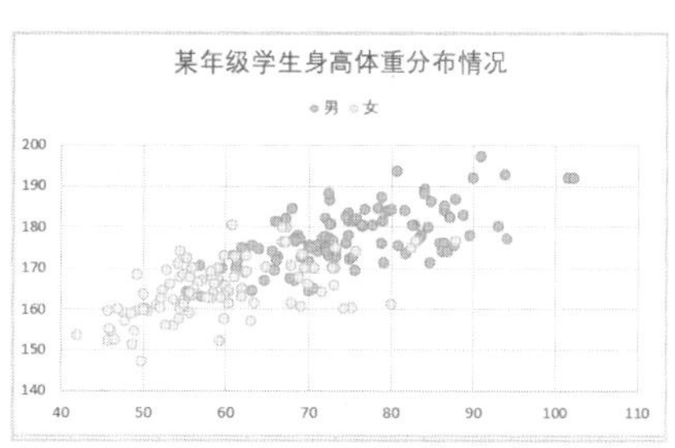

图 4-146　最终效果图

4.7 特殊图表

4.7.1 直方图

直方图又称质量分布图，它是一种统计报告图，用一系列高度不等的纵向条纹或线段表示数据的分布情况。一般用横轴表示数据类型，纵轴表示分布情况。

直方图是数值数据分布的精确图形表示，是一个连续变量(定量变量)的概率分布的估计。为了构建直方图，第一步是将值的范围分段，即将整个值的范围分成一系列间隔，然后计算每个间隔中有多少值，间隔必须相邻，并且通常是相等的大小。

例 4-20　直方图情况图

【例 4-20】利用直方图分析学生成绩的分布情况。

具体操作步骤如下。

(1) 根据需要设置分段点，分别为 59,69,79,89,100，表示统计 60 分以下、60～69 分、70～79 分、80～89 分、90 分以上的成绩段分布，如图 4-147 所示。

(2) 单击【数据】|【分析】|【数据分析】菜单项，在弹出的【数据分析】对话框中选择【直方图】。

(3) 在弹出的【直方图】对话框中，按图 4-148 所示进行设置。其中，【输入区域】选择学生成绩所在单元格范围；【接收区域】选择分段点所在的单元格区域，即不同成绩区间上限值；如果数据包含标题，则勾选【标志】复选框。如果要按照发生频率大小顺序绘制直方图，需要勾选【柏拉图】复选框，要显示每个分组数据所占的比例，则勾选【累积百分率】复选框。这里只勾选【图表输出】复选框，表示将得到的数据分布结果直接创建为图表。

	A	B	C	D	E	F
1	姓名	数学成绩				
2	高志毅	65				
3	戴威	42		根据成绩分组	分段点	
4	张倩倩	71		60分以下	59	
5	伊然	99		60分~69分	69	
6	鲁帆	88		70分~79分	79	
7	黄凯东	69		80分~89分	89	
8	侯跃飞	65		90分以上	100	
9	魏晓	53				

图 4-147　对成绩进行分段

图 4-148　设置直方图参数

(4) 单击【确定】按钮，即可生成默认效果的直方图和一个表格，会自动计算出每个分组的频数，即系统使用直方图工具统计出每个区间的数据出现的次数，如图 4-149 所示。

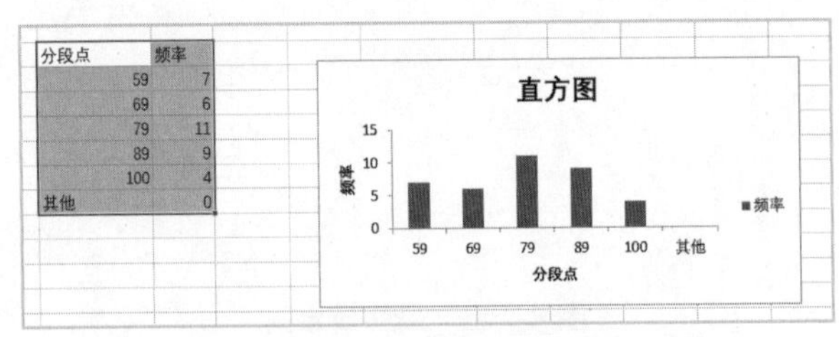

图 4-149　生成直方图

(5) 对生成的表格中的“分段点”进行修改，使图表的水平轴更加直观，如图 4-150 所示。

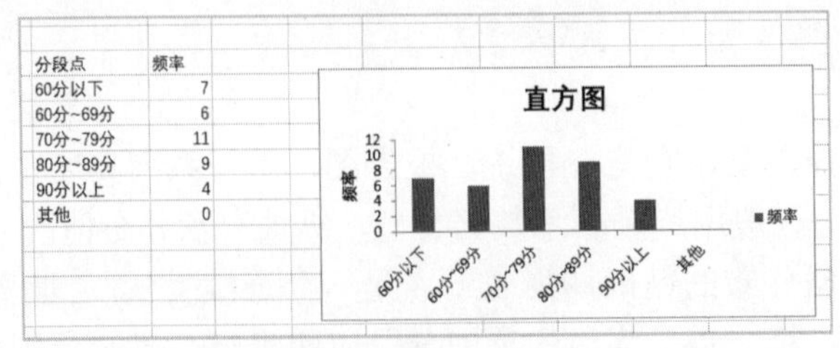

图 4-150　修改水平轴标签

(6) 修饰直方图，删除图表图例项。默认情况下直方图有“其他”数据项，将该数据项从图表中删除。双击数据系列，在【设置数据系列格式】窗格中将分类间距调整为 2%左右，再修改图表的颜色和比例，进行美化，最终效果如图 4-151 所示。

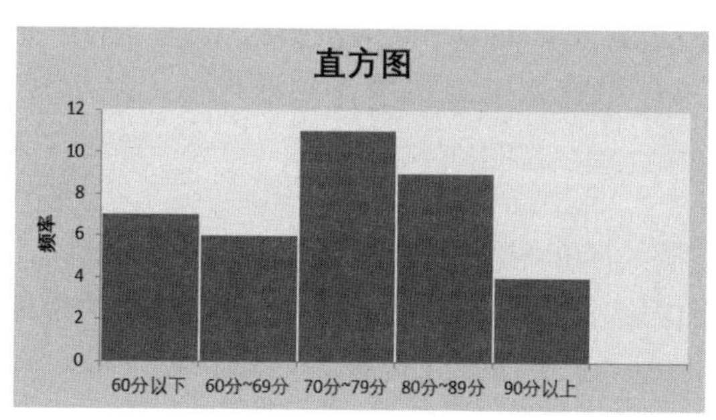

图 4-151　直方图

例 4-20 也可以利用频率分布函数 FREQUENCY()手动计算学生成绩数据频率分布结果。

FREQUENCY()函数的用法如下。

功能：以一列垂直数组返回某个区域数据的频率分布。

语法：FREQUENCY(data_array,bins_array)

其中，data_array 为一数组或一组数值的引用，数值以外的文本和空白单元格将被忽略；bins_array 为间隔的数组或对间隔的引用，如有数值以外的文本或空单元格，则返回错误值 #N/A。

在图 4-152 所示的 F4 单元格中输入公式“=FREQUENCY(B2:B38,E4:E8)”并得到返回数据后，选中要得到结果的数据区域 F4:F8，然后在公式栏中按 Shift+Ctrl+Enter 组合键，每个分组的频数就计算出来了。

F4　{=FREQUENCY(B2:B38,E4:E8)}

	A	B	C	D	E	F	G
1	姓名	数学成绩					
2	高志毅	65					
3	戴威	42		根据成绩分组	分段点	频率	
4	张倩倩	71		60分以下	59	7	
5	伊然	99		60分~69分	69	6	
6	鲁帆	88		70分~79分	79	11	
7	黄凯东	69		80分~89分	89	9	
8	侯跃飞	65		90分以上	100	4	
9	魏晓	53					

图 4-152　使用频率分布函数 FREQUENCY()

需要说明一下，这里要得出数组，Excel 会自动填充结果，不能复制公式，也不能直接手动输入“{ }”。

通过对比可以发现，用直方图工具分析数据的分布情况比利用 FREQUENCY()函数进行统计不仅简单，而且快捷。

4.7.2　瀑布图

瀑布图是由肯锡顾问公司独创的图表类型，因为形似瀑布流水而称之为瀑布图。瀑布图采用绝对值与相对值结合的方式，适用于表达数个特定数值之间的数量变化，可以很好地解释数据从一个值到另一个值的变化过程，形象地阐述了数据的流动情况。瀑布图可以理解为一种特殊的悬浮柱形图，不仅能展示数据的增减变化情况，还能表示因为某些原因导致数据之间变化的程度，可用于库房管理场合等。

【例 4-21】打开“素材\第 4 章\特殊图表-瀑布图.xlsx”文件，从原始表中可以看出营业收入减去成本就是毛收入，毛收入减去费用得到净收入。要求使用瀑布图展示数据之间的增减变化。

具体操作步骤如下。

(1) 选中数据区域，插入瀑布图，得到默认的瀑布图，如图 4-153 所示。

(2) 对该瀑布图进行优化。选中营业收入，右击，在弹出的快捷菜单中选择【设置数据点格式】命令，在【系列选项】中勾选【设置为汇总】复选框，再依次将毛收入和净收入系列设置为汇总。

(3) 美化瀑布图，效果如图 4-154 所示。

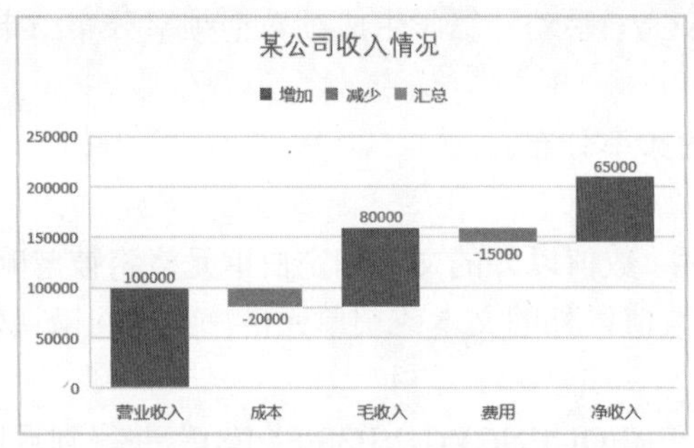

图 4-153　默认瀑布图

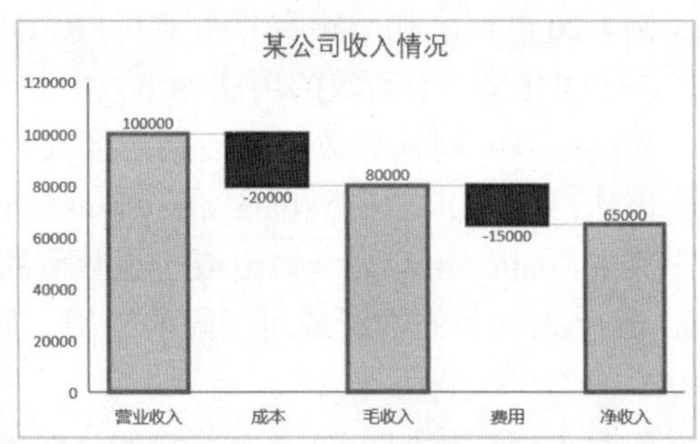

图 4-154　美化瀑布图

4.7.3　子弹图

子弹图，顾名思义是由于该类信息图的样子很像子弹射出后运行的轨道。起初，子弹图的出现是为了取代仪表盘上那种常见的里程表、时速表等基于圆形的信息表达方式，因为子弹图无修饰的线性表达方式能够在狭小的空间中表达丰富的数据信息。与通常所见的里程表或时速表类似，每一个单元的子弹图只能显示单一的数据信息源，并且通过添加合理的度量标尺可以显示更精确的阶段性数据信息。另外，子弹图通过优化设计还能够用于对比多项同类数据，例如计划消费与实际消费的对比关系；再例如，表达一项数据与不同目标的校对结果，如非常好、令人满意、不好等目标。同时，按人类的阅读习惯，线性的信息表达方式与人们习以为常的文字阅读相似，相对于圆形构图的信息表达，在信息传递上有更大的效能优势。

在 Excel 中制作子弹图，能够清晰地看到计划与实际完成情况的对比，常用于销售、营销分析、财务分析等。

子弹图的构成如图 4-155 所示。

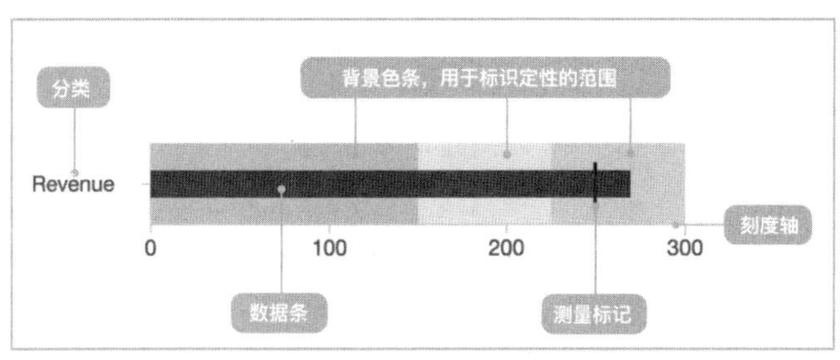

图 4-155　子弹图的构成

(1) 文字标签与主体数据条柱。文字标签用于有效识别信息图上的对象信息。

格式的默认设置如下。

◎　位置：水平向的子弹图，文字标签位于左侧；垂直向的子弹图，文字标签位于顶端。

◎　颜色、方向、尺寸：主要信息对象的文字标签和主体条柱，一般使用 100%黑色；方向自左向右生长，根据不同的读者观看距离(不同媒介的观察距离不同)确定足够清晰的条柱尺寸(主要是条柱的粗细)。

(2) 刻度轴。刻度轴用于精确标示条柱所对应的数值。通常刻度轴的最低值为 0，也可以不从 0 刻度开始，目的是为了突出条柱端点处的精确数值(一般发生在总数值过大的情况)。

格式的默认设置如下。

◎　位置：水平向的子弹图，刻度一般位于条柱下方；垂直向的子弹图，刻度位于条柱左侧。

◎　刻度颜色：通常使用浅灰色，不干扰数据条柱的识别。

(3) 测量标记。测量标记在子弹图中用于显示某些关键数值定位(目标值)，通常使用短小的条柱来表达。

(4) 定性范围标识。定性范围标识用于表达数据的“质量”(例如非常好、令人满意、不好等)。定性范围标识一般为 3～5 个，超过 5 个的定性范围标识则过于复杂，不利于信息的有效表达。

如三个定性范围标识：40%黑色，25%黑色，10%黑色。定性范围标识的颜色不超过 50%黑色，以拉开与主要数据条柱的色彩层级。

【例 4-22】利用条形图制作子弹图对用户满意度进行分析。

例 4-22　子弹图

具体操作步骤如下。

(1) 数据表如图 4-156 所示。

	目标	实际	一般	良好	优秀
满意度	100%	96%	60%	20%	25%

图 4-156　数据

(2) 选中数据，插入堆积柱形图。切换行/列，双击图表中的“实际”系列，在【设置数据系列格式】窗格中的【系列选项】下选中【次坐标轴】单选按钮，并设置【间隙宽度】值为“350%”，图表样式如图 4-157 所示。

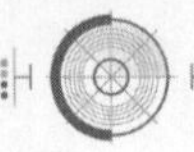

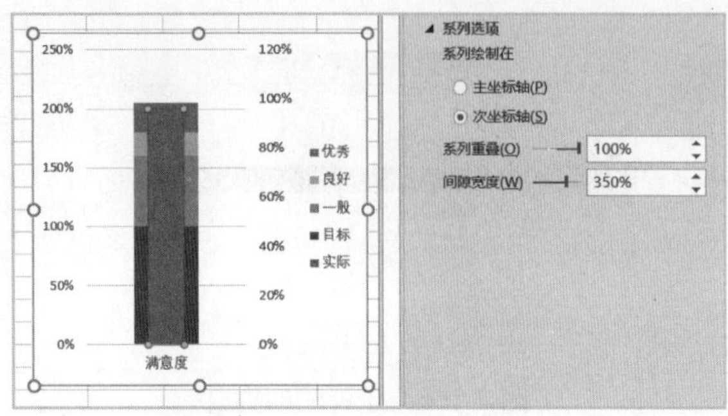

图 4-157　修改“实际”系列

(3) 打开【更改图表类型】对话框，设置“目标”系列的图表类型为“带直线和数据标记的散点图”，如图 4-158 所示，目的是让目标数据以数据标记的形式显示出来，与其他系列的条形加以区别。

(4) 删除次要坐标轴。选中带数据标记的散点图，在【设置数据系列格式】窗格中单击【填充】|【标记】|【数据标记选项】下的【内置】单选按钮，如图 4-159 所示，设置标记的【类型】和【大小】。设置完成后，得到图表效果如图 4-160 所示。

(5) 分别将数据系列“一般”“良好”“优秀”，以 40%黑色，25%黑色，10%黑色，由深到浅填充颜色，并对其他格式进行设置，得到图 4-161 所示的效果。

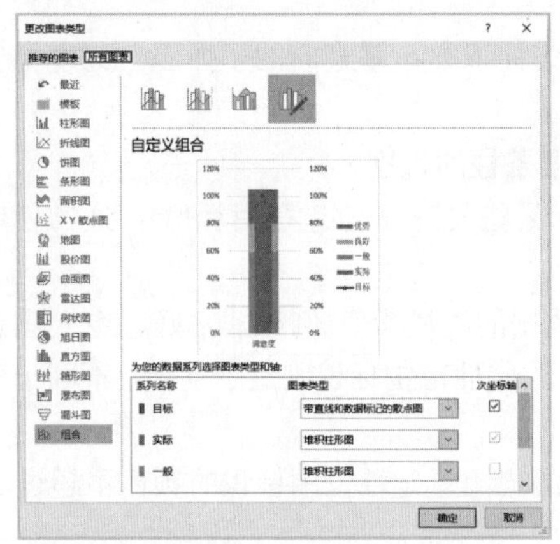

图 4-158　修改“目标”系列图表类型

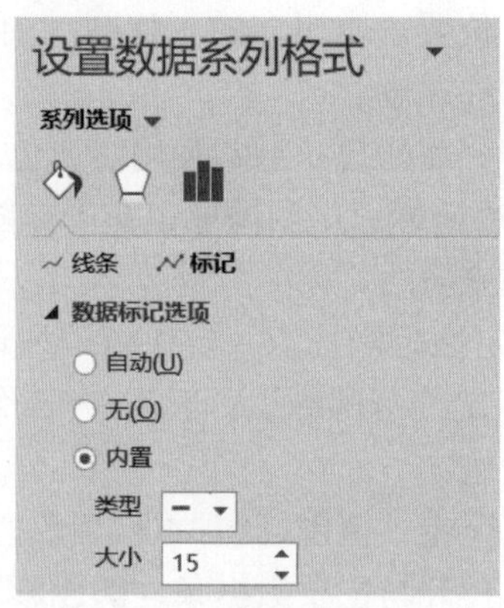

图 4-159　修改标记类型

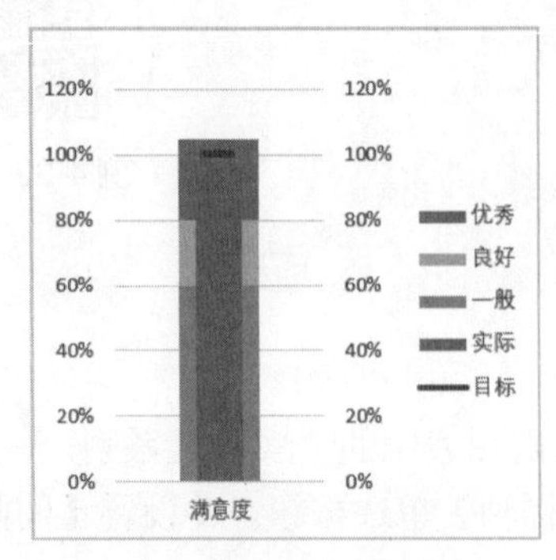

图 4-160　子弹图雏形

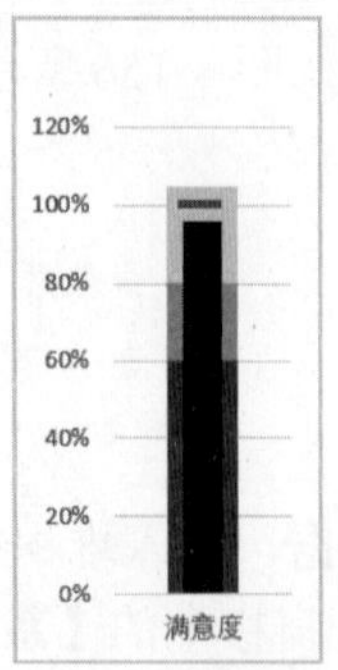

图 4-161　子弹图

4.7.4 漏斗图

漏斗图是由 Light 和 Pillemer 于 1984 年提出的，它是元分析的工具，用于展示每一阶段的占比情况，提供转化率分析。漏斗图适用于业务流程比较规范、周期长、环节多的流程分析，通过漏斗各环节业务数据的比较，能够直观地发现和说明问题所在。例如，在网站分析中，通常用漏斗图进行转化率比较，它不仅能展示用户从进入网站到实现购买的最终转化率，还可以展示每个步骤的转化率。但是，单一漏斗图无法评价网站某个关键流程中各步骤转化率的好坏。

漏斗图实质是由堆积条形图演变而来的。

【例 4-23】利用漏斗图展示某电商网站的用户转化率。

例 4-23 漏斗图

具体操作步骤如下。

(1) 打开“素材\第 4 章\特殊图表-漏斗图.xlsx”文件，选择数据区域，插入漏斗图，右击数据系列，打开【设置数据系列格式】窗格，选择【系列选项】，将【系列间隔】设置为“100%”，图表效果如图 4-162 所示。

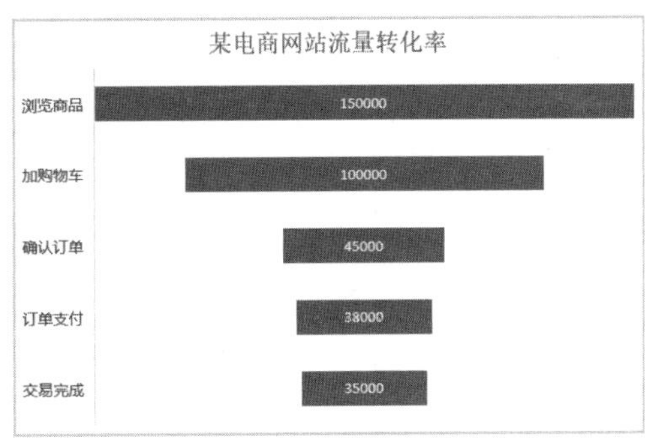

图 4-162 插入漏斗图

(2) 下面利用堆积条形图和散点图制作美观的漏斗图。在数据区域中添加辅助列“各环节转化率”，即上一个环节到下一个环节转化率；再添加一个“辅助列”，由公式“=(MAX($B$3:$B$7)-B3)/2”得到；依次再添加“Y 轴”“数字 X”和“虚线 X”，数据区域如图 4-163 所示。

	A	B	C	D	E	F	G
1							
2	环节	浏览量	各环节转化率	辅助列	Y轴	数字X	虚线X
3	浏览商品	150000	100%	0	4.5	150000	75000
4	加购物车	100000	66.67%	25000	3.5	150000	75000
5	确认订单	45000	45.00%	52500	2.5	150000	75000
6	订单支付	38000	84.44%	56000	1.5	150000	75000
7	交易完成	35000	92.11%	57500	0.5	150000	75000

图 4-163 添加辅助列来优化漏斗图

(3) 选中数据区域中的 A2:B7 和 D2:D7，插入堆积条形图。双击垂直轴，打开【设置坐标轴格式】窗格，在【坐标轴选项】中勾选【逆序类别】复选框，效果如图 4-164 所示。

(4) 选中图表，打开【选择数据源】对话框，将“辅助列”系列上移到“浏览量”系列前面，单击【确定】按钮。然后选中“辅助列”系列，设置为“无填充”，修改“浏览量”的填充颜色，效果如图 4-165 所示。

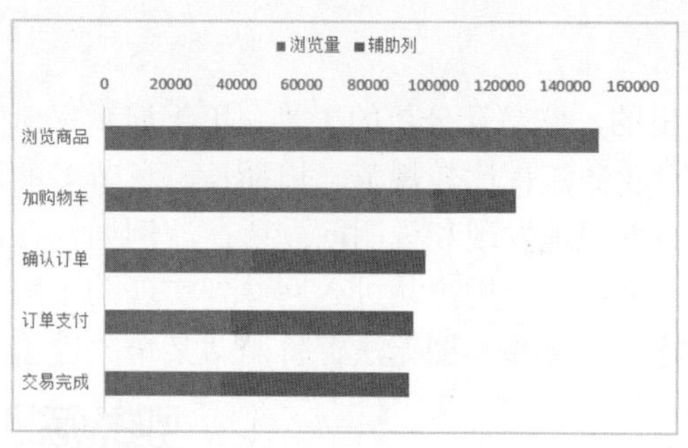

图 4-164　插入堆积条形图

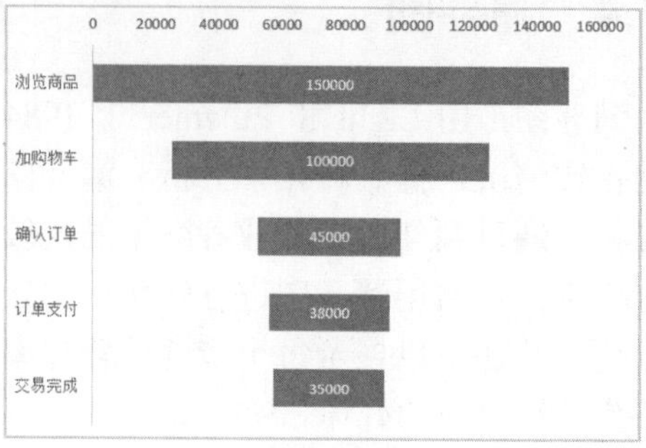

图 4-165　设置后的效果

(5) 通过散点图添加数据标签。选中图表，打开【选择数据源】对话框，在【图例项(系列)】下单击【添加】按钮，添加一空系列“系列 3”。选中“系列 3”，然后打开【更改图表类型】对话框，将“系列 3”设为“散点图”，并设为【次坐标轴】，如图 4-166 所示。

(6) 再次打开【选择数据源】对话框，选择“系列 3”，单击【编辑】按钮，弹出图 4-167 所示的对话框，在【X 轴系列值】文本框中选择 F3:F7 区域的数据，在【Y 轴系列值】文本框中选择 E3:E7 区域的数据。设置完成后单击【确定】按钮。

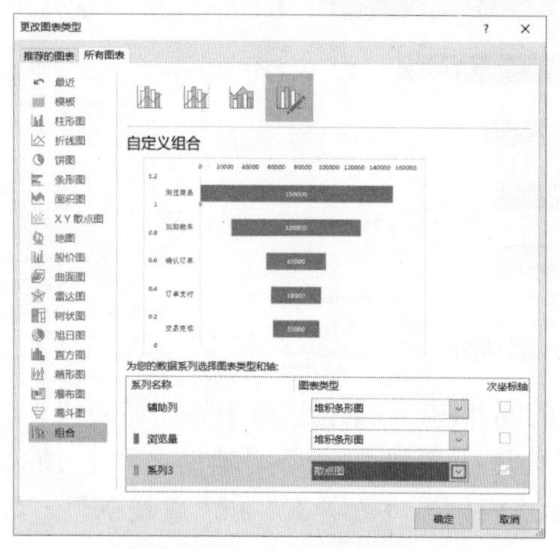

图 4-166　修改图表类型

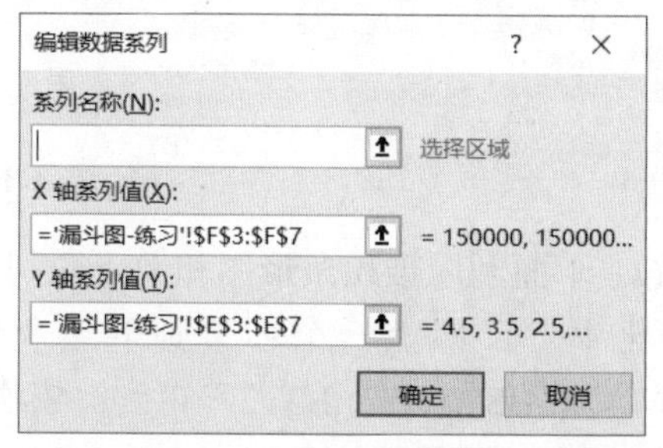

图 4-167　编辑数据系列

(7) 为散点图添加数据标签，数据标签格式设置为【单元格中的值】，取值为“各环节转化率”。取消【Y 值】和【显示引导线】，效果如图 4-168 所示。

(8) 美化数据标签。在【插入】|【形状】菜单项中选择需要的箭头，设置箭头样式。复制箭头，再选中散点图，按 Ctrl+V 组合键粘贴，并将散点图的数据标签改为“上方”，效果如图 4-169 所示。

(9) 进一步优化。添加虚线，通过散点图加误差线构成。在【选择数据源】中添加“系列 4”，按图 4-170 所示编辑该数据系列。

(10) 选中“系列 4”，添加标准误差线，并删除垂直方向的误差线，然后按图 4-171 所示修改水平误差线，并将误差线设置成虚线。在【添加图表元素】|【线条】中选择【系列线】，最终效果如图 4-172 所示。

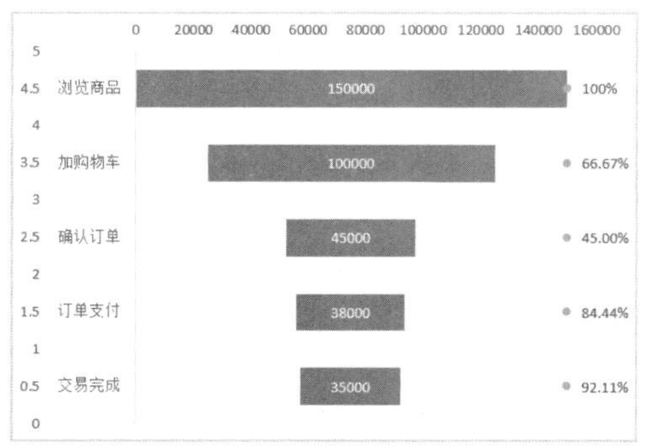

图 4-168 添加数据标签

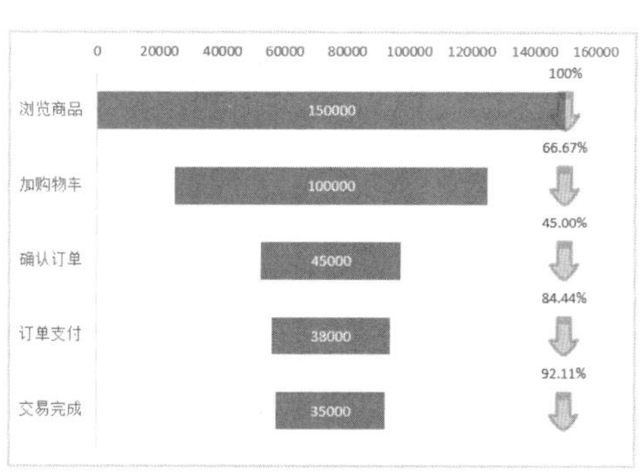

图 4-169 美化数据标签

图 4-170 编辑“系列 4”

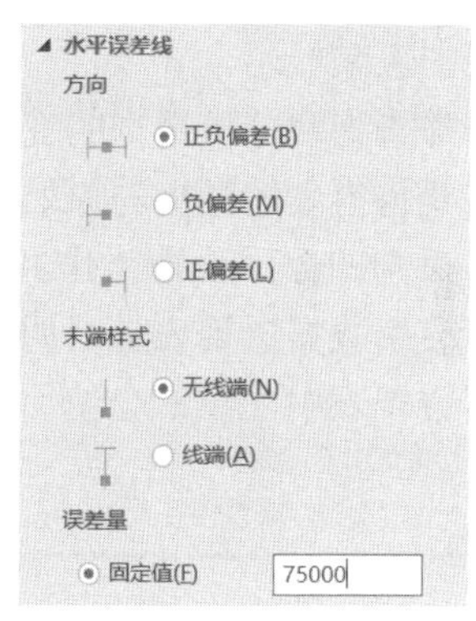

图 4-171 利用水平误差线制作虚线

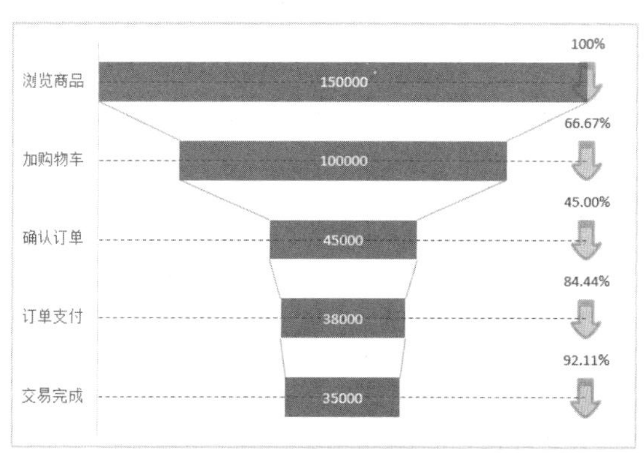

图 4-172 优化后的漏斗图

4.8 动态图表(数据分析工具——数据透视表)

数据透视表是用于从 Excel 数据列表、关系数据库文件和 OLAP 多维数据集等数据源的特定字段中总结信息的工具，是一种交互式表格。数据透视表有机地结合了数据排序、筛选和分类汇总等数据分析方法的优点，可以快速实现对复杂数据的分析，从而创建具有实用性的业务报表。其应用十分广泛，是最常用、功能最全的数据分析工具之一。

4.8.1 数据透视表概述

数据透视表是一种交互式的表格，可以对大量数据进行快速汇总、分析、浏览和提供摘要数据，通过选择其中页、行和列中的不同数据元素，可以快速查看数据的不同统计结果，使用户可以深入分析数值数据。

但是，并不是所有的数据都适合使用透视表分析，用户需要根据实际情况来使用。下面几种情况适合使用透视表分析。

(1) 数据量较大且错综复杂。

(2) 根据数据表找出同类型数据在不同时期的某种特定关系。

(3) 对需要关注的数据子集进行筛选、排序、分组和有条件地设置格式，得到所需的信息，并用图表来展示。

(4) 经常查询和分析数据的变化趋势。

(5) 需要将得到的数据与原始数据保持实时更新。

对于高级别的数据分析工作，需要从不同的分析角度对同一张数据表的不同指标进行分类汇总。使用数据透视表是对明细数据进行全面分析的最佳工具。

在数据透视表中，经常会使用一些专业术语，如表 4-3 所示。

表 4-3 透视表中的术语

术 语	说 明
透视	通过定位一个或多个字段来重新排列数据透视表
坐标轴	数据透视表的行、列、分页
概要函数	数据透视表使用的函数，如 SUM、AVERAGE 等
字段	源数据表中每列的标题为一个字段名，可以通过拖动字段名来修改和设置数据透视表

4.8.2 创建数据透视表

一般情况下，在创建数据透视表时不需要对数据进行排序，透视表的优势就是可以对不规则的数据进行快速汇总。

创建数据透视表的具体操作步骤如下。

(1) 选择数据源的任意位置，单击【插入】|【表格】|【数据透视表】，在弹出的【创建数据透视表】对话框中进行图 4-173 所示的设置。选择放置数据透视表的位置，如果数据源较大，可以选择新建工作表。

(2) 单击【确定】按钮，将以指定位置为起始位置创建一个空白的数据透视表框架。然后按图 4-174 所示对数据透视布局进行设置，首先要明确布局中的内容。

◎ 行：拖放到行中的数据字段，该字段中的第一个数据项将占据数据表的一行。

◎ 列：与行对应，放置在列中的字段，该字段中的每个项将占一列。

◎ 筛选：行和列相当于 X 轴和 Y 轴，由它们确定一个二维表格，页则相当于 Z 轴，Excel 将按拖放在页中的字段数据项对透视表进行分页。

◎ 值：进行求和。

现将“销售点”字段拖放到【行】列表框中，将“产品”字段拖放到【列】列表框中，“数量”字段放到【值】列表框中进行求和汇总。

图 4-173 【创建数据透视表】对话框

图 4-174 数据透视表布局

(3) 创建的数据透视表如图 4-175 所示。

求和项:数量	列标签			
行标签	百事可乐	冰红茶	可口可乐	总计
城北	398	2185	230	2813
城东	965	2971	1341	5277
城南	623	1462	723	2808
城西	626	3681	1639	5946
总计	**2612**	**10299**	**3933**	**16844**

图 4-175 各销售点产品销量透视表

4.8.3 制作动态图表

使用数据透视表结合切片器可制作动态的图表。切片器属于“数据透视表”的拓展，利用该功能进行数据分析展示时，能很直观地将筛选的数据展示出来。

在上节创建的各销售点产品数量透视表的基础上创建切片器，动态地展示每种产品的销量变化。

具体操作步骤如下。

(1) 选中数据透视表的全部数据，再选择【插入】|【切片器】菜单项。

(2) 在弹出的【插入切片器】对话框中选择“产品”进行筛选，如图 4-176 所示。

(3) 得到切片器效果如图 4-177 所示。单击不同的产品，可以很方便地查看筛选数据。以选择“百事可乐”为例，可以得到图 4-178 所示效果。

(4) 选中透视表中的任意单元格，插入折线图。使用切片器可以动态查看每种产品销量的折线图，如图 4-179 所示。

(5) 修改切片器格式。默认的切片器是纵向分布的，为了让数据展示得更加清楚，可以将其按水平方向排列。切片器纵横的差距在于切片器按钮排列形式的变化。选中切片器，在【切片器工具】|【选项】|【按钮】组中将【列】更改为“3”(本例中产品有 3 种)，再手动调整切片器至合适的高度和宽度，并移动到指定位置即可，如图 4-180 所示。

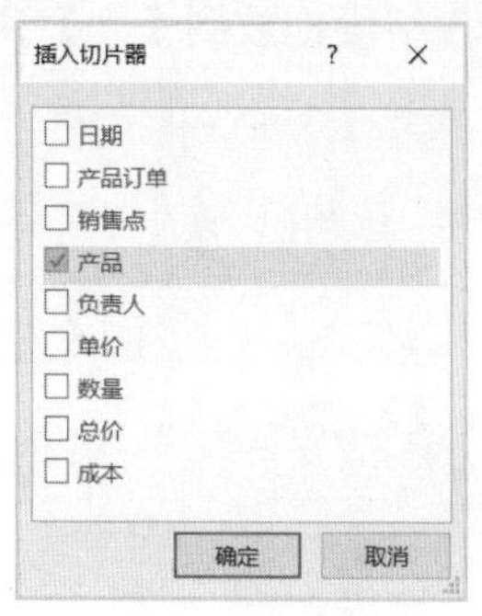

图 4-176　插入切片器

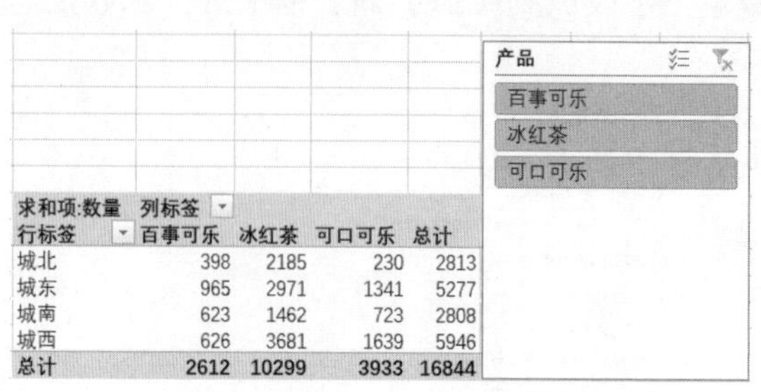

求和项:数量	列标签			
行标签	百事可乐	冰红茶	可口可乐	总计
城北	398	2185	230	2813
城东	965	2971	1341	5277
城南	623	1462	723	2808
城西	626	3681	1639	5946
总计	2612	10299	3933	16844

图 4-177　各产品销量数据切片器效果

求和项:数量	列标签	
行标签	百事可乐	总计
城北	398	398
城东	965	965
城南	623	623
城西	626	626
总计	2612	2612

产品
百事可乐
冰红茶
可口可乐

图 4-178　“百事可乐”销量筛选效果

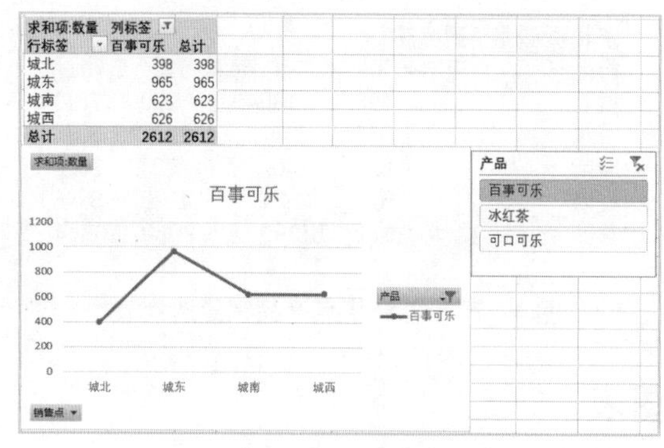

求和项:数量	列标签	
行标签	百事可乐	总计
城北	398	398
城东	965	965
城南	623	623
城西	626	626
总计	2612	2612

图 4-179　利用切片器制作动态图表

图 4-180　切片器按钮水平排列

切片器辅助数据透视表进行筛选，可以实现交互式的筛选操作。切片器的一个重要应用就是一个工作表中如果存在多个透视表，使用切片器连接可以同步操作这些数据透视表。

本章小结

本章重点讲解了 Excel 2019 中的柱形图、折线图、饼图、散点图等常用图表的应用场合和绘制方法，介绍了设计图表的注意事项和设计原则。通过大量案例让读者在操作过程中掌握用 Excel 图表分析数据、展示数据的优势，在熟悉常用图表制作的基础上，了解特殊图表的使用和绘制方法，并学会使用透视表制作动态图表。

习题

一、选择题

1. 在显示不同类别的数据时，需要对类别再次进行分组的图形是(　　)。
   A. 条形图　　B. 气泡图　　C. 折线图　　D. 直方图
2. 甘特图的横轴表示(　　)。
   A. 时间　　B. 类别　　C. 种类　　D. 活动
3. 以折线的上升和下降来表示统计数量的增减变化的图形是(　　)。
   A. 条形图　　B. 气泡图　　C. 折线图　　D. 雷达图
4. 下面关于柱形图描述不正确的是(　　)。
   A. 柱形图常见的种类有簇状柱形图、堆积柱形图等
   B. 柱形图的标记是矩形，必备视觉通道是矩形和类别坐标的次序
   C. 柱形图常用来在小规模数据集里显示各个数据大小、突出系列之间数值差别
   D. 条形图、直方图的本质和功能一样，也属于柱形图
5. 下面关于折线图说法不正确的是(　　)。
   A. 折线图的标记是折线，必备视觉通道是拐点的X坐标次序和Y坐标绝对刻度
   B. 由于折线图常见的视觉通道较少，所以常与其他图表类型结合绘制复合图表
   C. 绘制折线图，在原图上隐藏所有的折线只留拐点，则它本质就成了散点图
   D. 折线图常用来显示有序的变化趋势或多个类别的趋势对比
6. 下面关于饼图描述不正确的是(　　)。
   A. 饼图用来显示一个数据系列中各项值的大小与其总体的比例，要求数据集中无负值
   B. 同一个饼图中，可以同时显示多个数据系列各项对比以及各数据系列内各项比例
   C. 饼图的标记是扇形面，必备视觉通道是扇形所对应的面积
   D. 饼图常见的视觉通道有色彩、纹理、半径等
7. 下面关于散点图的描述不正确的是(　　)。
   A. 散点图的标记是点，必备视觉通道是X轴和Y轴绝对刻度这两个一维位置
   B. 散点图常见的视觉通道有大小、色彩、形状
   C. 散点图常被用来表示大量数据点，并且能够帮助用户区分数值分布和分簇状态
   D. 散点图与柱形图、折线图、饼图相比，更加灵活，应用更广
8. 单条折线图中，X轴的数据维度需要按照顺序进行输入，但是间隔可以不同。(　　)
   A. 正确　　B. 错误
9. 折线图通常适合用于展示(　　)。
   A. 分类数据　　B. 空间数据
   C. 离散数据　　D. 时序数据
10. 散点图通常用来呈现(　　)。
   A. 变量之间没有关系的数据

B. 通过点阵展现趋势、集群、模式及相关性数据
C. 没有相关性的数据
D. 变量和数据量都比较小的数据

11. 对于非结构化数据，通常可以采用(　　) 进行呈现。

A. 直方图　　B. 气泡图　　C. 词云图　　D. 热力图

12. 可以用来反映一组或多组连续定量数据分布的中心位置和散布范围的图形为(　　)。

A. 散点图　　B. 箱线图　　C. 柱形图　　D. 直方图

13. 使用饼图呈现数据时，需要注意的细节是(　　)。[多选]

A. 饼图通常用来展现比例或比率数据
B. 饼图所呈现的数值可以是负值
C. 饼图可以不管数值大小，无序排列
D. 饼图中的组分不应该太多

14. 使用折线图时，需要注意的细节是(　　)。[多选]

A. 折线图的 X—Y 轴需要一个零基线
B. 在使用折线图时，图例最好直接标注在图上
C. X 轴上的变量可以不需要体现顺序关系
D. 注意淡化网格线对数据系列的影响

15. 柱形图和直方图的区别，包括(　　)。[多选]

A. 直方图展示数据的分布，柱形图比较数据的大小
B. 直方图 X 轴为定量数据，柱形图 X 轴为分类数据
C. 直方图柱子无间隔，柱形图柱子有间隔
D. 直方图柱子宽度可不一，柱形图柱子宽度须一致

16. 用饼图呈现数据时，不需要考虑数据类目的多少。(　　)

A. 正确　　B. 错误

17. 折线图很适合用来表现在相等时间间隔下数据的趋势。(　　)

A. 正确　　B. 错误

18. 用图表表示某班级男生、女生人数所占的百分比，(　　)的表示效果最好。

A. 柱形图　　B. 折线图　　C. 饼图　　D. 面积图

19. 由于图表中的两个数据之间差距很大而导致一个数据无法正常显示时，可以使用(　　)来解决。

A. 次坐标　　B. 垂直线　　C. 数据标记　　D. 组合图

20. 以下有关趋势线的描述正确的是(　　)。

A. 趋势预测中只能前推 n 个周期
B. 通过趋势线只能看到数据走势，但不能知道分析公式
C. 趋势即线性趋势线
D. 在图表分析中，通过添加趋势线的方法可以清晰地显示出数据的趋势和走向，有助于数据的分析和梳理

二、操作题

1. 根据素材中的数据，制作湖北零售类的销售额折线图。

2. 结合素材数据中的产品类型、地址字段，制作地址为黑龙江、各产品类别销量占比的饼图。

3. 在素材数据中，根据产品类别、销售额、数量字段数据，制作横坐标为产品类别、纵坐标为销售额及数量的双坐标图。

4. 使用透视表制作一个动态图，动态选择不同省份，显示各产品类别的销售数量。

第5章 初识 Tableau 数据可视化

本章要点

◎ Tableau Desktop 工作区界面;

◎ Tableau 中的数据类型、维度、度量、连续和离散;

◎ 利用 Tableau 制作条形图、线形图、饼图、散点图、突显图等基本可视化图形。

学习目标

◎ 会建立 Tableau 工作簿;

◎ 理解 Tableau 数据可视化术语;

◎ 掌握 Tableau 的基本操作，包括数据分层、分组，创建集，使用筛选器;

◎ 学会利用 Tableau 绘制基本可视化图形。

5.1 Tableau 概述

Tableau 作为一款可视化商业智能软件，主要面向企业数据提供可视化服务，企业运用 Tableau 授权的数据可视化功能对数据进行处理和展示。Tableau 的产品并不仅限于企业，其他任何机构或者个人都能运用 Tableau 软件进行数据分析工作。数据可视化是数据分析的完美结果，它让枯燥的数据以简单友好的图表形式展现出来，同时，Tableau 还为客户提供了解决方案服务。

Tableau 是桌面系统中最简单的商业智能工具软件，不需要用户编写自定义代码，它的控制台具有高度的动态性并且可以完全自定义配置。在控制台上，不仅能够监测信息，还提供了完整的数据分析能力。Tableau 的功能逐渐覆盖到企业所需处理数据的多个环节上，包括产品本身跨平台、跨地域的部署特性，前期对数据清洗、转换、加载的准备，内置多种数据连接接口并支持应用程序编程接口(API)的开发，数据简单快速的探索分析、嵌入式分析、内置基本模型并能兼容配套主流建模工具(如 Python、R 等)和一些深度分析的应用，可视化图表、智能仪表板和演示汇报故事的快速生成，报表瞬时共享、自动更新、随时查看并具备强大的权限管理保障数据以及分析成果的安全性，未来自然语言、人工智能方面的功能研发等。

Tableau 软件是 Tableau 公司研发和销售的，Tableau 是一家数据公司，但是它自身并不生产数据，而只负责处理数据——将枯燥的数据转换为容易掌握和理解的图表。它的程序很容易上手，用户可以用它将大量数据拖放到数字“画布”上，转眼间就能创建好各种图表。Tableau 软件的理念是，界面上的数据越容易操控，公司对自己在业务领域的所作所为是正确还是错误，就能了解得越透彻。

Tableau 可以“接纳”的内容包括表格、数据库、云数据和大数据等。

Tableau 相比于专业的 SPSS 与 SAS 等，入门简单且功能强大；相比于各种品牌的大型 IT 平台，Tableau 易于实施与部署，通过拖、拉、拽即可完成。Tableau 还提供了很多免费的教程并免费提供全球范围内数据爱好者共享的作品当作学习模板，让大多数用户在短时间内就能做出一件美观并且有实际用途的“作品”。

5.1.1 Tableau 产品介绍

Tableau 产品是功能强大、灵活并且安全性很高的端到端的数据分析平台，它提供了从数据准备、连接、分析、协作到查阅的一整套功能。Tableau 家族产品包括：Tableau Desktop、Tableau Server、Tableau Online、Tableau Public、Tableau Prep、Tableau Mobile 和 Tableau Reader 共 7 款产品。下面对 Tableau 各系列产品分别做简单介绍。

1. Tableau Desktop

Tableau Desktop 是 Tableau 商业智能套件中的桌面端分析工具，即为数据分析及可视化展现的工具。Tableau Desktop 简单、易用，是所有人都能学会的业务分析工具，不需要使用者精通复杂的编程和统计原理，只需要把数据直接拖放到工具簿中，通过一些简单的设置就可以得到想要的可视化图形。

Tableau Desktop 的学习成本很低，使用者可以快速上手，特别适合日常工作中需要绘制大量报表、经常进行数据分析或需要绘制图表的人使用。Tableau Desktop 拥有强大的性能，不仅能完成基本的统计预测和趋势预测，还能实现数据源的动态更新。

Tableau Desktop 不同于 SPSS，SPSS 比较偏重于统计分析，使用者需要有一定的数理统计基础，虽然功能强大且操作简单、友好，但输出的图表与办公软件的兼容性及交互方面有所欠缺。而 Tableau Desktop 是一款完全的数据可视化软件，专注于结构化数据的快速可视化，使用者可以快速进行数据可视化并构建交互界面，用来辅助人们进行视觉思考，但没有 SPSS 强大的统计分析功能。

总之，快速、易用、可视化是 Tableau Desktop 最大的特点，能够满足大多数企业、政府机构数据分析和展示的需要，以及部分大学、研究机构可视化项目的要求，而且特别适合企业使用。同时 Tableau Desktop 非常高效，数据引擎的速度极快，处理上亿行数据只需几秒就可以得到结果，用其绘制报表的速度也比程序员制作传统报表快 10 倍以上。通过 Tableau Desktop，可连接几乎所有的数据源，如图 5-1 所示。当连接到数据源后，只需用拖放的方式就可快速地创建交互、美观、智能的视图和仪表板。

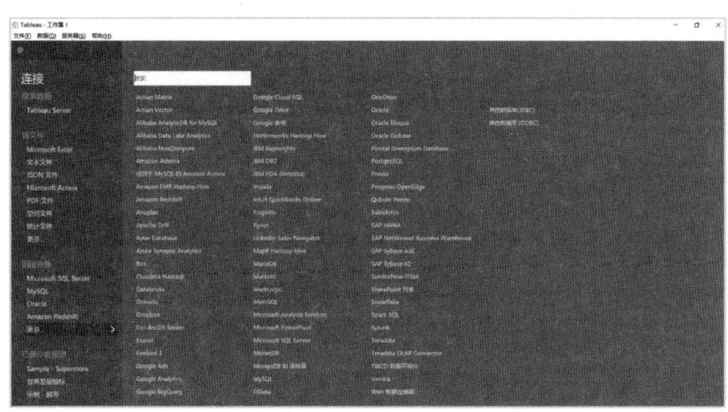

图 5-1　可连接的数据源

Tableau Desktop 还具有完美的数据整合能力，可以将两个数据源整合在同一层，甚至可以将一个数据源筛选为另一个数据源，并在数据源中突出显示，这种强大的数据整合能力具有很大的实用性。Tableau Desktop 还有一项独具特色的数据可视化技术——嵌入地图，使用者可以用经过自动地理编码的地图呈现数据，这对企业进行产品市场定位、制定营销策略等有非常大的帮助。

Tableau Desktop 分为个人版和专业版两种，两者的区别在于：一是个人版所能连接的数据源有限，其能连接到的数据源有 Excel、文本文件(如.csv 文件)、Access、JSON、空间文件、统计文件、Tableau 数据提取、OData、Google 表格和 Web 数据连接器的数据，而专业版可以连接到几乎所有格式和类型的数据文件和数据库；二是个人版不能与 Tableau Server 相连，专业版则可以。

2. Tableau Server

Tableau Server 是 Tableau 的本地服务器，通过它可以展开协作并共享仪表板。Tableau Server 是一种新型的商业智能系统，传统的商业智能系统往往很笨重、复杂，需要运用专业人员和资源进行操作和维护，一般由企业专门设立的IT部门进行维护，不过IT技术人员通常缺乏商业背景，导致系统利用效率低和时间滞后。

Tableau Server非常简单、易用，是一种真正自助式的商业智能系统，速度比传统商业智能系统快100倍。更重要的是，Tableau Server是一种基于Web浏览器的分析工具，是可移动式的商业智能系统，用iPad、Android平板也可以进行浏览和操作，而且Tableau的iPad和Android应用程序都已经过触摸优化处理，操作起来非常简单。

Tableau Server的工作原理是，由企业服务器安装Tableau Server，并由管理员进行管理，将需要访问Tableau Server的人作为用户添加(无论是要进行发布、浏览还是管理)。Tableau Server还必须为用户分配许可级别，不同许可级别具有不同的权限，为自定义视图并与其进行交互的用户提供Interactor许可证，为只能查看与监视视图的用户提供Viewer许可证。

被许可的用户可以将自己在Tableau Desktop(只支持专业版)中完成的数据可视化内容、报告与工作簿发布到Tableau Server中与同事共享。同事可以查看你共享的数据并进行交互，以极快的速度进行工作。这种共享方式可以更好地管理数据的安全性，如用户通过Tableau Server可以安全地共享临时报告，不再需要通过电子邮件发送带有敏感数据的电子表格。在全球最大的商业智能用户调查中，Tableau在客户忠诚度、实施速度、最低实施成本和拥有成本方面都排名第一，击败了包括IBM、甲骨文、微软、SAS在内的众多BI供应商。

3. Tableau Online

Tableau Online是Tableau Server的一种服务托管版本，无须安装即可共享仪表板，使商业分析比以往更加快速轻松。可以利用Tableau Desktop发布仪表板，然后与同事、合作伙伴或客户共享，利用云商业智能随时随地快速找到答案。

利用Tableau Online可以省去硬件与安装时间。利用Web浏览器或在移动设备中的实时交互式仪表板上批注、分享发现可以让公司上下每一个人都成为分析高手，还可以订阅和获得定期更新。

利用云商业智能可以在世界任意地点发现数据背后的真相。无论在办公室、家里，或是在途中，均可查看仪表板，进行数据筛选、下钻查询或将全新数据添加到分析工作中；可以在现有报表未能预计的方面获得对这些问题的新见解；还可以在Web上编辑现有视图，让问题随问随答。

Tableau Online可连接云端数据和办公室内的数据。Tableau Online还与Amazon Redshift、Google BigQuery保持实时连接，同时可连接其他托管在云端的数据源(如Salesforce和Google Analytics)并按计划安排刷新，或从公司内部向Tableau Online推送数据，并按设定的计划刷新数据，在数据连接发生故障时获得警报。

4. Tableau Reader

Tableau Reader是一款免费的桌面应用程序，用来查看Tableau Desktop软件所创建的视图文件，可以交互，但不能编辑。

Tableau Desktop用户在创建交互式的数据可视化内容后，可以将其发布为打包的工作簿，然后通过Tableau Reader来阅读这个工作簿，并可以对工作簿中的数据进行过滤、筛选和检验。

5. Tableau Public

Tableau Public 是一款免费的服务产品，用户可以将创建的视图分布在 Tableau Public 上，并将其分享在网页、博客，或类似 Facebook 和 Twitter 等社交媒体，让大家与数据互动，发表见解，而且不用编写任何代码即可实现。

Tableau Public 上的可视化图和数据都是公开的，任何人都可以与这些可视化图互动，查看这些数据并可以下载，还可以根据这些数据创建自己的可视化图。

6. Tableau Prep

Tableau Prep 类似于 ETL 工具，是用来组合、整合并且清理数据的产品。目前 Tableau Prep 还处于试用完善阶段，但其宗旨是使数据准备工作也能变得如同 Tableau Desktop 一样简单易用，并且能够直观地追溯到结果。

7. Tableau Mobile

通过 Tableau Mobile 可以让发布在 Tableau Server 或 Tableau Online 上的可视化应用能够随时随地在移动设备端查看并编辑，Tableau Mobile 简化了用户体验。可以通过 App Store、Google Play 等免费获取。

本书主要介绍 Tableau Desktop 的功能、使用方法及应用。

5.1.2 Tableau 的主要特征

Tableau 作为新一代的 BI 软件工具，发展速度非常快，因为 Tableau 拥有自己独特的应用优势，主要体现在以下几个方面。

1. 简单、易用

Tableau 软件简单易学，通过拖放用户界面中的组件就可以迅速地创建图表。由于连接和分析数据主要由传统数据需求提交者自己完成，企业 IT 团队可以避免各种数据请求的积压，转而把更多的时间放在战略性的 IT 问题上，而软件用户又可以自己获得想要的数据和报告。

Tableau 的简单易用主要体现在以下几个方面。

(1) 单击几下鼠标就可以连接到所有主要的数据库。

(2) 通过拖放可快速地创建出美观的分析视图，并可随时修改。

(3) 智能推荐最适合数据展现的图形。

(4) 通过网页和邮件就可以轻松与他人分享结果。

(5) 网页上提供了交互功能，比如向下钻取和过滤数据。

Tableau 是比 Excel 还易用的分析工具，但简单易用并不意味着功能有限，使用 Tableau 可以分析海量数据，创建出各种具有美观性和交互性的图表。

2. 极速、高效

BI 要求运行速度快且容易扩展。Tableau 简化了数据获取和分析流程，将数据导入 Tableau 的高性能数据引擎后，用户可以用惊人的速度处理数据。只需单击鼠标，无须任何编程，就可以完成对数据的分析。

Tableau 顺应人的本能，用可视化的方式处理数据。通过用鼠标拖放的方式就可改变分析内容，单击一下便突出显示，用户即可识别趋势；再单击一下就可以添加一个过滤器。用户可以不停地变换角度来分析数据，直到能深刻地理解数据为止。

3．美观、交互的视图与界面

Tableau 另一个重要的特点是，可以迅速地创建出美观、交互、恰当的视图或仪表板。Tableau 拥有智能推荐图形的功能，当用户选中要分析的字段时，Tableau 就会自动推荐一种合适的图形来展示数据。除了可以创建出美观、交互的视图和仪表板外，Tableau 还拥有轻松的可视化界面，主要体现在以下几个方面。

(1) 交互式的数据可视化。在数据图形上的选择和互动就是对数据本身的计算，分析过程从一开始就是可视化的，而非继承了“查询—获取数据—写报告—使用图表”的传统过程。

(2) 简单、易用的用户界面。Tableau 的用户界面使用的是商业术语，简单直白，易于理解。普通商业用户会发现只需拖放、单双击操作即可实现所有的功能。

(3) 地理情报的功能。地理分析非常重要，Tableau 拥有强大的地图绘制功能，无须专业地图文件、插件、费用和第三方工具。

(4) 向下钻取。使用 Tableau，用户可以轻松地钻取底层细节数据，并且，向下钻取和钻透功能可以自动发生，而无须特殊脚本或者预先设置。在 Tableau 中，用户能够随时选择数据图形来查看底层数据。

4．轻松实现数据融合

Tableau 可以灵活地融合不同的数据源，无论数据在电子表格、数据库，还是在数据仓库中，或在其他所有的结构中，Tableau 都可以快速连接到所需要的数据并使用它。

Tableau 对数据融合的方便性体现在以下几个方面。

(1) 允许用户融合不同的数据源。用户可以在同一时间查看多个数据源，在不同的数据源间来回切换分析，把两个不同数据源结合起来使用。

(2) 允许用户扩充数据。Tableau 让用户可以随时加入公司外部的数据，比如人口统计学和市场调研数据，在制作数据图表的过程中，还可以随时连接新的数据源。

(3) 减少了对 IT 人员的需求。Tableau 能让用户在现有的数据架构中接管从数据提取到分析的工作，这样，IT 人员可以从无休止地创建数据立方体和数据仓库的过程中解放出来。IT 人员只要将数据准备好，开放相关的数据权限，Tableau 用户就可以连接数据源并进行分析。

5.2 Tableau Desktop 简介

可以在 Tableau 产品的官网下载 Tableau Desktop 安装程序。 以 Windows 版本为例，安装 Tableau Desktop 的操作系统包括：Microsoft Windows 7、Windows Server 2008 R2 或更高版本；硬件配置要求：Intel Pentium 4、AMD Opteron 处理器或更新的产品，2GB 内存和至少 1.5GB 的可用磁盘空间。具体安装步骤按提示进行，此处不再赘述。

本书使用 Tableau Desktop 2019.3 版本做介绍。Tableau Desktop 的开始界面由 3 个窗格

组成：【连接】、【打开】和【探索】，如图 5-2 所示，可以从中连接数据源、访问最近使用的工作簿以及浏览 Tableau Desktop 社区的内容。

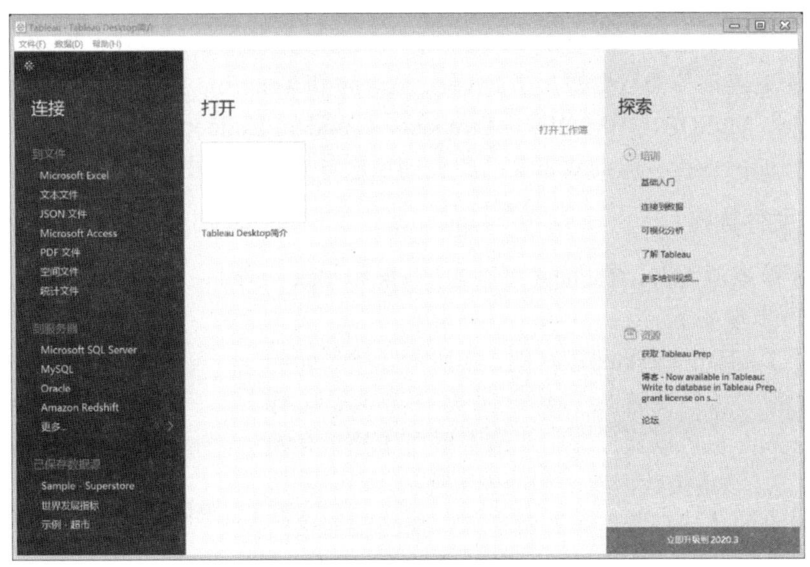

图 5-2　Tableau Desktop 开始界面

1. 【连接】窗格

【到文件】：可以连接 Microsoft Excel 文件、文本文件、Access 文件、Tableau 数据提取文件和统计文件等(如 SPSS 和 R)数据源。

【到服务器】：可以连接存储在数据库中的数据，如 Tableau Server、Microsoft SQL Server 或 Oracle 和 MySQL 等，并且 Tableau 会根据用户连接到服务器的频率，自动将此部分列出的服务器名称更改为用户常用的服务器名称。

【已保存数据源】：快速打开之前保存到【我的 Tableau 储存库】目录的数据源，默认情况下显示一些已保存数据源的示例。

2. 【打开】窗格

在【打开】窗格可以执行以下操作。

访问最近打开的工作簿：首次打开 Tableau Desktop 时，此窗格为空，随着创建和保存新工作簿，此处将以缩略图的形式显示最近打开过的工作簿，单击工作簿缩略图可以快速打开工作簿。

锁定工作簿：可通过单击工作簿缩略图左上角的锁定图标将工作簿锁定到开始页面，已经锁定的工作簿将始终出现在开始页面上。若要移除最近打开或锁定的工作簿，可以将光标悬停在工作簿缩略图上，单击“×”图标按钮即可。

3. 【探索】窗格

可以查找培训视频和教程学习如何操作 Tableau，查看 Tableau Public 中全球数据用户共享的可视化内容以及阅读有关 Tableau 的博客、文章和新闻等。

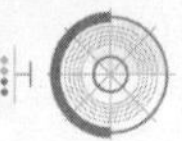

5.2.1 连接数据源

在进行数据分析之前，需要在 Tableau 中建立与数据源的初始连接。Tableau Desktop 可以方便、迅速地连接各类数据源，从 Excel、Access 和 Text File 等数据文件，到存储在服务器上的 Oracle、MySQL、IBM DB2、Teradata、Cloudera Hadoop Hive 等各种数据库文件。下面简要介绍如何连接一般的数据文件和存储在服务器上的数据库。

1. 数据文件连接

以 Excel 数据源为例，Tableau 可以连接.xls 和.xlsx 文件。

具体操作步骤如下。

(1) 打开 Tableau Desktop，在图 5-2 所示开始页面的【连接】窗格下选择要连接的数据源类型，此处选择 Microsoft Excel。也可以通过在工作簿中单击【显示开始页面】按钮 ，再连接数据源，如图 5-3 所示。

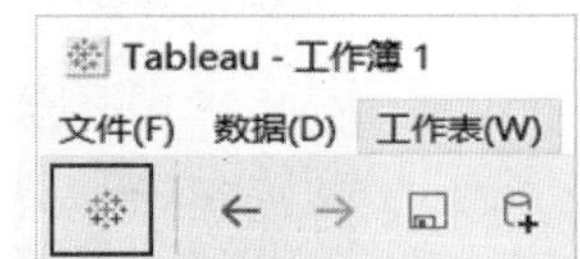

图 5-3　单击【显示开始页面】按钮

(2) 在弹出的【打开数据源】对话框中找到要连接的数据源的位置，选择数据源，本例选择 Superstore Subset.xlsx 数据源，打开图 5-4 所示的界面。数据源界面的外观和可用选项根据连接的数据类型的不同而略有差异，但数据源界面通常由 4 个主要的区域组成，包括左窗格、画布、预览数据源窗格和元数据管理窗格。

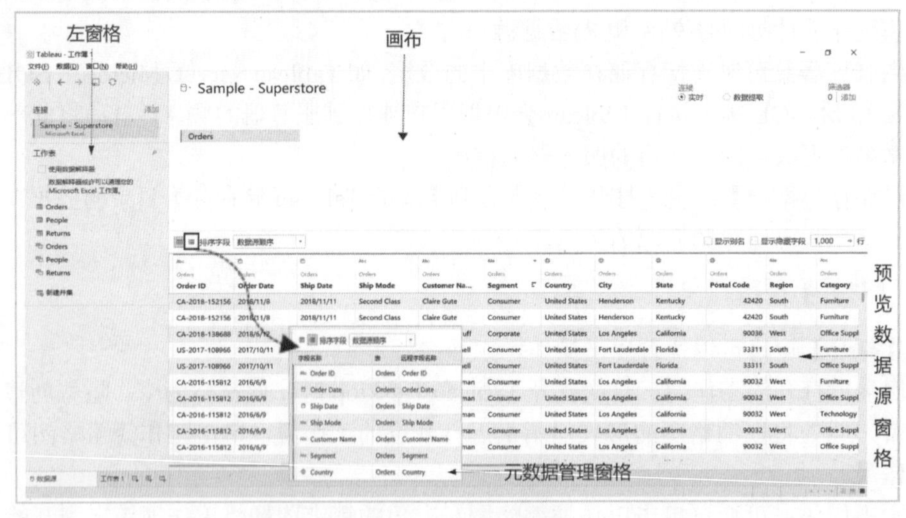

图 5-4　数据源界面

Tableau Desktop 所连接的数据源的详细信息会通过左窗格显示。对于文件型的数据，左窗格通常显示文件名和文件中的工作表；对于关系型数据，左窗格会显示服务器、数据库和数据库中的表等；对于多维数据集数据，左窗格不会显示其信息，可以使用左窗格添加与单一数据源的更多连接来创建跨数据库连接。

(3) 连接到文件型数据之后，可以将单个或多个表拖放到画布区域中来设置所需的数据源。Superstore Subset.xlsx 中共有 Orders、People 和 Returns 三张表，可以根据需要打开。如果需要打开 Orders，将其拖到右侧上方指定位置(画布)即可，如图 5-5 所示。可以通过预览数据源窗格查看数据源中包含的字段，如图 5-4 所示。Tableau 默认显示数据源前 1000 行的数据，也可以自定义所需查看的数据行数。也可以在预览数据源窗口中对数据源进行简单的调整，例如隐藏不需要的字段、重命名字段、拆分字段、排序字段和创建计算字段等。

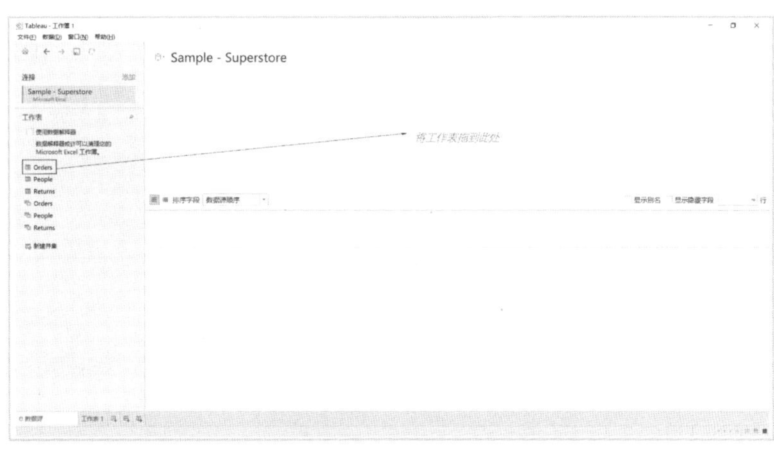

图 5-5　将要打开的表拖到窗口右侧上方

在数据量不是特别大的情况下，一般选择【实时连接】。

(4) 转到工作表，打开图 5-6 所示的窗口，这样就将 Tableau 连接到 Excel 数据源了。图中左侧有【维度】列表框和【度量】列表框，这是 Tableau 自动识别数据表中的字段后分类的，【维度】一般是定性的数据，【度量】一般是定量的数据。有时，某个字段并不是【度量】，但由于它的变量值是定量的数据形式，所以也会出现在【度量】中，比如“order ID”可能会出现在【度量】中，但其数值不具有实际的量化意义，应用时将其拖放至【维度】列表框中即可。整个界面的功能区菜单将在下一节详细介绍。

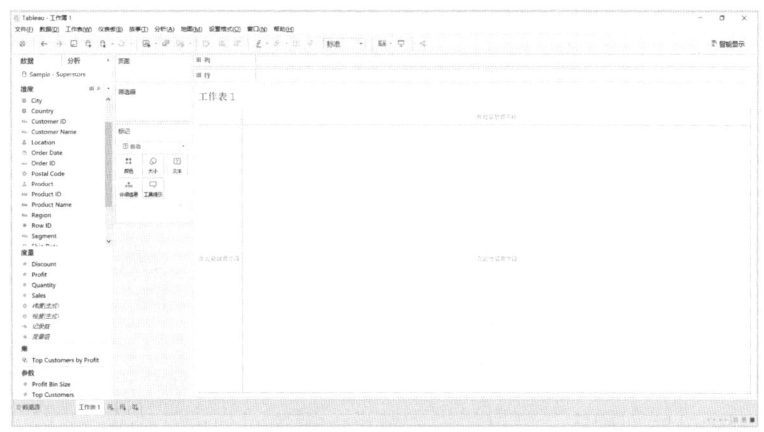

图 5-6　工作区窗口

2. 数据库连接

使用 Tableau 连接数据库的步骤也非常简单，下面以连接 MySQL 为例进行介绍。MySQL 是关系型数据库管理系统，关系型数据库将数据保存在不同的表中来提高速度和灵活性。

MySQL 所使用的 SQL 语言是用于访问数据库常用的标准化语言。

具体操作步骤如下。

(1) 选择所要连接的数据库类型，此处选择 MySQL，弹出图 5-7 所示的对话框。输入服务器名称和端口号、服务器的用户名和密码，单击【确定】按钮，进行连接测试。

图 5-7　连接 MySQL 对话框

需要注意，连接到 SSL 服务器时，需要勾选【需要 SSL】复选框，如果连接不成功，就要验证用户名和密码是否正确。如果连接仍然失败，就说明计算机在定位服务器时遇到问题，需要联络网络管理员或数据库管理员进行处理。

(2) 选择数据库中的一个或多个数据表，或者用 SQL 语言查询特定的数据表。给连接到的数据库设置一个名称，以便在 Tableau 中显示。

(3) 这里连接的是本地服务器，用户可以根据各自的服务器情况输入相关的信息，然后单击【确定】按钮，完成连接数据库操作，后续就可以使用数据库中的数据进行分析了。

这里只介绍了如何连接 MySQL，如果要连接其他数据库，操作步骤相似，就不过多介绍了。可以看到，用 Tableau 连接数据库是非常简单的，且可以连接几乎所有的数据库，也可以通过 ODBC 驱动器连接其他数据库。

5.2.2　设置数据源

1．管理数据源

在数据分析过程中，可以随时对工作簿中使用的数据源进行编辑。在【数据】菜单中选择数据源，单击【编辑数据源】按钮，可以在数据源页面上对数据源进行查看、更改，为分析准备数据。单击工作表左下角【数据源】，同样可以打开数据源页面。

1) 对列和行进行排序

(1) 对列进行排序。通过从【排序字段】下拉列表中选择排序选项，如图 5-8 所示，在网格和元数据网格中对列排序。可以按表或数据源顺序对列进行排序。

(2) 对行进行排序。通过单击排序按钮对行进行排序，如图 5-9 所示。单击排序按钮一次可按升序对行进行排序，再次单击排序按钮将按降序对行排序，第三次单击排序按钮将清除排序。

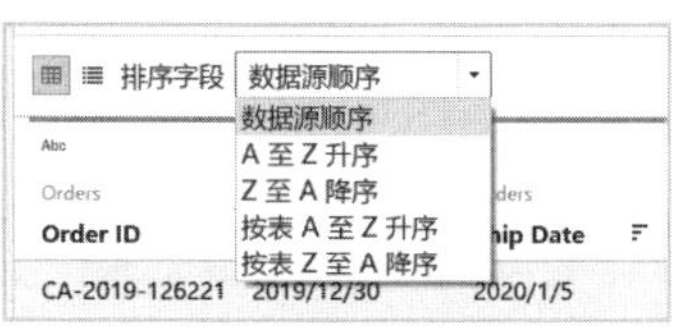

图 5-8　对列进行排序

图 5-9　对行进行排序

2) 更改或重置字段名称

双击列的名称可对字段进行重命名。也可以通过单击列下拉菜单，选择【重置名称】选项来恢复为字段设置的原始名称，如图 5-10 所示。可以同时选择多个列执行相同操作。

2. 拆分字段

如果某字段中包含多个信息单元的字符串，可以将该字段拆分为多个字段。Tableau 中的【拆分】或【自定义拆分】功能一般是基于分隔符或字段的每一行中存在的重复模式来分隔值的。可以通过【拆分】或【自定义拆分】创建新字段。

1) 自动拆分字段

Tableau 在字段中检测到常用分隔符时自动拆分字符串字段。根据连接类型，拆分可将字段的值自动分隔为最多 10 个新字段。如果拆分花费时间过长，或 Tableau 找不到常用分隔符，则会弹出【自定义拆分】对话框。

具体操作步骤如下。

(1) 在【数据源】页面上的网格中单击字段名称旁边的下拉箭头。

(2) 在打开的下拉菜单中选择【拆分】选项，如图 5-11 所示。也可以使用工作表中【数据】窗格中的拆分选项，右击要拆分的字段，在弹出的快捷菜单中选择【变换】|【拆分】命令。

图 5-10　更改或重置字段名称

图 5-11　拆分字段

如果对拆分结果不满意，可以转到【数据】窗格拆分创建的新字段。也可以在 Tableau Desktop 工具栏中单击【撤销】或【移除】按钮。

需要注意，如果分隔符数量因不同字段值而异，则无法自动拆分字段，这种情况可以考虑使用自定义拆分。如果分隔符类型不同，也无法自动拆分字段。

2) 自定义拆分

使用自定义拆分功能需要指定分隔符。与拆分功能一样，自定义拆分可将字段的值拆分为最多 10 个新字段。此外，可以选择在出现的前 *n* 个分隔符处、最后 *n* 个分隔符处或在所有分隔符处拆分值。自定义拆分生成的新字段数据类型为字符串类型。

3．合并数据

合并数据是通过将值(行)从一个表附加到另一个表来合并两个或更多表。若要合并 Tableau 数据源中的数据，表必须来自同一连接，必须具有相同的结构，即每个表必须具有相同的字段数，并且相关字段必须具有匹配的字段名称和数据类型。在连接数据源之后，【新建并集】选项将显示在数据源页面的左侧窗格中。

具体操作步骤如下。

(1) 在数据源页面上双击【新建并集】选项来设置并集，如图 5-12 所示。

(2) 从左侧窗格中拖一个表到【并集】窗格中，如图 5-13 所示，再从左侧窗格中选择另一个表拖到第一个表的正下方，单击【确定】按钮完成合并。

图 5-12　新建并集

图 5-13　【并集】窗格

若要同时向并集中添加多个表，按住 Shift 键或 Ctrl 键，在左侧窗格中选择想要合并的表，将其拖放到第一个表的正下方即可。也可以使用通配符搜索来合并表。

4．筛选数据源中的数据

在数据源中创建筛选器，可以减少数据源中的数据量。数据源筛选器主要通过数据源页面创建。

具体操作步骤如下。

(1) 在数据源页面上单击右上角【筛选器】|【添加】，弹出【编辑数据源筛选器】对话框，如图 5-14 所示。如果在工作表上创建数据源筛选器，右击数据源，在弹出的快捷菜单中选择【编辑数据源筛选器】命令。

(2) 在弹出的【编辑数据源筛选器】对话框中单击【添加】按钮，弹出【添加筛选器】对话框，如图 5-15 所示。

(3) 单击要筛选的字段，然后指定应如何对字段进行筛选。

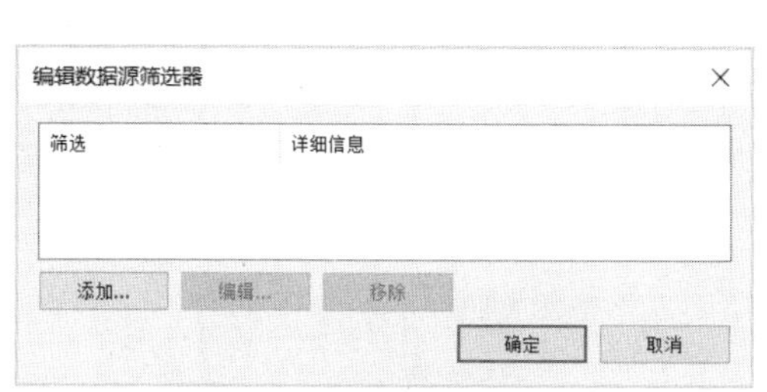

图 5-14 编辑数据源筛选器

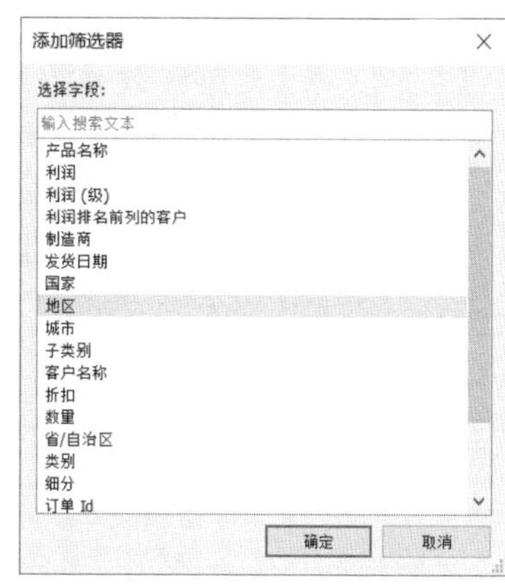

图 5-15 添加筛选器

5.2.3 工作簿界面

Tableau 工作簿文件与 Excel 工作簿十分类似，包含一个或多个工作表、仪表板或故事。通过这些工作簿文件，可以对结果进行组织、保存和共享。打开 Tableau 时会自动创建一个空白工作簿，也可以创建新工作簿，方法是单击【文件】|【新建】菜单项。

可以通过执行以下操作之一打开现有的工作簿。

(1) 单击开始页面上的工作簿缩略图。

(2) 通过单击【文件】|【打开】菜单项，使用【打开】对话框导航到该工作簿所在的位置。

(3) 双击 Windows 资源管理器中的任意工作簿文件。

(4) 将任意工作簿文件拖到 Tableau Desktop 图标上或运行中的 Tablean 应用程序上。

5.2.4 Tableau 工作区界面

当 Tableau Desktop 连接到数据源之后，就会出现图 5-6 所示的工作界面，接下来对工作界面中的各个功能区做详细的介绍。

Tableau Desktop 工作区包含菜单、工具栏、数据窗格和分析窗格、卡和功能区、状态栏以及一个或多个工作表。表可以是工作表、仪表板或故事，工作表包含功能区和卡，可以向其中拖入数据字段构建视图。

1. 菜单栏

菜单栏中主要有【文件】、【数据】、【工作表】、【仪表板】、【故事】、【分析】、【地图】、【设置格式】、【服务器】、【窗口】和【帮助】菜单，包括对 Tableau 自身的基本设置、数据及表(工作表、仪表板、故事)的设置、分析中常用的操作、地图相关设置、工作簿的格式设置、登录 Tableau 服务器的常规设置和产品帮助等功能。

(1) 【文件】菜单的主要作用是新建工作簿、保存文件和导出文件等。

(2) 【数据】菜单的主要作用是连接和管理数据源。其中：

◎ 【刷新所有数据提取】是更新所有的提取数据。

◎ 【编辑关系】是编辑数据源之间的关系，单击该选项，弹出图 5-16 所示的【关系】对话框。当连接两个数据源时，可以编辑两个数据源中各字段对应的关系，Tableau 会自动识别两个数据源之间相同的字段，若两个数据源中的某两个字段只是名称不同而性质是相同的，则可以通过此选项来进行人工配对。

此外，在【数据】菜单中还可以看到已连接的所有数据源。单击某个数据源右侧的按钮，弹出子菜单如图 5-17 所示，可以对数据源进行相关操作，如更新数据、查看源数据、将数据源发布到 Tableau 服务器上等。

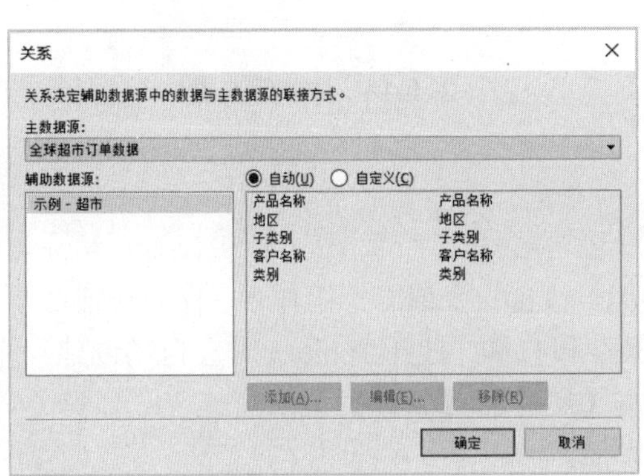

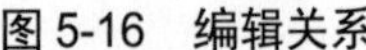
图 5-16 编辑关系

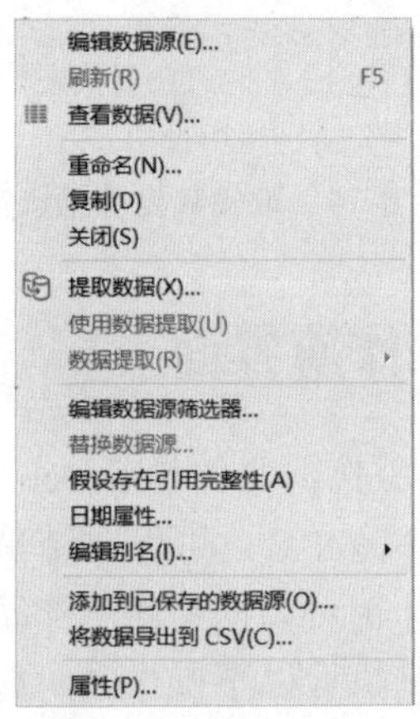

图 5-17 数据源子菜单

(3) 【工作表】菜单的主要作用是对当前工作表进行相关操作，其中：

◎ 【复制】：复制当前工作表中的视图。

◎ 【导出】：导出当前工作表中的视图。

◎ 【清除】可以清除相关显示或操作。

◎ 【操作】可以设置一种关联。

◎ 【工具提示】：当光标停留在视图上某点时就会显示该点所代表的信息。

◎ 【显示摘要】可以显示视图中所用字段的汇总数据，主要包括总和、平均值、中位数、众数等。

◎ 【显示卡】：显示或隐藏图中各个功能区和标记卡。

(4) 【仪表板】菜单主要是对仪表板内的相关工作表进行操作。

(5) 【故事】菜单，是一个包含一系列工作表或仪表板的工作表，它们共同作用以传达信息。通过创建故事可以揭示各种事实之间的关系，还可以创建一个极具吸引力的案例。

(6) 【分析】菜单中的选项主要是对视图中所用的数据做相关操作。其中：

◎ 【聚合度量】一般情况下是默认勾选的，如想单独查看某个字段的值，则可以取消勾选该复选框。

◎ 【百分比】可以指定某个字段计算百分数的范围。

◎ 【合计】是汇总数据，包括分行合计、列合计和小计，在做数据交叉表时，可能要用到这一选项。

◎ 【趋势线】选项，若需要为视图添加一条趋势线，可用此选项。

◎ 【筛选器】可以设定显示哪些筛选器。

◎ 【图例】选项，可用来设定显示哪个图例。

◎ 【创建计算字段】是用来编辑公式以创建新的字段。

(7) 【地图】菜单主要用来对地图做相关操作和设置。

(8) 【设置格式】菜单的主要作用是对工作表的格式做相关设置。

(9) 【服务器】菜单主要的选项是登录 Tableau 服务器、发布工作簿到服务器上，或者从服务器上打开某个工作簿，这里不做过多的介绍。

(10) 【窗口】菜单主要用来设置整个窗口视图。

2. 【数据】窗格

数据字段显示在工作区左侧的【数据】窗格中，可以在【数据】窗格与【分析】窗格之间进行切换。数据源下方列出了当前所选的数据源中可用的字段，单击放大镜图标，在文本框中输入内容，可在【数据】窗格中搜索字段，如图 5-18 所示。

此外，单击【数据】窗格顶部的【查看数据】图标可查看基础数据，如图 5-19 所示。

图 5-18 在【数据】窗格中搜索字段

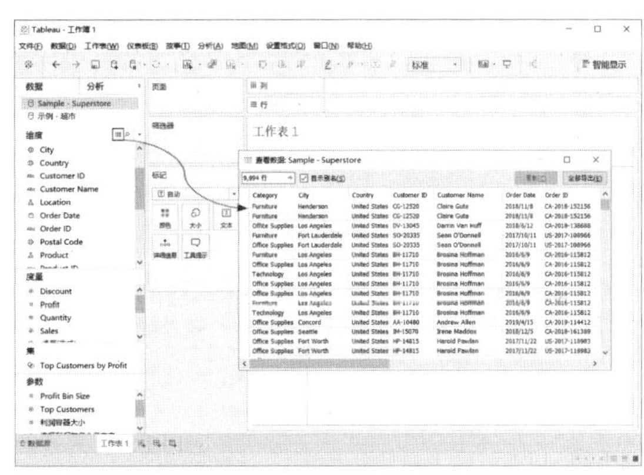

图 5-19 查看基础数据

【数据】窗格分为以下 4 个区域。

(1) 维度。包含类别数据的字段。

(2) 度量。包含可以聚合的数字字段。

(3) 集。定义的数据子集。

(4) 参数。可替换计算字段和【筛选器】中常量值的动态占位符。

3. 【分析】窗格

可以在【分析】窗格中将参考线、盒型图、趋势线预测和其他项拖入视图。通过顶部的选项卡可以在【数据】窗格与【分析】窗格之间进行切换。

从【分析】窗格中拖动项时，Tableau 会在视图左上方的放置目标区域中显示该项可能的目标，将该项放在此区域中的适当位置，如图 5-20 所示。无法通过其他方式添加视图的内容时，也就无法通过【分析】窗格添加。例如，参考线和区间可在编辑轴时找到，而趋势线和预测可以从【分析】菜单中找到。在【分析】窗格拖放各个选项使得分析过程更加简单。

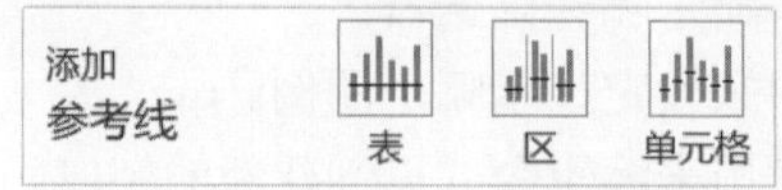

图 5-20　在【分析】窗格中添加项

4．工具栏

Tableau 的工具栏中有各种图标，作用相当于快捷键，包括分析过程中的访问命令(撤销和排序等)、智能推荐图表一键绘制和导航到产品其他界面等功能，有助于快速访问常用工具和操作，单击即可实现相关功能，如图 5-21 所示。

图 5-21　Tableau Desktop 工具栏

表 5-1 说明了常用工具栏中各按钮的功能。

表 5-1　工具栏按钮功能说明

工具栏按钮	说　明
	Tableau 图标，导航到开始页面
	撤销。反转工作簿中的最新操作，可以无限次撤销，返回到刚打开工作簿时的状态
	重做。重复使用“撤销”按钮反转的最后一个操作，可以重做无限次
	保存。保存对工作簿进行的更改
	连接。打开“连接”窗格，可以在其中创建新连接，或者从存储库中打开已保存的连接
	自动更新。控制更改后是否自动更新视图，使用下拉列表中的选项自动更新整个工作表，或者使用筛选器
	运行更新。运行手动数据查询，以便在关闭自动更新后用所做的更改对视图进行更新
	新建工作表。新建空白工作表，使用下拉菜单中的选项可以创建新工作表、仪表板或故事
	复制工作表。创建含有与当前工作表完全相同的视图的新工作表
	清除。清除当前工作表，使用下拉菜单清除视图的特定部分，如筛选器、格式设置、大小调整和轴范围
	交换行和列。交换“行”和“列”功能区中的字段，单击此按钮会交换“隐藏空行”和“隐藏空列”设置
	升序排序。根据视图中的度量，以所选字段的升序应用排序
	降序排序。根据视图中的度量，以所选字段的降序应用排序
	突出显示。启用所选工作表的突出显示，使用下拉菜单中的选项定义突出显示值的方式
	成员分组。通过组合所选值创建组，选择多个维度时是对特定维度进行分组，还是对所有维度进行分组
	显示标记标签
	固定轴。在仅显示特定范围的锁定轴和基于视图中的最小值、最大值调整范围的动态轴之间切换
标准	适合选择器。指定在应用程序窗口中调整视图大小的方式，分普通、适合宽度、适合高度或整个视图

续表

工具栏按钮	说 明
按钮图标	智能显示。显示查看数据的替代方法，可用视图类型取决于视图中已有的字段和“数据”窗格中的选择
按钮图标	演示模式。在显示和隐藏视图(即功能区、工具栏、“数据”窗格)之外的所有内容之间切换

5. 状态栏

状态栏位于 Tableau 工作区的左下角，用于显示菜单项说明以及有关当前视图的信息，如状态栏显示该视图拥有 50 个标记、10 行和 5 列，还显示所有标记的总计。此外，可以通过选择【窗口】|【显示状态栏】命令隐藏状态栏。

6. 卡和功能区

每个工作表都包含可显示或隐藏的各种不同的卡，卡是功能区、图例和其他控件的容器。例如，【标记】卡用于控制标记属性的位置。

下面介绍工作表的卡及其内容。

(1) 列功能区。可将字段拖到此功能区以向视图添加列。

(2) 行功能区。可将字段拖到此功能区以向视图添加行。

(3) 页面功能区。可以基于某个维度的成员或某个度量的值将一个视图拆分为一系列页面，能更好地分析特定字段对视图中其他数据的影响。如将某个维度放置在【页面】功能区时，将为该维度的每个成员添加一个新行；将某个度量放置在该功能区时，Tableau 会自动将该度量转换为离散度量。

当将某个字段拖放至页面功能区时，就会出现一个播放控件，如图 5-22 所示，可以动态地播放该字段，数据会随时间或其他维度发生动态变化，就像将数据“一页一页翻过去”一样。例如，将“订单日期”拖放至【页面】功能区，使用播放控件翻阅页面(一天一个页面)。

图 5-22 页面播放控件

(4) 筛选器功能区。将某个字段拖放至此处时，可将该字段作为筛选器来使用，并对筛选器做相关设置。

(5) 度量值功能区。使用此功能区可在一个轴上融合多个度量，仅当在视图中有混合轴时才可用。

(6) 颜色图例。包含视图中颜色的图例，仅当【颜色】上至少有一个字段时才可用。

(7) 形状图例。包含视图中形状的图例，仅当【形状】上至少有一个字段时才可用。

(8) 尺寸图例。包含视图中标记大小的图例，仅当【大小】上至少有一个字段才可用。

(9) 地图图例。包含地图上的符号和模式的图例。不是所有地图提供程序都可使用地图图例。

(10) 筛选器。一个单独的筛选器卡可用于每个应用于视图的筛选器，可以轻松地在视图中包含和排除值。

(11) 参数。一个单独的参数卡可用于工作簿中的每个参数，参数卡包含用于更改参数值的控件。

(12) 标题。包含视图的标题，双击此卡可修改标题。

(13) 说明。包含描述该视图的一段说明，双击此卡可修改说明。

(14) 摘要。包含视图中每个度量的摘要，包括最小值、最大值、中值、总计值和平均值等。

(15) 当前页。包含【页面】功能区的播放控件，并指示显示的当前页面，仅当在【页面】功能区上至少有一个字段时才出现此卡。

(16) 标记。控制视图中的标记属性，存在一个标记类型选择器，可以在其中指定标记类型(如条、线、区域等)。单击【标记】下方下拉按钮，弹出图 5-23 所示的子菜单。

◎ 自动标记。Tableau 会自动为数据视图选择最佳标记类型。自动选择的标记类型由【行】和【列】功能区的内容字段确定。

◎ 条形圈标记。适用于比较各种类别间的度量，或用于将数据分成堆叠条。Tableau 在以下情况下使用条形圈显示数据，一是【标记】卡下拉菜单已设置为“自动”，并将维度和度量作为内部字段放在【行】和【列】功能区上，如果维度为日期字段，则会改用线标记；二是在【标记】卡下拉菜单中选择了【条形】选项。

◎ 线标记。适用于查看数据随时间的变化趋势、数据排列顺序，或者是否有必要进行插补。

◎ 区域标记。适用于视图标记堆叠而不重叠的情况。在区域图中，每两条相邻的线之间的空间都填充颜色。

◎ 方形标记。适用于清晰呈现各个数据点。Tableau 用方块显示数据。

◎ 圆标记。用实心圆显示数据。

◎ 形状标记。适用于清晰呈现各个数据点以及与这些数据点关联的类别，默认情况下使用空心圆。若要选择其他形状，单击【标记】卡上的【形状】，如图 5-24 所示，有多个不同的形状可供使用。Tableau 会根据字段中的值来划分标记，如果字段是维度，则为每个成员分配一个唯一形状；如果字段是度量，则将该度量自动分级到不同的存储桶中，并为每个存储桶分配一个唯一形状。

◎ 文本标记。适用于显示与一个或多个维度成员关联的数字。最初数据显示为 Abc。

◎ 地图标记。主要用途是创建地图或线路图。

◎ 饼图标记。可使用饼图显示比例。

◎ 甘特条形图。可用于显示一个维度与连续日期之间的函数关系。甘特条形图的特点是，每个标记的长度都与【标记】卡的【大小】上放置的度量成比例。

◎ 多边形标记。适用于通过连接点来创建数据区域。多边形标记不常使用，一般只适合具有特殊结构的数据源。

◎ 密度标记(热图)。用来呈现包含许多重叠标记的密度数据中的模式或趋势，使用颜色来显示图表给定区域中数据的相对密集度。可通过在【标记】卡中单击【颜色】，从 10 种密度调色板或任何现有的调色板中选择颜色，如图 5-25 所示。

这里还可以选择【颜色】、【大小】、【标签】、【文本】、【详细信息】、【工具提示】、【形状】、【路径】和【角度】等控件，这些控件的可用性取决于视图中的字段和标记类型。

图 5-23 Tableau 标记

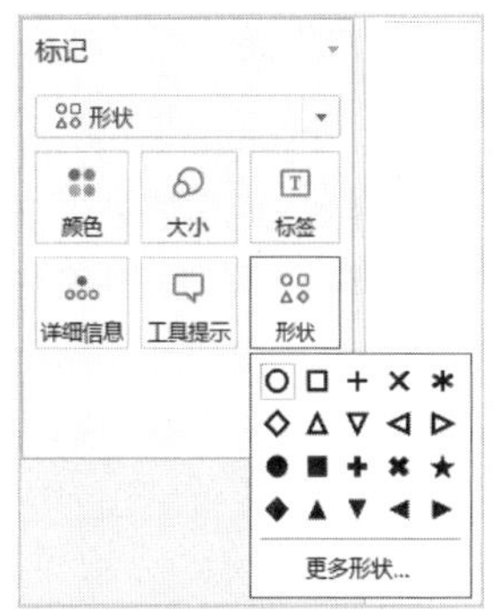

图 5-24 选择形状标记

每个卡都有一个菜单，其中包含适用于该卡内容的常见控件，如可以使用卡菜单显示和隐藏卡，通过单击卡右上角的箭头访问卡的菜单。

7. 【智能显示】窗格

【智能显示】窗格中有 24 种不同类型的图形，如图 5-26 所示，当选中某些字段时，Tableau 会自动推荐一种最合适的图形来展示数据，这一点也是 Tableau 的特色功能。当需要将某种图形变成另一种图形时，只需在这里单击某种图形即可(前提是，所选用的字段数据适合用该图形来表示)。【智能显示】功能大大加快了作图的速度。

图 5-25 选择密度标记

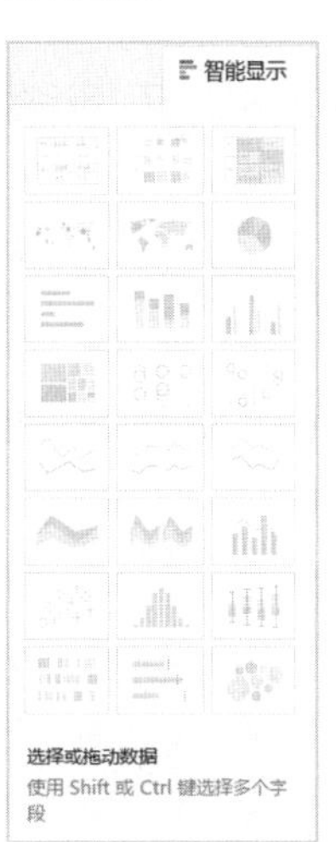

图 5-26 【智能显示】面板

8. 语言和区域设置

Tableau Desktop 已有多种语言版本，初次运行 Tableau 时会自动识别计算机的区域设置并使用支持的语言。如果 Tableau 检测到计算机的区域设置超出了自身所识别的区域范围，则 Tableau 默认设置语言为英语，除此之外，Tableau 会自动匹配计算机相应的语言设置。

想要更改 Tableau 界面(菜单、工具栏等)的显示语言，可以通过【帮助】|【选择语言】

命令进行相应的配置，如图 5-27 所示。配置成功之后需要重新启动 Tableau 来使更改生效。

如果配置日期和数字的语言显示格式，可以选择【文件】|【工作簿区域设置】命令，如图 5-28 所示。默认情况下，区域设置为【自动】，表示区域设置将与打开工作簿时的区域设置一致。如果制作多种语言显示的工作簿，并希望日期和数字进行相应更新，此功能就十分有用。对于 Tableau 中的语言和区域设置，应用程序会严格按照先检索工作簿区域设置，然后检索操作系统的区域或语言设置，最后检索 Tableau 中的语言设置的顺序进行。如果这三个内容均未设置，则工作簿的区域设置默认为英语。

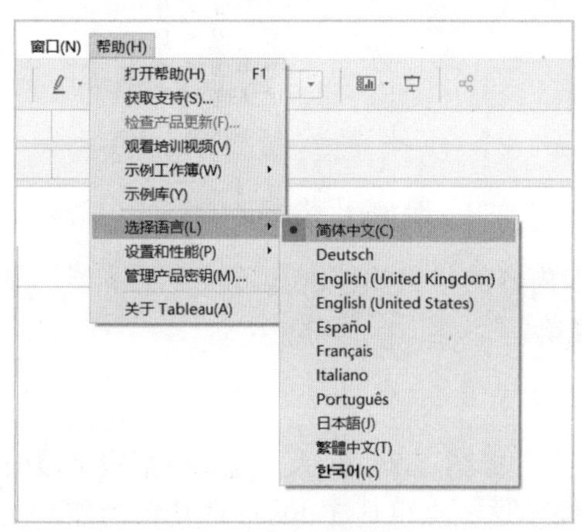

图 5-27 设置语言

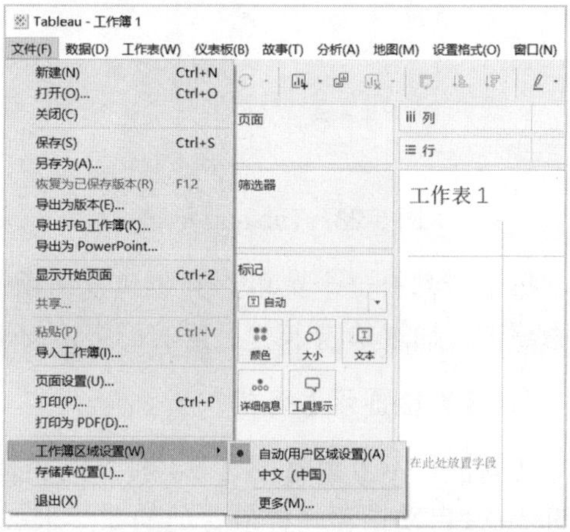

图 5-28 工作簿区域设置

5.2.5 Tableau 文件类型

Tableau 可以生成多种类型的文件，大致可以归纳为两类：专用文件类型和通用文件类型。通用文件类型包括文件数据(.csv、.mdb、.xlsx)、图片文件(.png、.jpg、.bmp)、PDF 文件(.pdf)等。

可以使用多种不同的 Tableau 专用文件类型保存工作表，包括工作簿、书签、打包数据文件、数据提取和数据连接文件等。

1. 工作簿(.twb)

Tableau 工作簿文件的扩展名为.twb。工作簿中含有一个或多个工作表，有 0 个或多个仪表板和故事，但不包含数据源。

2. 书签(.tbm)

Tableau 书签文件的扩展名为.tbm。书签包含单个工作表，是快速分享所做工作的简便方式。

3. 打包工作簿(.twbx)

Tableau 打包工作簿的文件扩展名为.twbx。打包的工作簿是一个.zip 文件，包含一个工作簿以及任何提供支持的本地文件数据源和背景图像，适合与不能访问数据的其他人共享。

4．数据提取(.tde)

Tableau 数据提取文件的扩展名为.tde，提取文件是部分或整个数据源的一个本地副本，可用于共享数据、脱机工作和提高数据库性能。

5．数据源(.tds)

Tableau 数据源文件的扩展名为.tds 文件，是连接经常使用的数据源的快捷方式，不包含实际数据，只包含连接到数据源所必需的信息和在【数据】窗格中所做的修改。

6．打包数据源(.tdsx)

Tableau 打包数据源文件的扩展名是.tdsx，是一个.zip 文件，包含数据源文件(.tds)和本地文件数据源，可使用此格式创建一个文件，以便与不能访问该数据的其他人共享。

5.3 Tableau 数据可视化术语

5.3.1 Tableau 中的数据类型

1．数据类型分类

数据源的所有字段在 Tableau 中都会被分配一个数据类型，同时还会在各字段前加一个特定的图标，用直观的方式提示该字段是哪种数据类型。Tableau 中的数据类型主要有文本型、数字型、日期型、日期和时间型、布尔型和地理型等 6 类，如表 5-2 所示。

表 5-2 Tableau 数据类型

图 标	数据类型	示 例
Abc	文本型(字符串)	邮寄方式、类别、ABC123
#	数字型	20、37%、12.34
🌐	地理型(用于地图)	
📅	日期型	2020-12-26
📅🕒	日期和时间型	2020-12-26 12:12:12
T|F	布尔型(仅限于关系数据源)	true、false

2．数据类型转换

每一个字段都有属于自己的数据类型，但有时 Tableau 分配给字段的数据类型并不总是准确的，因此可以根据实际分析需求进行转换。例如，Tableau 会为字段“城市”分配文本类型，如果需要用该字段匹配地理位置，可右击该字段，在弹出的快捷菜单中选择【地理角色】|【城市】命令，如图 5-29 所示。

需要注意的是，有的字段数据类型图标前面多了一个“=”，这表明该字段是 Tableau 中的自定义数据类型。如图 5-30 所示，如“=T|F”表示自定义布尔值字段，“=Abc”为自定义的文本值字段，“=#”为自定义的数字型字段。这些字段一般都是通过“计算字段”功能获取的。

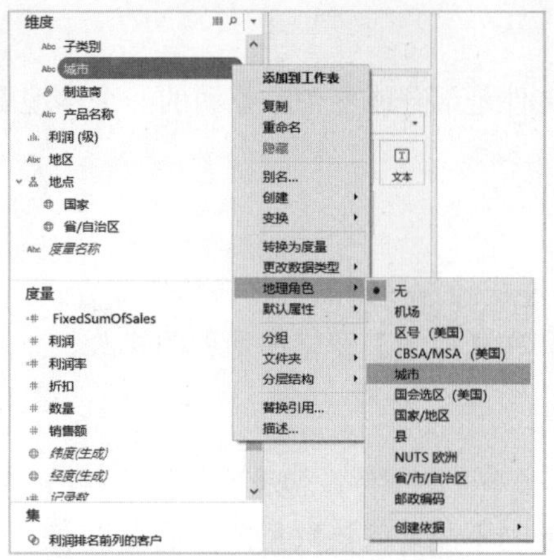

图 5-29　数据类型转换

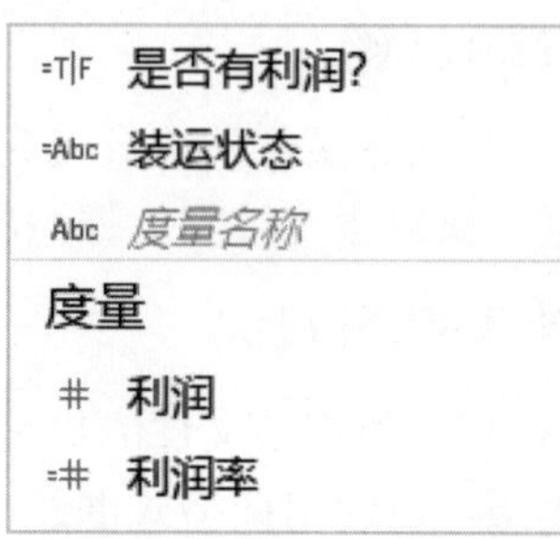

图 5-30　自定义数据类型

5.3.2　维度和度量

连接到新数据源时，Tableau 会将该数据源中的每个字段分配给【数据】窗格中的【维度】区域或【度量】区域，具体情况根据字段包含的数据类型而定。当单击并将字段从【数据】窗格拖动到视图时，Tableau 将继续提供该字段的默认定义。如果从【维度】区域中拖动字段，视图中生成的字段将为离散字段。如果从【度量】区域中拖动字段，生成的字段将为连续字段。

数据字段由数据源中的列组成，系统会为每个字段分配一种数据类型(如整型、字符串、日期)和一个角色：离散维度或连续度量(较常见)、连续维度或离散度量(不太常见)。

1．维度字段的可视化

维度是定性数据，例如名称、日期或地理数据。默认情况下，Tableau 会自动将包含定性信息或分类信息的数据归类为维度。例如，任何具有文本或日期值的字段通常显示为数据的列标题(如“客户名称”或“订单日期”)，并且还会定义视图中显示的粒度级别。在第一次连接数据源时，Tableau 会将这些字段分配给【数据】窗格中的【维度】区域。当单击并将字段从【维度】区域拖到【行】或【列】功能区时，Tableau 将创建列或行标题。如将“邮寄方式”拖放到【行】功能区时会出现 4 种邮寄方式，即 4 个标记，如图 5-31 所示。

将维度添加到【行】或【列】时，视图中标记的数量会增加，如图 5-31 所示，Tableau 窗口底部的状态栏显示视图中有 4 个标记，这些标记只包含占位符文本 Abc。此时只是构建了视图的结构，没有内容。再将“地区”字段拖放到【行】，此时有 24 个标记(“邮寄方式”中的 4 个值乘以“地区”中的 6 个值)，将“发货日期”拖放到【行】后，共有 104 个标记(4 个邮寄方式乘以 6 个地区，再乘以 5 年，结果为 120，但视图中有 16 个在数据源中没有数据的维度组合)。视图中标记的数量并不一定与详细级别的每个维度中的维度值数量相乘所得到的数量对应，标记数量低的原因有多种。可以右击“发货日期”，在弹出的快捷菜单中选择【显示缺失值】命令来增加标注，如图 5-32 所示。

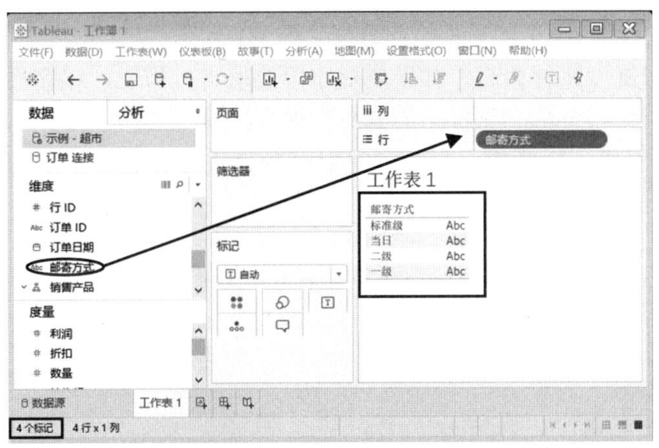

图 5-31　拖放维度字段到行或列功能区

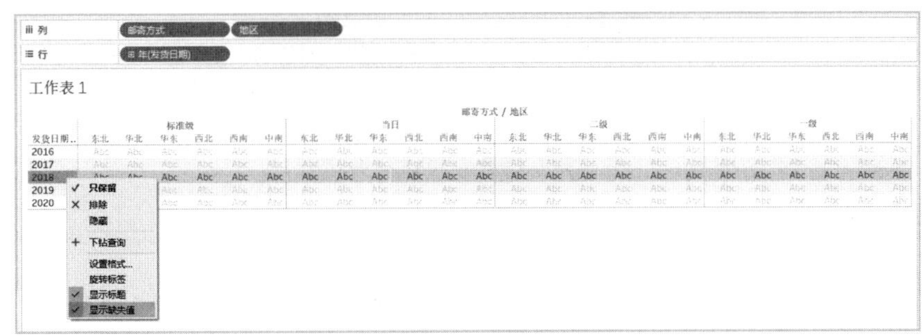

图 5-32　显示缺失值

将维度拖放到【标记】卡上的某个位置(例如【颜色】或【大小】)将会增加标记的数量，但不会增加视图中标题的数量。向视图中添加维度来增加标记数量的过程称为设置详细级别。将维度添加到图 5-33 所示的任意红色框位置都会对详细级别产生影响。

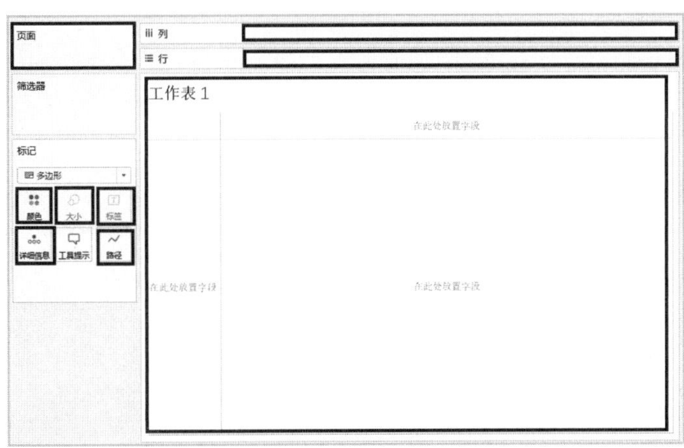

图 5-33　添加维度对详细级别产生影响

在大多数情况下，【维度】区域的字段在添加到视图时都是离散的，带有蓝色背景。维度字段可以转换为度量字段，作为度量处理。在【列】或【行】功能区单击字段名，在弹出的快捷菜单中选择【度量】命令，然后选择需要的聚合方式，此时视图将创建一个连续轴(而不是列或行标题)，并且字段的背景变为绿色。

Tableau 不会对维度进行聚合，如果要对字段的值进行聚合，该字段必须为度量。将维度字段转换为度量时，Tableau 将提示为其分配聚合(计数、最大值等)，如图 5-34 所示。聚合表示将多个值聚集为一个数字，例如通过对单独值进行计数、求平均值或显示数据源中任何行的最小单独值等。

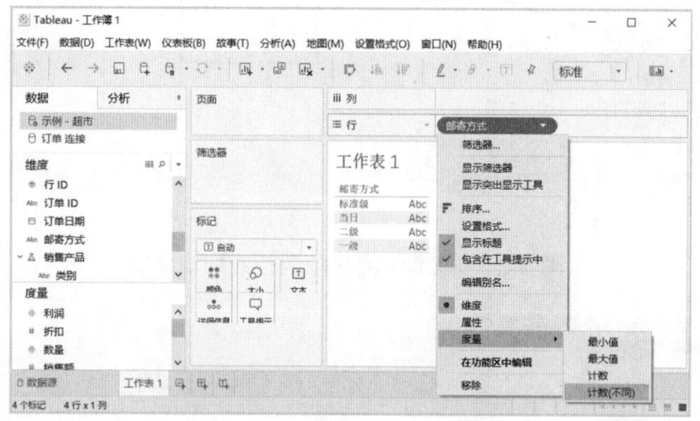

图 5-34　维度字段转换为度量

2．度量字段的可视化

度量是定量数值数据，默认情况下，Tableau 会将包含定量数值信息的字段(例如销售额或利润等)归类为度量，归类为度量的数据可以根据给定维度进行聚合，如按区域(维度)聚合总销售额(度量)。当第一次连接数据源时，Tableau 会将这些字段分配给【数据】窗格中的【度量】区域。

将字段从【度量】区域拖放到【行】或【列】功能区时，例如将“利润”字段拖放到【列】上，Tableau 将创建连续轴，以及一个默认的数据展示样式，也可以根据需要进行修改，如图 5-35 所示。

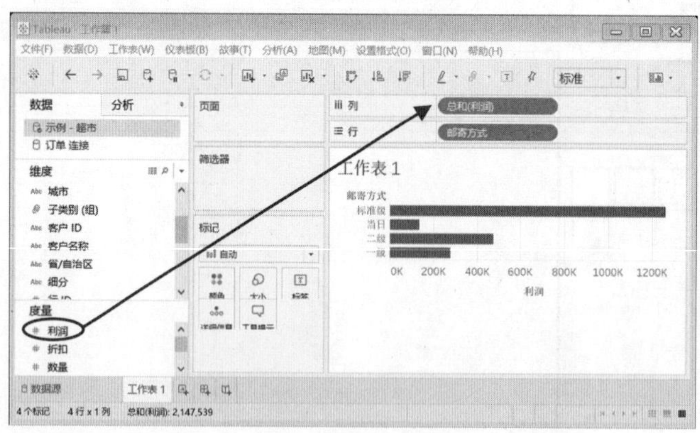

图 5-35　拖放度量字段到行或列功能区

某些情况下，向视图中添加度量也会增加视图中标记的数量。例如，将“利润”放在图 5-36 所示视图中的【列】上，标记数量为 4 个，如果再将“销售额”放在【列】上，标记的数据将增加到 8 个。但这与更改视图的详细级别不同，如图 5-36 所示。

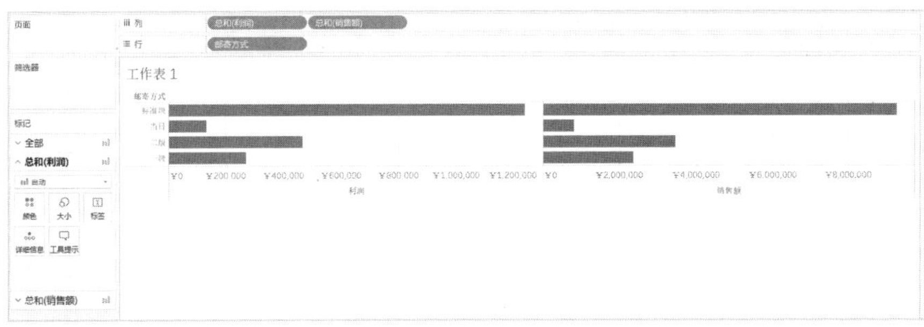

图 5-36　添加度量增加视图中的标记数量

从【度量】区域拖出的任何连续字段在添加到视图时，如果随后右击该字段并在弹出的快捷菜单中选择【离散】命令，字段的值就会创建列或行标题，如图 5-37 所示。

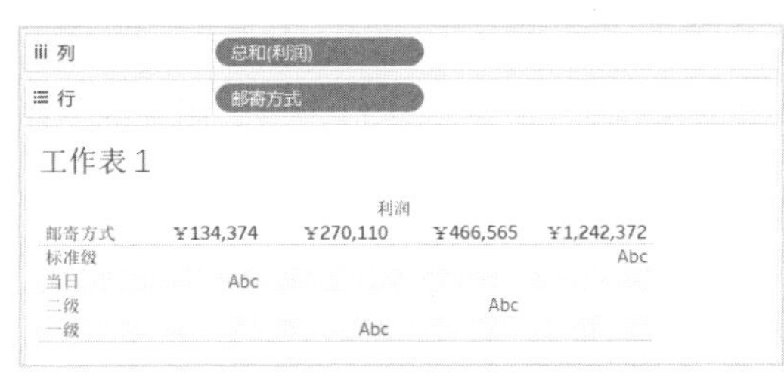

图 5-37　将度量字段转为离散类型

Tableau 会继续对字段的值进行聚合，即使该字段是离散的，它仍然是度量，因为 Tableau 始终对度量字段进行聚合。聚合的类型因视图类型而异，每个度量都有一个默认聚合，该聚合由 Tableau 连接到数据源时设置。

可以采用“最小值”“最大值”“计数”或“计数(不重复)”的形式聚合视图中的维度。当聚合维度时，将创建一个新的临时度量列，使维度具有度量的特性。

3. 度量转换为维度案例

度量变成维度

连接 Tableau 附带的 Sample-Superstore 数据源，其中 Discount (折扣)字段是数值数据，Tableau 会将其分配给【数据】窗格中的【度量】区域。Discount 值的范围为 0%～80%。

具体操作步骤如下。

(1) 将 Sales(销售额)和 Discount(折扣)字段分别拖放到【行】和【列】。Tableau 将显示一个散点图，这是将一个度量放在【行】并将另一个度量放在【列】时的默认图表类型，如图 5-38 所示。Tableau 以 SUM 形式聚合 Discount 和 Sales，这些字段都是连续的，因此 Tableau 将沿视图的底部和左侧显示轴(而不是列和行标题)。

(2) 若要将 Discount 转换为维度，单击字段上的下拉箭头，并从下拉菜单中选择【维度】。Tableau 不再聚合 Discount 的值，但 Discount 的值仍是连续的，两个字段显示连续轴，视图变成图 5-39 所示的折线图。

(3) 再次单击 Discount 并从下拉菜单中选择【离散】选项，视图变成图 5-40 所示的条形图，这时底部是列标题(0、0.1、0.2 等)，而不是轴。将 Sales 拖放到【标记】|【标签】，设置标签格式以提高可读性。

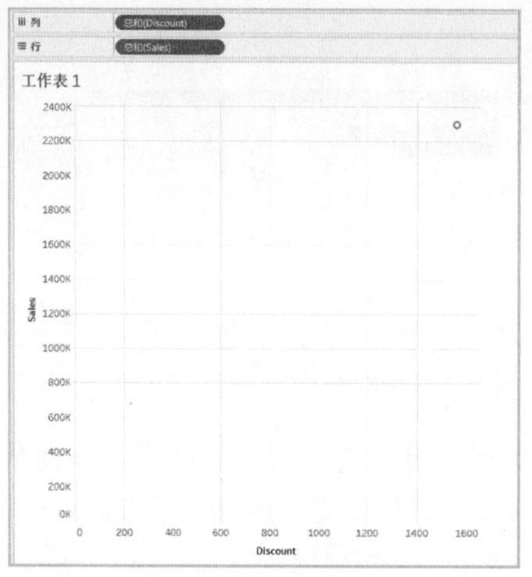

图 5-38　默认图表类型

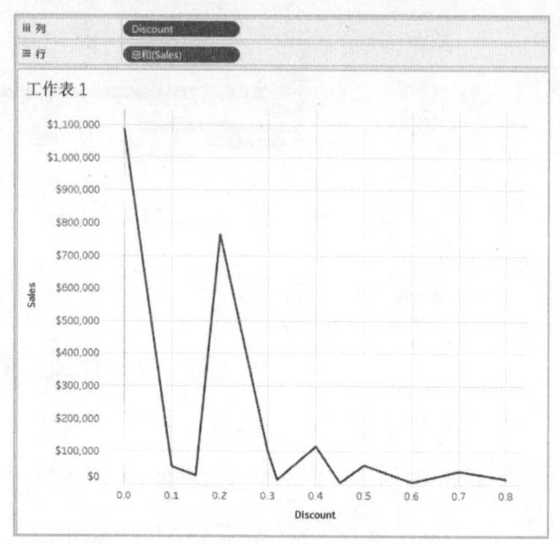

图 5-39　将度量转换为维度

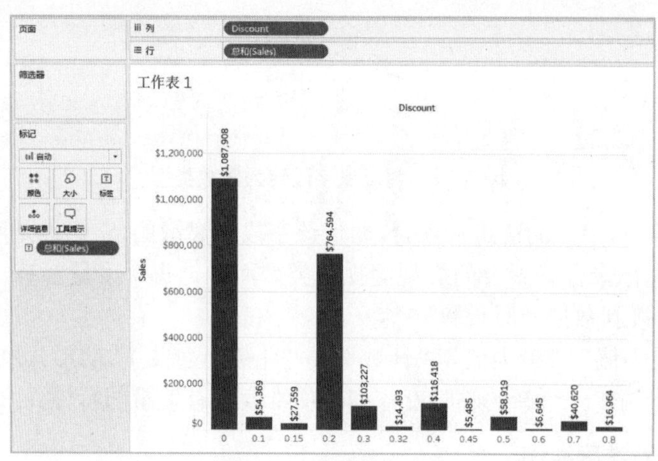

图 5-40　最终效果图

总结上述目标的实现过程，如表 5-3 所示。

表 5-3　度量转换为维度的实现过程

操　作	结　果
将 Discount 从度量转换为维度	销售额值不再依据折扣聚合，从而会生成折线图(而不是散点图)
将 Discount 从联系转换为离散	Tableau 将在视图底部显示标题，而不是连续轴

4．将【数据】窗格中的度量转换为维度

第一次连接到数据源时，Tableau 会将包含定量数值信息的大多数字段(即其中的值为数字的字段)作为【数据】窗格中的度量字段分配。对于名称表明数据类型的字段，例如“年”或“月”(Tableau 会将其识别为“日期”维度)，或包含如“ID”和“键”的字词字段(Tableau 会将其分类为维度，即使这些字段是数值字段)。

对于 Tableau 以分类为度量的，但实际上应该是维度，如邮政编码，它们通常完全由数字组成，但信息是分类信息，而不是连续信息。再比如，在 Tableau 中，默认情况下会将年龄字段分类为度量，如果某个应用想以数据或类别的形式查看每个单独的年龄，则要为年龄字段创建标题(而不是连续轴)，这时就需要将度量转换为维度。

若要在【数据】窗格中将度量转换为维度，可以用以下两种方法。

方法一：单击字段并将其从【数据】窗格的【度量】区域拖放到【维度】区域。

方法二：在【数据】窗格中右击度量，并在弹出的快捷菜单中选择【转换为维度】命令。

5.3.3 连续和离散

Tableau 在视图中以不同的方式表示数据，具体取决于字段是离散的还是连续的。连续和离散是数学术语，连续指“构成一个不间断的整体，没有中断”，离散指“各自分离且不同”。当将字段从【数据】窗格的【维度】区域拖到【列】或【行】时，值默认情况下为离散，Tableau 会创建列或行标题。当将字段从【度量】区域拖到【列】或【行】时，值默认情况下为连续，Tableau 会创建轴。

1. 连续字段的可视化

连续字段可以包含无数个值，可以是一个值范围。例如，特定日期范围内的销售额或数量。所以，当字段包含可以加总、求平均值或以其他方式聚合的数字时，在第一次连接到数据源时，Tableau 就会将该字段分配给【数据】窗格的【度量】区域，并假定这些值是连续的。在 Tableau 中，连续字段显示为绿色。

当将字段从【度量】区域拖到【行】或【列】时，必须能够显示一系列实际值和可能值。因为除了数据源中的初始值之外，在视图中处理连续字段时始终可能出现新值。因此，当将连续字段放在【行】或【列】功能区时，Tableau 会显示一个轴，这个轴是最小值和最大值之间的度量线，例如，将“数量”拖放到【列】功能区上，如图 5-41 所示。

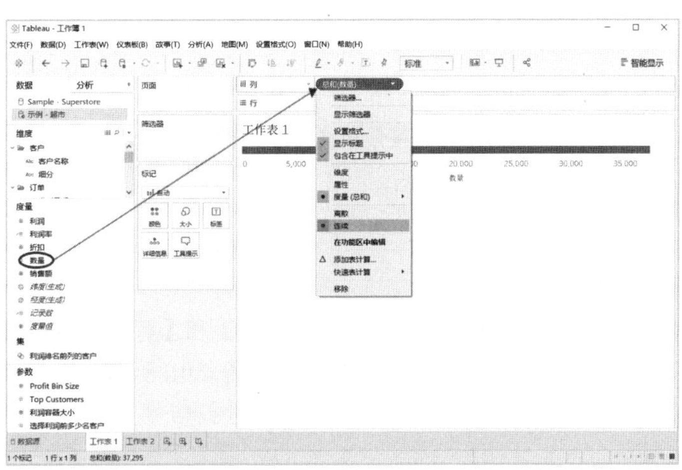

图 5-41　将连续字段拖放到行或列功能区

2. 离散字段的可视化

若某个字段包含的是名称、日期或地理位置等有限数目的值，Tableau 会在第一次连接到数据源时就将该字段分配给【数据】窗格的【维度】区域，并假定这些值是离散的，显示为蓝色。当把离散字段放在【列】或【行】功能区上时，Tableau 会创建标题，如将“产品名称”拖放到【行】功能区，如图 5-42 所示。

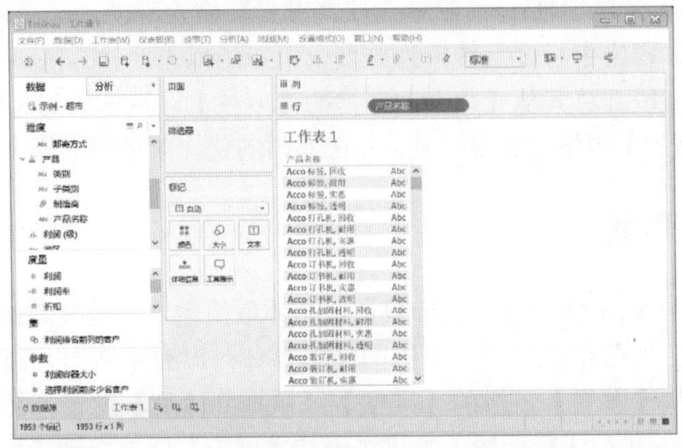

图 5-42 将离散字段拖放到行或列功能区

绿色度量 总和(数量) 和维度 计数(类别) 是连续的，连续字段被视为无限范围。通常，连续字段会向视图中添加轴。

蓝色度量 总和(数量) 和维度 子类别 是离散的，离散值被视为有限的。通常，离散字段会向视图中添加标题，如图 5-43 所示。

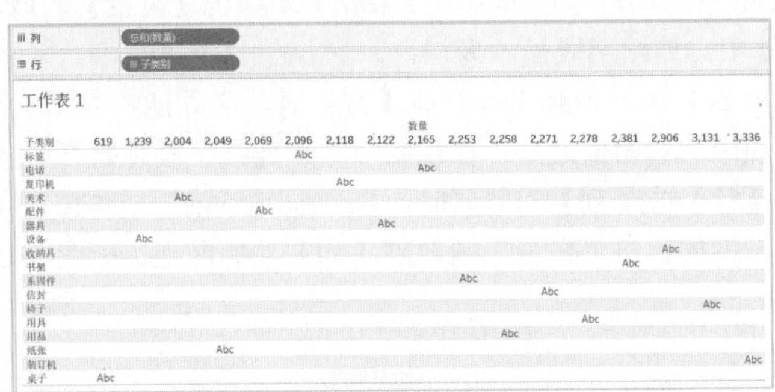

图 5-43 度量和维度都是离散值

3. 视图中使用连续和离散字段的示例

1) 使用连续字段

具体操作步骤如下。

将度量字段“数量”和“销售额”分别拖放到【列】和【行】上，右击“总和(数量)”，如图 5-44 所示，在弹出的快捷菜单中选择【维度】命令。由于“数量”字段设置为“连续维度”，它将沿视图的底部创建一个水平轴，效果如图 5-45 所示。

2) 使用离散字段

具体操作步骤如下。

将度量字段“数量”和“销售额”分别拖放到【列】和【行】上，右击“总和(数量)”，在图 5-46 所示的快捷菜单中选择【离散】和【维度】命令，“数量”字段设置为“离散维度”，这时它将创建水平标题，而不是轴，效果如图 5-47 所示。

图 5-44　将“度量”改成“维度”

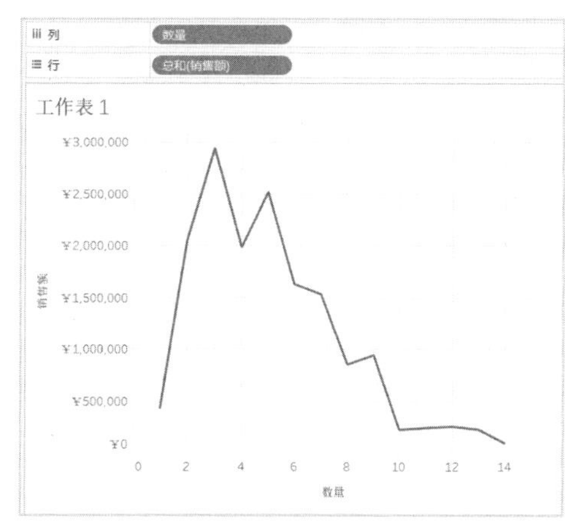

图 5-45　连续维度

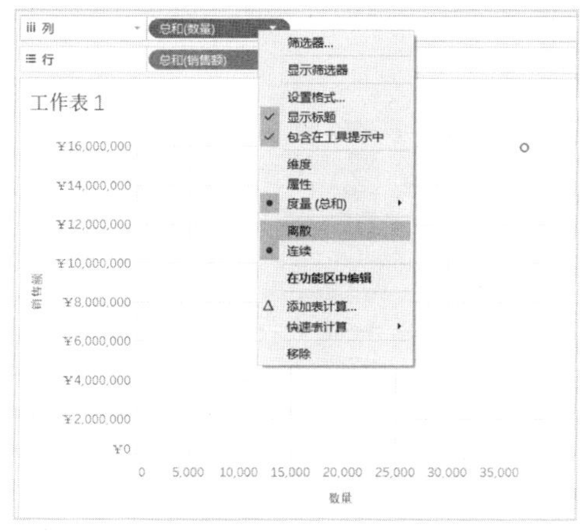

图 5-46　将“连续”改为“离散”

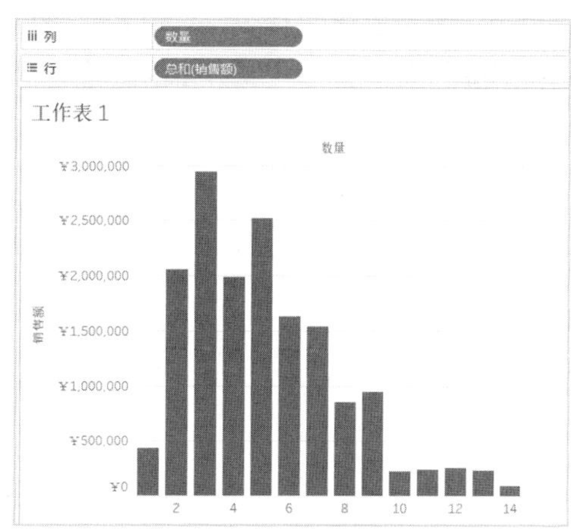

图 5-47　离散维度

这两个示例中，“销售额”字段都设置为“连续”，并添加到【行】中，因此该字段将创建一个垂直轴。如果将它拖放到【列】上，则会创建水平轴。绿色的背景和聚合函数(本例是 SUM)指明了它是度量。而“数量”字段中没有聚合函数，则表明它是维度。

5.4 Tableau 的基本操作

5.4.1　工作表操作

可以在工作表中将字段拖到功能区生成数据视图，这些工作表将以标签的形式在工作簿底部显示。

1. 创建工作表

可以通过执行以下操作之一创建一个新工作表。

方法一：选择【工作表】|【新建工作表】命令。

方法二：单击工作簿底部的【新建工作表】标签，如图 5-48 所示。

图 5-48　通过工作簿底部标签新建工作表

方法三：单击工具栏中的【新建工作表】图标，在下拉菜单中选择【新建工作表】选项，如图 5-49 所示。

方法四：按键盘上的 Ctrl+M 组合键。

2．复制、删除和导出工作表

1) 复制工作表

通过复制工作表可以方便地得到工作表、仪表板或故事的副本，从而可以在不丢失原始版本的情况下修改工作表。例如，若要复制工作表 1，则右击工作表标签，在弹出的快捷菜单中选择“复制”命令，就会出现一个与工作表 1 内容一样的“工作表 1(2)”。选择“拷贝”命令，需要右击工作表 1 的标签，在弹出的快捷菜单中选择“粘贴”命令，也会出现与工作表 1 内容一样的“工作表 1(2)”，如图 5-50 所示。

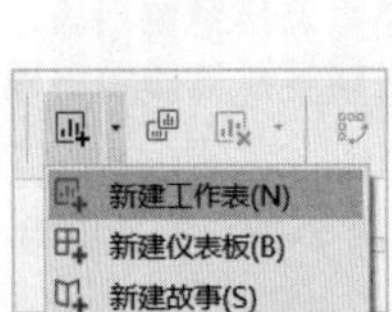

图 5-49　通过工具栏新建工作表

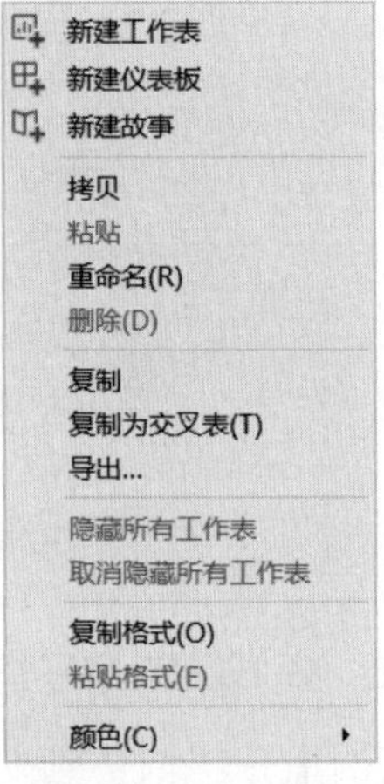

图 5-50　操作工作表

交叉表是一个以文本行和列的形式总结数据的表，这是显示与数据视图相关联的数字的便利方法。如果要通过视图快速创建交叉表，就右击工作表标签，在弹出的快捷菜单中选择“复制为交叉表”命令。还可以选择【工作表】|【复制为交叉表】命令，此命令会在工作簿中插入一个新工作表，并用原始工作表中的数据交叉表视图填充该工作表。

2) 删除工作表

删除工作表会将工作表从工作簿中移除。若要删除活动工作表，则右击工作簿底部排列的工作表标签，在弹出的快捷菜单中选择【删除】命令，如图 5-50 所示。在仪表板或故事中使用的工作表无法删除，但可以隐藏，一个工作簿中至少要有一个工作表。

3) 导出工作表

对于需要导出保存的工作表，右击工作表标签，在弹出的快捷菜单中选择【导出】命令，在弹出的对话框中选择导出工作表的保存路径，文件格式选择 twb。

5.4.2 Tableau 实现排序

在分析数据时，为了对数据有一个初步的了解，经常会先对数据进行排序，以查看数据数值范围以及是否存在异常值等状况。Tableau 有多种排序方式，可以选择升序、降序、直接拖动、按字母列表、手动设置等方式进行排序，操作非常简单。

以某超市订单数据分析为例。首先连接数据源“示例-超市.xlsx---订单.sheet”，将“销售额”和“类别”分别拖放于【列】、【行】上。下面介绍采用不同排序方式对其进行排序。

方法一：直接单击工具栏中的升序图标(或降序图标)，效果如图 5-51 所示。

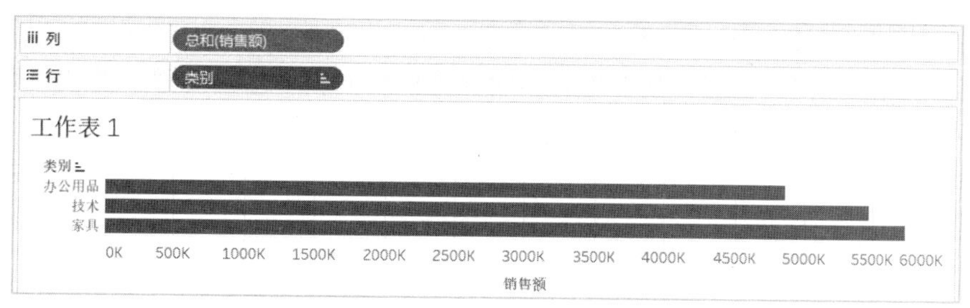

图 5-51 按“销售额”升序排列

方法二：将光标移至图中“类别”处，其右边会显示一个排序图标，单击此图标即可完成排序。

方法三：将光标移至【行】(或图中)的“类别”，然后右击，在弹出的快捷菜单中选择【排序】命令，打开【排序类别】窗格，可以选择【升序】或【降序】，并将排序字段设置为“销售额”“总和”。其作用是为“类别”的排序设定一种依据，如图 5-52 所示。还可为该排序依据变量设置一种聚合方式，【聚合】下拉列表中有多种计算方式可供选择，如图 5-53 所示。完成后关闭窗格即可，这种方法可以按照特定字段的计算值排列顺序。

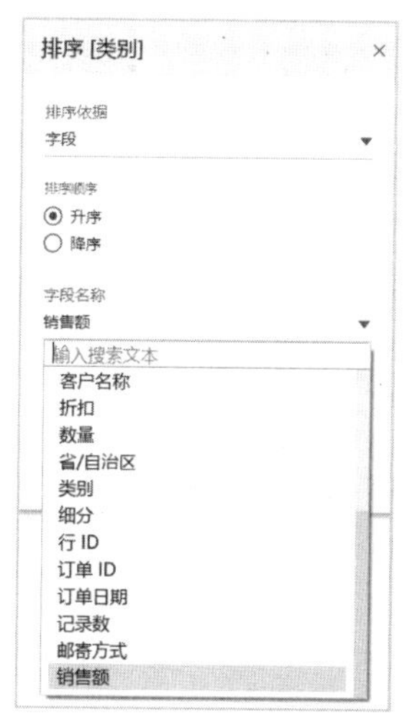

图 5-52 选择字段

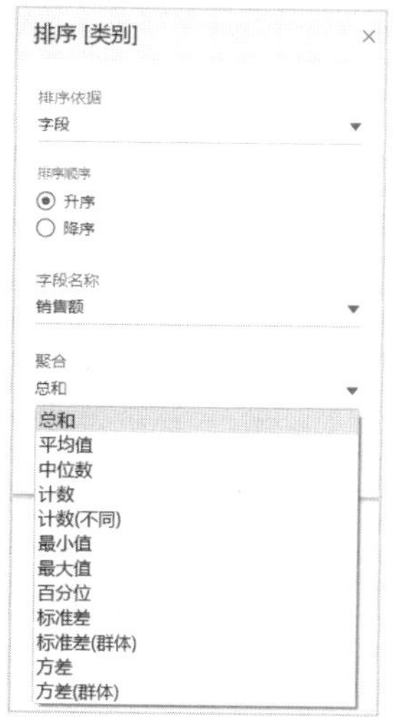

图 5-53 选择聚合方式

方法四：手动设置顺序。将光标移至行或列要进行排序的变量名处，这里是“类别”，右击，在弹出的快捷菜单中选择【排序】命令，弹出图 5-54 所示的窗格，在【排序依据】下拉列表中选择【手动】选项，然后在下面的列表框中拖动各变量值至想要的排序方式，最后关闭窗格。这种方式在某个字段有很多变量值时会比较有用。

图 5-54　手动排序

5.4.3　数据分层与分组、创建集

1. 数据分层

当连接到数据源时，Tableau 会自动将数据字段分隔为分层结构，以便在制图或数据分析时随时向下钻取数据。也可以按需要将几个变量创建为一个分层结构。在 Tableau 中，可以迅速地对原有维度中的字段创建分层结构，以实现钻取。

以 Tableau Desktop 自带的数据源“示例-超市.xlsx---订单.sheet”为例，连接数据源后，在【维度】窗格中就可以对相应的字段创建分层结构。

具体操作步骤如下。

将【维度】列表中的“类别”“子类别”和“产品名称”三个字段创建一个分层结构，以实现“类别”→“子类别”→“产品名称”的向下钻取。有两种方法可以实现此操作。

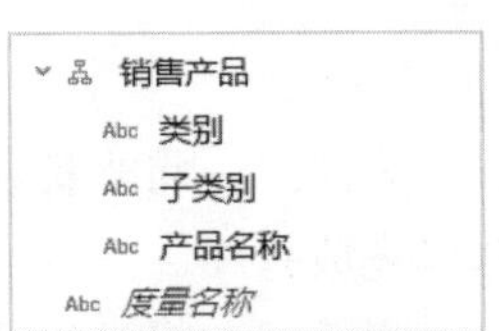

图 5-55　分层

方法一：按住 Ctrl 键，同时选中“产品名称”“子类别”和“类别”三个变量，右击，在弹出的快捷菜单中选择【分层结构】|【创建分层结构】命令。Tableau 默认将这三个变量名作为层级的名称，这里将改名为“产品”，单击【确定】按钮。然后通过拖动将这三个变量的顺序调整为“类别”“子类别”和“产品名称”，结果如图 5-55 所示。

方法二：选中“子类别”，将其直接拖放到“类别”上，Tableau 会自动创建这两个变量的分层，单击【确定】按钮；再将“产品名称”拖放到“子类别”下方。然后，选中“类别”→“子类别”，右击，在弹出的快捷菜单中选择【重命名】命令，将名称改为“销售产品”。

创建好分层结构后，就可以方便地对数据进行钻取。例如，将“类别”“销售额”分别拖放到【行】、【列】上，可以看到，【类别】的左侧有一个“+”，该图标表示可以往下继续钻取，单击“+”出现向下钻取后的各产品的销售额情况，如图 5-56 所示。

Tableau 对日期的向下钻取是自动创建的(前提是日期详细到相应的级别)，有许多选项可供选择。图 5-57 中“发货日期”左侧有一个“+”图标，表明可以向下钻取，可以直接单击“+”，也可以选中后右击，在弹出的快捷菜单中选择不同的时间层，以实现钻取。Tableau 有多种“时间”可以选择，如选择“月”，视图效果如图 5-58 所示。

Tableau 的钻取功能并不局限于层级，在任意一个视图中，当把光标放到某个点上时，即会出现一个工具提示栏，如图 5-59 所示，单击其右上角的 图标，即可看到原始的详细数据。

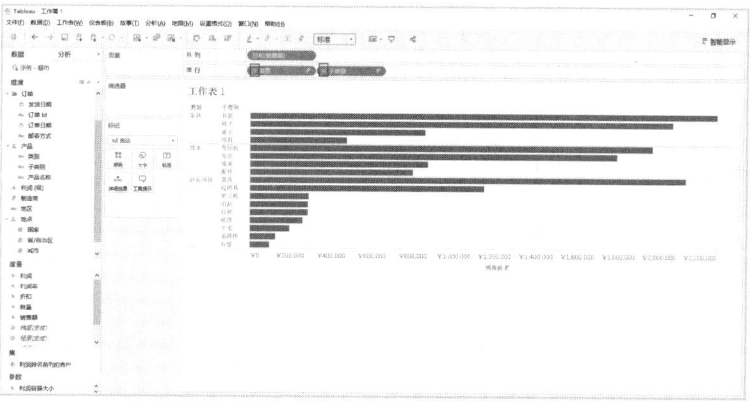

图 5-56 向下钻取操作

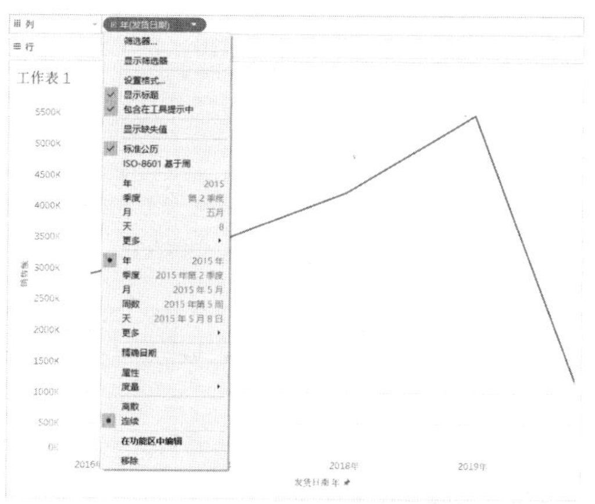

图 5-57 选择日期精度

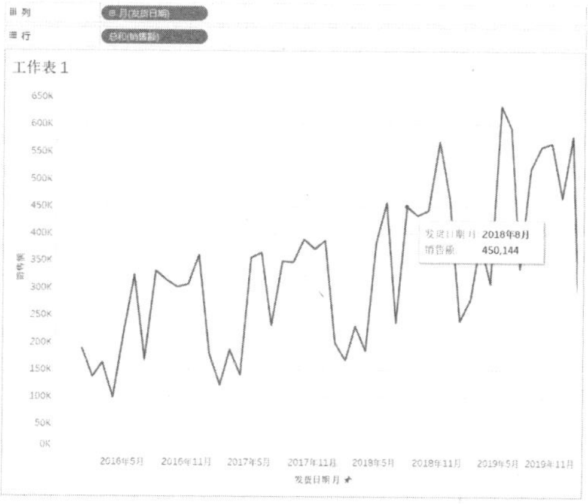

图 5-58 选择“月”视图

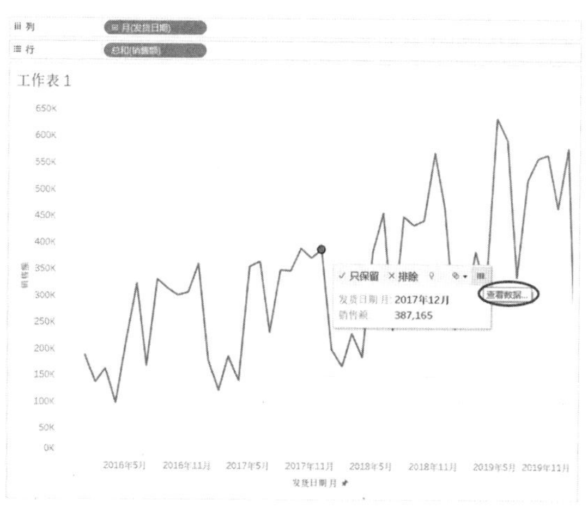

图 5-59 查看视图中某点的详细数据

要移除分层结构，可以在【数据】窗格中右击分层结构字段，然后在弹出的快捷菜单中选择【分层结构】|【从分层结构移除】命令，该字段将从分层结构中删除，分层结构也将从【数据】窗格中消失。

2. 数据分组

数据分组

通过创建组可以将字段中的成员进行合并。例如，将利润为负的值合并成一个数据点，即放在一个分组中。

创建组的方法有多种，可以利用【数据】窗格中的字段来创建组，也可以通过在视图中选择数据，然后单击组图标 来创建组。

1) 在视图中选择数据来创建组

具体操作步骤如下。

在图 5-60 所示的视图中，选择一个或多个数据点，在出现的工具提示栏上单击组图标。或者右击选中的数据点，在弹出的快捷菜单中选择【组】命令。还可以在工具栏上单击组图标。

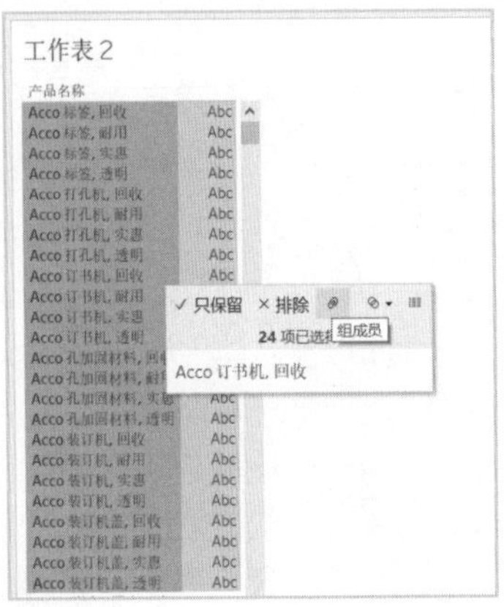

图 5-60 在视图中创建组

2) 利用【数据】窗格中的字段来创建组

具体操作步骤如下。

在【数据】窗格中右击“产品名称”字段，在弹出的快捷菜单中选择【创建】|【组】命令，弹出图 5-61 所示的对话框，选择要分组的多个成员，也可以使用【查找】选项搜索成员，然后单击【分组】按钮。所选的成员将合并为单个组，默认名称是合并的成员名称。

在创建分组字段后，可以在组中添加和删除成员、创建新组、更改组名称以及更改分组字段的名称。有些更改可以在视图中进行，有些需要通过【编辑组】对话框进行。

在做好一个视图之后，可能存在着某些对分析没有重要影响的变量值，可以将这些数值很小的变量值归到一个组里，以便更好地分析。

【例 5-1】将“利润”放到视图中，以分析各类产品的营利情况。从图 5-62 可以看出，有些产品是负利润，为了方便相关业务人员对负利润产品进行重点分析，可以创建一个组，里面只包含负利润产品数据，这样视图中将只出现“组”里的数据。

具体操作步骤如下。

在图 5-62 中，按住 Ctrl 键，选中负利润数据条，右击，在弹出的快捷菜单中选择【组】

命令。这时，左侧【维度】窗格里即出现新创建的组，将其重新命名为“负利润产品”。将刚创建的组“负利润产品”分别拖放到【行】和【筛选器】里，负利润产品视图如图 5-63 所示。

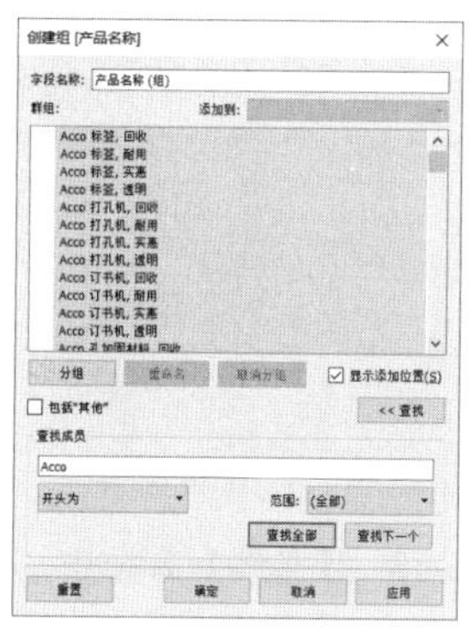

图 5-61　【创建组[产品名称]】对话框

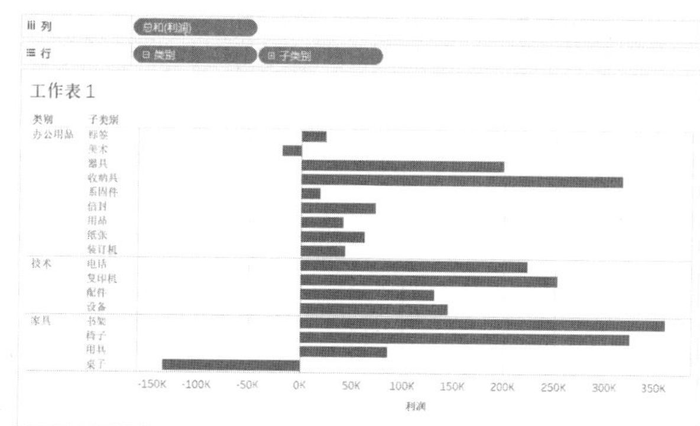

图 5-62　选中负利润产品数据

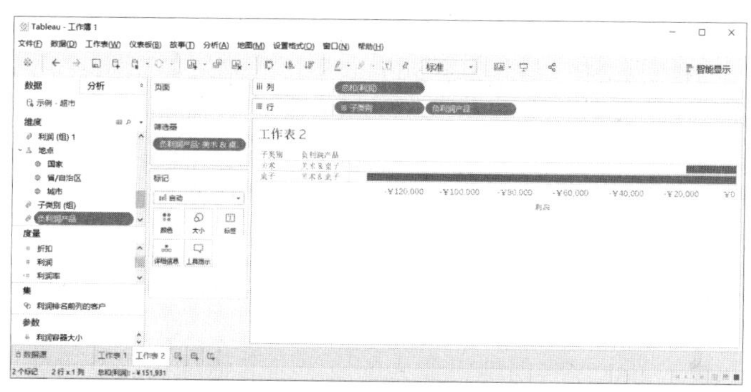

图 5-63　负利润产品视图

3．创建集

集是根据某些条件定义数据子集的自定义字段，可以使用集来比较数据子集以及提出有关数据子集的相关问题。

【例 5-2】在“示例-超市.xlsx---订单.sheet”数据源中，展示销售额排名前 20 的客户。

例 5-2、例 5-3 创建集

创建集的具体操作步骤如下。

(1) 在【数据】窗格中右击“客户名称”，在弹出的快捷菜单中选择【创建】|【集】命令。

(2) 在弹出的【创建集】对话框中，使用以下选项卡对集进行配置。

◎　常规。使用【常规】选项卡来选择计算集时考虑的一个或多个值。也可以选中【使用全部】单选按钮来选择所有成员，如图 5-64 所示。

◎　条件。使用【条件】选项卡可以定义规则，以确定包含在集内的成员，如图 5-65 所示。例如，设定一个基于总销售额的条件，其中仅包含销售额超过¥10000 的产品。集条件的工作方式与筛选器条件相同。

◎　顶部：使用【顶部】选项卡可定义集内包含成员的限制。例如，指定一个基于总销售额的限制，其中仅包含基于销售额排名前 20 的客户。

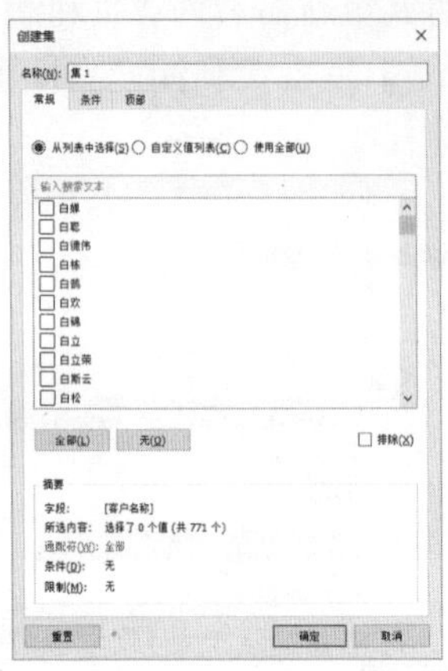
图 5-64 【常规】选项卡

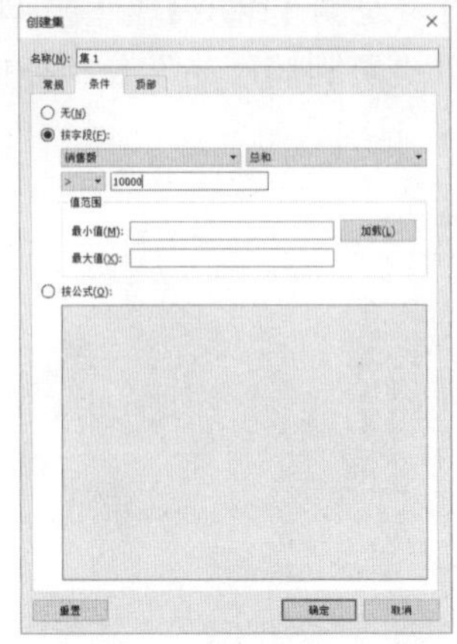
图 5-65 【条件】选项卡

本例使用【顶部】选项卡进行配置，如图 5-66 所示，执行以下操作：在【名称】文本框中输入“销售额排名前 20 的客户”，单击【顶部】选项卡，选中【按字段】单选按钮，再在下面的下拉列表中选择【顶部】选项，设置为“20”；在字段下拉列表中选择“销售额”，在聚合下拉列表中选择“总和”。完成后单击【确定】按钮。

新创建的集会显示在【数据】窗格底部的【集】中，集图标为 。可以像任何其他字段一样将集拖到可视化项中。在 Tableau Desktop 中，将集拖到可视化项时，可以选择显示该集的成员，或是将这些成员聚合到“内/外”类别。当 Tableau 使用“内/外”模式显示该集时，会将集分为两个类别。

◎ 内。包含集内的成员。

◎ 外。包含不属于集的所有成员。

使用“内/外”模式可以很容易地将集内的成员与其他成员进行比较。

【例 5-3】制作按销售额展示前 20 名客户的视图。

具体操作步骤如下。

(1) 将“客户名称”和“销售额”分别拖放到【行】和【列】。

(2) 将集“销售额排名前 20 的客户”拖放至【标记】|【颜色】中，在可视化中显示内/外成员，可右击集，在弹出的快捷菜单中选择【在集内/外显示】命令，如图 5-67 所示。

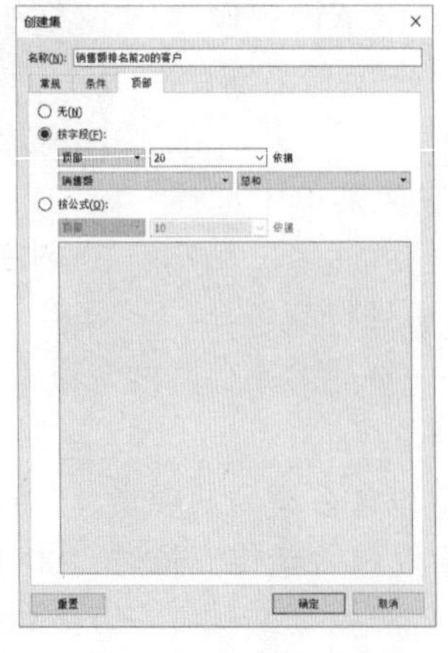
图 5-66 【顶部】选项卡

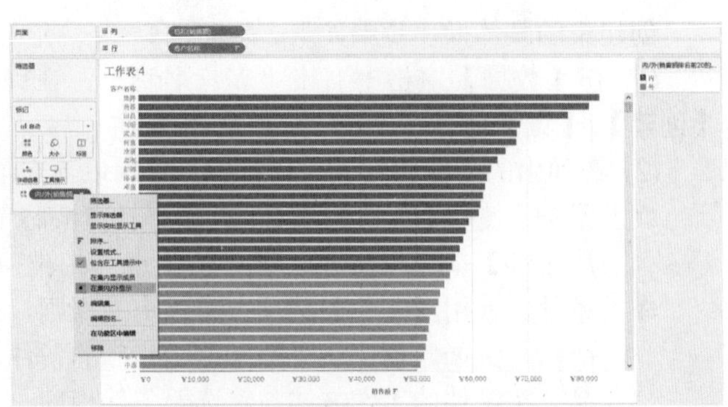
图 5-67 使用集“内/外”模式

如果在图 5-67 中的快捷菜单中选择【在集内显示成员】命令，系统会自动将筛选器添加到视图中以便仅包含该集的成员，效果如图 5-68 所示，只展示了销售额排名前 20 的客户。

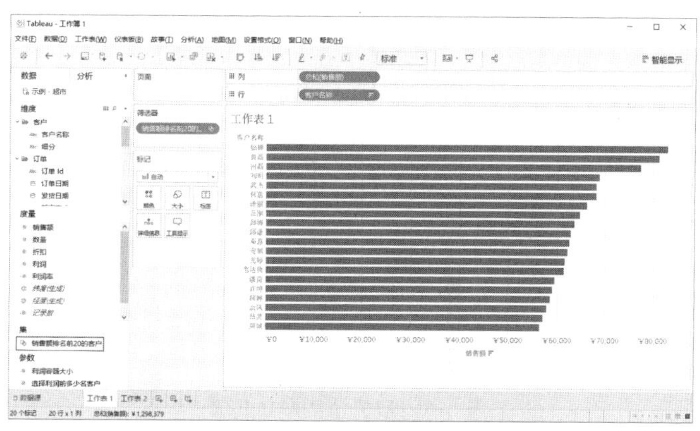

图 5-68　展示销售额排名前 20 的客户

5.4.4　缺失值处理

Tableau 中有些数据需要特殊处理，具体包括 null 空值、无法识别或不明确的地理位置、使用对数标度时的负值或零值以及使用树图时的负值或零值等。数据中包含这些特殊值时，Tableau 无法在视图中绘制它们，而是在视图的右下角显示一个指示器，单击该指示器可查看有关处理这些值的更多选项。

如果字段中包含 null 值或数轴上包含零值或负值，Tableau 将无法绘制这些值，这时就会在视图右下角使用一个指示器显示这些值，如图 5-69 所示。

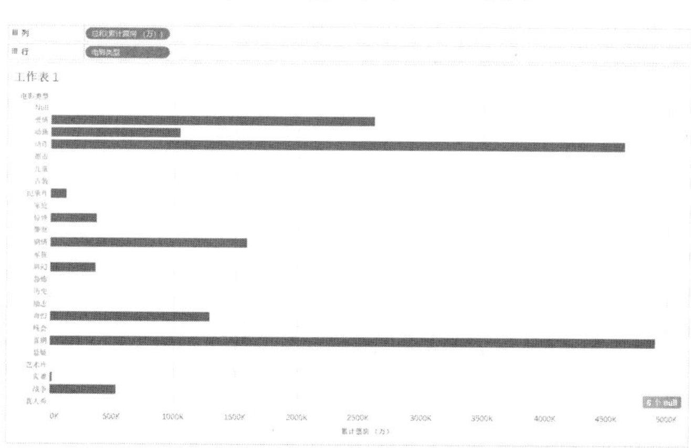

图 5-69　指示器显示 null 值

指示器提供了两种方式来处理这些缺失值，如图 5-70 所示。

(1) 筛选数据。使用筛选器从视图中排除 null 值。筛选数据时，会将视图中所有 null 值排除。

(2) 在默认位置显示数据。在轴上的默认位置显示数据，null 值仍将包含在计算过程中，默认位置取决于数据类型。

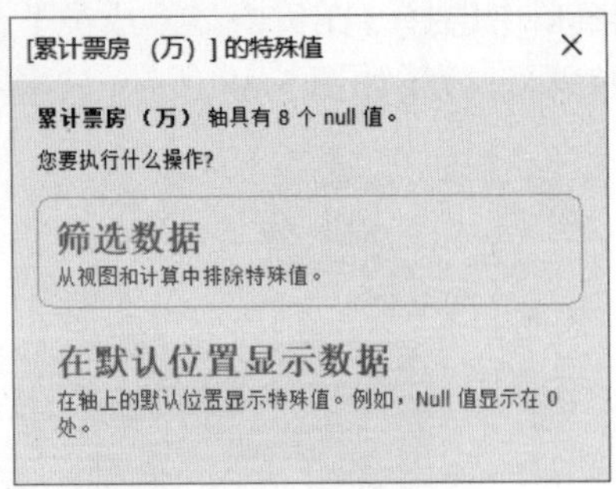

图 5-70　处理缺失值

表 5-4 定义了缺失值的默认位置。

表 5-4　缺失值的默认位置

数据类型	默认位置
数字	0
日期	1899/12/31
对数轴上的负值	1
未知地理位置	(0,0)

如果不知道如何处理这些值，就可以选择保留特殊值。通常需要继续显示指示器，提示视图中存在未显示的数据。若要隐藏指示器，则右击指示器并在弹出的快捷菜单中选择【隐藏指示器】命令。

5.5 创建视图

5.5.1　通过拖放方式快速创建视图

以全球超市订单数据分析为例，首先连接到数据源“示例-超市.xlsx---订单.sheet”。

【例 5-4】创建交叉表来显示每年总的销售额。

具体操作步骤如下。

从【数据】窗格中将“订单日期”字段拖到【行】功能区，Tableau 会在数据集中为每个年度创建一行。每行右侧都有一个 Abc 指示器，表示可以在此拖动文本或数值数据，如将“销售额”字段拖到此区域，Tableau 会创建一个交叉表(类似 Excel 电子表格)，并显示每个年度的总销售额，如图 5-71 所示。

例 5-4～例 5-9
创建视图

【例 5-5】创建图表，按订购日期查看每年的总销售额。

具体操作步骤如下。

(1) 在【数据】窗格中将“订购日期”拖放到【列】功能区，再将“销售额”拖到【行】功能区，Tableau 会使用聚合为总和的销售额生成图 5-72 所示的图表。

首次创建包含时间(在本例中为“订单日期”)的视图时，Tableau 都会生成一个折线图。图 5-73 中的折线图显示随着时间的推移销售额呈上升趋势，但并没有详细展现哪些产品具有最高销售额，以及是否某些商品的表现比其他商品好。

(2) 如要快速更改图表类型，展开【标记】卡上的下拉菜单，里面有多种不同类型图表可供选择。

图 5-71　创建交叉表视图

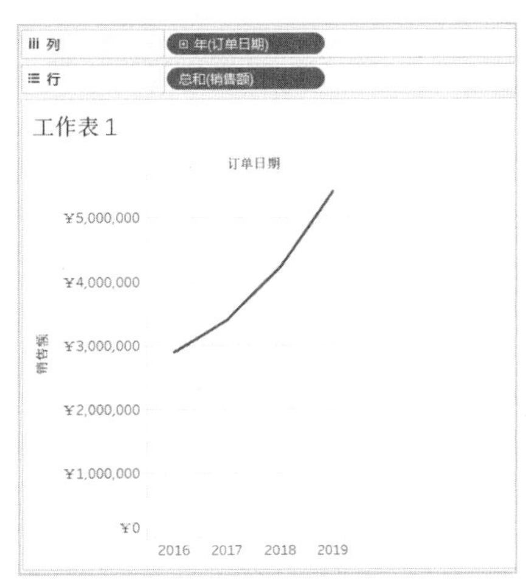

图 5-72　创建图表视图

5.5.2　改善视图

【例 5-6】为了深入了解哪些产品推动了整体销售，可以通过添加更多数据的方式实现。

本例中添加了“类别”，以不同的类别查看销售总额。

具体操作步骤如下。

(1) 在例 5-5 创建的视图的基础上，从【数据】窗格中将“类别”拖到【列】功能区，并将其放在“订单日期”的右边。

这时视图图表将更改为条形图，通过将第二个离散维度添加到此视图中，可以将数据分类为离散块，而不是一段时间内的连续数据。通过条形图可以按年度显示每种产品类别的总体销售额，如图 5-73 所示。

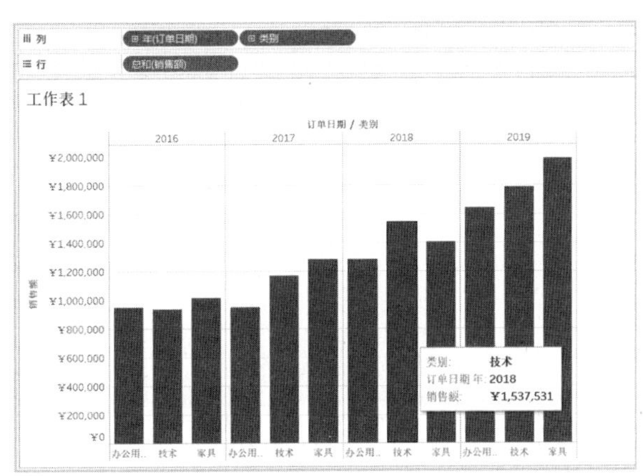

图 5-73　创建条形图展示每种产品的总销售额

(2) 可以在视图中查看每个数据点的信息(即标记)。将光标悬停在其中一个数据条上来显示工具提示，工具提示会显示该类别的总销售额。如果将数据点信息作为标签添加到视图中，可单击工具栏上的【显示标记标签】按钮，效果如图 5-74 所示。

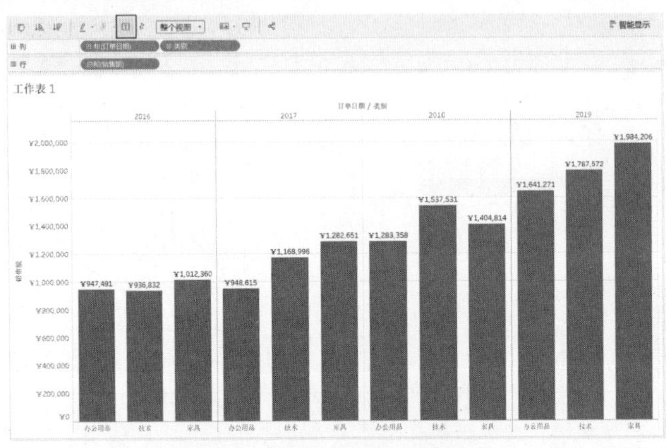

图 5-74　显示数据标签

从视图中可以看出，虽然办公用品在 2019 年的销量确实非常好，但是家具的销售增长速度超过了办公用品的销售增长速度，可以建议公司将销售工作重点放在家具上，但是需要了解家具类别中不同产品的销售情况。

【例 5-7】按子类别查看产品以了解哪些产品更畅销。根据例 5-6，对于“家具”类别，可以查看有关书柜、椅子、家具和桌子等子类别的详细信息，以深入了解销售额，进而了解总体盈利能力。

具体操作步骤如下。

双击或直接将子类别拖到【列】功能区。

当拖放或双击字段将其添加到视图中时，需要注意的是，Tableau 会按默认位置添加该字段，如需要修改，可以通过【撤销】来移动该字段，或将其拖离放入的区域来重新添加。

子类别也是离散字段，它会在视图底部创建另一个标题，并为按类别和年度细分的每个子类别显示一个条形，如图 5-75 所示。

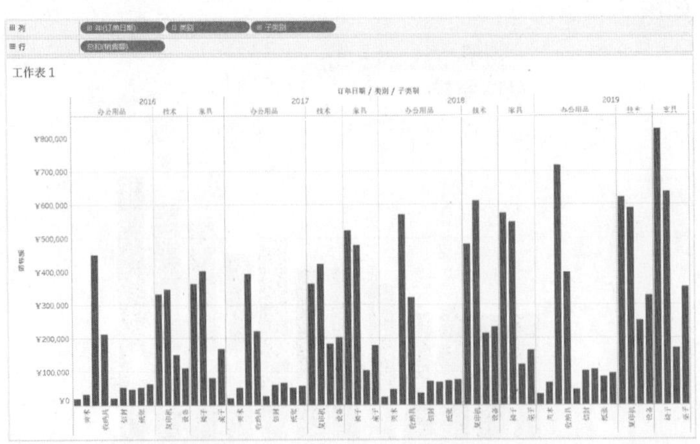

图 5-75　按“子类别”查看产品的总销售额

【例 5-8】按类别查看产品对总体销售额的贡献大小，本例使用不同的颜色来比较产品销售额。

具体操作步骤如下。

将子类别拖到【标记】卡中的【颜色】上，Tableau 就会用不同颜色所标识的每个子类别的附加标记创建一个堆叠条形图，如图 5-76 所示，同时，还会自动在子类别值的右侧显示一个图例卡。

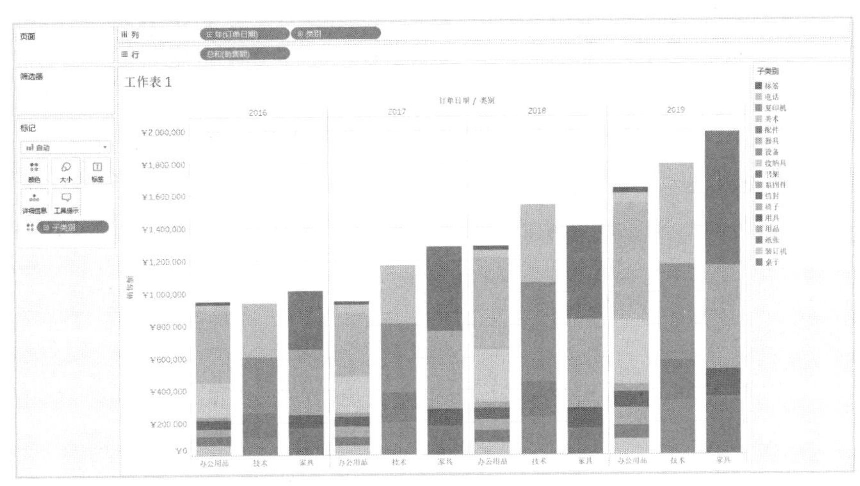

图 5-76　使用不同颜色比较不同产品的销售额

从图表中可以快速查看每个产品对每个类别和年度总销售额贡献的销售额，并且直接显示了大额贡献者和小额贡献者。子类会按照它们在图例中的列出顺序显示为堆叠条，而不是根据它们在【销售】轴上的位置显示为堆叠条。

5.5.3　在视图中添加筛选器

【例 5-9】在视图中添加两个简单的筛选器，能够很轻松地按子类查看特定年度的产品销售额。

具体操作步骤如下。

(1) 在【数据】窗格中右击“订单日期”，在弹出的快捷菜单中选择【显示筛选器】命令。

(2) 对子类别字段重复上面的步骤，如图 5-77 所示。

筛选器会按照选择的顺序添加到视图的右侧。筛选器是卡类型，可以拖动其到画布上的其他位置。拖动筛选器时，将会出现一条深黑色的线，显示拖动筛选器移动的位置。

通过查看各种产品的销售总额，如果发现一些产品的销售额一直较低，可以适当减少这些产品的销售工作。

(3) 将“利润”字段拖到【标记】卡中的【颜色】上，Tableau 会自动添加一个颜色图例并分配发散调色板。这时会发现“桌子”和“美术产品”是负利润，如图 5-78 所示。

(4) 通过查看视图，可发现一些不盈利的产品。在视图内的【子类别】筛选器卡中取消选中“美术”“桌子”之外的所有复选框，得到图 5-79 所示的视图。

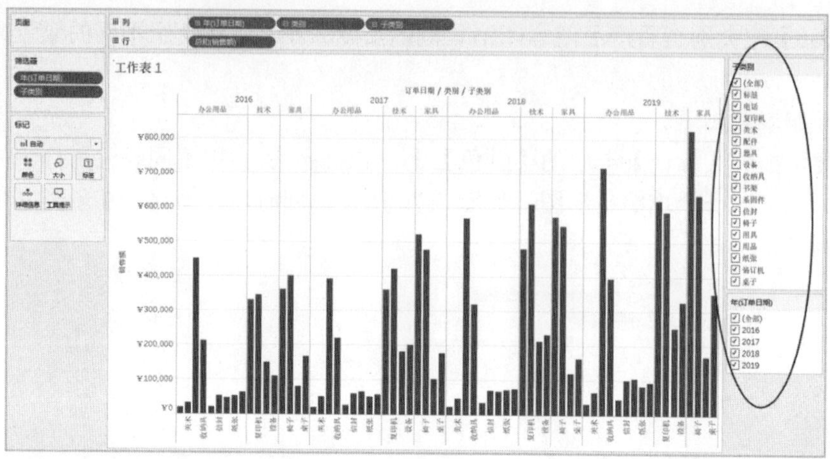

图 5-77　将筛选器应用于视图

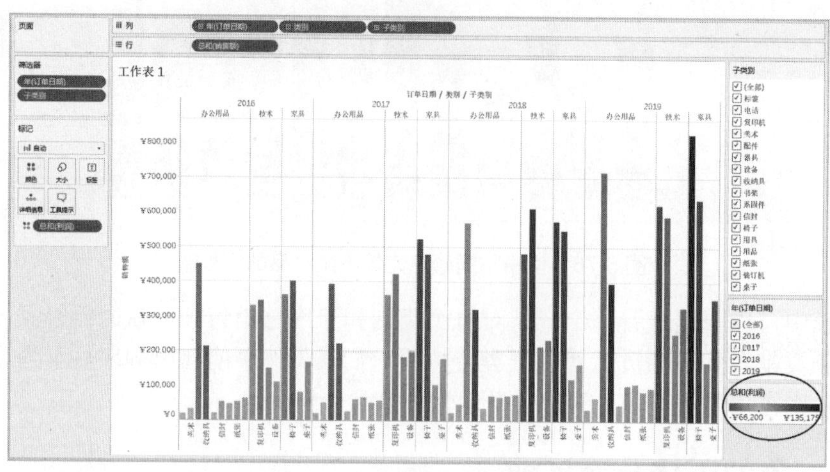

图 5-78　在视图里添加颜色

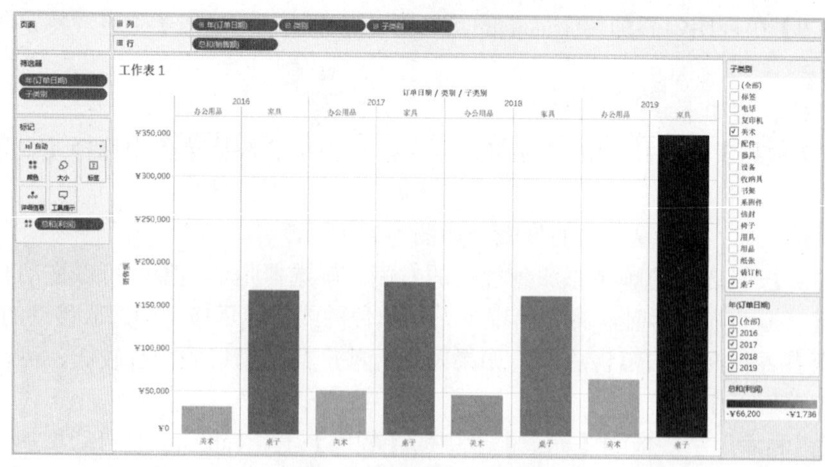

图 5-79　显示不盈利产品

(5) 如果需要收集更多信息，选择“子类别”筛选器卡中的【全部】复选框以重新显示所有子类，然后将【地区】拖到【行】功能区，并将其放在“总和(销售额)”左侧。Tableau

使用多个轴创建了一个按地区细分的视图，如图 5-80 所示。该视图展示了每个区域按产品列出的销售额和盈利能力。

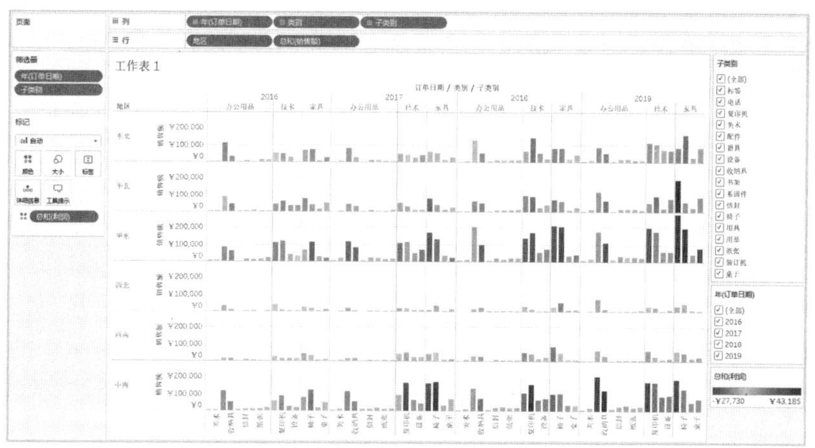

图 5-80　创建按地区细分的视图

(6) 在工作区下方双击【工作表 1】，可以重新输入“按产品/地区列出的销售额”。

(7) 如果想将分析重点放在某个地区(本例选择“西南”)，可以复制当前工作表单独展示。在工作簿中右击【按产品/地区列出的销售额】工作表，在弹出的快捷菜单中选择【复制】命令，将复制的工作表重新命名为“西南部的销售额”。

(8) 在新工作表内的【数据】窗格中将“地区”拖到【筛选器】功能卡内，即在视图中将其添加为筛选器。

(9) 在右侧【筛选器区域】窗格中取消选中“西南”之外的所有复选框，然后单击【确定】按钮，视图更新如图 5-81 所示。

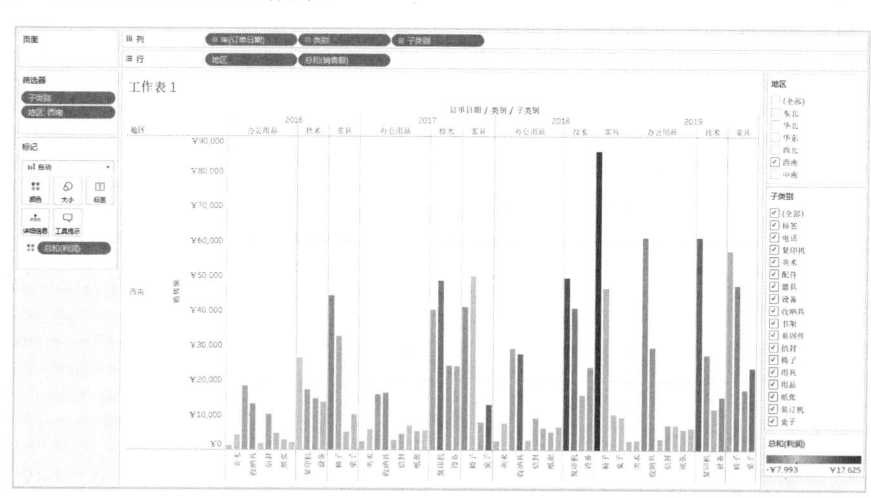

图 5-81　关注西南部的销售额和利润

这样，就可以重点关注西南部的销售额和利润了。

(10) 选择【文件】|【另存为】命令，保存工作簿。

注意：安装 Tableau 时，会在【文档】|【我的文档】|【我的 Tableau 储存库】下面自动

创建一个文件夹目录，【我的 Tableau 储存库】包含多个文件夹，用于存储数据源、已保存工作簿、地理编码数据等。

5.6 筛选视图中的数据

筛选是分析数据的基本操作，本节将介绍对视图中的数据进行筛选的多种方式、如何在视图中显示交互式筛选器，以及在视图中设置筛选器格式等。

在 Tableau 中筛选数据之前，需了解 Tableau 在工作簿中执行筛选器的顺序。Tableau 按一定顺序执行视图上的动作，称为操作顺序，筛选器按以下顺序执行操作：数据提取筛选器→数据源筛选器→上下文筛选器→维度上的筛选器→度量上的筛选器。默认情况下，Tableau 中设置的所有筛选器进行独立计算，即每个筛选器都会访问数据源中的所有行，而与其他筛选器无关。本节以“示例-超市订单数据.xlsx”数据源为例介绍筛选器的运用。

5.6.1 常用筛选器

筛选器按照筛选字段的数据类型可以分为维度筛选器、度量筛选器和日期筛选器。

1. 维度筛选器

维度包含离散分类数据，因此筛选维度字段通常需要选择包含或排除的值。如将维度字段“类别”从【数据】窗格拖到【筛选器】功能区时，弹出【筛选器】对话框，如图 5-82 所示。

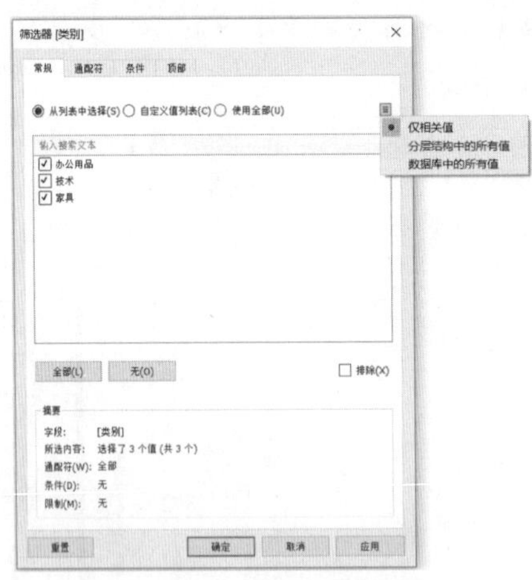

图 5-82 维度【筛选器】

维度【筛选器】对话框中有 4 个选项卡，介绍如下。

(1) 常规。使用【常规】选项卡选择要包含或排除的值。

(2) 通配符。使用【通配符】选项卡定义筛选器所采用的模式。

(3) 条件。使用【条件】选项卡定义作为筛选依据的规则。

(4) 顶部。使用【顶部】选项卡可以定义用于计算将包含在视图中的数据。

每个选项卡上的设置从【常规】选项卡开始累加，即每个选项卡设置的内容都将影响其右侧各选项卡上的筛选结果。

2. 度量筛选器

度量包含定量数据，因此筛选度量字段通常涉及选择要包含的值范围。如将度量字段“利润”从【数据】窗格拖到【筛选器】功能区，将弹出图5-83所示的对话框，根据需要选择一种定量筛选器，然后单击【下一步】按钮。在度量【筛选器】对话框中，可以选择创建四种类型的定量筛选器，如图5-84所示，各种类型的筛选器功能如下。

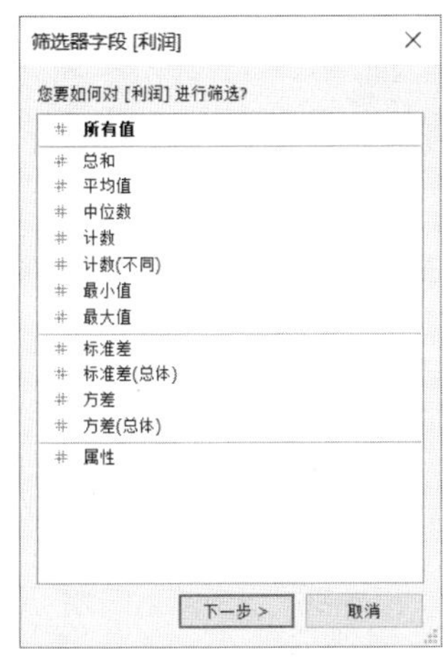

图5-83 度量【筛选器】对话框

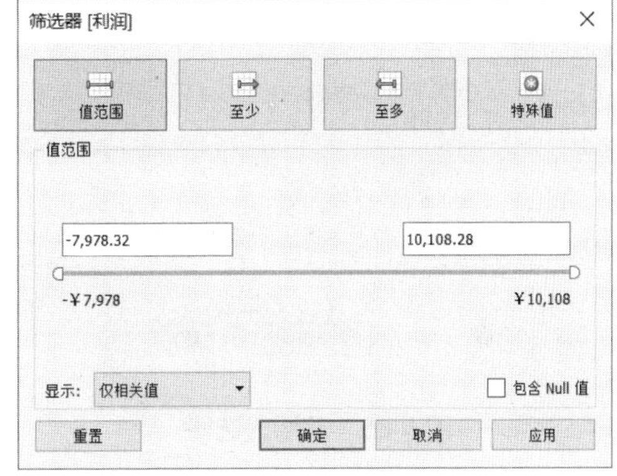

图5-84 定量筛选器类型

(1) 【值范围】。用来指定要包含在视图中的范围的最小值和最大值。

(2) 【至少】。选择【至少】选项以指定大于或等于最小值的所有值，因数据经常改变而无法指定上限时，这种筛选器十分有用。

(3) 【至多】。选择【至多】选项以指定小于或等于最大值的所有值，因数据经常变化而无法指定下限时，使用这种筛选器。

(4) 【特殊值】。选择【特殊值】选项以针对Null值进行筛选，仅包含“Null值”“非Null值”或“所有值”。

注意：如果使用的是大型数据源，则筛选度量可能会导致性能显著降低。

3. 日期筛选器

将日期字段从【数据】窗格拖到【筛选器】功能区时，将弹出图5-85所示的对话框，可以选择是否要针对相对日期进行筛选、在日期范围之间进行筛选，或选择要从视图中筛选的离散日期或单独日期。

(1) 筛选相对日期。单击【相对日期】，定义基于打开视图时的日期和时间更新的日期范围。如需要查看本年迄今的销售额、过去30天的所有记录等。相对日期筛选器也可以相对于特定的日期而不是相对于今天。

(2) 筛选日期范围。用来确定要筛选的固定日期范围。例如，查看在2019年3月1日到2019年6月1日之间下发的所有订单。

(3) 筛选离散日期。用于选择包括整个日期级别。例如，选择“季度”，则可以选择从视图中筛选特定季度，而不用管年度如何。

如果要确保共享或打开工作簿时在筛选器中只选择数据源中的最近日期，需选择离散日期，如“年/月/日”或“单个日期”；单击【下一步】按钮，在图 5-86 所示对话框中的【常规】选项卡上选择日期，并勾选【打开工作簿时筛选到最新日期值】复选框。

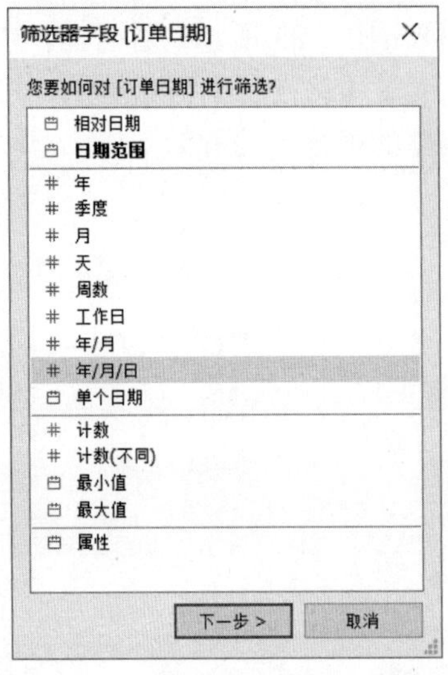

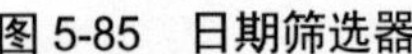
图 5-85 日期筛选器

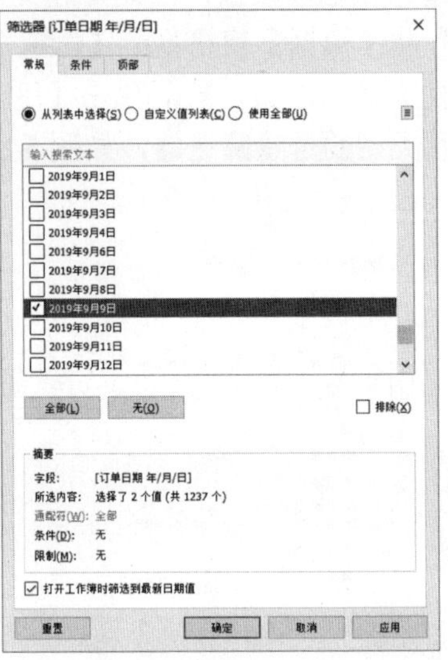

图 5-86 选择离散日期

选择【相对日期】或【日期范围】时，将弹出图 5-87 所示的对话框，可以定义“开始日期”或“结束日期”，也可以选择“特殊值”。

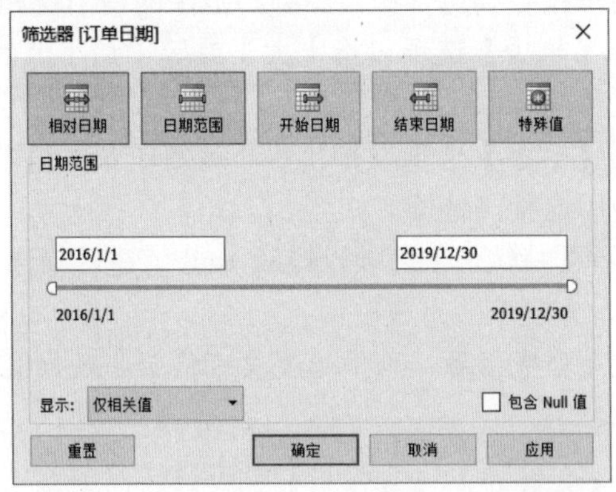

图 5-87 选择【相对日期】或【日期范围】

5.6.2 使用上下文筛选器改善性能

默认情况下，Tableau 对设置的所有筛选器都进行独立计算，即每个筛选器都会访问数据源中的所有行，而与其他筛选器无关。可以将一个或多个维度筛选器设置为视图的上下文筛选器，这样设置的其他筛选器将定义为相关筛选器，这些相关筛选器仅处理通过上下文筛选器的数据。

创建上下文筛选器的作用如下。

(1) 提高性能。如果设置了大量筛选器或连接了一个大型数据源，则查询速度会很慢，可以设置一个或多个上下文筛选器来提高查询性能。

(2) 创建相关数字筛选器或“前 N 个”筛选器。可以设置一个上下文筛选器，以便包含相关数据，再设置数字筛选器或“前 N 个”筛选器。

若要创建上下文筛选器，可以在现有维度筛选器的上下文菜单中选择【添加到上下文】选项，将对上下文执行一次计算以生成视图。

【例 5-10】连接数据源“示例-超市.xlsx---订单.sheet”，按总销售额进行排名，展示安阳市位居前 10 名的商品。

例 5-10 上下文筛选器

具体操作步骤如下。

(1) 将“销售额”拖放到【列】上。

(2) 将“城市”和“产品名称”拖放到【行】上。

(3) 再次从【数据】窗格中将“城市”拖放到【筛选器】功能卡上，在【筛选器】对话框的【常规】选项卡中先单击【无】按钮，再勾选“安阳”，将筛选器设置为仅显示单一值，如图 5-88 所示，创建一个常规筛选器。

(4) 单击工具栏上的【降序排序】按钮，得到图 5-89 所示的视图。

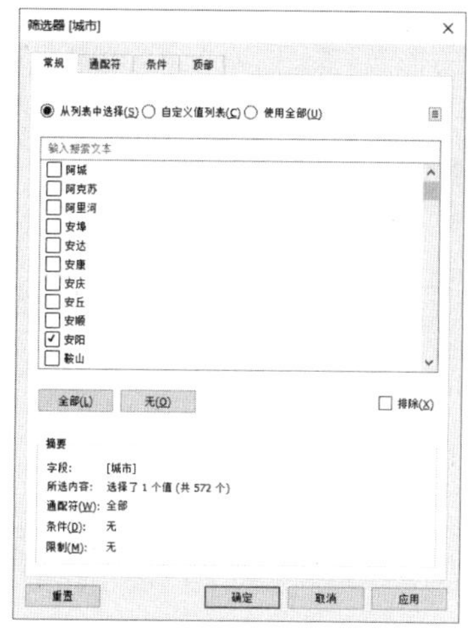

图 5-88 常规筛选器

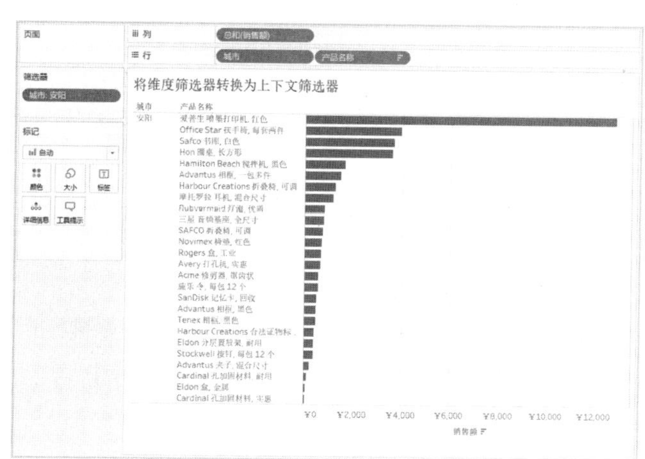

图 5-89 视图效果

(5) 从【数据】窗格中将“产品名称”拖到【筛选器】，在【顶部】选项卡中选中【按字段】单选按钮，创建一个“前 10 个”筛选器，用来显示按总销售额排名前 10 的产品，如图 5-90 所示。

应用“前 10 个”筛选器时，视图出现了问题，并没有显示 10 种产品，原因在于视图中包含了两个维度筛选器，一个是在【筛选器】对话框的【常规】选项卡上创建的，另一个是在【顶部】选项卡上创建的，默认情况下，将对所有筛选器进行单独计算，视图仅显示合并结果。

如果想让常规筛选器在“前 10 个”筛选器之前应用，以便“前 N 个”筛选器可对常规筛选器预先筛选的结果进行操作，解决方案是将其中一个筛选器重新定义为上下文筛选器，以便建立清晰的优先顺序。

(6) 在【筛选器】功能区右击“城市”，在弹出的快捷菜单中选择【添加到上下文】命令，如图 5-91 所示。上下文筛选器优先于维度筛选器，因此视图将按预期方式显示销售额排名前 10 的产品，如图 5-92 所示。

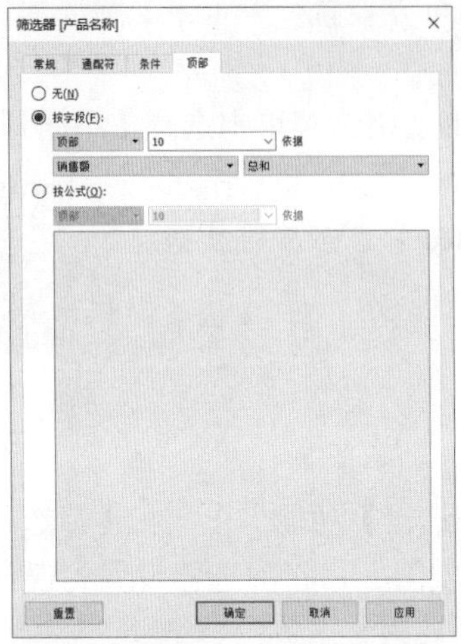

图 5-90　添加“前 N 个”筛选器

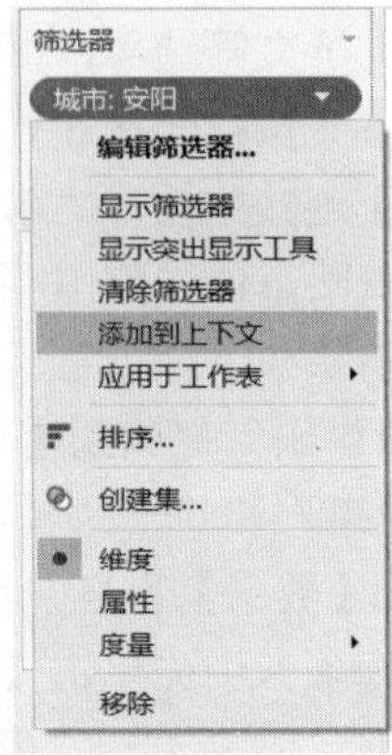

图 5-91　添加到上下文

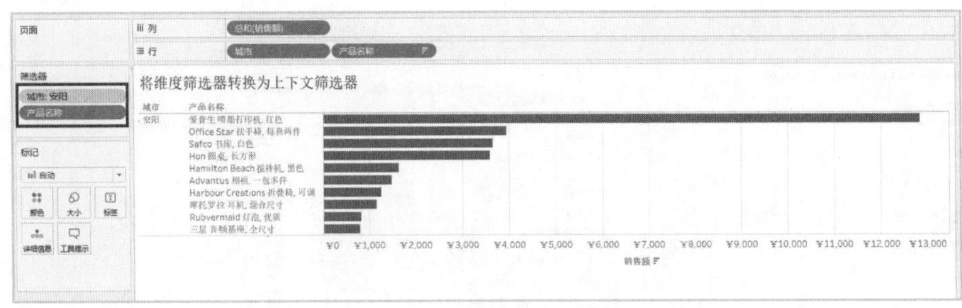

图 5-92　显示销售额排名前 10 的产品

相对于其他筛选器，上下文筛选器有如下特点。

(1)　显示在【筛选器】功能区顶部。

(2)　上下文筛选器用灰色来标识。

(3)　无法在功能区上重新排列。

5.6.3　在视图中显示交互式筛选器

利用交互式筛选器显示时，可以在视图中快速包含或排除数据。

1. 在视图中显示筛选器

将“销售额”和“子类别”分别拖放到【列】和【行】，得到图 5-93 所示的视图，右击【行】上的“子类别”字段，在弹出的快捷菜单中选择【显示筛选器】命令，该字段会自动添加到【筛选器】功能区，并且筛选器卡会出现在视图右侧，可以进行交互以方便筛选数据。

2. 筛选器卡外观设置选项

筛选器显示之后，会出现多个不同的选项，利用这些选项可以控制筛选器的工作方式和显示方式。可以在视图中单击筛选器卡右上角的下拉菜单来访问这些选项，如图 5-94 所示。

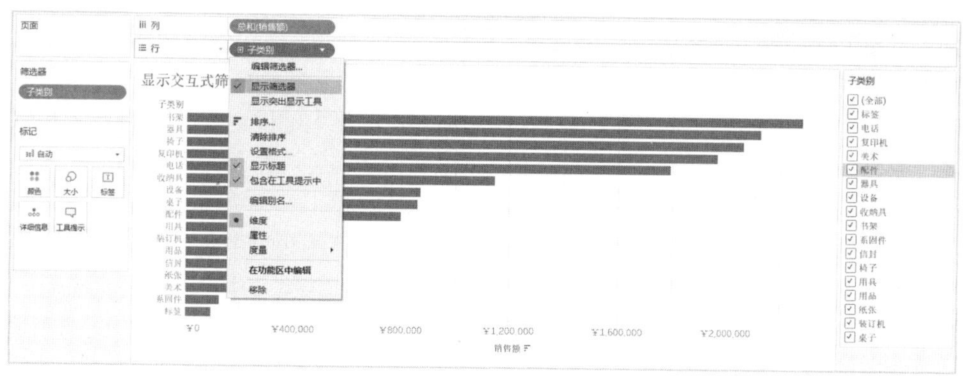

图 5-93 显示筛选器

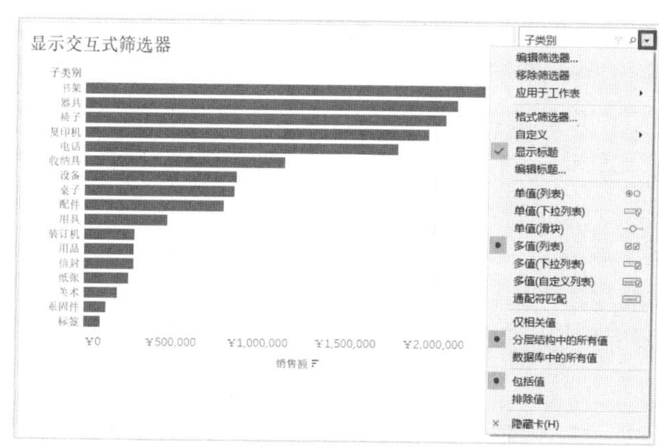

图 5-94 常规筛选器卡选项

1) 常规筛选器卡选项

(1) 编辑筛选器。此选项可打开主【筛选器】对话框，可在其中通过添加条件和限制来进一步细化筛选器。

(2) 移除筛选器 。从【筛选器】功能区移除筛选器并移除视图中的筛选器卡。

(3) 应用于工作表 。允许指定筛选器是仅应用于当前工作表，还是在多个工作表之间共享。

(4) 格式筛选器。自定义视图中所有筛选器卡的字体和颜色。

(5) 仅相关值。指定要在筛选器中显示哪些值。选择此选项时，将会考虑其他筛选器，并仅显示通过这些筛选器的值。

(6) 分层结构中的所有值。指定要在筛选器中显示哪些值。依据分层字段创建筛选器时，此选项默认情况下已选定。筛选器值基于分层结构中父/子关系的相关性显示。

(7) 数据库中的所有值。指定要在筛选器中显示哪些值。选择此选项时，数据库中的所有值都会显示出来，而无论视图中是否存在其他筛选器。

(8) 上下文中的所有值。如果视图中的其中一个筛选器是上下文筛选器，则在其他筛选器上选择此选项以仅显示通过上下文筛选器的值。

(9) 包括值。表示筛选器卡中的选项将包含在视图中。

(10) 排除值。表示筛选器卡中的选项将从视图中排除。

(11) 隐藏卡。隐藏筛选器卡，但不会从【筛选器】功能区移除该筛选器。

2) 筛选器卡模式

可以通过选择筛选器卡模式来控制视图中筛选器卡的外观和交互。筛选器卡模式类型有维度筛选器和度量筛选器。

对于维度筛选器，可以从以下筛选器模式中进行选择。

(1) 单值(列表)。将筛选器的值显示为单选按钮列表，在该列表中，一次只能选择一个值。

(2) 单值(下拉列表)。在下拉列表中显示筛选器的值，在该列表中，一次只能选择一个值。

(3) 单值(滑块)。沿滑块的范围显示筛选器的值，一次只能选择一个值。此选项适用于具有隐式顺序的维度(如日期)。

(4) 多值(列表)。将筛选器中的值显示为复选框列表，在该列表中，可以选择多个值。

(5) 多值(下拉列表)。在下拉列表中显示筛选器的值，在该列表中，可以选择多个值。

(6) 多值(自定义列表)。显示一个文本框，可在其中输入一些字符并搜索值。也可以在文本框中输入一系列值，以创建要包含的值的自定义列表。

(7) 通配符匹配。显示一个文本框，在其中输入一些字符，将自动选择与这些字符匹配的所有值。可将星号字符用作通配符，例如，可输入“tab*”以选择以字母“tab”开头的所有值。模式匹配不区分大小写。如果使用的是多维数据源，则仅当筛选单个级别的分层结构和属性时，此选项才可用。

对于度量筛选器，可以从以下筛选器模式(见图 5-95)中进行选择。

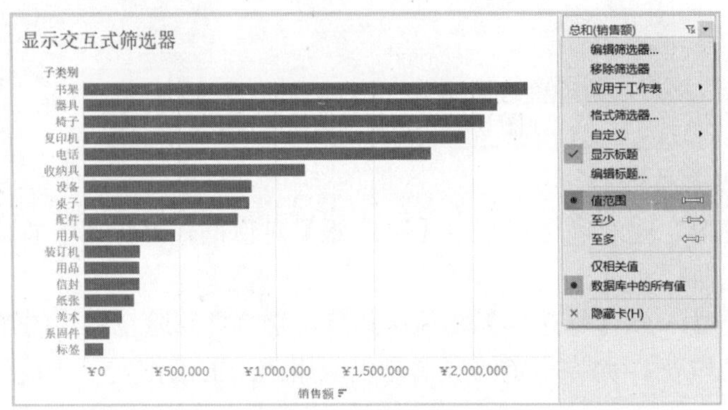

图 5-95 度量筛选器模式

(1) 值/日期范围。将经过筛选的值显示为一对滑块，可以调整这两个滑块以包含或排除更多值。单击上限和下限可手动输入值。

(2) 至少/开始日期。显示一个具有固定最小值的滑块。使用此选项可使用一端不受限制的范围来创建筛选器。

(3) 至多/结束日期。显示一个具有固定最大值的滑块。使用此选项可使用一端不受限制的范围来创建筛选器。

3) 自定义筛选器卡

除了常规筛选器选项和筛选器模式外，还可以控制筛选器在工作表、仪表板中的显示方式。若要自定义筛选器，在筛选器卡下拉菜单中选择【自定义】选项，如图 5-96 所示。

可以从以下选项中选择。

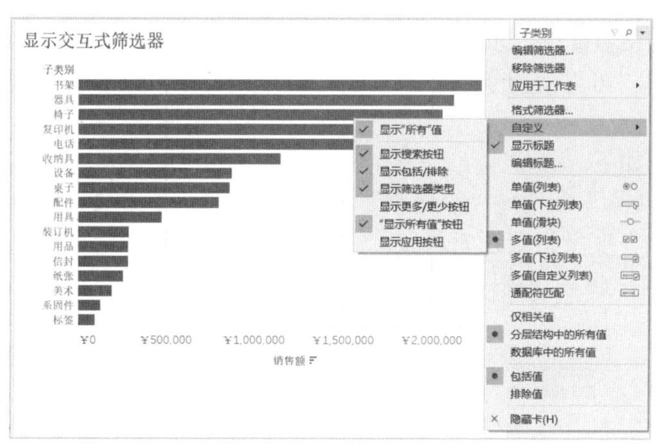

图 5-96 自定义筛选器卡

(1) 显示“所有”值。对默认情况下在多值和单值列表中是否显示“全部”选项进行切换。

(2) 显示搜索按钮。对是否在筛选器顶部显示搜索按钮进行切换。

(3) 显示包括/排除。允许或禁止用户更改显示的快速筛选器类型。

(4) 显示更多/更少按钮。对是否在筛选器顶部显示“更多/更少”按钮进行切换。

(5) “显示所有值”按钮。对是否在筛选器卡上显示“显示所有值”按钮进行切换。每当在筛选器中排除数据时，“显示所有值”按钮上将出现红色的“×”图标，所有值均显示时，红色的“×”图标将消失。

(6) 显示应用按钮。对是否在筛选器底部显示“应用”按钮进行切换。如果显示此按钮，则对筛选器所做的更改只在单击此按钮后才会应用。

5.7 Tableau 基本可视化图形

数据的可视化展示能让用户迅速挖掘出隐藏在数据中的信息。本节主要介绍如何用 Tableau 简单、快速地做出具有针对性、交互性、美观性的图表。

5.7.1 条形图

条形图是最常用的统计图表之一，使用条形图可在各类别之间比较数据，可以快速地对比各指标值的高低，尤其是当数据分为几个类别时，使用条形图会更有效，可以很容易地发现各项目数据间的差异。

将维度字段放在【列】上，度量字段放在【行】上，会创建垂直条，如图 5-97 所示。反之将创建水平条，如图 5-98 所示。

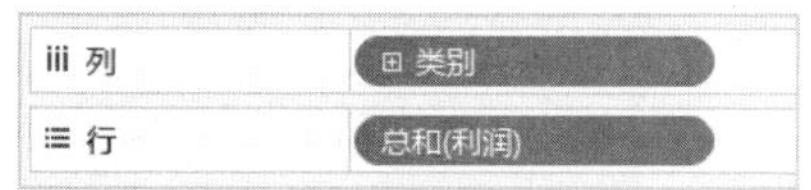

图 5-97 创建垂直条

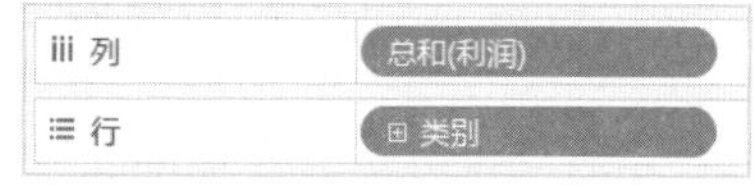

图 5-98 创建水平条

【例 5-11】连接数据源“示例-超市.xlsx---订单.sheet”，分析各类产品的销量与利润情况。可以使用条形图来展示，再进行排序，最后将区域字段也添加到图表中。

例 5-11　条形图

具体操作步骤如下。

(1) 将维度“类别”和度量“销售额”分别拖放到【行】和【列】上，创建视图为水平条形图，“销售额”度量将聚合为总和，每个标记的长度表示某类产品的销售总额，同时创建一个轴，而列标题移到视图的底部。然后单击工具栏中的降序图标，结果如图 5-99 所示。

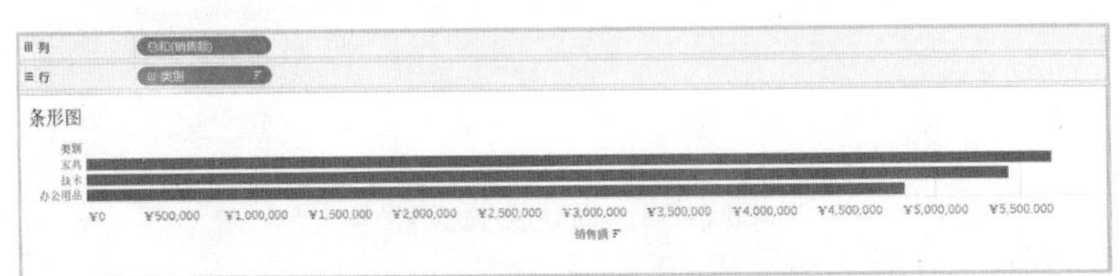

图 5-99　产品类别销售额的条形图

(2) 将“地区”拖到【行】中“类别”的右侧，也可以直接拖放到图中纵轴产品的右侧，注意不要把“类别”覆盖。再单击降序图标，对各地区销售额进行排序，将视图改为全屏视图，结果如图 5-100 所示。

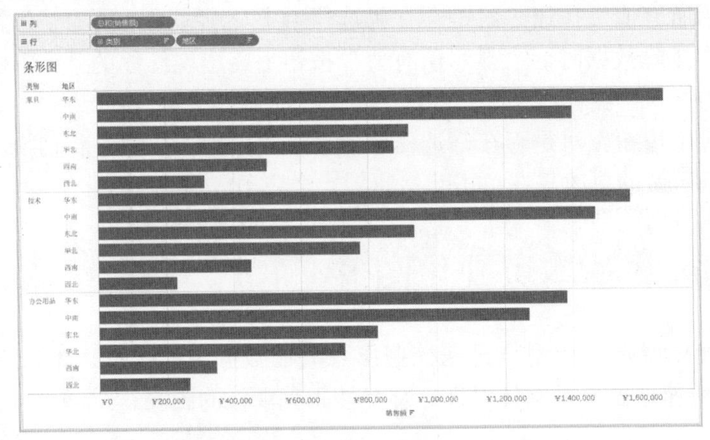

图 5-100　产品类别销售额的区域展示

(3) 将“利润”直接拖放于视图区，Tableau 会自动将“利润”放到【标记】中的【颜色】里，单击【颜色】|【编辑颜色】，将颜色设置为【橙色-蓝色发散】，并勾选【使用完整颜色范围】复选框，如图 5-101 所示。将工作表命名为“条形图”，最后结果如图 5-102 所示。

图 5-102 中的条形图也可以变成垂直条，单击工具栏上的转置图标，条形图即可变为图 5-103 所示的柱形图。

另外，条形图还有堆叠条形图和并排条形图两种形式，单击【智能显示】，可以直接选择这两种图形进行转换。

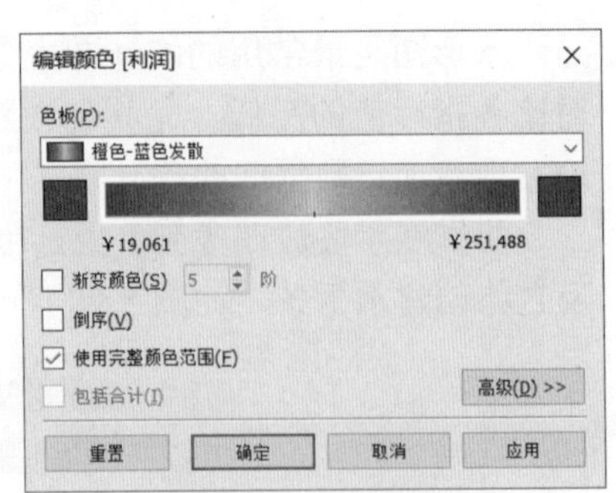

图 5-101　编辑颜色

图 5-102 销售额和利润的展示

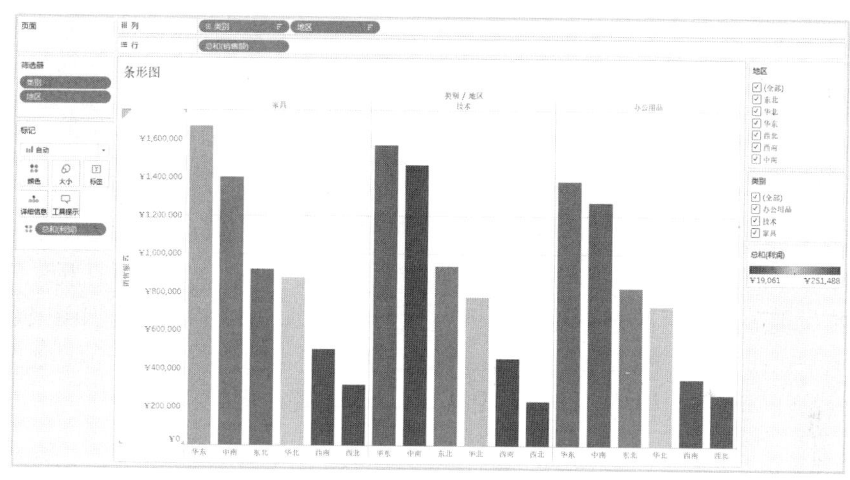

图 5-103 销售额和利润的柱形图展示

5.7.2 线形图

线形图可以将独立的数据点连接起来，通过线形图可以在大量连续的点中发现数据变化的趋势。线形图适用于显示数据随时间变化的趋势，或者预测未来的值。

在使用线标记类型的视图中，可以使用【标记】卡中的【路径】属性来更改线标记的类型(线性、阶梯或跳跃)，或通过使用特定绘制顺序连接标记来展现数据。

【例 5-12】连接数据源“示例-超市.xlsx---订单.sheet”，利用线形图分析近四年来的销售变化趋势及各类别产品每年的销售趋势。

例 5-12 线形图

具体操作步骤如下。

(1) 将“订单日期”和“销售额”分别拖放到【列】和【行】上，Tableau 按年份聚合日期，将“销售额”聚合为总和，并显示一个简单的线形图。

(2) 选择【列】上的“订单日期”字段，右击，在弹出的快捷菜单中选择连续的【月 2015 年 5 月】选项。

(3) 将“类别”拖放到【行】上，放置在“销售额”左侧。

(4) 将“利润”直接拖放到视图中，然后将颜色调整为“橙色-蓝色发散”，并勾选【使用完整颜色范围】复选框，单击【确定】按钮。

(5) 将工作表命名为“线形图”，并将“类别”筛选器显示出来，最终效果如图 5-104 所示。由图中可以看出，家具产品的利润不是很好，有几个月的利润都是负值，而且技术类产品的销售额波动比较大。

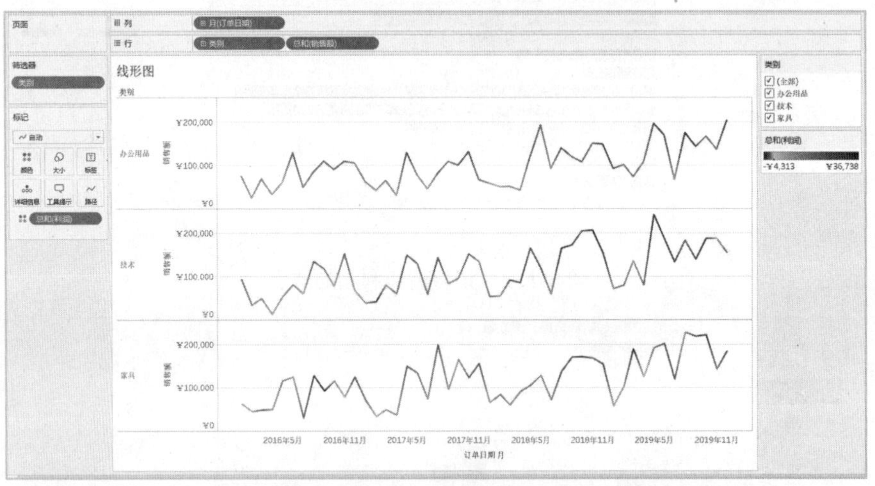

图 5-104　销售额与利润随时间的变化情况

也可以使用面积图来对比三种产品的销售额与利润情况，这样会更直观。面积图是线形图的一种表现形式，当视图中有两条及以上线条时，则可以考虑用面积图来表示。单击【智能显示】，找到“面积图”，Tableau 提供了两种基本的面积图，一种是连续的，一种是离散的。选择“连续面积图”，得到图 5-105 所示的面积图。

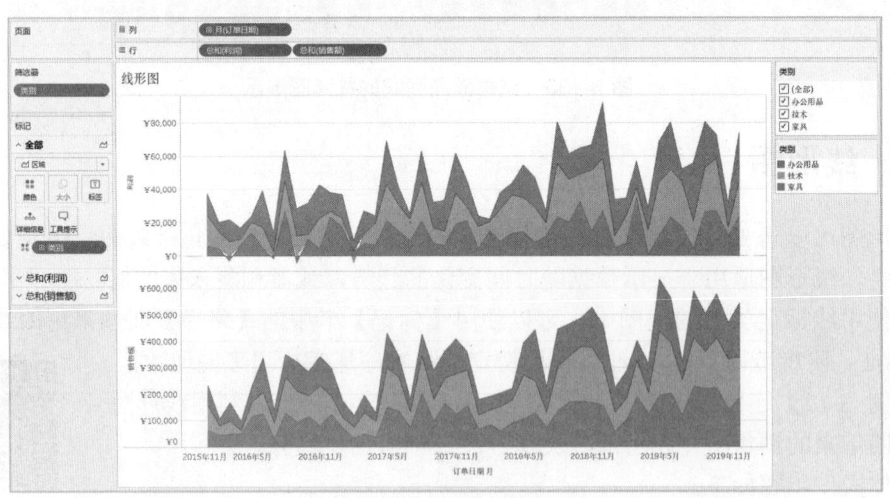

图 5-105　用面积图展示销售额与利润随时间变化情况

从图 5-105 中可以看出，家具产品的利润最少，而且有几个月份都是负利润。技术产品无论是销售额还是利润都较高。如果单击“离散的面积图”后，视图如图 5-106 所示，在【列】上多了“季度”，Tableau 已自动把“季度”数据钻取出来。

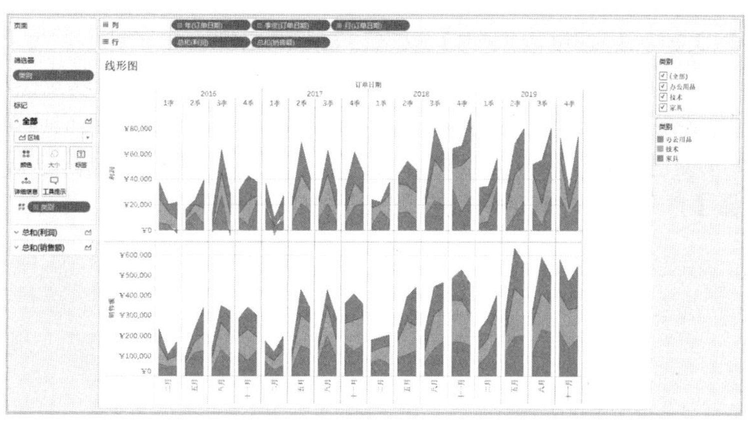

图 5-106　使用离散面积图

5.7.3　饼图

饼图一般只用来展示相对比例或百分比情况。饼图的标记类型有颜色(维度)和角度(度量)。使用饼图时分类不要超过 6 种，否则图表整体看起来会显得非常拥挤，可以考虑使用其他图形，如条形图等。

【例 5-13】连接数据源“示例-超市.xlsx---订单.sheet”，使用饼图查看每种类别产品销售额占总体的百分比情况。

例 5-13　饼图

具体操作步骤如下。

(1) 在【标记】功能卡中将图形选为饼图，如图 5-107 所示，【标记】卡里多了一个【角度】选项。

(2) 将“类别”拖放至【颜色】框内。

(3) 将“销售额”拖放至【角度】框内，Tableau 将“销售额”度量聚合为总和，形成饼图视图。此时的饼图很小，若要将此图表变大，按下 Ctrl+Shift 键的同时按 B 键多次即可。

(4) 将“类别”和“销售额”字段分别拖放到【标记】|【标签】中，显示效果如图 5-108 所示。

图 5-107　饼图的【角度】框

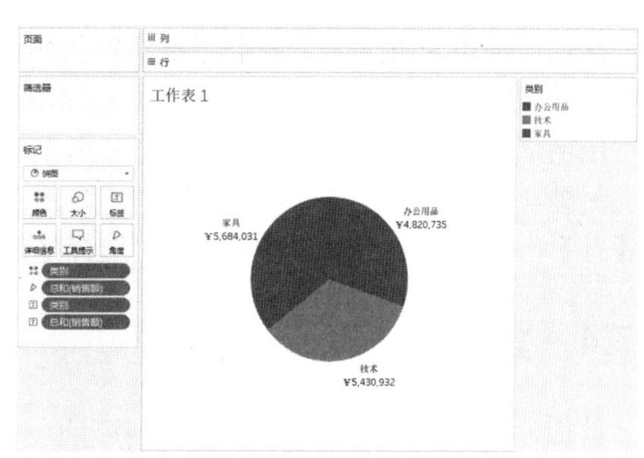

图 5-108　各产品类别销售额的饼图视图

(5) 在【标记】中，右击【总和(销售额)】，在弹出的快捷菜单中选择【快速表计算】|

【合计百分比】命令，【总和(销售额)】数据标签右侧出现一个“△”符号，如图 5-109 所示，此时显示各类别销售额占比情况。关于快速表计算的内容将在后续章节中做详细介绍。

(6) 还可以修改数据标签格式。右击【总和(销售额)】，在弹出的快捷菜单中选择【设置格式】命令，打开【设置[总和(销售额)]】窗格，在【区】|【默认值】选项区单击【数字】下拉按钮，选择【百分比】，修改小数位数为 2 位，如图 5-110 所示。

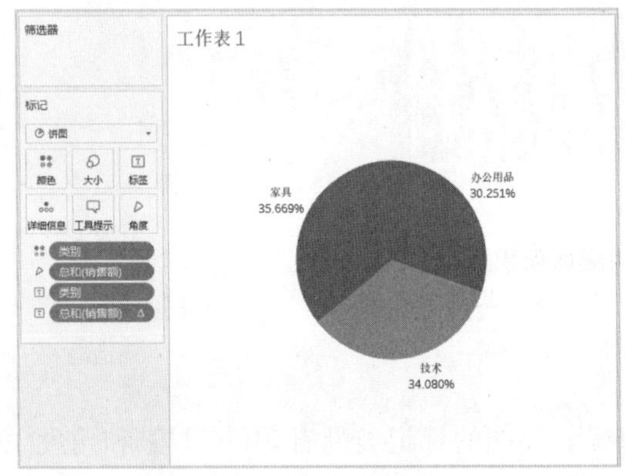

图 5-109　添加快速表计算

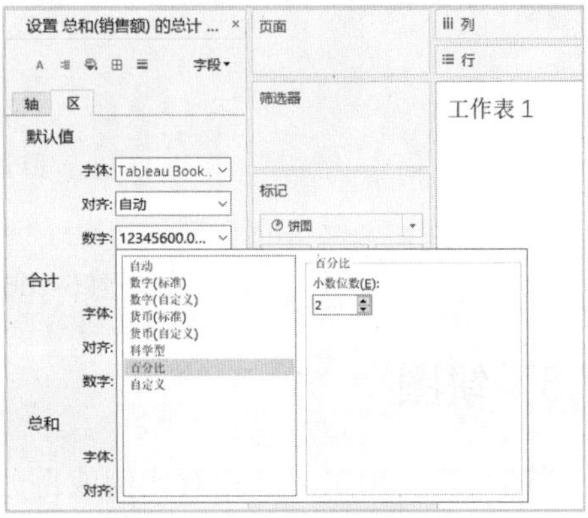

图 5-110　修改数字标签格式

(7) 将工作表命名为“工作表 1”，最终效果如图 5-111 所示。

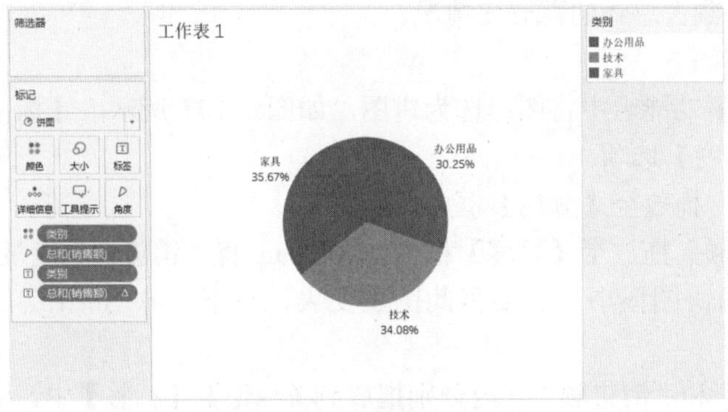

图 5-111　最终效果图

从图中可以看出，家具产品占整体销售额比例最大，办公产品最小。如果要将各产品占整体销售额的比值都显示出来，则需要使用函数构造相关字段，在此不做深究。另外，双击图例上的某种颜色，可以为每种产品指定颜色。饼图还可以使用在地图上。

另外，还可以通过【智能显示】制作饼图。将“类别”和“销售额”分别拖放到【列】和【行】上，打开【智能显示】窗格，选择【饼图】选项，即可完成对饼图的制作。

5.7.4　复合图

前面分别介绍了条形图、线形图和饼图，可有时单独用一种图形并不能满足需求，此时可以使用复合图，即在一个视图里用几种不同的图形来展示数据。

【例 5-14】连接数据源“示例-超市.xlsx---订单.sheet”，分析近几年各个区域的销售情况，销售额用线条来表示，利润额用条形图来表示，对比销售额和净利润。

具体操作步骤如下。

(1) 将“订单日期”字段拖放到【列】上，并将日期格式设置为连续的【月】。

(2) 将“销售额”拖放到【行】。

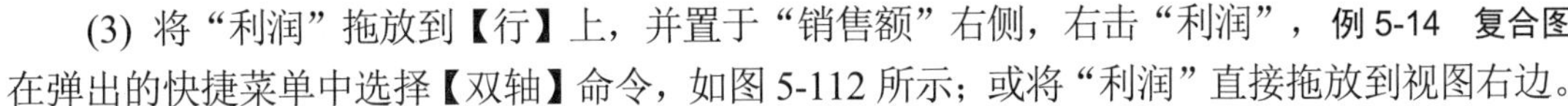

(3) 将“利润”拖放到【行】上，并置于“销售额”右侧，右击“利润”，在弹出的快捷菜单中选择【双轴】命令，如图 5-112 所示；或将“利润”直接拖放到视图右边。

例 5-14　复合图

(4) 右击“利润”轴，在弹出的快捷菜单中选择【标记类型】|【条形图】命令。

(5) 右击“利润”轴，在弹出的快捷菜单中选择【将标记移至顶层】命令，如图 5-113 所示。通过【标记】|【大小】控件将条形图的宽度调至合适大小。

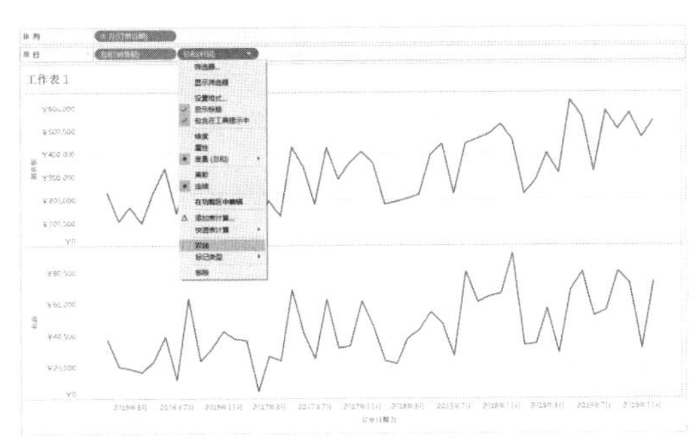

图 5-112　设置双轴

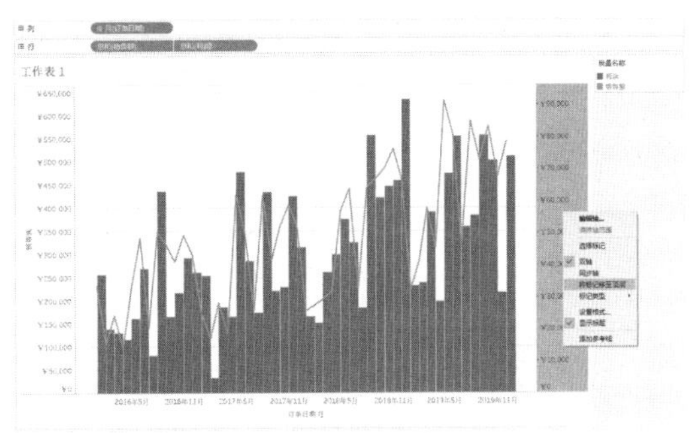

图 5-113　修改层叠顺序

(6) 右击“销售额”轴，在弹出的快捷菜单中选择【标记类型】|【线】命令。

(7) 将“地区”拖放到【行】，置于“销售额”左边。

(8) 将工作表命名为“复合图”，最终效果如图 5-114 所示。从图中可以看出，西北和西南两个地区的销售额和利润近几年来都处在低位，需要进一步分析原因。

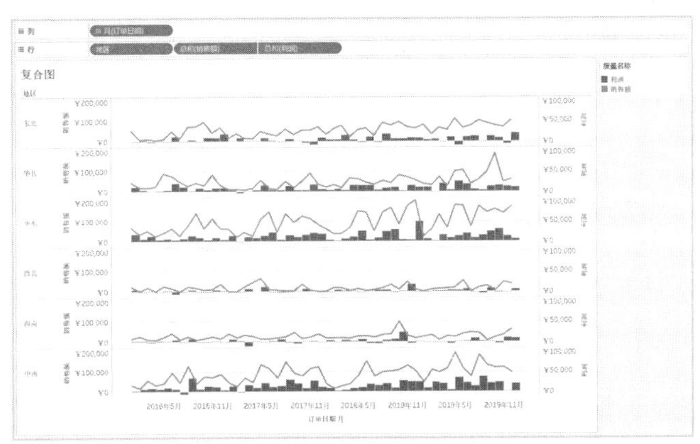

图 5-114　复合图

5.7.5　嵌套条形图

当使用某一个维度评价另外一个维度，或者要用两个度量来衡量一个维度，并且两个度量使用相同的刻度时，但不希望用重叠条形图，则可以使用嵌套条形图来解决。

【例 5-15】连接数据源“示例-超市.xlsx---订单.sheet”，展示 2018 年、2019 年各个产品子类别的销售情况，这里不使用重叠条形图。

具体操作步骤如下。

(1) 利用公式编辑器构造两个计算字段。

◎ [2018 年销量]：IF YEAR([订单日期])=2018 THEN [销售额] END。

◎ [2019 年销量]：IF YEAR([订单日期])=2019 THEN [销售额] END。

例 5-15 嵌套条形图

右击“数量”字段，在弹出的快捷菜单中选择【创建】|【计算字段】命令，弹出公式编辑器对话框，输入名称和公式，如图 5-115 所示，创建“2018 年销量”字段。用同样的方法创建“2019 年销量”字段。关于计算字段将在后续章节中做介绍。

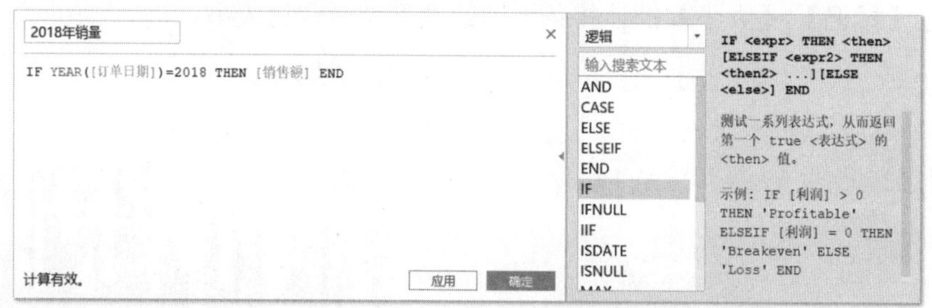

图 5-115 创建计算字段

(2) 将“2018 年销量”新字段拖放至【行】上，“产品子类别”拖放到【列】上。

(3) 将“2019 年销量”直接拖放到“2018 年销量”所在的纵轴上，此时会出现“度量名称”和“度量值”。

(4) 将【列】上的“度量名称”拖放到【颜色】框中，得到图 5-116 所示的堆叠条形图。

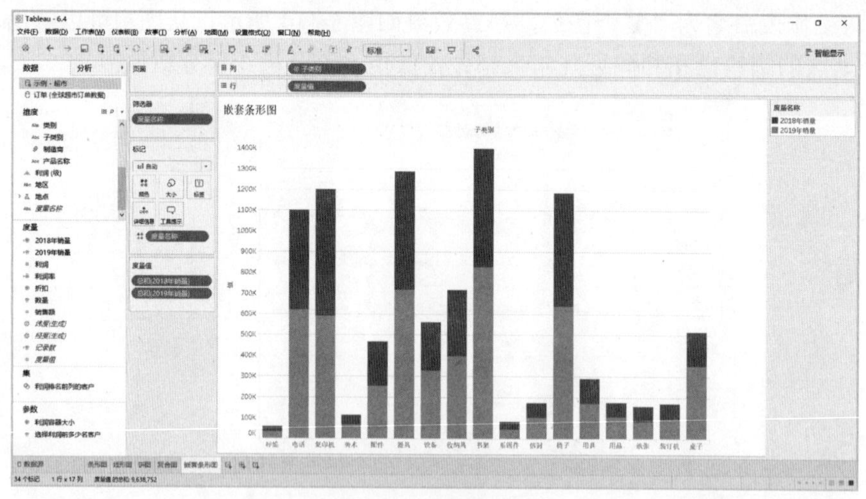

图 5-116 堆叠条形图

(5) 如果不使用堆叠条形图，需要把代表 2018 年销量和 2019 年销量的两个条形柱大小区分开。按住 Ctrl 键，选中“度量名称”，将其拖放到【大小】框中，这时视图效果如图 5-117 所示。

(6) 在菜单栏中单击【分析】，将【堆叠标记】设置为“关”，最终效果如图 5-118 所示。将工作表命名为“嵌套条形图”，保存工作簿。从图中可以发现，2019 年各产品子类别的销量基本都比 2018 年好。

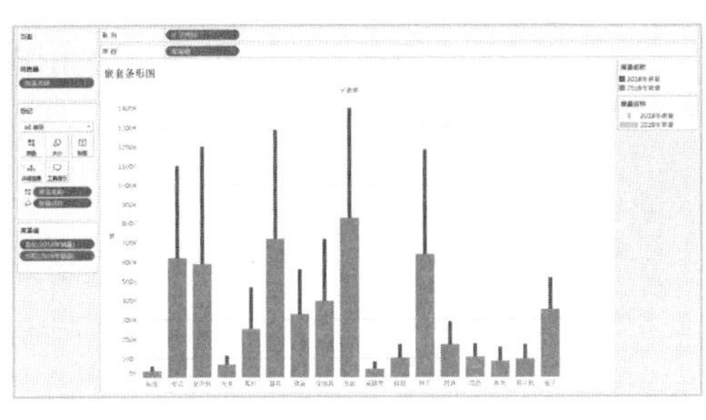

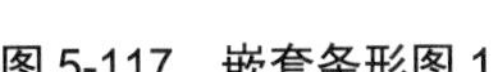
图 5-117　嵌套条形图 1

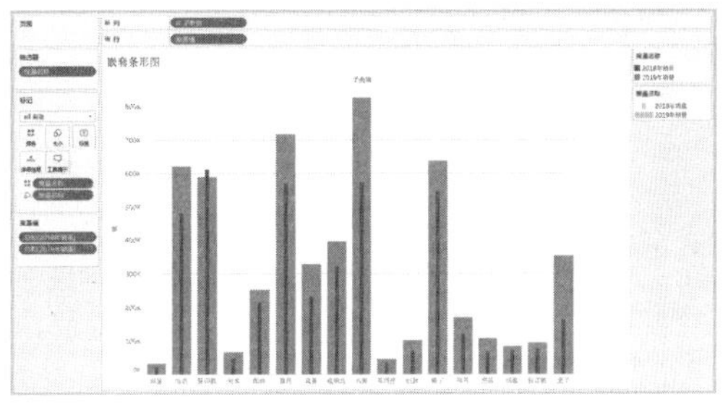

图 5-118　嵌套条形图 2

5.7.6　散点图

散点图通常用于分析不同字段间是否存在某种关系，例如，分析各类产品的销售额和运输费用情况。在 Tableau 中，可以通过在【列】和【行】上分别放置至少一个度量来创建散点图。通过散点图可以有效地发现数据的某种趋势、集中度及其中的异常值，可以帮助人们确定下一步应重点分析哪方面的数据或情况。

【例 5-16】连接数据源“某公司销售数据.xlsx”，分析各类产品的销售额与运输费之间是否存在某种对应关系。本例要用到两个不同的数据源。

例 5-16　散点图

具体操作步骤如下。

(1) 分别双击“顾客姓名”和“销售额”，这时可以看到每位顾客的购买金额。为了分析销售额与运输费之间的关系，需要用到另一个数据源。

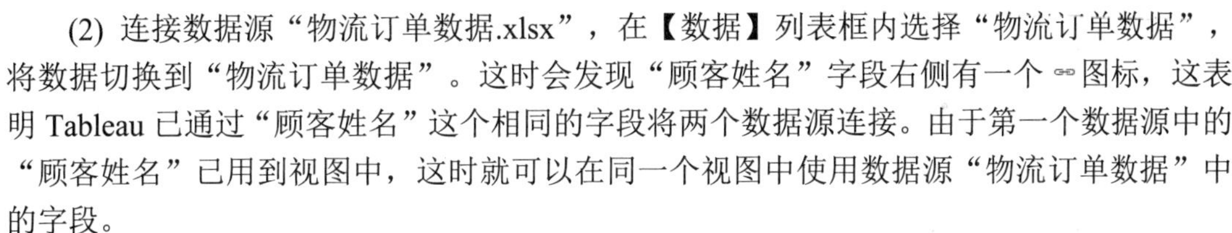

(2) 连接数据源“物流订单数据.xlsx”，在【数据】列表框内选择“物流订单数据”，将数据切换到“物流订单数据”。这时会发现“顾客姓名”字段右侧有一个 ⚯ 图标，这表明 Tableau 已通过“顾客姓名”这个相同的字段将两个数据源连接。由于第一个数据源中的“顾客姓名”已用到视图中，这时就可以在同一个视图中使用数据源“物流订单数据”中的字段。

(3) 双击“运输费用”，在【智能显示】中选择【散点图】，散点图可以使用多种标记类型，默认情况下，Tableau 使用形状标记类型，例如圆形或方形等，如图 5-119 所示。

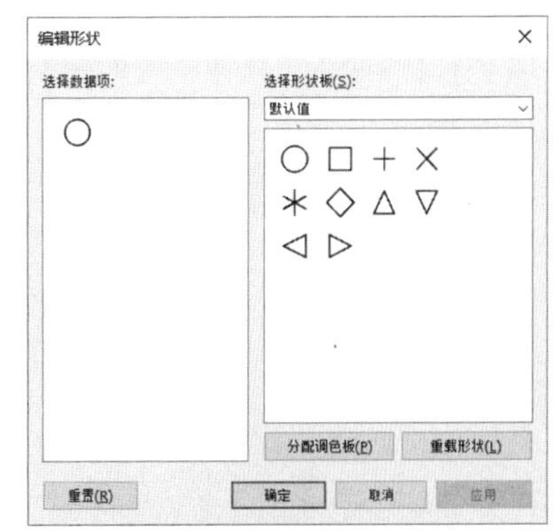

图 5-119　形状标记类型

(4) 将工作表命名为“散点图”，保存工作簿，结果如图 5-120 所示。从图中可以很容易发现，“销售额”和“运输费”之间有较明显的线性关系。另外，也可以看到有一些比较突出的点，如右上角和右下角。

为了验证“销售额”和“运输费”之间是否有线性关系，可以添加一条趋势线。右击视图区，在弹出的快捷菜单中选择【趋势线】|【显示趋势线】命令，效果如图 5-121 所示。将光标移至趋势线上时，会显示其线性方程及 P 值，可以看到线性关系很明显。右击趋势线，在弹出的快捷菜单中选择【描述趋势线】或【描述趋势模型】命令，弹出【描述趋势线】对话框，可以看到该线性方程的模型，如图 5-122 所示。

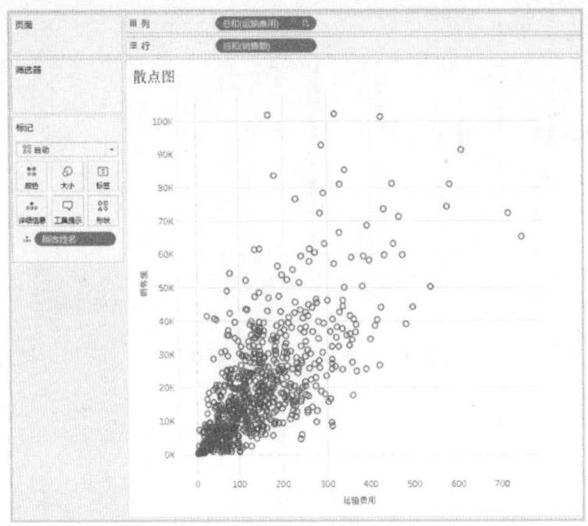

图 5-120　散点图　　　　图 5-121　显示趋势线

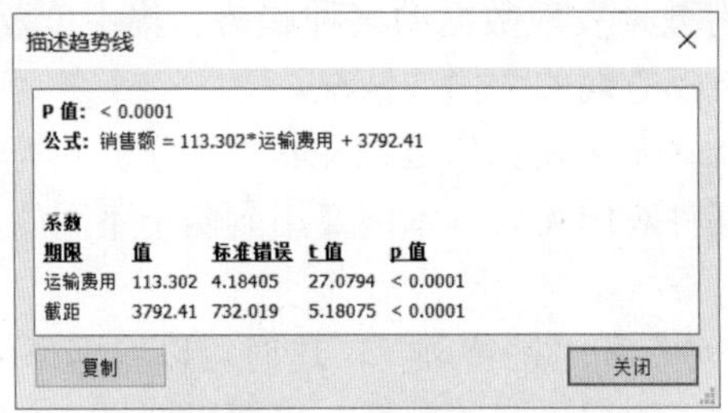

图 5-122　查看线性方程模型

(5) 添加注释。为了重点分析某些点，可以对该点添加注释。选中该点，右击，在弹出的快捷菜单中选择【添加注释】|【点】命令，在弹出的对话框中输入注释文字，如图 5-123 所示。

(6) 如果想展示每种类别产品的销售额和运费之间的线性关系，将“产品类别”拖放到【颜色】框内，则视图中出现三条不同颜色的趋势线，用以区分三种产品类别，如图 5-124 所示，不需要再为每种产品类别手动添加一条趋势线。

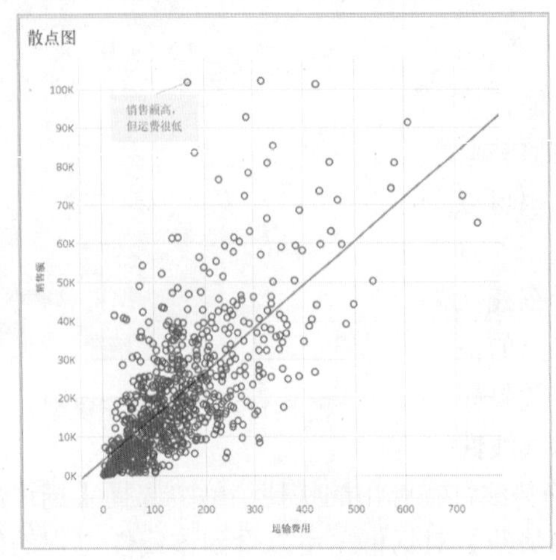

图 5-123　添加注释

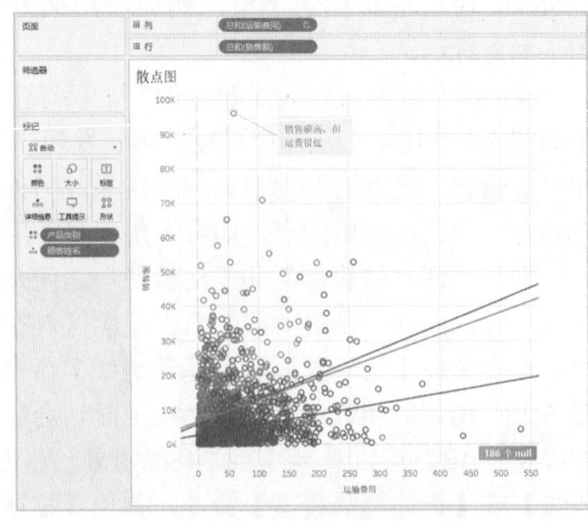

图 5-124　各类产品的趋势线

(7) 可以为图中的点添加标签值。单击工具栏中的【显示标记标签】按钮，Tableau 不会立即为所有的点添加标签值，因为这样会导致重叠，影响效果。

5.7.7 热图

使用热图可以区分和对比两组或多组分类数据，可以迅速地将复杂的数据交叉表转变为生动、直观的可视图。一般情况下，通过浏览各行各列的数据来发现表中的某些信息(如最大值、最小值)非常不容易，但使用热图，将数据用不同颜色或不同大小的形状来表示，则极大地简化了上述过程。

【例 5-17】分析某公司三大产品中哪类产品在全国哪个省的销售额或利润是最大的。使用热图可以快速发现哪类产品在哪个省的销售额最大、哪类产品利润最大。

具体操作步骤如下。

(1) 分别双击“类别”“省份”和“销售额”。

(2) 单击【智能显示】|【热图】，“销售额”会从【文本】框转到【大小】框内，再将其拖到【颜色】框内。

例 5-17 热图

(3) 单击【颜色】|【编辑颜色】，将色板颜色设置为“橙色-蓝色发散”；单击工具栏中的【交换行和列】按钮将轴转置，并将视图从【标准】调为【适应高度】，得到图 5-125 所示的热图。从图中可以很直观地看出，广东、黑龙江、山东的办公用品、技术产品和家具产品的销售额相对比较大。

(4) 将“利润”拖放到【大小】框内，再对“销售额”做个排序，结果如图 5-126 所示。将工作表命名为“热图”，保存工作簿。从图中可发现，销售额高且利润又最好的是山东的技术产品。

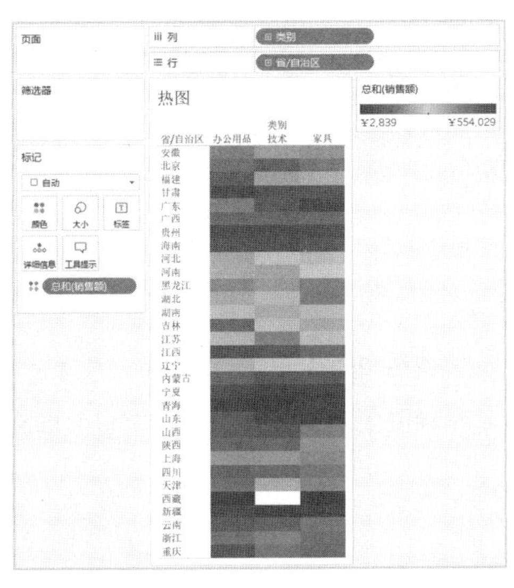

图 5-125 热图 1

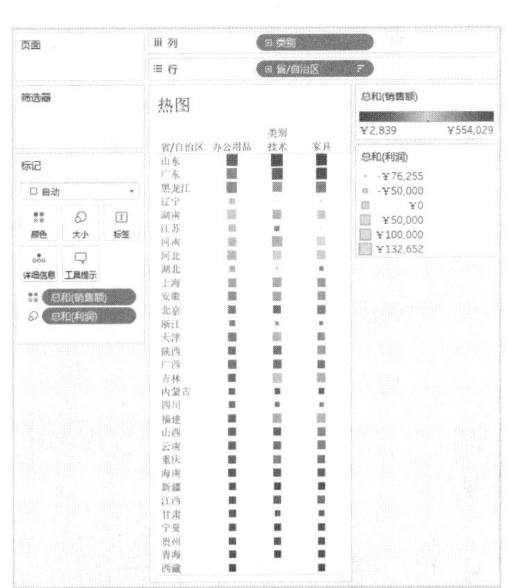

图 5-126 热图 2

上面的例子体现出热图可以让人们快速地从复杂的数据表中发现想要的信息，另外，还可以钻取产品类别到产品子类别甚至产品名称，来详细观察每款产品在每个省的销量和利润情况。因此，如需要对比多组数据在一个或两个度量上的值，则使用热图是个很好的选择。在上面的例子中，除了可以使用不同的颜色来区分利润的大小外，还可以使用矩形的大小来区分。在热图中，还可以尝试使用除矩形以外的图标，可能会让数据更生动有力。

5.7.8 突显表

突显表是热图的延伸，是在热图的基础上添加了原始数据的值。突显表除了用颜色来区分数据外，还在每个颜色上添加了数据，来提供更详细的信息。

【例 5-18】在例 5-17 的基础上，使用突显表用颜色和数值同时展示各类产品在各个省的销售额。

具体操作步骤如下。

(1) 分别双击“类别”“省份”和“销售额”。

(2) 单击【智能显示】，选择“突出显示表”。

(3) 单击工具栏上的【交换行和列】图标，将图形转置。单击【标记】|【颜色】|【编辑颜色】按钮，弹出【编辑颜色】对话框，在【色板】下拉列表框中选择“橙色-蓝色发散”选项，再勾选【倒序】复选框，如图 5-127 所示。

(4) 视图效果如图 5-128 所示。命名工作表为“突显表”，保存工作簿。从图中可以看到，在山东销售的家具产品的销售额最高，为 554029 元。

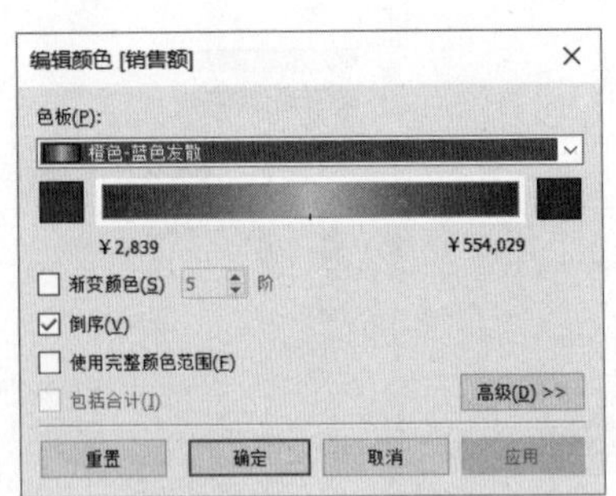

图 5-127 编辑颜色

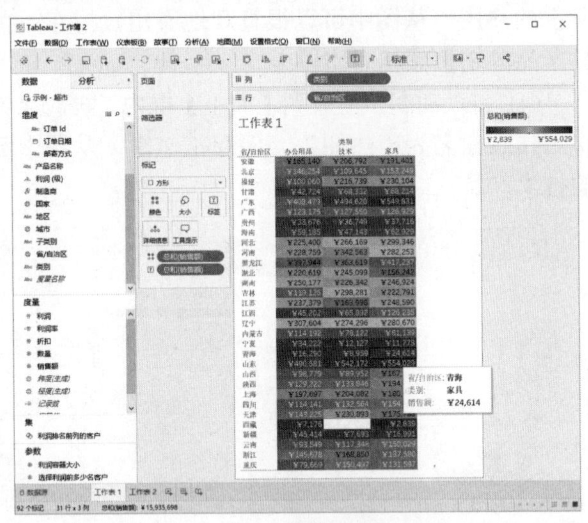

图 5-128 突出显示表视图

通过突显表，不仅可以迅速发现多组数据在某个维度上的关键点，而且可以立即知道该关键点的值。

5.7.9 填充气泡图、词云图

1. 填充气泡图

填充气泡图除了用气泡大小表示某个维度数值的大小外，每个气泡还有标签，并且这些气泡不是依次地排在一条直线上。

【例 5-19】连接数据源“示例-超市.xlsx---订单.sheet”，利用填充气泡图观察品类销售。

具体操作步骤如下。

(1) 分别双击字段“类别”和“销售额”。

(2) 单击【智能显示】|【填充气泡图】，效果如图 5-129 所示。

例 5-19、例 5-20 气泡图、词云图

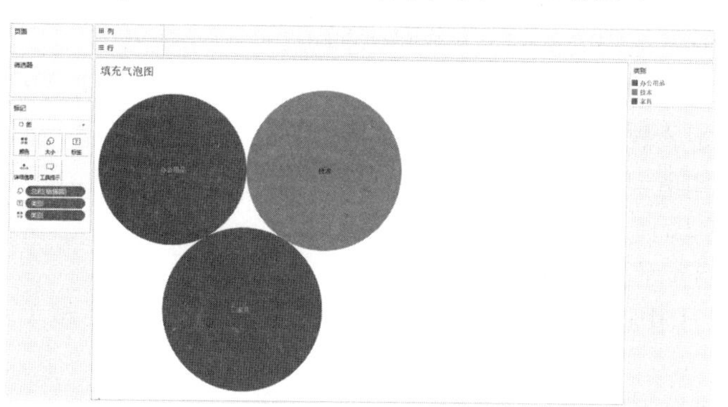

图 5-129 填充气泡图

(3) 单击【类别】左侧的+图标，下钻到“子类别”(此处沿用了前文已创建好的层级结构，即“类别-子类别-产品名称”)，效果如图 5-130 所示。从图中可以看出，家具类中的书架产品的销售额是最高的。

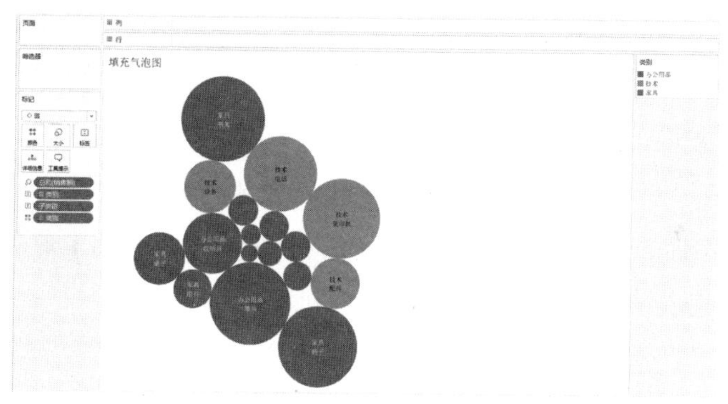

图 5-130 产品子类别销售额的填充气泡图

(4) 将“利润”字段拖放到【颜色】框内，结果如图 5-131 所示，可以发现家具产品中的桌子销售额较高，但利润却不理想。

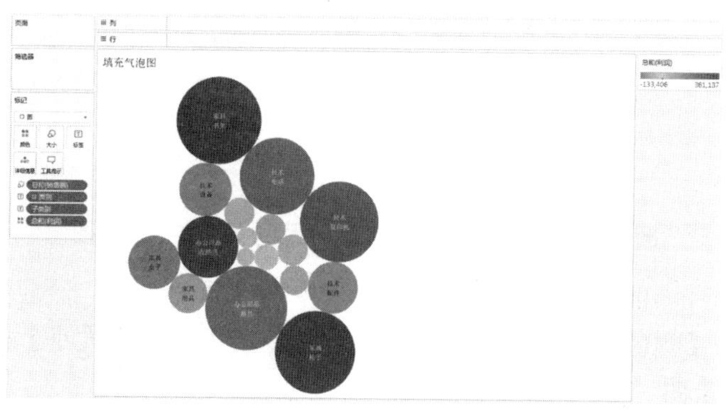

图 5-131 产品子类别的销售额和利润的填充气泡图

2．文字云

文字云又叫词云，是将文本数据中出现频率较高的“关键字”在视觉上突出呈现，形成类似云一样的彩色图片，从而一眼就可以领略文本数据的主要表达意思。制作文字云非常简单，只需在填充气泡图的基础上稍做修改即可。

【例 5-20】连接数据源“示例-超市.xlsx---订单.sheet”，利用文字云来分析各类产品的销售情况，通过文字云视图查看哪些销售产品是关键产品。

具体操作步骤如下。

(1) 分别双击字段“子类别”和“销售额”。

(2) 单击【智能显示】|【填充气泡图】。

(3) 在【标记】卡中选择“文本”，效果如图 5-132 所示。字体越大，说明销售额越高。

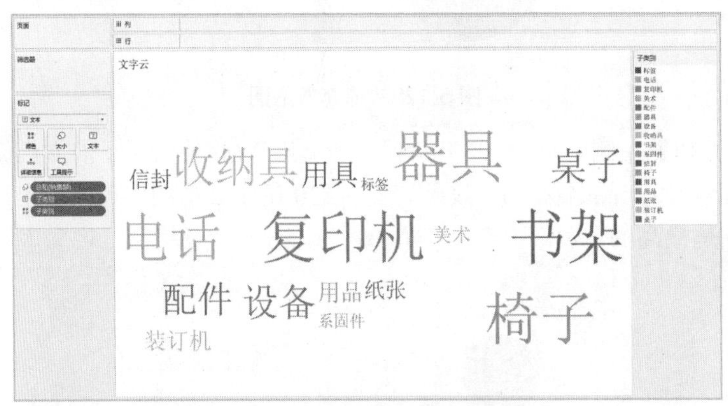

图 5-132　产品子类别销售额的文字云

(4) 也可以将“利润”字段添加进来。将“利润”拖放到【颜色】框内，结果如图 5-133 所示。字体的大小代表销售额的高低，颜色代表利润。

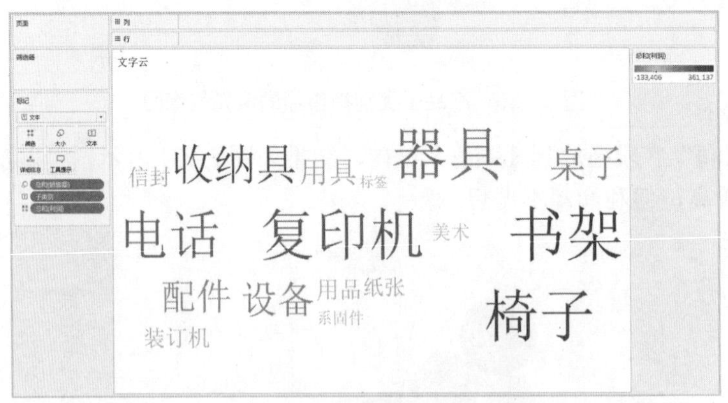

图 5-133　产品子类别的销售额及利润的文字云视图

制作词云图的另一种方法：先在【标记】卡中选择【文字】，然后将子类别字段分别拖放到【文本】和【颜色】框中，再将“销售额”字段拖放到【大小】框中，也可以得到图 5-132 所示的词云图。

5.8 数据导出

数据导出是计算机对各类输入数据进行加工处理后，将结果以用户所要求的形式进行输出，包括数据文件导出、图片文件导出、PDF 文件导出等。

5.8.1 数据文件导出

Tableau 可以导出多种类型的数据文件，如图形、数据源、交叉表和 Access 文件等。

1. 导出图形中的数据

如果需要导出图形中的数据，可以在 Tableau 图形界面上右击，在弹出的快捷菜单中选择【拷贝】|【数据】命令，如图 5-134 所示。单击菜单栏上的【工作表】|【复制】|【数据】选项，然后打开 Excel 表进行数据的粘贴操作，也可复制 Tableau 图形中的数据。

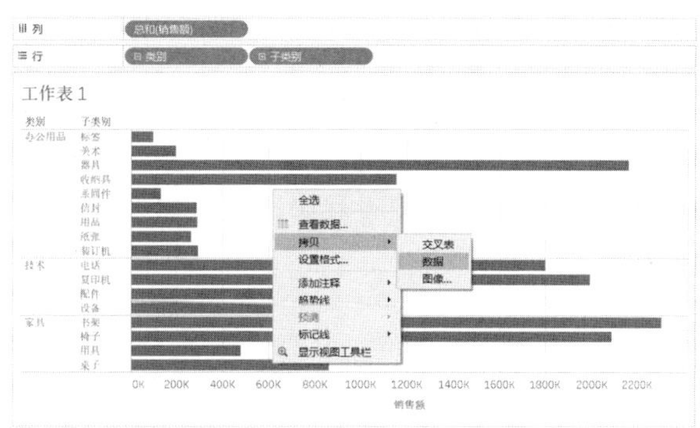

图 5-134 从图形界面导出数据

2. 导出数据源数据

在工作中，导出数据源中的数据可以通过【查看数据】页面实现。在 Tableau 图形界面上右击，在弹出的快捷菜单中选择【查看数据】命令。

【查看数据】页面分为【摘要】和【完整数据】，其中，【摘要】是数据源数据的概况，是图形上主要点的数据。如果要导出相应数据，单击右上方的【全部导出】按钮即可，导出文件格式是字符分隔文件(.csv)，如图 5-135 所示。

子类别	类别	销售额
装订机	办公用品	291,776.91
纸张	办公用品	263,334.12
用品	办公用品	287,970.48
信封	办公用品	287,486.08
系固件	办公用品	129,010.73
收纳具	办公用品	1,152,527.74
器具	办公用品	2,160,183.00
美术	办公用品	196,222.77
标签	办公用品	97,077.96
设备	技术	874,465.14
配件	技术	803,406.02
复印机	技术	1,991,498.88
电话	技术	1,799,653.46
桌子	家具	862,010.43
用具	家具	479,691.21
椅子	家具	2,085,435.97

图 5-135 导出摘要数据

【完整数据】是 Tableau 连接数据源的全部数据，同时多了一个【记录数】字段。如果要导出相应数据，单击右上方的【全部导出】按钮即可，导出文件格式是字符分隔文件(.csv)，如图 5-136 所示。

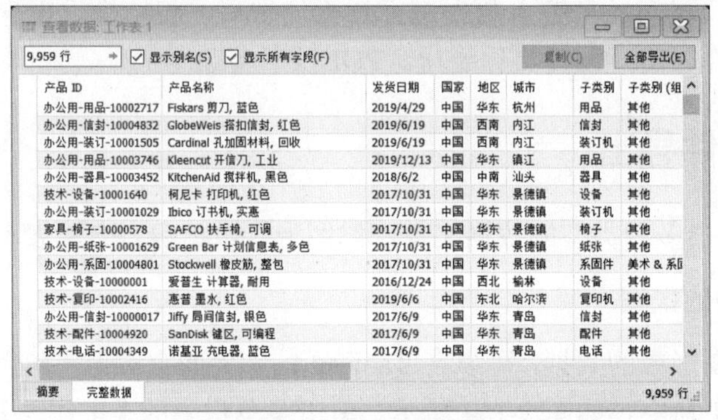

图 5-136　导出完整数据

3．导出交叉表数据

在 Tableau 图形界面上右击，在弹出的快捷菜单中选择【复制】|【交叉表】命令，或者选择菜单栏中的【工作表】|【复制】|【交叉表】命令。

打开 Excel 表进行数据的粘贴操作，即可导出图形中的交叉表。

4．导出 Access 数据

Tableau 可以将数据导出为 Access 数据库格式。选择【工作表】|【导出】|【数据】，在弹出的对话框中指定 Access 数据库的文件名和保存路径，单击【保存】按钮。

在【将数据导出到 Access】对话框中可以对表名称进行重新命名。如果勾选【导出后连接】复选框，导出完成后就可以连接到新的 Access 数据库，如图 5-137 所示。

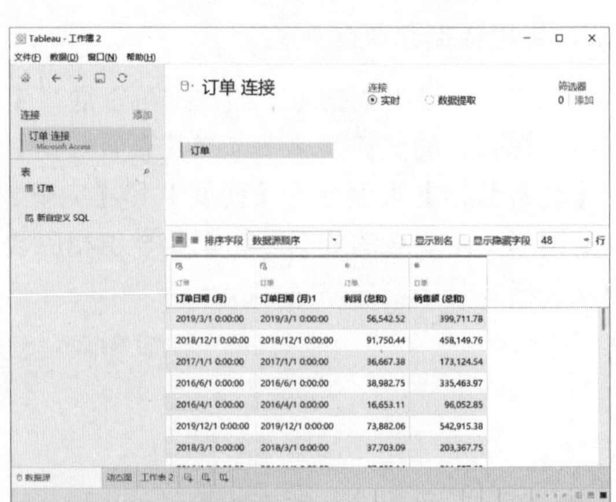

图 5-137　将数据导出到 Access 并连接

5.8.2　导出图形文件

Tableau 的图形可以通过复制导出，也可以通过逐一设置显示样式导出。

1. 通过复制导出

具体操作步骤如下。

(1) 在 Tableau 图形界面上右击，在弹出的快捷菜单中选择【复制】|【图像】命令，或者选择【工作表】|【复制】|【图像】选项。

(2) 弹出【复制图像】对话框，在【显示】选项区勾选需要显示的信息，在【图像选项】选项区选择需要显示的样式，然后单击【复制】按钮，如图 5-138 所示。

(3) 在打开的 Word、Excel 等文件中进行图片的粘贴操作，即可将 Tableau 的图形导出。

2. 直接导出图像

具体操作步骤如下。

(1) 单击菜单栏的【工作表】|【导出】|【图像】选项。

(2) 弹出图 5-139 所示的【导出图像】对话框，在【显示】选项区勾选需要显示的信息，在【图像选项】选项区勾选需要显示的样式，然后单击【保存】按钮。

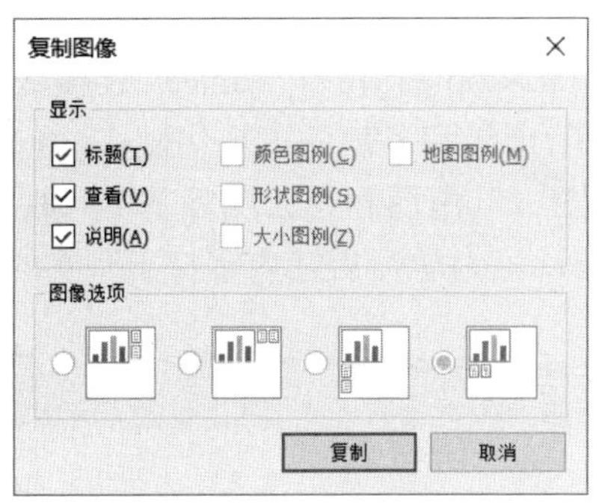

图 5-138 复制图像

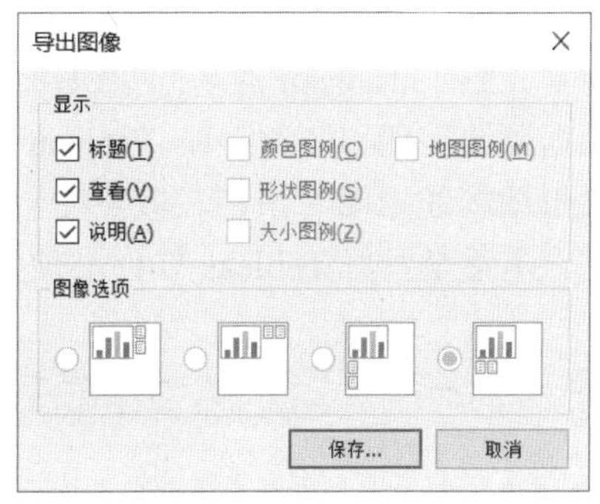

图 5-139 导出图像

(3) 在弹出的图 5-140 所示的【保存图像】对话框中指定文件名、保存格式。Tableau 支持 4 种保存格式：可移植网络图形(*.png)、Windows 位图(*.bmp)、增强图元文件(*.emf)和 JPEG 图像(*.jpg、*.jpeg、*.jpe、*.jfif)。

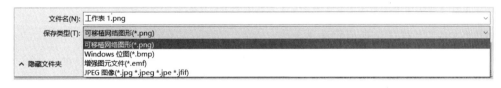

图 5-140 指定文件名、存放格式等

5.8.3 导出 PDF 格式文件

可以将 Tableau 生成的各类图和表导出为 PDF 便携式文件。

具体操作步骤如下。

(1) 单击菜单栏的【文件】|【打印为 PDF】选项。

(2) 弹出图 5-141 所示的【打印为 PDF】对话框，设置打印的【范围】、【纸张尺寸】以及其他选项，然后单击【确定】按钮。

(3) 在弹出的【保存 PDF】对话框中指定 PDF 文件名和保存路径。

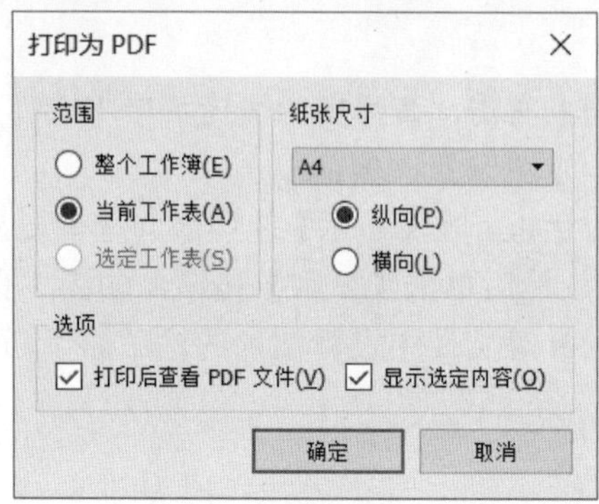

图 5-141 设置 PDF 文件格式

本章小结

本章介绍了 Tableau 的基础知识，包括 Tableau Desktop 的简介，Tableau 连接数据源、配置数据源的步骤和注意事项，Tableau 的维度和度量、连续和离散的可视化操作，用 Tableau 制作条形图、线形图、饼图、散点图、热图、突显图、气泡图和词云图等基本可视化图形的方法。本章是学好 Tableau 软件必须要掌握的技能，可为学习后续内容打下坚实的基础。

习题

一、选择题

1. Tableau 可以在新建数据源时选择筛选器，也可以在完成数据连接后对数据源添加筛选器。(　　)

A. 正确　　B. 错误

2. 为了提升工作表响应速度，可以使用数据源筛选器。(　　)

A. 正确　　B. 错误

3. Tableau 工作簿文件的扩展名是(　　)。

A. .tbm　　B. .tde　　C. .twb　　D. .twbx

4. (　　)不是 Tableau 可视化工具的特点。

A. 敏捷　　B. 高效　　C. 易于上手　　D. 需要复杂的编程

5. Tableau 打包工作簿文件的扩展名是(　　)。

A. .tbm　　B. .tde　　C. .twb　　D. .twbx

6. 突显表也是基本表的一种变形。(　　)

A. 正确　　B. 错误

7. 【行】或【列】中的字段是蓝色背景，则该字段是(　　)。

A. 连续的　　B. 离散的

8. 下面(　　)可以做数据清洗和预处理。

A. Tableau Prep　　B. Tableau Desktop

C. Tableau Online　　　　D. Tableau Server

9. 字段旁的图标🌐表示(　　)。

A. 日期或时间　　　　B. 地理位置

C. 数字　　　　D. 字符串

10. 包含数据文件的 Tableau 文件格式是(　　)。

A. twb　　　　B. twbx

二、简答题

1. Tableau 有哪些产品？这些产品的特点和优势是什么？
2. Tableau 能连接什么类型的数据源？
3. 如何判断一个字段是数据源自带的字段还是通过计算得到的字段？
4. .twb 文件和.twbx 文件有什么区别？
5. Tableau 中有哪些不同的数据类型？
6. 简述在 Tableau 中如何移除分层结构。
7. Tableau 中的离散数据和连续数据有什么区别？

第 6 章 Tableau 数据可视化高级应用

本章要点

- ◎ 计算字段、表计算和 Tableau 功能函数;
- ◎ Tableau 高级可视化图形;
- ◎ Tableau 仪表板和故事。

学习目标

- ◎ 学会创建计算字段、使用表计算和功能函数;
- ◎ 会使用 Tableau 绘制高级可视化图形;
- ◎ 掌握创建仪表板、故事的方法和技巧。

6.1 Tableau 高级操作

6.1.1 创建计算字段

可以利用数据源中已有的数据创建一个新字段，字段值或成员由所控制的计算来确定。新创建的计算字段将保存到 Tableau 数据源中，用来创建更强大的可视化项，并且不会影响原始数据源。

【例 6-1】在“示例-超市.xlsx”数据源中，创建“折扣率”计算字段，并展示各地区每个类别产品的折扣率。

例 6-1 计算字段

具体操作步骤如下。

(1) 单击【数据】窗格中【维度】右侧的下拉按钮，在其下拉菜单中选择【创建计算字段】命令；或在菜单栏中选择【分析】|【创建计算字段】命令；也可以右击【数据】窗格中的任意字段，在弹出的快捷菜单中选择【创建】|【计算字段】命令，如图 6-1 所示。

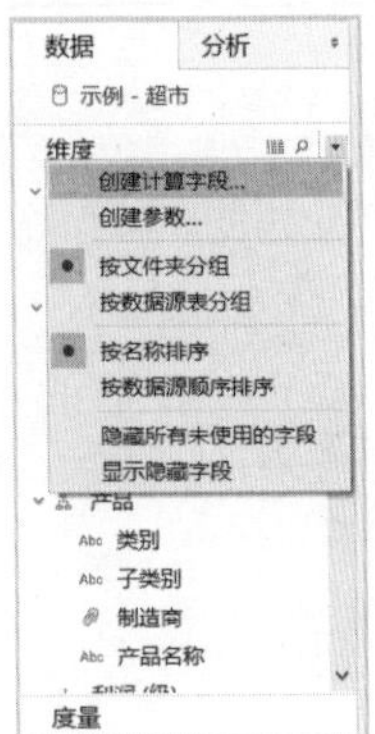

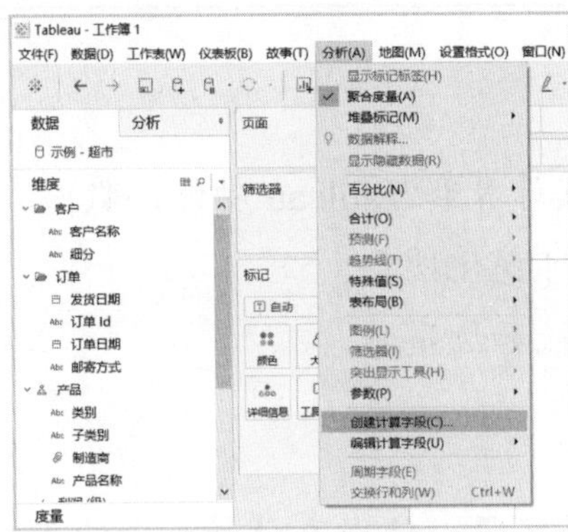

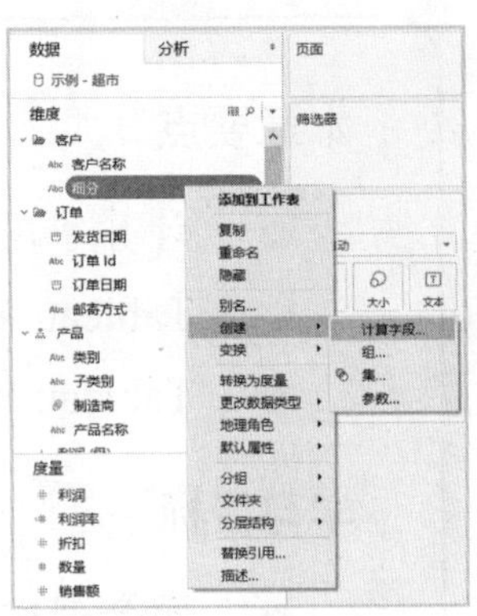

图 6-1 创建计算字段的方法

(2) 在打开的计算编辑器中输入计算字段的名称，本例中计算字段的名称为“折扣率”；其下方是公式编辑框，输入公式：IIF([销售额]!=0,[折扣]/[销售额],0)。此公式的作用是检查销售额是否不等于零，如图 6-2 所示。如果为 true，则返回折扣率(折扣/销售额)；如果为 false，则返回零。公式编辑框下方有一行小字，会时刻显示公式编辑框是否正确。

图 6-2 计算编辑器

维度或度量字段都可以直接拖放到计算编辑器中；编辑器右侧是可以使用的函数列表框，可以通过滚动右侧的滚动条选择函数或查找函数。函数列表框右边是对所选中的函数的说明，每个函数都包括语法、说明和一个参考示例。关于函数将在下节做介绍。

(3) 设置完成后，单击【确定】按钮。新计算字段将添加到【数据】|【度量】中，如图 6-3 所示，因为公式返回一个数字，则该字段数据类型图标显示为 =#，所有计算字段的旁边都有等号(=)。

(4) 将“地区”和“类别”分别拖放到【列】和【行】上，单击“类别”字段的加号图标下钻到“子类别”详细级别，如图 6-4 所示。

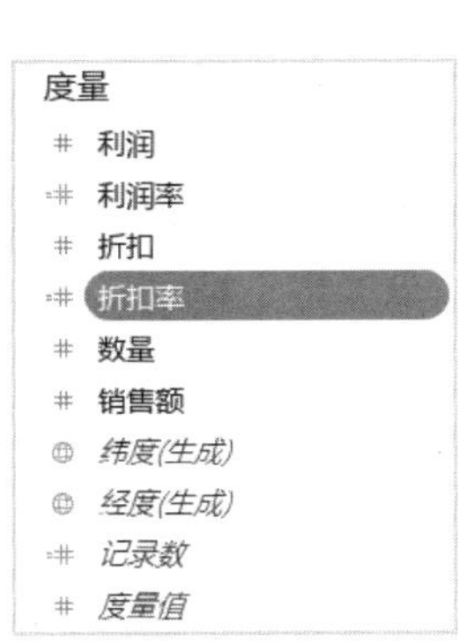

图 6-3　新计算字段

图 6-4　下钻到“子类别”详细级别

(5) 将“折扣率”拖放到【标记】卡上的【颜色】框，视图将会以突出表视图进行展示，如图 6-5 所示。

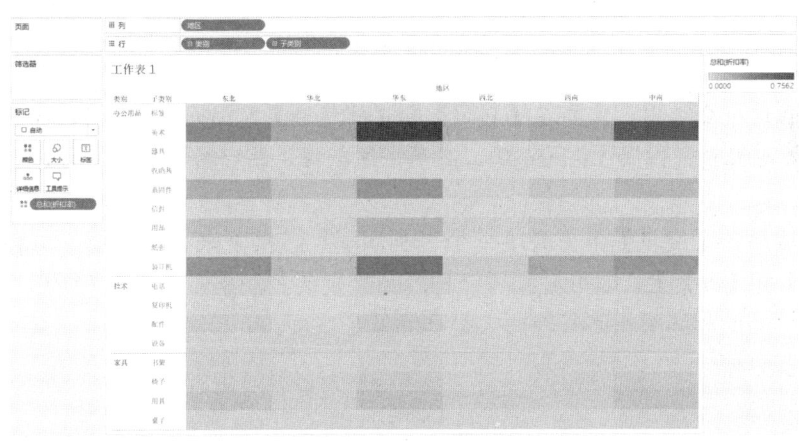

图 6-5　突显表视图

可以看出，在华东地区，美术类产品折扣最大，需要注意“折扣率”会自动进行汇总。

如果需要更改计算字段，可以在【数据】窗格中右击该计算字段，在弹出的快捷菜单中选择【编辑】命令，重新打开计算编辑器进行更改，该字段会在整个工作簿中进行更新。

6.1.2　Tableau 功能函数

Tableau 支持很多用于计算的函数，本节主要介绍几种常用的函数类型。

操作前先连接数据源“示例-超市.xlsx---订单.sheet”。

1. 聚合函数

聚合函数

聚合函数通常用于对一组值执行汇总或更改数据的粒度。

1) SUM 函数

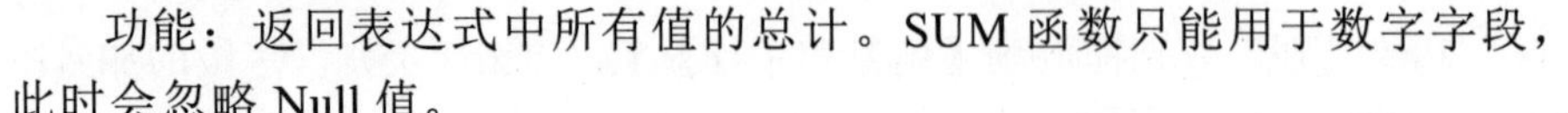

功能：返回表达式中所有值的总计。SUM 函数只能用于数字字段，此时会忽略 Null 值。

【例 6-2】利用 SUM 函数构造利润率指标。原始数据中并没有“利润率”这一指标数据，为了解该公司各产品类别的盈利能力，可以利用 Tableau 的公式编辑器构造一个利润率指标。

具体操作步骤如下。

(1) 右击【度量】列表中的“销售额”，在弹出的快捷菜单中选择【创建】|【计算字段】命令。也可以将光标移至空白处，右击，在弹出的快捷菜单中选择【创建计算字段】命令。后一种操作弹出的对话框与前者相比，没有前者所选中的那个变量。

(2) 在图 6-6 所示的字段编辑器中输入名称“利润率”，在公式编辑框中输入公式“SUM([利润])/SUM([销售额])”，下方文字显示“计算有效”，单击【确定】按钮。

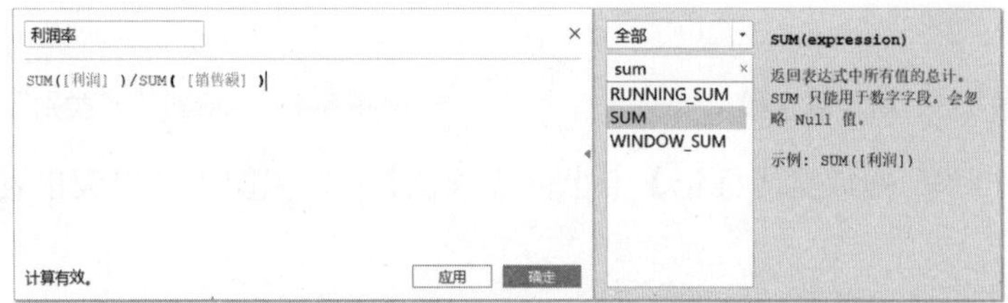

图 6-6 创建“利润率”计算字段

注意：在这个公式中，需要在【利润】和【销售额】前面同时加上 SUM 函数。如果不加，公式虽然也正确，但因 Tableau 默认显示汇总数据，最后的结果会变为每个订单产品的利润率总和。

创建完成后，【度量】下方会多一个“利润率”。接下来将“类别”“利润率”分别拖放到【行】和【列】上，即可看到每一种产品类别的利润率，如图 6-7 所示。从图中很容易发现家具产品的利润率相比其他两大类产品低了很多。

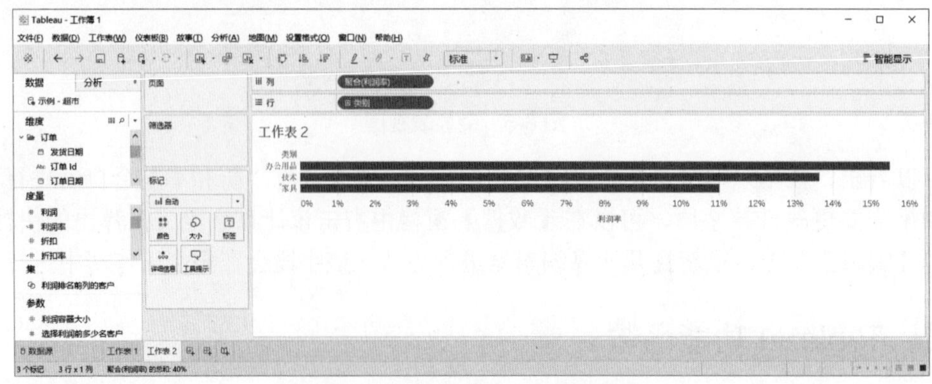

图 6-7 产品类别的利润率视图

此处利润率是用小数表示的，右击图中的利润率，在弹出的快捷菜单中选择【设置格式】命令，可以把数字格式改成百分比。

2) COUNT 函数

功能：返回组中的项目数，不对 Null 值计数。

【例 6-3】利用 COUNT 函数统计产品订单数。为了解各产品类别的订单数及每个订单的利润情况，需要进行产品订单数统计。

具体操作步骤如下。

(1) 在【维度】列表中右击“类别”，在弹出的快捷菜单中选择【创建】|【计算字段】命令，在弹出的对话框的【名称】文本框中输入“订单数”，在函数列表中选中“聚合”函数集，再双击 COUNT 函数，在公式编辑框中将公式调整为“COUNT([类别])”，如图 6-8 所示，单击【确定】按钮。

图 6-8　创建“订单数”计算字段

(2) 创建完成后，【度量】列表中多出“订单数”字段，将“类别”“订单数”分别拖放到【行】和【列】上，再单击“类别”左侧的“+”以钻取到“子类别”，然后将“利润”拖放到【颜色】框中，结果如图 6-9 所示。

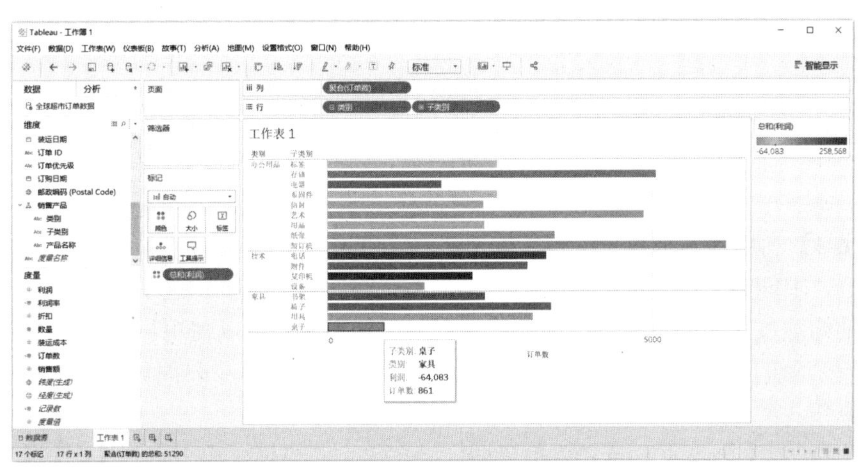

图 6-9　产品子类别订单数的条形图展示

从图中可以看出，“家具”产品下的“桌子”共有 861 个订单，但利润却为-64083 元，应引起注意。

在聚合函数集中，还有其他如 AVG、MAX、MIN 和 STDEV 等函数，这里不再赘述，如有需要，可以在公式编辑过程中随时调用这些函数。

3) 聚合计算的规则

进行聚合计算需满足如下规则。

(1) 任何聚合计算中不得同时包括聚合值和非聚合值。例如，SUM(Price)*[items]是无效表达式，因为 SUM(Price)已聚合，而 items 没有聚合。但是 SUM(Price)*SUM(items)和 SUM(Price*items)均有效。

(2) 表达式中的常量可根据实际情况进行聚合或非聚合。例如，SUM(Price*5)和 SUM(Price)*5 都是有效的表达式。

(3) 所有函数都可用聚合值进行计算，但是函数的参数要么都是聚合，要么都是非聚合。例如，MAX(SUM(Sales),Profit)不是有效表达式，因为 Sales 已聚合，而 Profi 没有聚合。但是 MAX(SUM(Sales),SUM(Profit))是有效的。

(4) 聚合计算的结果始终为度量值。

2. 日期函数

Tableau 提供了多种日期函数，许多日期函数参数使用 data_part 类型。日期函数中可以使用的有效 date_part 值如表 6-1 所示。

表 6-1 date_part 值对照表

data_part	参 数 值
'year'	4 位数年份
'quarter'	1～4
'month'	1～12 或 January、February 等
'dayofyear'	一年中的第几天：1 月 1 日为 1、2 月 1 日为 32，依此类推
'day'	1～31
'weekday'	1～7 或 Sunday、Monday 等
'week'	1～52
'hour'	0～23
'minute'	0～59
'second'	0～59

【例 6-4】利用日期函数分析发货的速度。当客户下单后，从下单当天到发货出仓，中间有一个反应时间，了解这个反应时间非常重要，这不仅会影响客户的满意度，还会对公司的产品流转周期造成影响。可以使用日期函数来构造一个新的字段，来观察每个订单从下单到配送需要多少时间。

例 6-4 日期函数

具体操作步骤如下。

(1) 在【维度】列表下右击“订单日期”，在弹出的快捷菜单中选择【创建】|【计算字段】命令，弹出对话框后，在【名称】文本框中输入“订单反应时间”，在函数下拉列表中选择“日期”函数集，在函数列表框中双击 DATEDIFF 函数，在公式编辑框中调整公式为“DATEDIFF('day', [订单日期],[发货日期])”，如图 6-10 所示，单击【确定】按钮。

DATEDIFF 函数介绍：

语法：DATEDIFF(date_part,date1,date2,[start_of_week])

功能：返回 date1 与 date2 的差(以 date_part 的单位表示)。

start_of_week 参数是可选参数，可用于指定哪一天是一周的第一天，值可为 Monday、Tuesday 等。如果省略，一周的开始就由数据源确定，可参考数据源的日期属性。

图 6-10　创建“订单反应时间”计算字段

(2) 计算字段创建完成后，就可以分析每款产品从下单到配送用了多少时间。将“订单日期”“客户名称”分别拖放到【列】和【行】，然后双击“订单反应时间”，如图 6-11 所示，图中显示了各个客户订单的反应时间。

(3) 可以看出，订单反应时间前面是 SUM 函数，Tableau 自动汇总了所有订单反应时间，可以将它改成最大值函数，重点观察最长的时间。右击【标记】卡中的“(总和)订单反应时间”，在弹出的快捷菜单中选择【度量(总和)】|【最大值】命令，如图 6-12 所示。

图 6-11　每位顾客的订单反应时间

图 6-12　将总和改成最大值

(4) 可以使用甘特图来展示订单反应时间。在左侧【智能显示】窗口中选择“甘特图”，同时将“订单反应时间”拖放至【标记】卡的【大小】框中，钻取“订单日期”到“精准日期”格式，结果如图 6-13 所示。

日期函数集中还有其他函数，如 DATEADD、DATENAME、DATEPART 和 DAY 等，这里不一一介绍了。在使用的时候，如果不知道某个函数的功能，只需要单击它，然后参阅右侧对该函数的使用说明和示例即可。

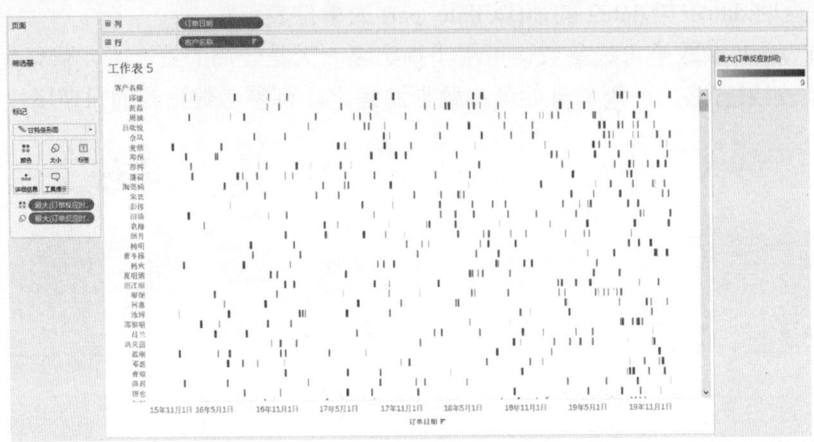

图 6-13　订单反应时间的甘特条形图

3. 逻辑函数

逻辑函数用于确定某个特定条件为真还是为假(布尔逻辑)。

例 6-2 中构造了一个“利润率”字段来观察各产品类别的盈利情况，发现“家具产品”利润率较“办公用品”“技术产品”低了很多，但“家具产品”的运输费是由公司出的，其利润是不包含运输费的，而“办公用品”“技术产品”是不用公司运输的。因此，在计算家具产品的利润率时，应把其中的运输费包含进来，这样对比三者的利润率会更有意义。

接下来对例 6-2 构造的“利润率”做一个修正，使用一个逻辑函数来判断，当产品类别为“家具产品”时，其利润率使用“(利润+装运成本)/销售额”公式计算。

具体操作步骤如下。

右击“利润”字段，然后在弹出的快捷菜单中选择【创建】|【计算字段】命令，打开公式编辑框。用 IF 函数来表达判断函数：“SUM(IF[类别]='家具产品' THEN[利润]+[装运成本] ELSE[利润]END)/SUM([销售额])”，并将名字改成“校正利润率”，如图 6-14 所示。设置完成后单击【确定】按钮。

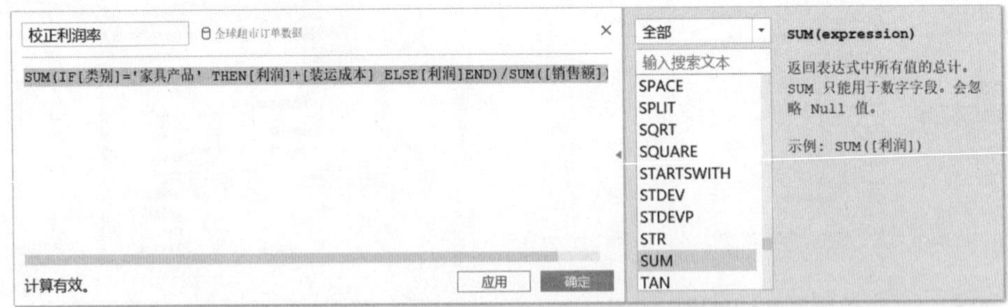

图 6-14　创建“校正利润率”计算字段

下面对 IF 函数做介绍。

语法：IF<expr> THEN <then> [ELSE IF<expr2> THEN <then2>...[ELSE<else>] END

功能：测试一系列表达式，从而返回第一个 true<表达式>的<then>值。如果没有满足的条件，就返回 ELSE 值。每个测试都必须为布尔值(可以为数据源中的布尔字段或逻辑表达式的结果)。最后一个 ELSE 可选，但是如果未提供且没有任何 TRUE 测试表达式，函数就返回 Null。所有表达式值都必须为相同类型。

利用校正后的利润率重新来看一下各类产品的盈利情况，并与之前利润率对比，结果如图 6-15 所示，可以看到校正后的家具产品利润率有很大提升。

图 6-15　各类产品校正后盈利能力与之前利润率对比

在逻辑函数集中还有 CASE、IFNULL、IIF 和 ISDATE 等函数，此处不做一一介绍。在需要时，参阅公式编辑对话框右侧对该函数的使用说明即可。

6.1.3　表计算

表计算

6.1.2 小节介绍了如何使用不同的函数构造新字段，从而在所分析的数据中发现更多信息。但如果每一个指标值都用函数去构造是非常麻烦的，而且对于已经用函数构造好的新字段，不仅使用它的求和值，还想看到它的平均值、最大值、最小值和占总体百分比等。本节将介绍如何使用 Tableau 的表计算功能迅速计算出某个字段的各种统计值。

表计算应用于整个表中值的计算，通常依赖于表结构本身，这些计算的独特之处在于使用数据表中多行数据计算一个值。要创建表计算，需要定义计算目标值和计算对象值，可在【表计算】对话框中使用【计算类型】和【计算对象】来定义这些值，也可以使用【快速表计算】命令。

具体操作步骤如下。

(1) 连接数据源“示例-超市订单数据.xlsx”，分别双击“订单日期”和“销售额”，然后单击【智能显示】，Tableau 会自动推荐一种图形，其边框颜色突显为红色的图形，单击推荐的图形，即可得到图 6-16 所示的智能图形。

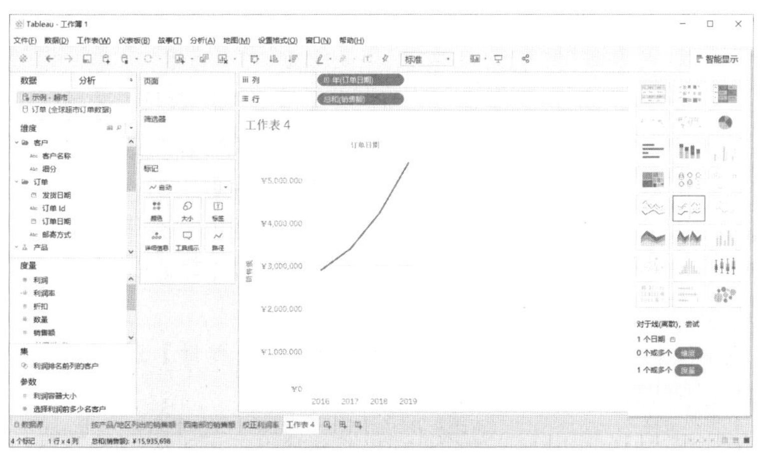

图 6-16　显示智能图形

(2) 图 6-16 中只展示了销售额随时间变化的序列图，如果想显示每年累积销售额或者年增长率，在公式编辑框中用函数各构造一个新字段，将大大增加工作量。在 Tableau 中，右击【行】上的“销售额”，在弹出的快捷菜单中选择【快速表计算】命令(或者单击【添加表计算】)。快捷菜单中有多种计算方式可供选择，如图 6-17 所示，不同的计算方式说明如下。

◎ 差异。显示绝对变化。

◎ 百分比差异。显示变化率。

◎ 百分比。显示为其他指定值的百分比。

◎ 合计百分比。以合计百分比的形式显示值。

◎ 排序。以数字形式对值进行排名。

◎ 百分位。计算百分位值。

◎ 汇总。显示累计总额。

◎ 移动计算。消除短期波动以确定长期趋势。

如果想展示年累积销售额，选择【汇总】选项，则得到图 6-18 所示的视图，在【行】上“销售额”右侧有一个“△”符号，表示原有计算方式被改变了。

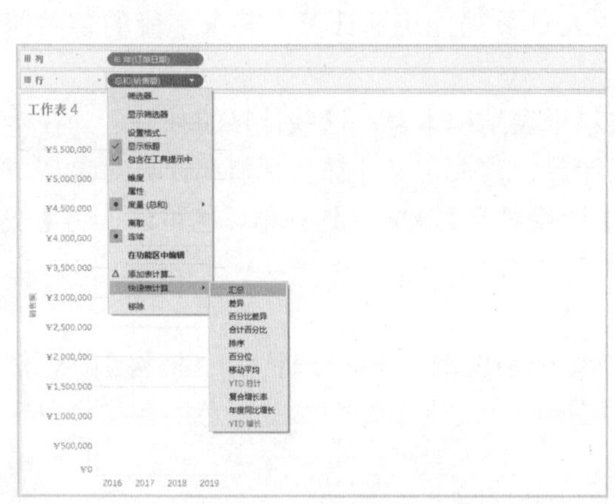

图 6-17 快速表计算

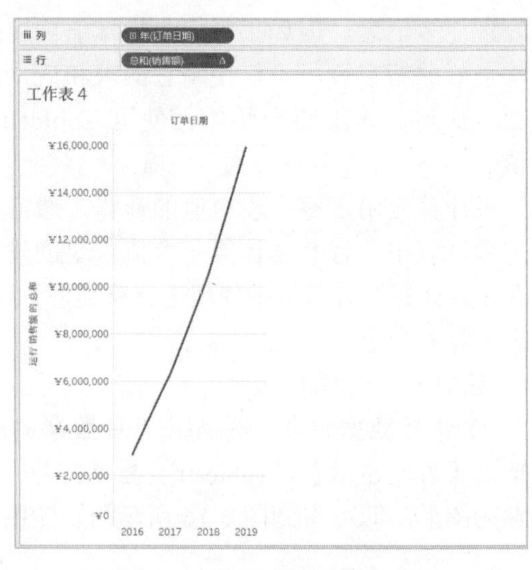

图 6-18 展示年累积销售额视图

如果想展示年销售额的增长率情况，只需选择【年度同比增长】选项即可，得到图 6-19 所示的销售额年增长情况的视图，图右下角显示有一个空缺值，这是因为 2016 年没有对比值。如果想查看各年相对于 2016 年的增长情况，右击【行】上的“销售额”，在弹出的快捷菜单中选择【编辑表计算】命令，在图 6-20 所示的对话框中将【相对于】设置为“第一个”即可，还可以编辑其他计算值。如想清除之前选择的计算方式，右击【行】上的“销售额”，在弹出的快捷菜单中选择【清除表计算】命令。

另外，右击【行】上的“销售额”，其快捷菜单的【度量】选项中还有很多计算方式可供选择，如均值、计数和最大(小)值等。

Tableau 中的快速表计算是非常实用的，如果想观察某个字段的某种值，在快速表计算中找到相应的计算方式，可以大大提高工作效率。

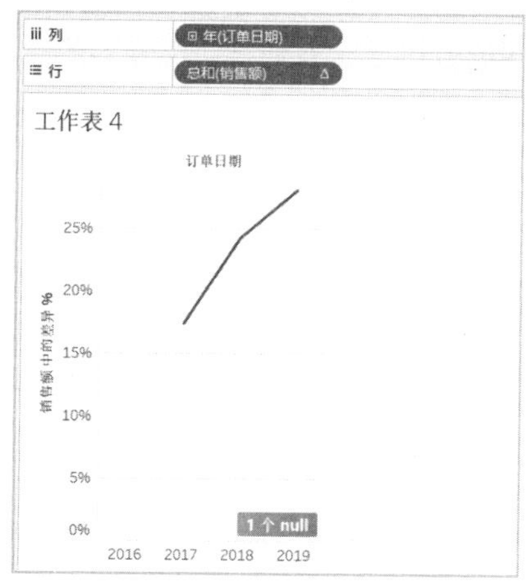

图 6-19　销售额年增长情况的视图

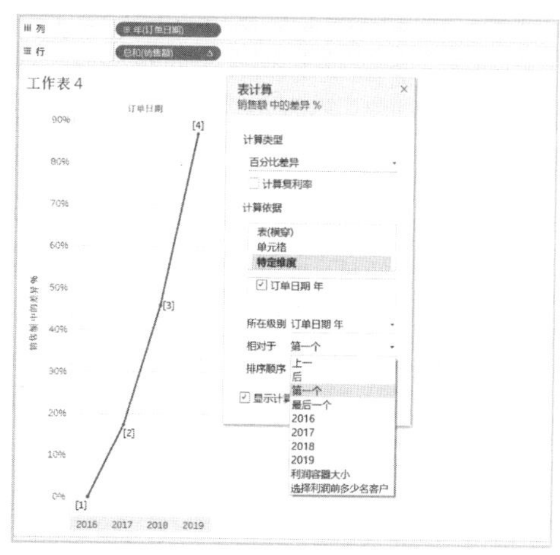

图 6-20　销售额年度同比增长差异图

6.1.4　参数设置

参数是工作簿变量，可以替换计算、筛选器或参考线中的常量值。例如，创建一个销售额大于 5000 时返回 true，否则返回 false 的计算字段，可以在公式中使用参数来替换常量值 5000，并且可以使用参数控件来动态更改计算中的阈值。在制作可视图的过程中，需要构造一个可以动态变化的参数来帮助分析，这个参数可以放到一个函数中，也可以用于筛选过滤，以创建更具有交互感的可视图。

1. 创建参数

创建一个参数的步骤非常简单，具体如下。

(1) 将 Tableau 连接到数据源后，在【数据】窗格中单击右上角的下拉菜单，选择【创建参数】命令；或者在左侧【维度】和【度量】列表中，选中某个变量(这里选中“销售额”)或在空白处右击，在弹出的快捷菜单中选择【创建】|【参数】命令，弹出图 6-21 所示的对话框。

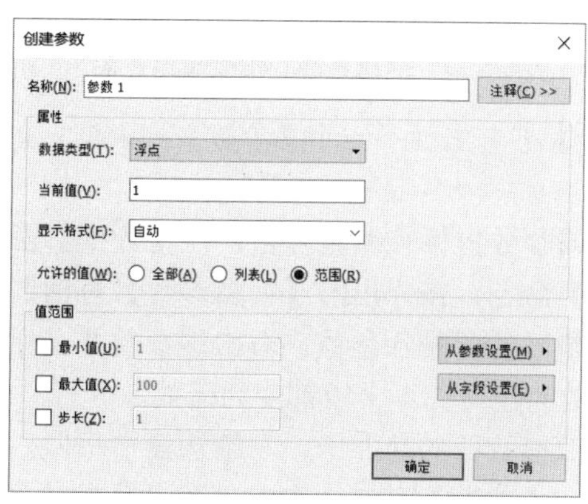

图 6-21　【创建参数】对话框

(2) 在【名称】文本框中，可以对参数进行命名。单击【注释】按钮可以为该参数添加文字解释。在【属性】选项区，可以为参数设定数据类型、当前值(参数的默认值)以及数据的显示格式，然后设定参数的取值范围。参数值的范围有以下三种方式。

◎ 【全部】选项。当前变量的所有值，参数控件是一个简单的文本字段。

◎ 【列表】选项。参数控件提供可供选择的可能值的列表。

◎ 【范围】选项。给出一定的取值范围。

这些选项的选取由数据类型确定。例如，字符串参数只能接受所有值或列表，不支持范围。如果选择【列表】，就必须指定值列表。如果选择【范围】，则必须设定参数的最小值和最大值以及数值的变化幅度，即步长。【从参数设置】表示从其他参数中导入数值，【从字段设置】是从度量和维度的变量中导入数值。

本例不是要创建一个销售额的参数，而是创建一个独立的销售额增长率参数，目的是在视图中观察当销售额增长一定百分比时，销售额时间序列图与当前销售额时间序列图有什么样的变化。

在图 6-21 中，将参数命名为“销售额增长率”，【数据类型】设置为“整数”，这样在后面构造新字段时，只需将其除以 100 即可变成百分数。【当前值】设置为 1，【显示格式】设置为“自动”；在“值范围”选项区中将【最小值】设置为 1，【最大值】设置为 100，【步长】设置为 5，如图 6-22 所示。设置完成后单击【确定】按钮。

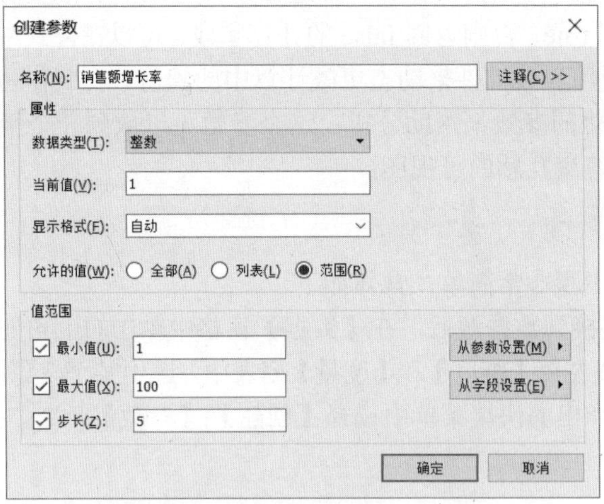

图 6-22　创建参数“销售额增长率”

(3) 【维度】和【度量】下方出现了一个【参数】列表框，之后创建的其他参数都将在此列表框中出现。

可通过【数据】窗格或参数控件来编辑参数。在【数据】窗格中右击参数，并在弹出的快捷菜单中选择【编辑】命令，在弹出的【编辑参数】对话框中进行相应的修改，使用该参数的所有计算都会更新。若要删除参数，右击该参数并在弹出的快捷菜单中选择【删除】命令，使用已删除参数的任何计算字段都变为无效。

参数控件是可用来修改参数值的功能卡，与筛选器卡相似，两者都包含修改视图的控件。若要打开参数控件，在【数据】窗格中右击参数，并在弹出的快捷菜单中选择【显示参数控件】命令。

2. 使用参数举例

参数可以应用在筛选器、计算字段、参考线等中替换常量值的动态值。

例 6-5 参数

【例 6-5】在“示例-超市订单数据.xlsx”数据源里，为了查看某时间段内的销售情况，可以使用参数筛选出指定时间范围中的数据。

具体操作步骤如下。

(1) 创建两个日期参数：“起始日期”参数和“结束日期”参数。在【数据】窗格中右击“订单日期”字段，在弹出的快捷菜单中选择【创建】|【参数】命令，按图 6-23 所示的对话框进行设置。

图 6-23 创建“起始日期”和“结束日期”参数

(2) 创建“日期范围”字段。在图 6-24 所示的创建计算字段对话框中输入公式：“IF [订单日期]>=[起始日期]AND [订单日期]<=[结束日期]THEN[订单日期]END”。

图 6-24 创建“日期范围”字段

(3) 将“日期范围”和“类别”字段分别拖放到【行】和【列】上，右击“日期范围”，在弹出的快捷菜单中选择【精确日期】和【离散】命令。并将【销售额】字段拖放到【标记】|【文本】框上。

(4) 再将“日期范围”拖至【筛选器】，然后单击【下一步】按钮，弹出图 6-25 所示的对话框，在【特殊值】选项区选中【非空日期】单选按钮，单击【确定】按钮。

(5) 在【数据】窗格中分别右击“起始日期”和“结束日期”这两个日期参数，在弹出的快捷菜单中选择【显示参数控件】命令，通过调整这两个日期参数控件来筛选视图，如

图 6-26 所示。

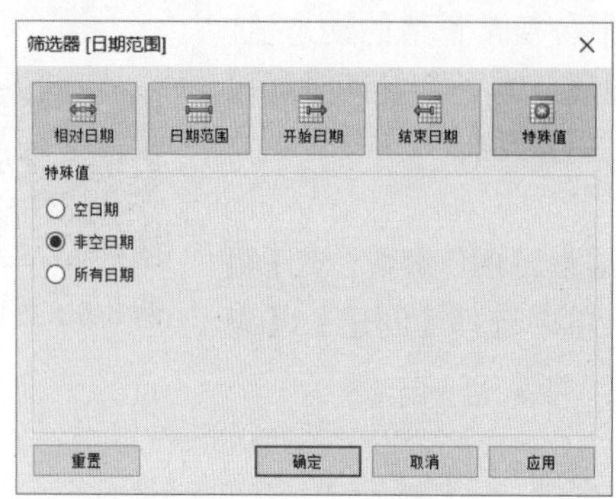

图 6-25　筛选非空日期

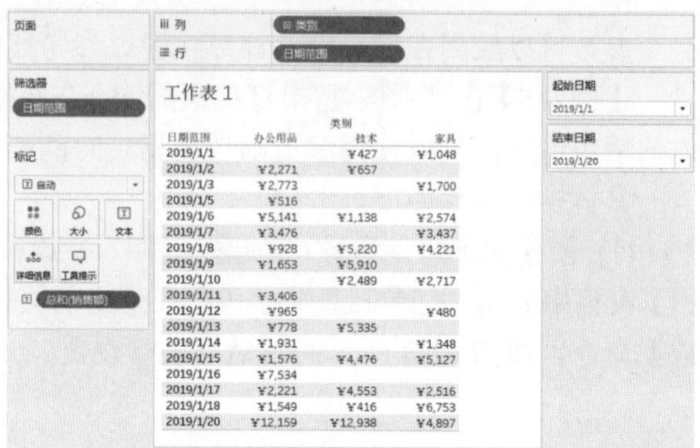

图 6-26　利用参数控件筛选视图

6.2 高级可视化图形

6.2.1 甘特图

甘特图又称横道图，它以图示的方式通过活动列表和时间刻度形象地表示特定的活动顺序与持续时间。甘特图基本是一个线条图，横轴表示时间，纵轴表示活动，线条表示整个时间范围内计划和实际活动的完成情况，可以直观地表明任务计划在什么时候进行，以及实际进展与计划要求的对比。甘特图也可以用在其他方面，如观察分析某个群体的人、研究公司的固定资产随时间的变化等。

【例 6-6】连接数据源“物资采购情况.xlsx”，分析每种物资各供应商的交货情况，是正常交货、提前交货还是延迟交货。

例 6-6　甘特图

可用甘特图来展示相关数据，具体操作步骤如下。

(1) 原数据中只有“实际交货日期”和“计划交货日期”，需要根据实际交货日期和计划交货日期之间的间隔长度来确定标记的大小，因此需要构造一个新字段“延迟天数”，由公式“[实际交货日期]-[计划交货日期]”来捕获该间隔(以天为单位)，如图 6-27 所示。

(2) 拖动“计划交货日期”字段到【列】上，并将【列】上的时间日期设置为连续天。

(3) 将“物资类别”和“供应商名称”字段拖放到【行】。

(4) 在菜单栏中单击【分析】，取消勾选【聚合度量】复选框。因为，某些天某个供应商可能会有多个订单，如果勾选【聚合度量】复选框，则 Tableau 会将当天供应商的各个订单分开计算“延迟天数”并求和。

(5) 将“延迟天数”字段分别拖放到【颜色】和【大小】框内。

(6) 单击【颜色】|【编辑颜色】，弹出【编辑颜色】对话框，选择“红色-蓝色发散”，勾选【渐变颜色】复选框，并调整为“2”阶，再勾选【倒序】复选框，如图 6-28 所示。

(7) 效果如图 6-29 所示。将工作簿命名为“甘特图”，保存工作簿。

从图中可以发现，有一个供应商的延迟时间达 31 天，属于不正常情况，需要进一步分析原因。因为这么长的延迟时间，如果不是客户方面的原因，则很可能会引起顾客的不满。

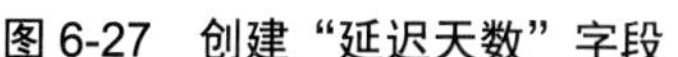
图 6-27　创建“延迟天数”字段

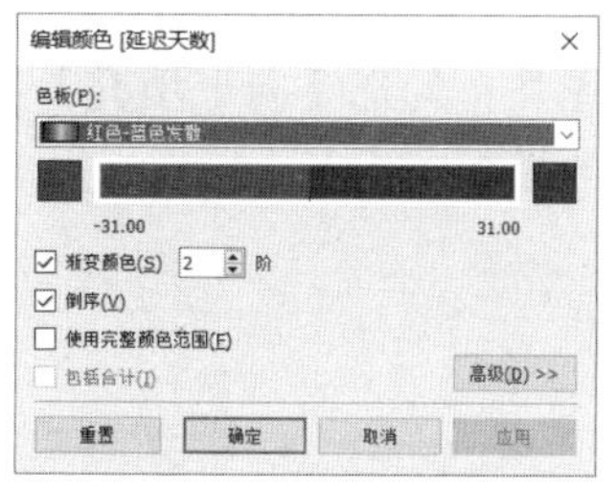

图 6-28　编辑颜色

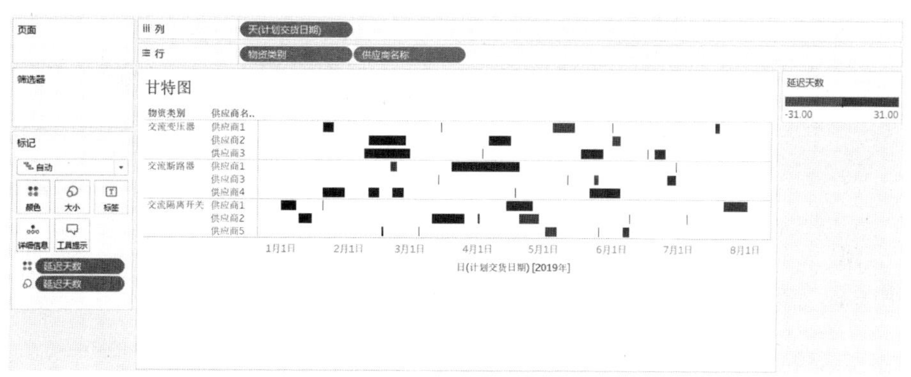

图 6-29　甘特图视图

6.2.2　子弹图

子弹图也叫标靶图，是一种特殊形式的条形图，用来显示任务的实际执行与预设目标的对比情况，替代仪表板的仪器和仪表。使用子弹图可以实现用一张表、一个度量实现不了的功能，因为用一张表不能显示足够的信息以达到分析的目的。

【例 6-7】连接数据源“某咖啡公司销售数据.xls---咖啡销售订单.sheet”，利用子弹图绘制实际销售和对应计划，分析各类咖啡及其他饮品的实际销售额是否达到了预定目标。

例 6-7　子弹图

具体操作步骤如下。

(1) 分别双击“产品类别”“产品名称”和“销售额”，然后从【智能显示】中选择【条形图】，再将“预计销售额”拖放到【标记】|【详细信息】框中。

注意：这里不能直接从【智能显示】中选择靶心图，因为接下来要将“预计销售额”设置为参考线，所以将“预计销售额”拖放到【详细信息】框而不是直接放到图中。

(2) 右击“销售额”所在的横轴，选择【添加参考线】命令，在弹出的对话框中选择“线”，如图 6-30 所示；在【范围】选项区选中【每单元格】单选按钮；将【值】设置为“总和(预计销售额)”和“最大值”，【标签】设置为“无”；在【格式】选项区中设置【线】为粗黑线。

执行上述步骤后，效果如图 6-31 所示。若蓝色条形图未与黑色线条相交，即说明实际销售额未达到预计销售额。从图中可以看到，一般咖啡的三种产品都未达到预定目标。

(3) 修饰视图。右击“销售额”所在的横轴，在弹出的快捷菜单中选择【添加参考线】命令，在弹出的对话框中做如下设置：选择【分布】；勾选【每单元格】复选框；将【值】

设置为“60%，80%，100%/平均值预计销售额”；【标签】设置为“无”；【格式】|【线】设置为“无”；勾选【向上填充】和【向下填充】复选框，并将【填充】设置为“停止指示灯”。效果如图 6-32 所示。

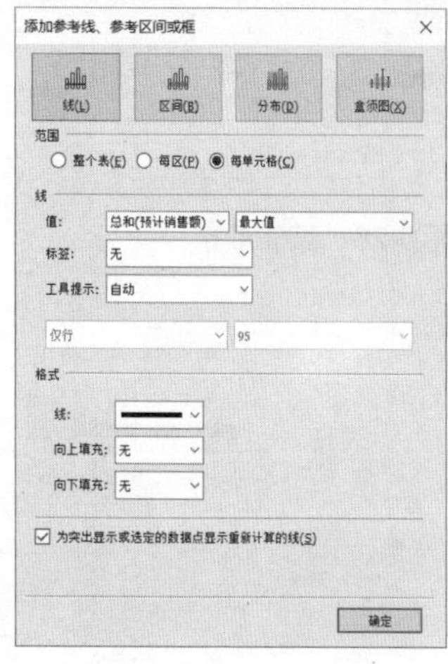

图 6-30　添加参考线

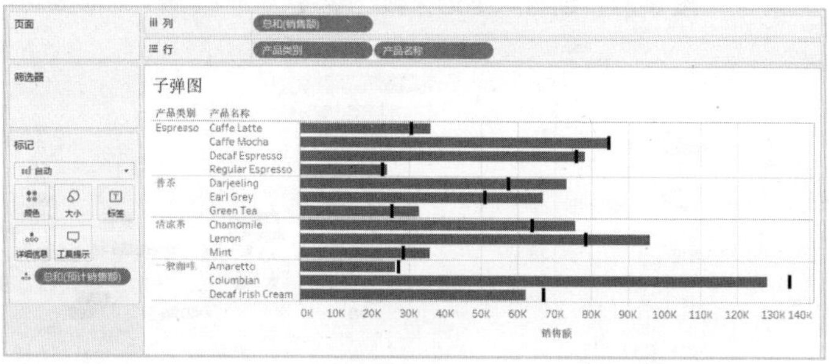

图 6-31　子弹图

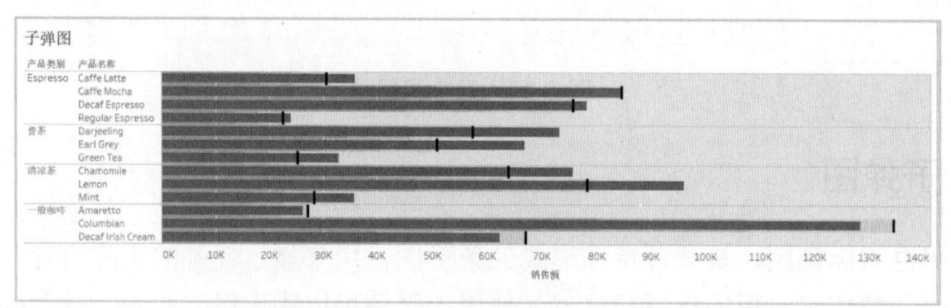

图 6-32　修饰后的靶心图

(4) 构造一个判断字段，使销售额没有达到预定目标的产品自动用另一种颜色来显示。在公式编辑器中创建字段：

[销售完成与否]=SUM([销售额])>SUM([预计销售额])

(5) 将“销售完成与否”拖放到【颜色】框内，拖动【大小】中的滑块，将条形图宽度调小一些，结果如图 6-33 所示。

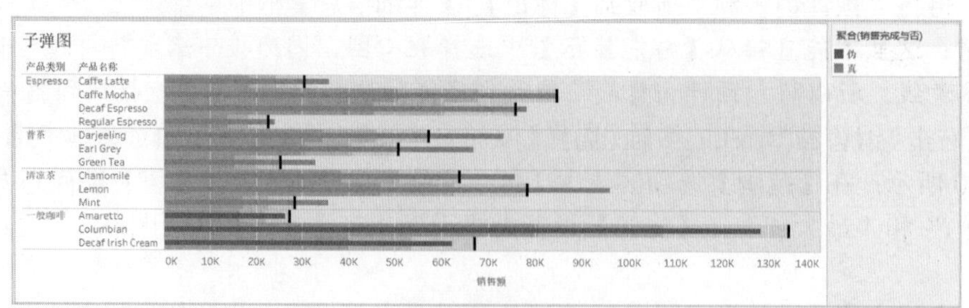

图 6-33　销售额完成百分比视图

设置分布带后，对于没有完成预计销售额的产品，可以看出其大概完成的预计额百分比。

6.2.3 盒须图

盒须图，又称为盒形图或箱线图，是一种用来显示一组数据的位置、分散程度的统计图。它可以快速识别异常值，因其形状如箱子而得名。使用盒须图很容易观察到多组数据集的分布情况。盒须图适用于一个维度和一个度量，需要注意的是，需要把度量的聚合去掉，因为直接算度量的聚合没有任何效果，只是一个点。

【例 6-8】 连接数据源“示例-超市订单数据.xlsx---订单.sheet”，分析各类产品的销售额分布情况，以发现每类产品有多少订单，以及它们分布在哪一个销售额范围内。

具体操作步骤如下。

(1) 将“类别”和“销售额”分别拖放到【列】和【行】上。

(2) 在【分析】菜单中，取消勾选【聚合度量】复选框。

(3) 在【标记】中选择“圆”。

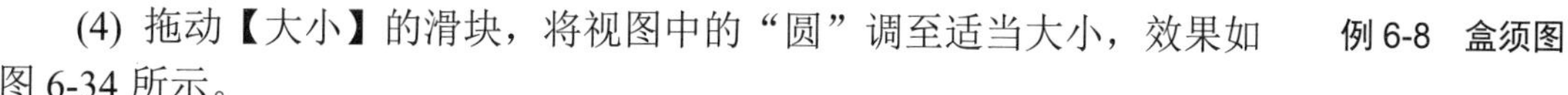

(4) 拖动【大小】的滑块，将视图中的“圆”调至适当大小，效果如图 6-34 所示。

例 6-8 盒须图

(5) 右击纵轴上的“销售额”，在弹出的快捷菜单中选择【添加参考线】命令，弹出图 6-35 所示的对话框。添加参考线，设置完成后，用四分位数将每个产品类别的销售额分成 4 个组。其中：

◎ 上四分位数。数据按降序排序，总观测数 75%的数据值，即指一组数据中有 1/4 的数值比它大。

◎ 下四分位数。总观测数 25%的数据值，即一组数据中有 1/4 的数值比它小。

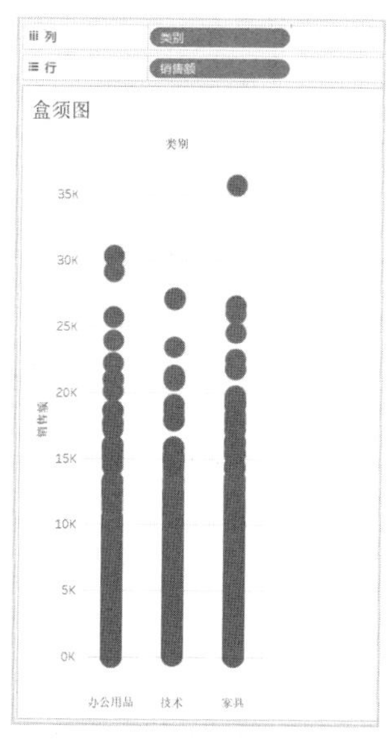

图 6-34 产品的销售额

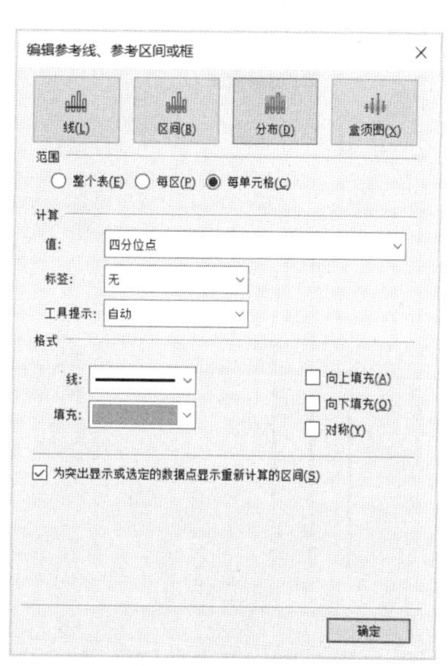

图 6-35 设置参考线 1

(6) 右击纵轴上的“销售额”，在弹出的快捷菜单中选择【添加参考线】命令，按图 6-36 所示设置参考线，单击【确定】按钮后，得到如图 6-37 所示的盒须图，从图中可以看出，家具类产品中 75%的销售额是小于 3279 元的。将工作表命名为“盒须图”。

另一种制作盒须图的操作步骤如下。

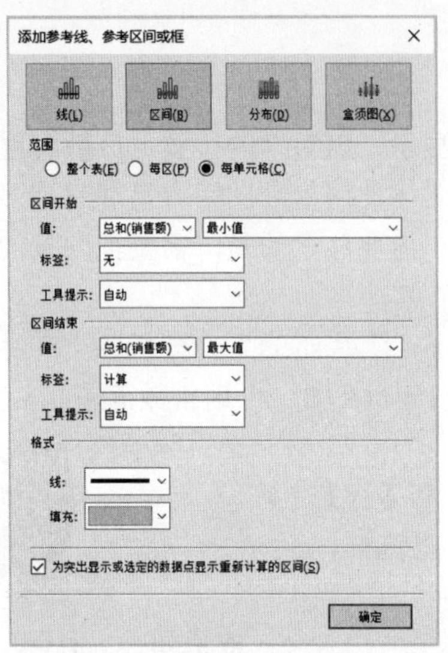

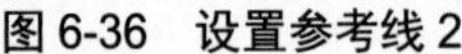

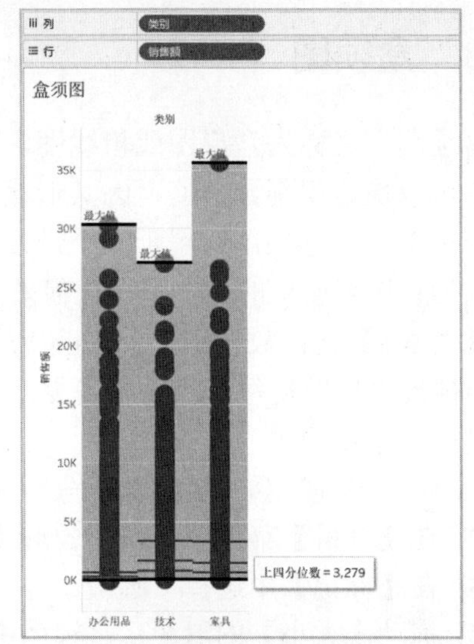

图 6-36　设置参考线 2　　　　图 6-37　盒须图

(1) 将“销售额”“类别”直接拖放到【行】和【列】中，并且在【分析】菜单中取消勾选【聚合度量】复选框，然后在【智能显示】中选择“盒须图”，即可出现基本效果，如图 6-38 所示。

(2) 将“地区”字段拖放到【筛选器】中，单击【显示筛选器】，可以通过筛选器查看各地区销售额分布情况。也可以将“类别”字段拖放到【颜色】框内，用颜色进行区分。效果如图 6-39 所示。

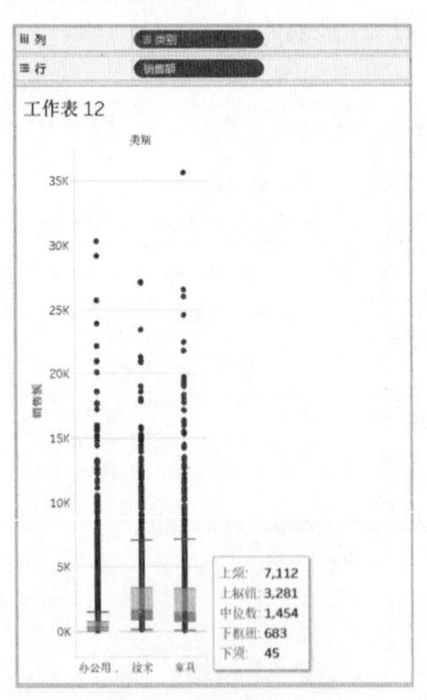

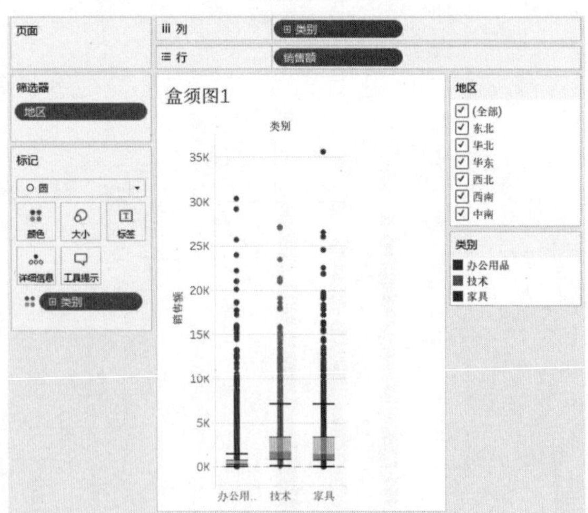

图 6-38　基本效果　　　　图 6-39　修饰后的盒须图

触碰盒须图的横线，能够看到类别的统计情况。

6.2.4　瀑布图

瀑布图用来阐述多个数据元素的累积效果，也可以用来描述一个初始值在受到一系列正值或负值影响后的变化情况。创建瀑布图时，需要将【标记】类型选择为“甘特图”，以表示某个维度变化的测量值，视图中的每个矩形条都是一个度量值，该度量值放在【行】上，而在【列】上放置某个维度以反映维度值的一系列变化。

【例 6-9】连接数据源“示例-超市订单数据.xlsx---订单.sheet”，利用瀑布图展示各个产品子类别的盈亏情况。

例 6-9 瀑布图

具体操作步骤如下。

(1) 将“利润”和子类别分别拖放到【行】和【列】上。

(2) 将【行】上的“利润”设置为“累积利润”，右击“利润”，在弹出的快捷菜单中选择【快速表计算】|【汇总】命令。

(3) 在【标记】卡内，将图标类型改为“甘特图”。

(4) 构造一个新字段“长方形高度”，用利润的负值来表示，如图 6-40 所示。

(5) 将“长方形高度”字段拖放到【大小】框内。

(6) 将“利润”拖放到【颜色】框内，同时将颜色设置为“橙色-蓝色发散”，勾选【渐变颜色】复选框，并设置为“2”阶。

(7) 将“利润”拖放到【标记】|【标签】框，在【设置格式】窗格中将数字格式按图 6-41 所示进行设置。

图 6-40 创建字段“长方形高度”

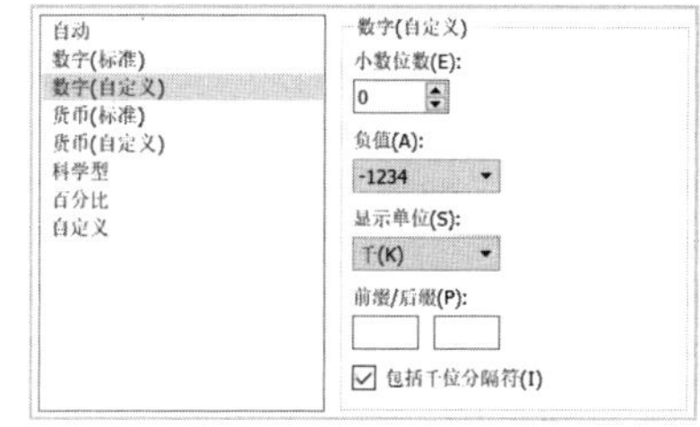

图 6-41 设置标签格式

(8) 单击菜单栏中的【分析】|【合计】选项，勾选【显示行总计】复选框。

最后效果如图 6-42 所示，将工作表命名为“瀑布图”，保存工作簿。从图中可以清楚地看到各个产品子类别的利润累积情况。

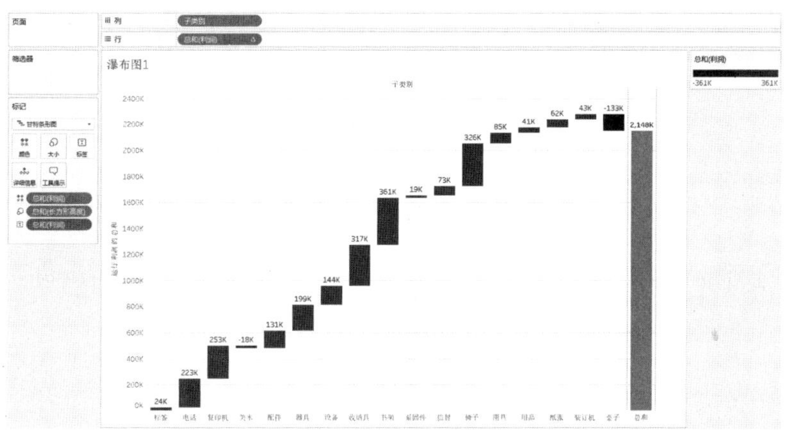

图 6-42 瀑布图

6.2.5 直方图

直方图，又称质量分布图，是用来表示数据分布情况的统计图。用直方图可以直观地查看某个属性的数据分布情况。

【例 6-10】连接数据源“示例-超市订单数据.xlsx---订单.sheet”，利用直方图观察产品利润的分布情况。

例 6-10 直方图

具体操作步骤如下。

(1) 双击“利润”。

(2) 单击【智能显示】，选择【直方图】，这时在维度下方生成了一个“利润(数据桶)”，如图 6-43 所示，这就是组距。组距一般是根据极差与组数的比值来决定的，为了让图中的直方图分布更均匀，需要改变组距的大小。

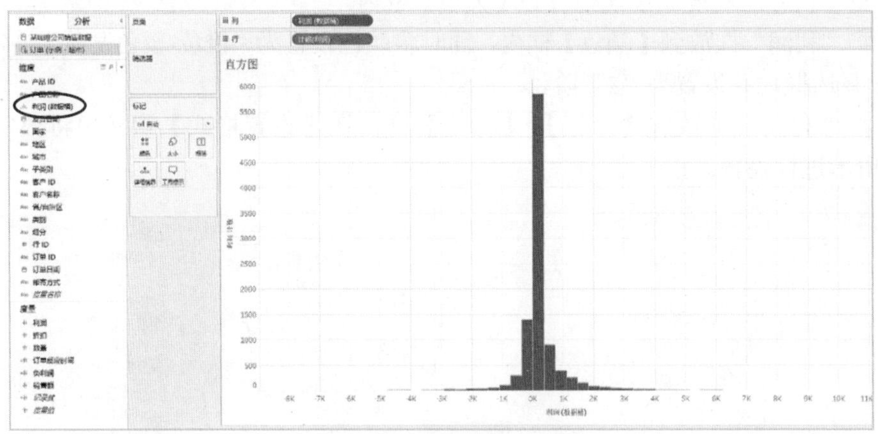

图 6-43 设置前的直方图

(3) 右击维度列表框内的“利润(数据桶)”，在弹出的快捷菜单中选择【编辑】命令，在弹出的对话框中可以对组距进行设定，针对产品利润，可以将组距设置为“500”，单击【确定】按钮。将图表中的横轴标签转置，结果如图 6-44 所示。将工作表命名为“直方图”，保存工作簿。

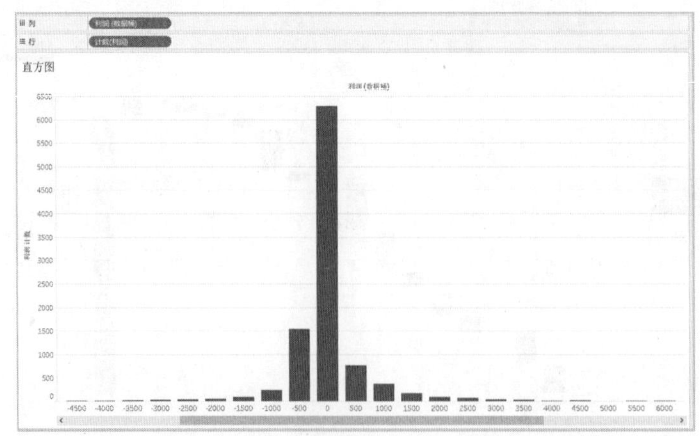

图 6-44 产品利润分布直方图

从图中可以发现，订单的利润主要分布在[-1000,1000]区间，其中利润在0附近的订单数最多，需要引起注意。

另一种绘制直方图的方法如下。

(1) 右击“利润”字段，在弹出的快捷菜单中选择【创建】|【数据桶】命令，弹出图6-45所示的对话框，设置【数据桶大小】为“500”，单击【确定】按钮，创建“利润(数据桶)”字段。

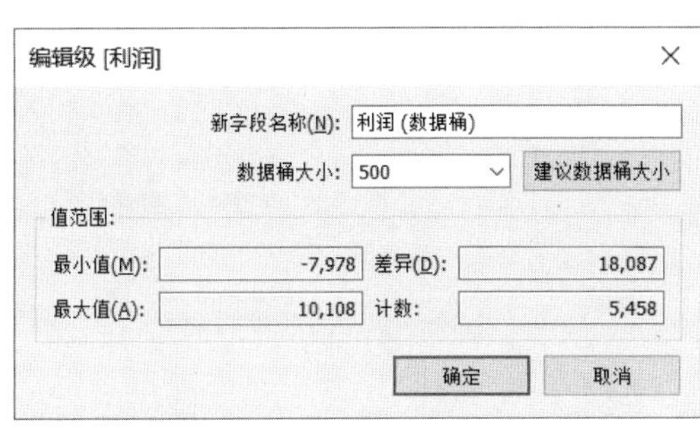

图6-45　设置数据桶的大小

(2) 将“利润(数据桶)”和“利润”字段分别拖放到【列】和【行】上，右击“利润”字段，在弹出的快捷菜单中选择【度量】|【计数】命令，也会得到图6-44所示的直方图。

6.2.6　帕累托图——展示客户消费等级结构

帕累托图是以19世纪一位意大利经济学家V.Pareto的名字命名的。帕累托图又叫排列图、主次图，是按照发生频率的大小顺序绘制的直方图，表示有多少结果是由已确认类型或范畴的原因所造成的。帕累托图可以用来分析质量问题，确定产生质量问题的主要因素，并按等级排序来指导如何采取纠正措施。从概念上讲，帕累托图与帕累托法一脉相承，帕累托法也称为二八原理，即80%的问题是由20%的原因造成的。

在帕累托图中，不同类别的数据根据其数值降序排列，并在同一视图中画出累积百分比图。帕累托图可以体现帕累托原则：绝大部分的数据存在于很少的类别中，剩余的极少数数据分散在大部分类别中。

【例 6-11】连接数据源“示例-超市订单数据.xlsx---订单.sheet”，分析大部分利润来源于哪部分客户。

例6-11 帕累托图

具体操作步骤如下。

(1) 将“客户名称”和“利润”分别拖放到【列】和【行】上。

(2) 右击【列】上的“客户名称”，在弹出的快捷菜单中选择【排序】命令，在弹出的对话框中将【排序顺序】设置为“降序”，在【排序依据】下拉列表中选择“字段”，在【字段名称】下拉列表中选择“利润”，将【聚合】设置为“总和”，如图6-46所示。

(3) 右击【行】上的“利润”，在弹出的快捷菜单中选择【添加计算表】命令，弹出【表计算】对话框，如图6-47所示。

◎　【主要计算类型】设置为“汇总”，【计算依据】设置为“特定维度”。

◎　勾选【添加辅助计算】复选框，可以将利润轴上的刻度设置为百分比的形式。

◎　将【从属计算类型】设置为“合计百分比”，在【计算依据】选项区中勾选“客户名称”复选框。

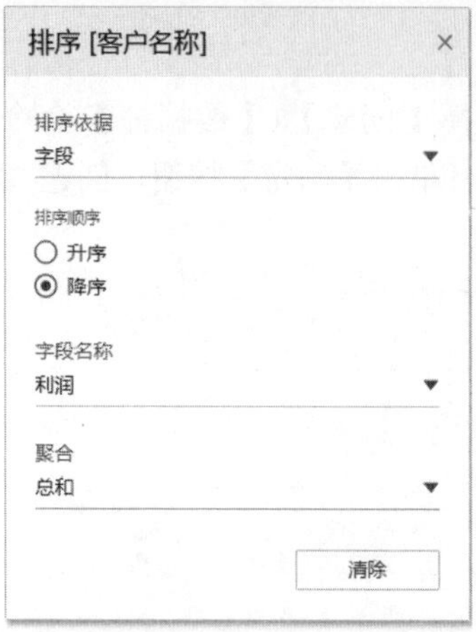

排序 [客户名称]
排序依据
字段
排序顺序
○ 升序
◉ 降序
字段名称
利润
聚合
总和
清除

图 6-46 【排序】对话框

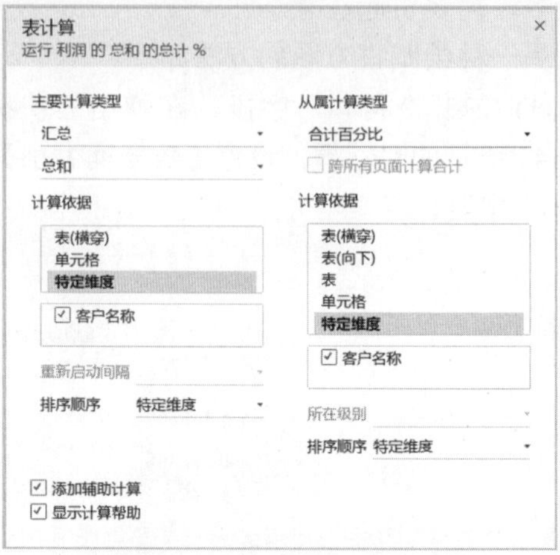

表计算
运行 利润 的 总和 的总计 %
主要计算类型
汇总
总和
计算依据
表(横穿)
单元格
特定维度
☑ 客户名称
重新启动间隔
排序顺序 特定维度
从属计算类型
合计百分比
☐ 跨所有页面计算合计
计算依据
表(横穿)
表(向下)
表
单元格
特定维度
☑ 客户名称
所在级别
排序顺序 特定维度
☑ 添加辅助计算
☑ 显示计算帮助

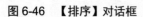

图 6-47 【表计算】对话框

设置完成后，统计的累积利润百分比是基于客户的。

视图效果如图 6-48 所示，从图中可以看到，纵轴上的累积利润已变成百分比形式，并且发现当累积利润达到 100%时，对应的客户数并不是最后一个。但这不是帕累托图，还需要将横轴上的客户名称也变成百分比的形式才符合要求。

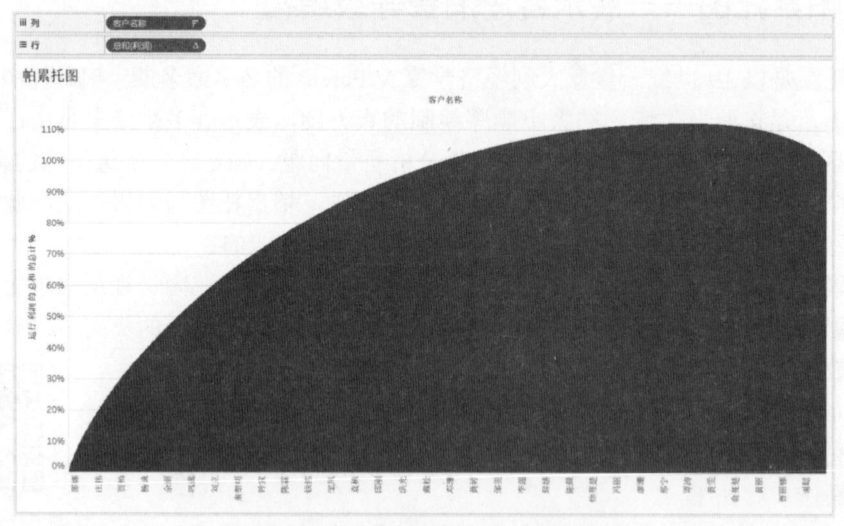

图 6-48 客户累积利润百分比视图

(4) 再次将“客户名称”拖放到【标记】|【详细信息】框内。

(5) 右击【列】上的“客户名称”，在弹出的快捷菜单中选择【度量】|【计数】命令，在【标记】卡里选择“条形图”，视图效果如图 6-49 所示。

(6) 右击【列】上的“计数(客户名称)”，在弹出的快捷菜单中选择【添加表计数】命令，弹出【表计算】对话框，做如下设置。

◎ 【主要计算类型】设置为“汇总”，【计算依据】设置为“特定维度”，勾选“客户名称”复选框。

◎ 勾选【添加辅助计算】复选框，将横轴上的刻度设成百分比形式。

◎ 将【从属计算类型】设为“合计百分比”，勾选【客户名称】复选框。

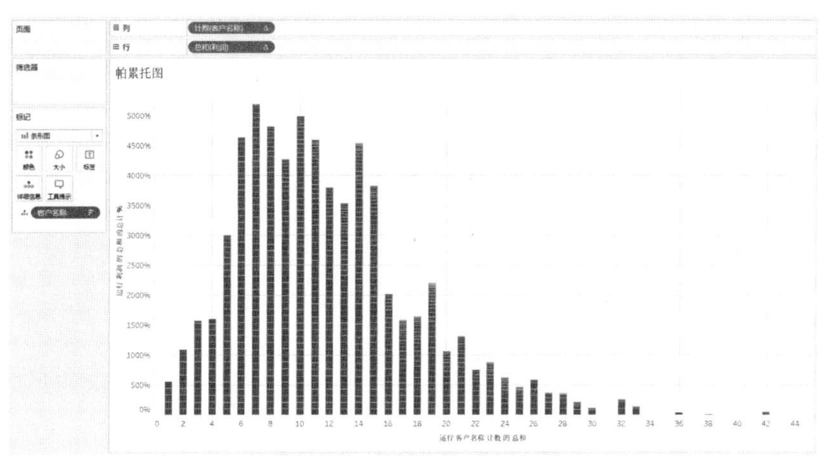

图 6-49　客户累积利润百分比视图

设置完成后效果如图 6-50 所示，可以看到横轴上已显示的客户计数百分比数。这就是帕累托图，纵轴是利润累积百分比，横轴是客户计数百分比。从图中可以看到，当累积利润达到 80%时，顾客数在 20%左右。

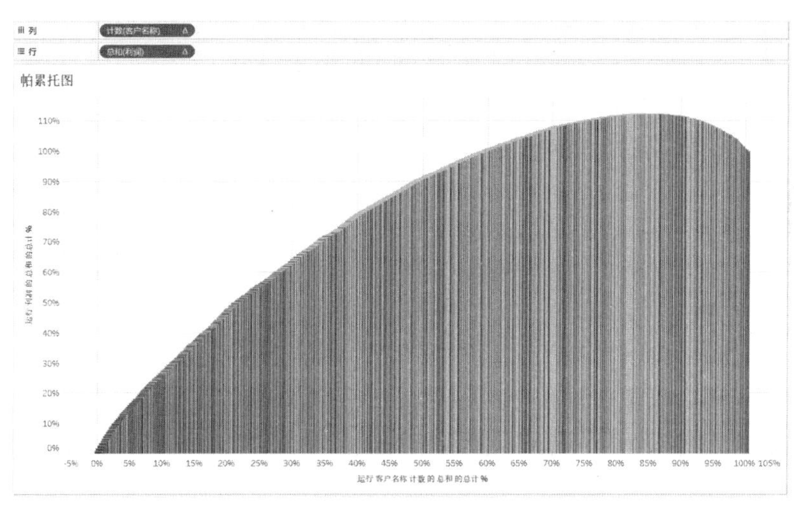

图 6-50　帕累托图

(7) 对图 6-50 做进一步的修饰，使得帕累托图更加直观。右击纵轴，添加一条参考线，设置【常量】值为“0.8”。

(8) 再次右击纵轴，在弹出的快捷菜单中选择【编辑轴】命令，将轴标题改为“% of 利润”。

(9) 使用同样的方法右击横轴，添加一条参考线，设置【常量】值为 0.2，并将横轴标题改为“% of 客户”。

(10) 将“利润”拖放到【标记】|【颜色】框内。

最终效果如图 6-51 所示，将工作表命名为帕累托图，保存工作簿，从图中可以看出，

20%以上的客户贡献了80%的利润。

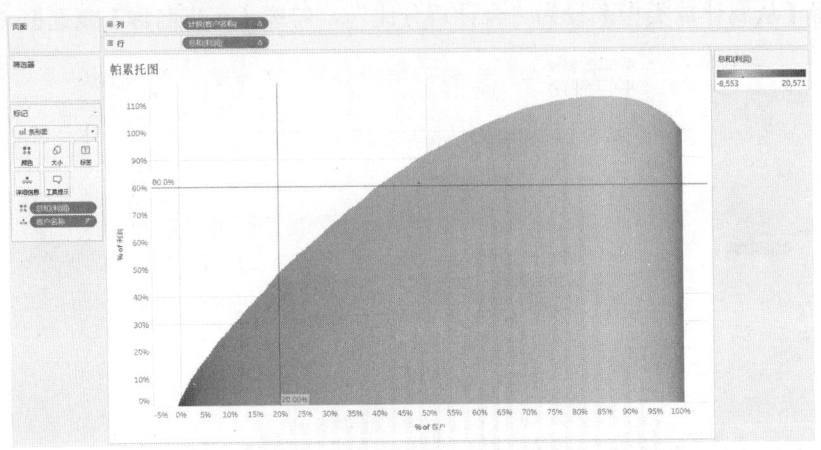

图 6-51　修饰后的帕累托图

6.2.7　动态图

动态图就是让图形像动画一样播放，让数据变得更生动。如果要分析很多数据点之间的相关性，可以使用动态图功能来观察一系列视图的连续变化。当把一个视图分解成“一页一页”时，可以让人们的大脑在一段时间内连续吸收“一小段一小段”的信息，以提高大脑识别模式与趋势的能力，也更容易看清数据点之间的关联。

Tableau 使用【页面】功能卡来创建一个动态视图。

例 6-12　动态图

【例 6-12】按时间动态地观察某公司近几年销售和利润的变化情况，并对比销售和利润的变化趋势。

具体操作步骤如下。

(1) 连接数据源“示例-超市订单数据.xlsx---订单.sheet”。将“订单日期”拖放到【列】上，并将日期格式设置为“月/年”。

(2) 将“销售额”和“利润”分别拖放到【行】。

(3) 按住 Ctrl 键，将【列】上的“月(订单日期)”拖放到【页面】功能区。

Tableau 中要使用动态播放功能，需要将视图基于某个变化的字段拖放到【页面】功能区。将维度放至【页面】中，相当于为这个维度里的每个成员新增添一行；将度量放进【页面】中，则这个度量变为离散型的。

这时视图右侧就多出一个播放菜单，原来视图区的曲线图也只在初始日期处显示一个点，如图 6-52 所示。

Tableau 中的【页面】播放方式有如下三种。

① 直接跳到某一特定的“页”，这里相当于直接跳到某个日期。单击【月(订单日期)】下拉菜单，直接选择某个日期，就可直接跳转至该日期的视图，如图 6-53 所示。

② 手动调整播放进度。【月(订单日期)】下拉菜单两侧有【后退】和【前进】按钮，单击可以向后或向前翻一页。还可以拖动下拉菜单下方的滑动条，手动将视图调整至某一页。此外，还可以使用键盘上的快捷键进行“翻页”，快捷键及其翻页功能如下。

◎ F4 键：停止/开始向前翻页。

◎ Shift+F4 键：停止/开始向后翻页。

◎ Ctrl+.键：向前翻一页。

◎ Ctrl+,键：向后翻一页。

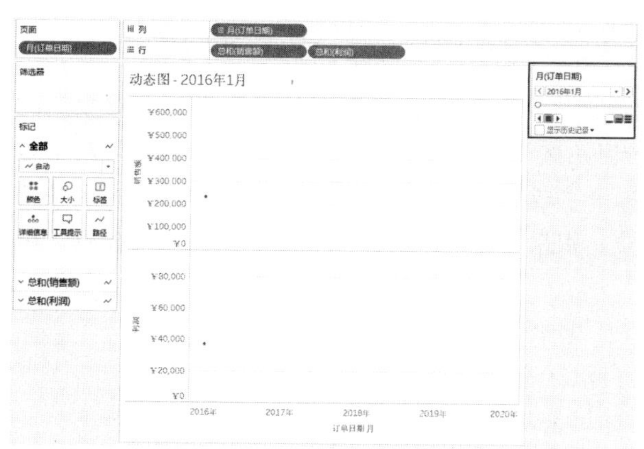

图 6-52 制作动态图

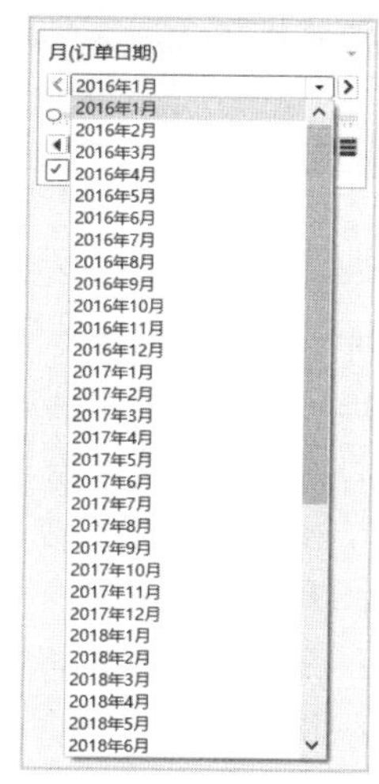

图 6-53 直接跳转页面

③ 自动翻页。在图 6-52 中，这三个按钮的左右两个翻页按钮分别为向前翻页和向后翻页，中间是暂停按钮。这三个按钮是用来调整翻页速度的。

播放按钮下方还有一个【显示历史记录】复选框及下拉菜单，勾选【显示历史记录】复选框，则在翻页时会显示历史踪迹。单击其下拉菜单，可以对历史踪迹进行设置，如图 6-53 所示。

(4) 将【标记】处的图标改为“圆”，这样可以更好地显示“历史”变化踪迹。

(5) 单击【显示历史记录】下拉按钮，在下拉菜单中将【标记以显示以下内容的历史记录】设置为“全部”；将【长度】设置为“全部”；将【显示】设置为“轨迹”，修改轨迹格式，如图 6-54 所示。将工作表命名为“动态图”，保存工作簿。

(6) 单击【向前播放】按钮，观察销售额和利润的动态变化趋势。图 6-55 所示为播放过程中的截图，由播放过程可以观察到，利润和销量的变化步调几乎是一样的。

图 6-54 设置“显示历史记录”

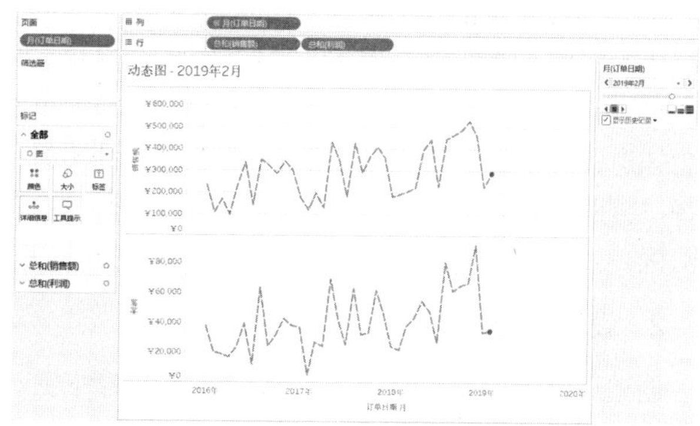

图 6-55 动态播放截图

6.3 创建地图视图

地图是指依据一定的数学法则，使用制图语言表达地球上各种事物的空间分布、联系及时间的发展变化状态而绘制的图形。

6.3.1 创建地图

地图视图非常适用于显示和分析地理数据，构建地图的第一步是指定包含位置数据的字段。Tableau 为“国家/地区”“州/省/市/自治区”“城市”和“邮政编码”字段分配了适当的地理角色，可以自动识别这些字段中每个字段所包含的地理数据来创建地图视图。【数据】窗格中的地理字段旁边有地球仪图标⊕。如果 Tableau 没有将数据识别为地理数据，可以手动为每个相关字段分配地理角色。

创建地图有三种方法。

方法一：在【数据】窗格中双击“省/自治区”字段。

方法二：将“省/自治区”字段拖到【标记】功能卡上的【详细信息】框。

方法三：先设置角色，右击【数据】窗格中的“省/自治区”字段，在弹出的快捷菜单中选择【地理角色】命令，再选择该字段包含的数据类型“省/市/自治区”，Tableau 自动对该字段中的信息进行地理编码，并将每个值与维度、经度值进行关联，在【数据】窗格的【度量】下生成【维度(生成)】和【经度(生成)】字段。每当使用 Tableau 对数据进行地理编码时，都可使用这两个字段。创建地图时，需要将生成的【维度(生成)】和【经度(生成)】字段分别拖放到【行】和【列】功能区，并将选定的地理区域放置在【标记】卡的【详细信息】框中。

6.3.2 修改地图

1. 添加字段信息

为了使地图更加美观，需要添加更多的字段信息。可以通过从【数据】窗格中将度量或连续维度拖到【标记】卡来实现。

例如，若要显示每个省/自治区的销售额，需要将“销售额”字段拖放到【标记】卡的【颜色】框内，将对每个省/自治区的销售额进行着色，如图 6-56 所示。

可以修改地图的默认颜色。在【标记】卡上单击【颜色】，然后选择【编辑颜色】，要想知道销售业绩好的省/自治区以及销售业绩不好的省/自治区，在【调色板】下拉列表中，选择“红色-绿色发散”并单击【确定】按钮，这样就可以快速查看业绩低和业绩高的省/自治区。

2. 设置地图选项

创建地图时，有多个选项可以控制地图的外观。在菜单栏里选择【地图】|【地图选项】选项，打开【地图选项】窗格，如图 6-57 所示。可以使用【地图选项】窗格修改地图的外观，使用不同方式浏览视图并与其交互。例如，可以放大和缩小视图、平移、选择标记，

甚至可以通过地图搜索全球各地。目前，Tableau 主要有以下 3 个自定义选项。

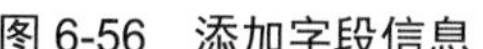
图 6-56 添加字段信息

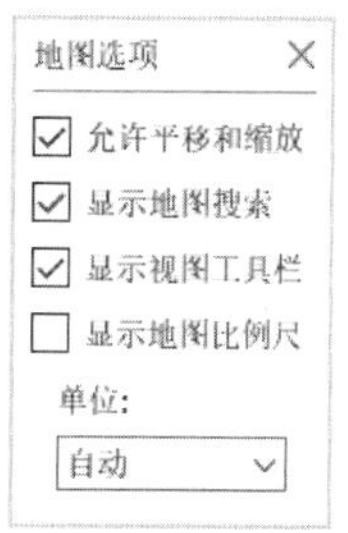

图 6-57 设置地图选项

1) 隐藏地图搜索

可以隐藏地图搜索图标，使受众无法在地图中搜索位置。若要隐藏地图搜索图标，在【地图选项】中取消勾选【显示地图搜索】复选框。

2) 隐藏视图工具栏

可以在地图中隐藏视图工具栏，使受众无法将地图锁定到适当位置，或将地图字段缩放到所有数据，若要隐藏视图工具栏，可在视图中右击，在弹出的快捷菜单中选择【隐藏视图工具栏】命令，或在【地图选项】中取消勾选【显示视图工具栏】复选框。

3) 关闭平移和缩放

我们可以在地图以及背景图像中关闭平移和缩放功能，以使受众无法平移或缩放视图。若要关闭平移和缩放，在【地图选项】中取消勾选【允许平移和缩放】复选框。

此外，在【地图】|【地图层】中可以设置地图背景、地图层和数据层等。其中，背景的样式主要有普通、浅和黑色 3 种。还可以使用【冲蚀】滑块控制背景地图的强度(或亮度)，滑块向右移动得越远，地图就越模糊。如果选择【重复背景】选项，背景地图就可能多次显示相同区域，具体取决于该地图以何处为中心。

Tableau 提供了多层地图，可以在【地图层】下勾选一个或多个复选框来选择一个或多个地图层。

如果需要将地图选项重置为默认设置，可以清除所有选定的地图选项。在【地图选项】窗格的底部单击【重置】，则会将选项恢复为配置的默认设置。

6.4 创建仪表板

6.4.1 仪表板的创建

通过 Tableau 可以快速地创建美观、交互式的图表。有时单独的图表不能满足数据分析的需求，若要同时可以看到多个图表，并且各图表之间可以交互，这就要用到仪表板。

仪表板的作用是将多个工作表放到一个仪表板中，使用户可以从多个角度同时分析数据。工作表和仪表板中的数据是相连的，当修改工作表时，包含该工作表的任何仪表板也会随之更改，反之亦然。工作表和仪表板都会随着数据源中的最新可用数据一起更新。

1．创建仪表板的步骤

仪表板的创建方式与新工作表的创建方式大致相同，具体操作步骤如下。

(1) 在工作表下方右击工作表标签栏，在弹出的快捷菜单中选择【新建仪表板】命令，打开图 6-58 所示的窗口。在使用仪表板时，左侧视图上有两个选项卡，【仪表板】和【布局】，按 T 键可以在这两个选项卡间跳转。

【仪表板】选项卡中列出了在本工作簿内创建的所有工作表，双击某个工作表或直接拖放，就可将某个工作表添加到右侧的仪表板空白区。工作表下方是不同容器对象，例如将其中的【水平】或【垂直】对象拖到右侧区域中，则产生一个对应的容器，可以将工作表拖进其中，一般在调整仪表板内的工作表布局时才会用到这点。使用方向键可以每次 1 像素地移动对象。可以将仪表板画布设置为【平铺】或【浮动】，当设置为【平铺】时，可以通过双击工作表来快速构建一个 4 分区的布局。

【大小】列表主要用来调节仪表板的页面尺寸，在仪表板输出为图片或 PDF 文档时会用到，如图 6-59 所示，选项如下。

◎ 选择【固定大小】。默认情况下，Tableau 仪表板设置为“固定大小”，这样不管用于显示仪表板的窗口大小如何，仪表板始终保持相同大小。也可以从预设大小中选择，如“台式机浏览器”(默认值)、“通用桌面”“笔记本计算机浏览器”等。固定大小可以为对象指定确切位置，对于浮动对象更加合适。

◎ 选择【自动】。Tableau 会根据屏幕大小自动适应可视化项的总体尺寸。

◎ 选择【范围】。仪表板在指定的【最小大小】和【最大大小】之间进行缩放，如果显示仪表板的窗口比【最小大小】小，则会显示滚动条；比【最大大小】大，则会出现空白。

【对象】容器用于增加视觉吸引力和交互性的仪表板对象，各对象介绍如下。

◎ 【水平】和【垂直】对象提供布局容器，将相关对象分组在一起，并微调用户与对象交互时仪表板方式的大小。

◎ 【文本】对象可向仪表板中添加文本块，提供标题、说明和其他信息。文本对象将自动调整大小，以适合在仪表板中的放置位置，也可以通过拖动文本对象的边缘手动调整文本区域的大小。默认情况下，文本对象是透明的。

◎ 【图像】对象为仪表板添加图像，可将【图像】拖放至指定位置，在弹出的对话框中导入图像。

◎ 【空白】对象会在仪表板中产生一个空白区，可用于调整仪表板各项之间的间距，以优化布局。通过单击并拖动区域的边缘可以调整空白对象的大小。

◎ 【网页】对象，可以将网页嵌入仪表板中，以便将 Tableau 内容与其他应用程序中的信息进行组合。双击或拖动【网页】对象，在弹出的对话框中输入 URL 地址，可以在仪表板内显示某个网页。但将仪表板打印为 PDF 格式时，不会包含网页的内容。

◎ 【导航】对象可以从一个仪表板导航到另一个仪表板，或导航到其他工作表或故事。

◎ 【下载】对象可以让用户快速创建整个仪表板或选定工作表的交叉表的 PDF 文件、PowerPoint 幻灯片或 PNG 图像等。注意，只有发布到 Tableau Online 或 Tableau

Server 后，才能下载交叉表。

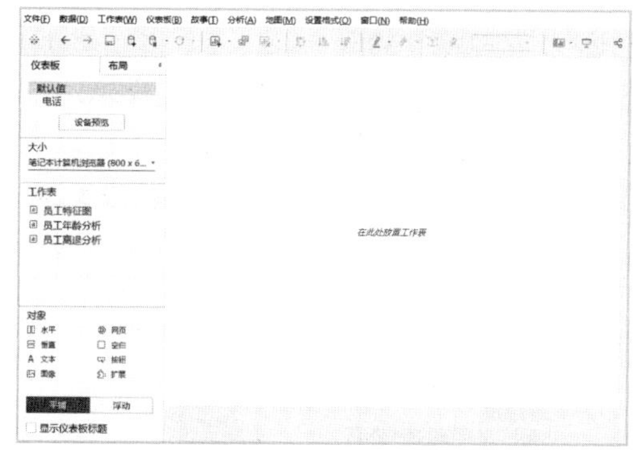

图 6-58　新建仪表板

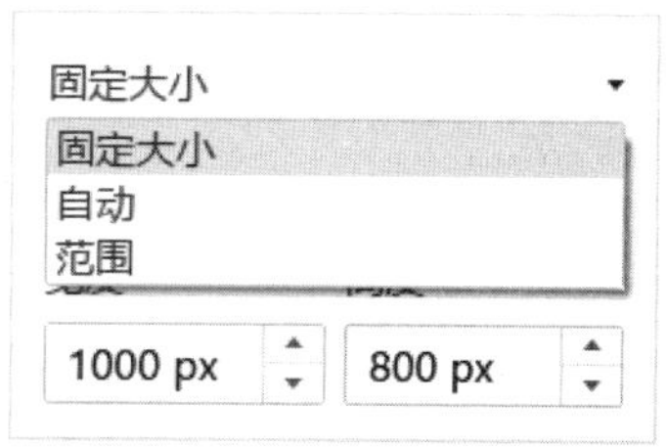

图 6-59　设置仪表板大小

(2) 在仪表板左侧窗格中，将【大小】设置为“固定大小”，预设“笔记本计算机浏览器(800×600)”；然后分别将“入会管道分析”“按年龄购买金额分析”和“按性别购买金额分析”拖入仪表板中，设置工作表为【浮动】，可以根据需要调整每张工作表的位置和大小，如图 6-60 所示。

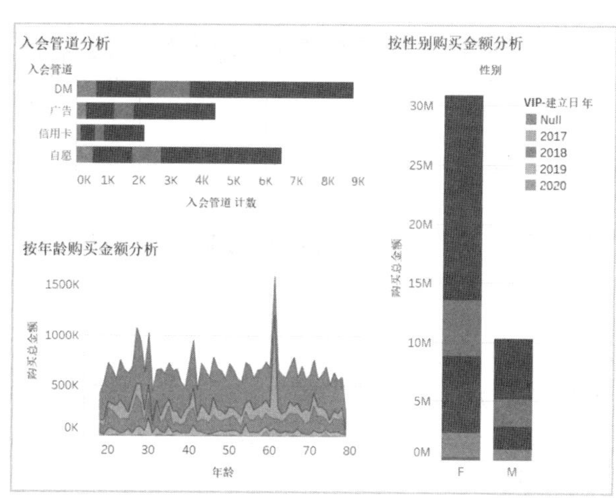

图 6-60　创建一个简单的仪表板

(3) 单击工具栏中的演示模式按钮或按 F7 键，进行仪表板演示模式设置。

注意，在一个仪表板中，建议最多放 4 张工作表，如果过多，则整个仪表板会显得很拥挤，影响视觉清晰度和重点。而且，发布仪表板后，视图太多也会影响仪表板的性能。如果要传达多个业务信息，可以设计多个仪表板，每个仪表板的主题要明确，传达信息要精准。还需要避免使用太多的颜色，因为颜色过多会给阅读者带来视觉过载，降低分析速度。工具提示可以为用户添加良好的上下文或信息，而不占用任何有限的空间；使用工具提示有助于构建交互性并补充数据故事。例如，当阅读者将鼠标悬停在标记上时，就会获得有关该标记的信息，或突出显示项中的内容。

仪表板的强大之处在于能够排列特定视图来进行并排分析、过滤分析并吸引阅读群体的注意力。例如，可以将一个视图(最重要的一个)视为仪表板中其他视图的过滤器。

2．从仪表板中移除视图和对象

将工作表或对象添加到仪表板后，可以通过很多方式将其移除。

方法一：选择要从仪表板中移除的视图，单击视图右上角的移除控柄，如图 6-61 所示，将其从仪表板中移除。

方法二：在仪表板窗口中右击工作表，在弹出快捷菜单中选择【从仪表板移除】命令，如图 6-62 所示。

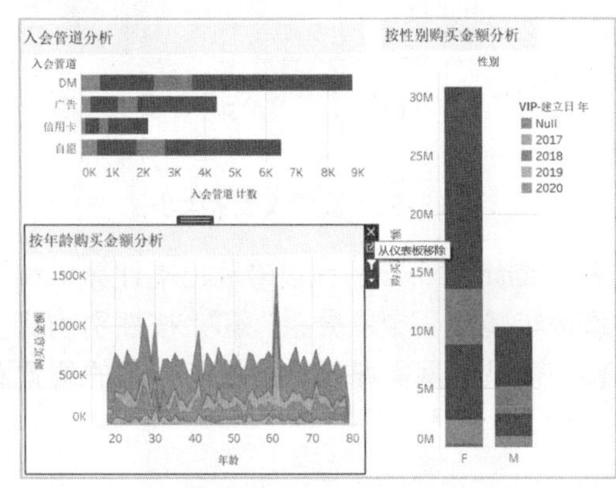

图 6-61　使用移除控柄

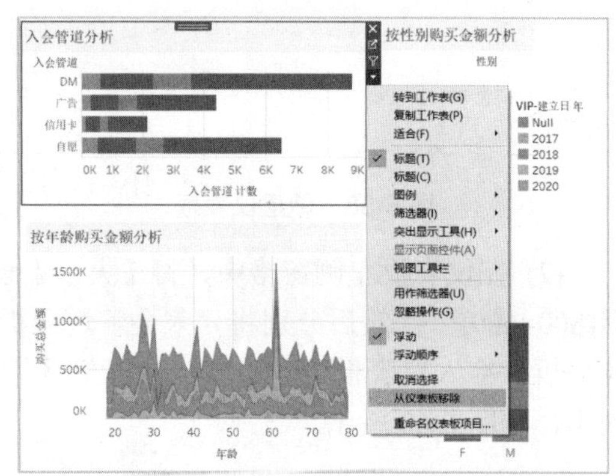

图 6-62　选择【从仪表板移除】命令

6.4.2　仪表板格式设置

为了使仪表板的结构更加清晰，使其更具有可读性，还需对整个仪表板进行调整和设计。

1．仪表板布局

大多数人的阅读习惯是从左到右、自上而下，仪表板布局时要考虑如何引导用户按照设定好的逻辑来阅读仪表板的内容。同时，还要根据数据的性质及分析的角度来调整每个工作表在仪表板中的位置、所占的面积、交互关系等。常见的布局方式有：上-中-下、左右、左-中-右等。设置仪表板布局时应注意以下事项。

(1) 去掉或隐藏不必要的注释框或图例，避免占用空间和分散阅读者的视线。

(2) 仪表板中工作表的轴上若含有刻度值，要注意刻度值的格式，精确设置刻度值。

(3) 对于工作表附带的筛选器，适当设置其形式，以方便使用。

(4) 适当添加一些文本注释，以方便阅读者分析报告。

在仪表板中放置工作表、文本、图片等元素有【平铺】和【浮动】两种方式。【平铺】是指放置的内容会跟随仪表板相应区域的尺寸及位置的变化而变化，平铺对象不会重叠；【浮动】与【平铺】相反，需要手动调节各元素对象的大小和位置，浮动对象可叠放在其他对象上。两种模式可以单独使用，也可同时存在于同一个仪表板中。一般采用【固定大小】模式的仪表板，为了方便布局可以考虑使用【浮动】模式，【自动】或【范围】模式建议使用【平铺】。

布局容器有助于在仪表板中组织工作表和其他对象，这些容器在仪表板中创建一个区域，在区域中，对象根据容器中的其他对象自动调整自己的大小和位置。仪表板布局容器有两种类型，【水平】布局容器和【垂直】布局容器。【水平】布局容器可以调整所包含元素的宽度，【垂直】容器可以调整所包含元素的高度。如果同一个容器内需要设定同种尺寸规格的工作表或对象，可以选中该容器后单击右上角下拉按钮▾，在下拉菜单中选择【均匀布局内容】选项来自动均分容器内的多个元素。

2. 为仪表板中的项目添加边距、边框和颜色

利用边距能精确地在仪表板中分隔项目，内边距设置项目内容与边框和背景色边界之间的间隔，外边距则在边框和背景色之外增加额外的间隔。边框和背景色能直观地突出显示项目。

具体操作步骤如下。

(1) 选择某个单独项目，或选择整个仪表板。

(2) 在左侧【布局】选项卡上指定边框样式和颜色、背景色和不透明度、边距大小(以像素为单位)等项目，如图 6-63 所示。

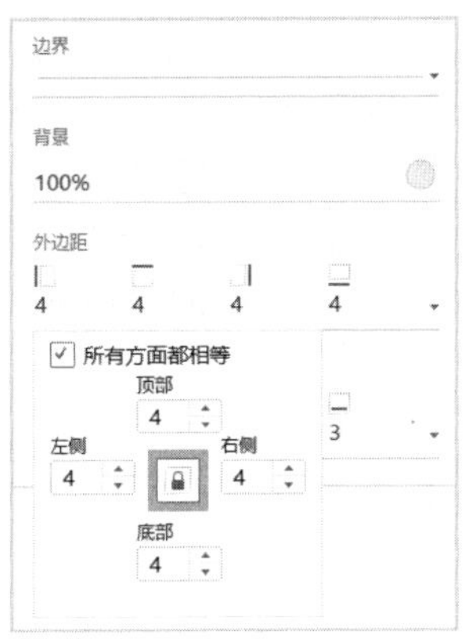

图 6-63　设置边框、边距

注意：如果无法更改特定仪表板项目的边框和背景色，可以在工作表级别更改其格式设置。

3. 仪表板的配色方案

仪表板的配色方案首先要考虑仪表板的主色调，即整个仪表板界面中使用次数最多的颜色，也就是确定整个界面的整体风格，从色彩上统一可视化的内容。选定了主色调之后其他配色方案的选择就相对容易了，可以选取邻近色或反差色，如图 6-64 所示(注：图片来自网络)。

创建仪表板后，还需要对图表的类型、配色、大小等方面进行调整；选用合适的字体大小、样式和颜色；使用边框线分割不同内容；在仪表板中添加装饰图片等元素，让整个仪表板的布局错落有序、详略得当；为仪表板中的各工作表之间添加便捷的交互功能；为各部分需要说明的颜色、动作等内容添加相应的图例或说明等。通过对上述所有仪表板细节的设置与完善，才能使所做的可视化内容更加简洁、生动、直观并富有实际的应用价值。

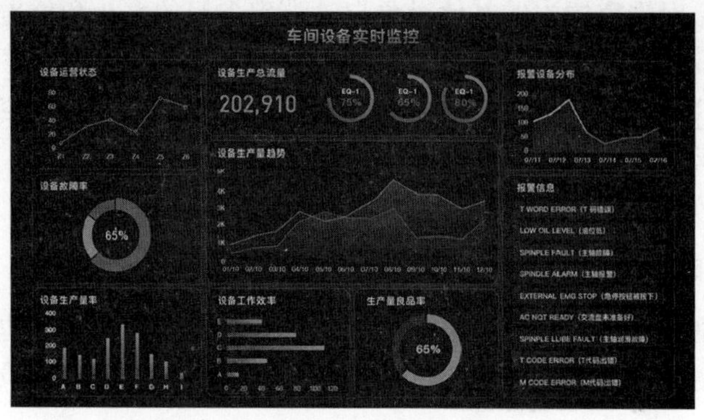

图 6-64　仪表板配色方案实例

4. 将工作表背景设为透明

透明元素的设置可为仪表板创建无缝的视觉外观，更加有效地显示基础对象和图像。具体操作步骤如下。

(1) 在仪表板中选择工作表。

(2) 在菜单栏中选择【设置格式】|【阴影】命令，在【设置阴影格式】窗格的【工作表】选项卡中，将背景颜色设置为“无”，如图 6-65 所示。

(3) 为了使透明工作表与其他仪表板项目平滑集成，可以选择【设置格式】|【边框】菜单项和【设置格式】|【线条】菜单项，在打开的窗格中去掉边框和线条或更改其颜色。

5. 浮动放置透明图例、筛选器

想要直观地将筛选器、参数和荧光笔连接到相关数据，可将这些默认情况下为透明的项目浮动放置，文本始终保持完全不透明，从而保持易读性。如果想要某个浮动对象显示颜色，可按以下方法之一进行设置。

(1) 选择对象，在【布局】选项卡上单击【背景】颜色，并选择“无”。

(2) 单击【设置格式】菜单，然后分别选择【图例】、【筛选器】、【荧光笔】或【参数】，在左侧的【设置阴影格式】窗格中将【阴影】设置为“无”。如图 6-66 所示为将图例背景设置为透明。

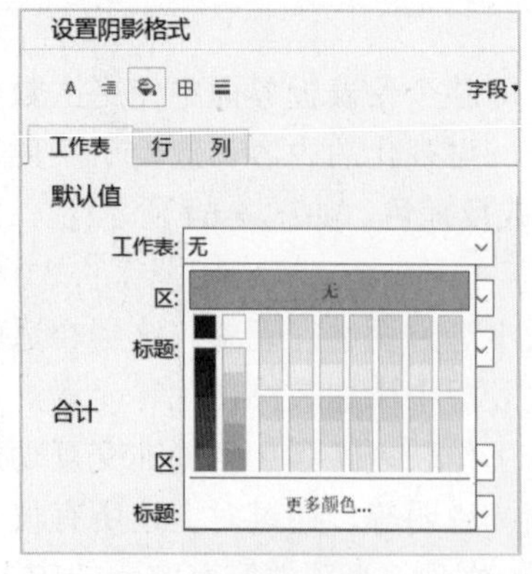

图 6-65　将工作表背景设置为透明

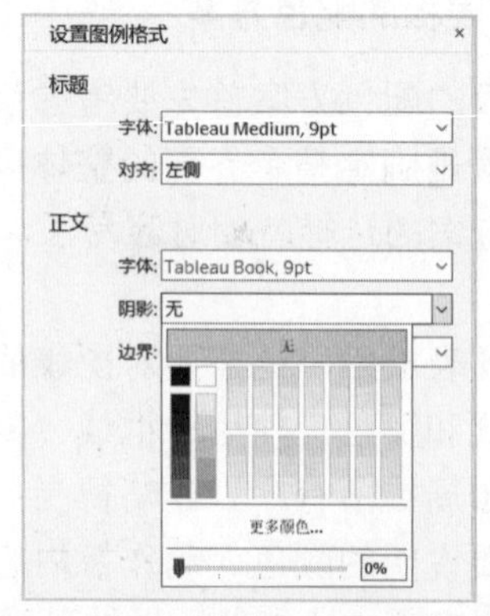

图 6-66　将图例背景设置为透明

精心设计的仪表板可以为实际的数据分析内容加分。对仪表板的设计除了参考以上内容外，还需要在实际场景中多看多积累。

6.4.3 为仪表板创建动作

通过【仪表板】|【操作】命令可以添加筛选器、参数、集值、URL、突出显示等，使仪表板中的多个工作表之间联动。

具体操作步骤如下。

单击菜单栏【仪表板】|【操作】选项，在弹出的【操作】对话框中单击【添加操作】下拉按钮，如图 6-67 所示，其下拉菜单中有 6 种“操作”，其中：

(1) 筛选器。选择某个工作表上的某个点或多个点时，相关联的工作表也只显示某个点或多个点所代表的数据。

(2) 突出显示。选择某个工作表上的某个点或多个点时，相关联的工作表突显该点所属的数据。

(3) 转到 URL。选择某个 URL 时，可以跳转至该 URL 所链接的页面。

1. 添加筛选器

实现单击“入会管道分析”视图上的某个 VIP 建立日时，“按年龄购买金额分析”和“按性别购买金额分析”视图也都只显示当年的数据。

具体操作步骤如下。

(1) 在图 6-67 所示的对话框中单击【添加操作】|【筛选器】选项，弹出图 6-68 所示的对话框，将该操作命名为“按 VIP 建立日查看”。

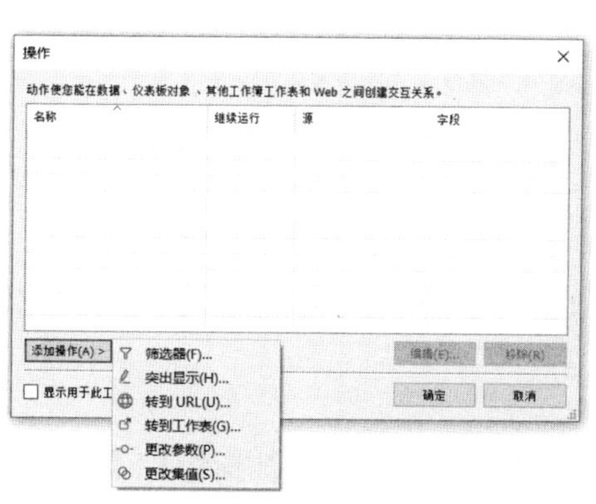

图 6-67　添加操作

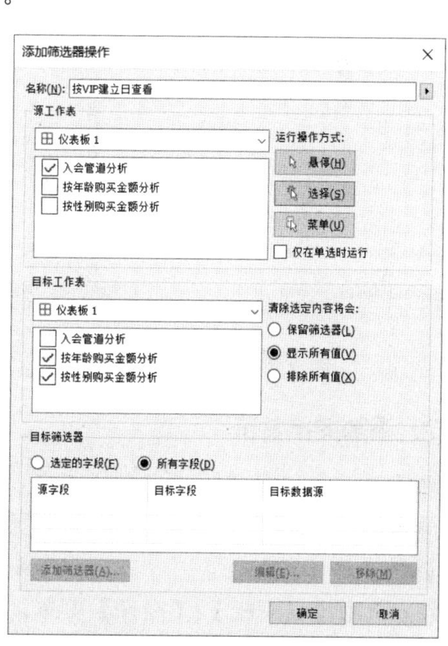

图 6-68　添加筛选器操作

(2) 【源工作表】列表框中列出了该仪表板里所包含的工作表，此处只勾选“入会管道分析”复选框，即使用“入会管道分析”作为过滤源。

(3) 右侧【运行操作方式】选项区有三个选项。

◎ 【悬停】。当鼠标悬浮于工作表中某个点时就实现对某个关联表的过滤。

◎ 【选择】。选中源工作表中某个点时实现对某关联表的过滤。

◎ 【菜单】。将【动作】显示在工具提示中，单击工具提示中的【动作】选项时实现对某关联表的过滤。

此处单击【选择】按钮。

(4) 在【目标工作表】列表框内勾选“按年龄购买金额分析”和“按性别购买金额分析”复选框，作为被过滤对象的工作表。

(5) 【目标工作表】右侧的【清除选定内容将会】选项区有三个选项，用于决定当取消选择源工作表的某个点时，被过滤的工作表中的数据如何显示。

◎ 【保留筛选器】。仅离开过滤器时，被过滤工作表中数据在过滤后不发生变化。

◎ 【显示所有值】。取消选择时，被过滤工作表显示原始所有数据。

◎ 【排除所有值】。取消选择时，被过滤工作表不显示任何数据。

此处选中【显示所有值】单选按钮。

(6) 设置完成后，单击【确定】按钮，在【操作】对话框中看到刚创建的“操作”，如图 6-69 所示，再单击【确定】按钮。

回到仪表板中，选择“入会管道分析”视图中的某一入会年份时，可以看到另外两张表中的数据也相应发生了变化，如分析 2017 年入会的会员按年龄和性别的购买金额，如图 6-70 所示。

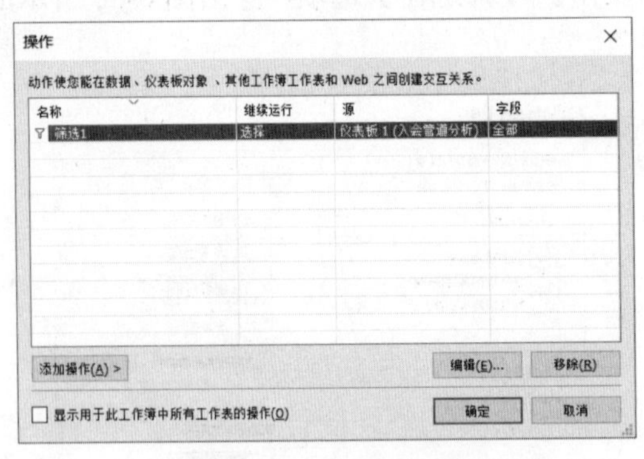

图 6-69　添加筛选器

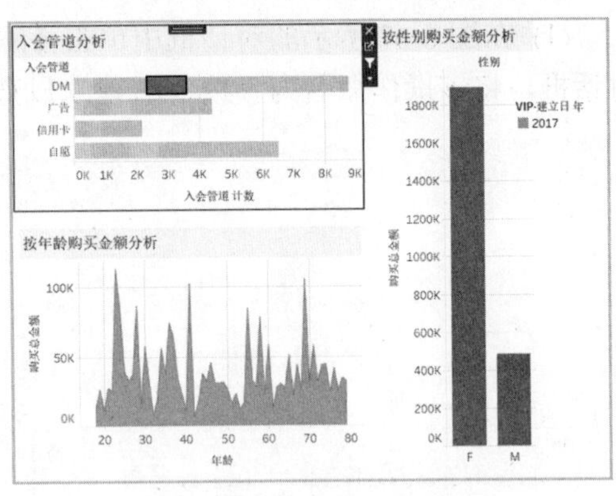

图 6-70　进行筛选操作

2. 添加突出显示

如单击“入会管道分析”视图中某入会年份时，“按年龄购买金额分析”和“按性别购买金额分析”视图中的数据也相应突显出来。

具体操作步骤如下。

(1) 单击【仪表板】|【操作】菜单，在弹出的对话框中单击【添加操作】|【突出显示】选项，弹出图 6-71 所示的对话框。

(2) 在【源工作表】列表框中只勾选“入会管道分析”复选框，在右侧单击【选择】按钮。

(3) 在【目标工作表】列表框内勾选“按年龄购买金额分析”和“按性别购买金额分析”复选框。在【目标突出显示】选项区选中【所有字段】单选按钮。

(4) 单击【确定】按钮，然后在【操作】对话框中单击【确定】按钮。

设置完成后，单击“入会管道分析”视图中的某入会年份，“按年龄购买金额分析”和“按性别购买金额分析”视图中的数据将突出显示，如图 6-72 所示。

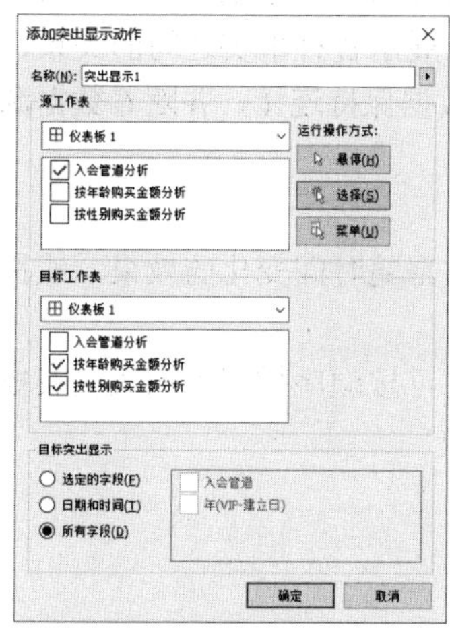

图 6-71　添加突出显示操作

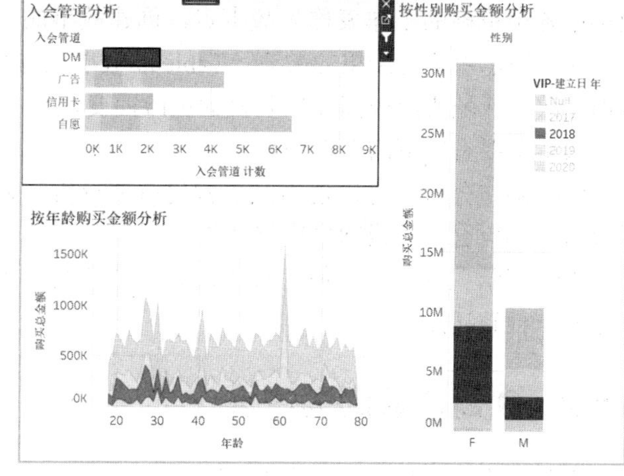

图 6-72　突出显示数据

3. 快速设置筛选器

选中仪表板中某个工作表，单击其右上角的下拉菜单，如图 6-73 所示，选择【用作筛选器】选项，即可创建一个筛选器动作。单击此工作表中的某一标记，则其他两个工作表都只显示相关数据。单击菜单栏中的【仪表板】|【操作】选项，可以看到刚创建的筛选动作，可以对其进行编辑。也可以单击工作表右上角的【用作筛选器】按钮，实现快速设置。

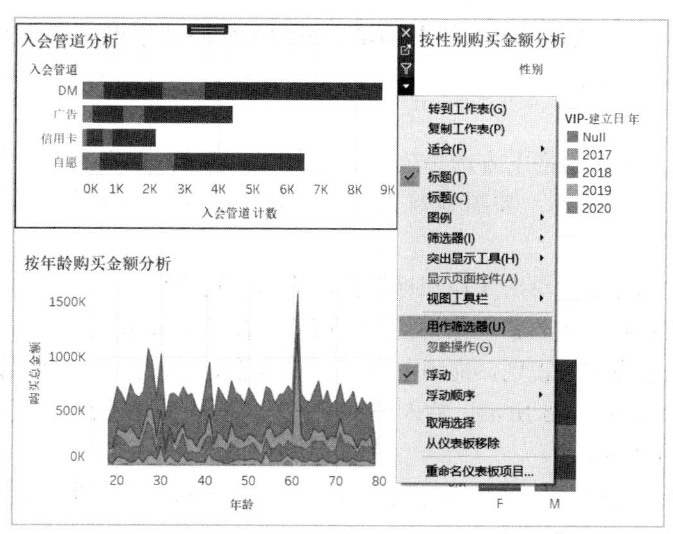

图 6-73　快速设置筛选器

6.5 创建故事

6.5.1 故事

Tableau 中的故事是按顺序排列的工作表集合，包含多个传达信息的工作表或仪表板。故事中各个单独的工作表称为故事点，创建故事的目的是展示各种事实之间的关系、提供上下文、演示决策与结果的关系。Tableau 故事点与基础数据保持连接，并随着数据源的更改而更改，或随所用视图和仪表板的更改而变化。

故事主要有以下两个作用。

(1) 协作分析。可以使用故事构建有序分析，显示数据随时间变化的效果，或执行假设分析，供自己使用或同事协作使用。

(2) 演示工具。可以使用故事向客户叙述某个事实，可按顺序排列视图或仪表板，以便创建一种叙述流。

6.5.2 创建故事的具体操作

创建故事的具体操作步骤如下。

(1) 单击 Tableau 左下方的【新建故事】选项卡，新建一个故事。Tableau 的故事界面主要由工作表、导航器、新建故事点等组成。

◎ 【工作表】窗格。在【工作表】窗格中可以将仪表板和工作表拖放到故事中、向故事点中添加说明，选择显示或隐藏导航器按钮、配置故事大小、选择显示故事标题等。

◎ 【新建故事点】。用于添加新故事点的选项，如添加新的空白点、将当前故事点保存为新点、复制当前故事点。

◎ 【导航器】。通过【导航器】编辑、组织和标注故事点，如单击导航器右侧或左侧的箭头，移到一个新的故事点。导航器标题主要是对下方仪表板或工作表的描述。

(2) 在左侧【故事】窗格下方选择故事的大小，可以从预定义的大小中选择一个，或以像素为单位自定义故事大小，如图 6-74 所示。选择大小时要考虑到目标平台，而不是创建故事的平台。

(3) 给故事添加标题。单击【添加标题】，输入标题内容。

(4) 从【仪表板和工作表】区域将工作表或仪表板拖到故事中。

(5) 为每个故事点添加说明。拖到左侧窗格中的【A 拖动以添加文本】按钮，弹出【编辑说明】对话框，如图 6-75 所示，输入说明内容，并对说明内容进行格式设置，如选择字体、颜色和对齐方式等。

(6) 创建故事点之后，如果想新建故事点，可以单击图 6-76 所示的【空白】按钮。也可以通过【复制】按钮复制故事点。

(7) 演示故事。单击工具栏中的演示模式按钮▭，或按 F7 键。如果要退出演示模式，按 Esc 键或单击演示视图右下角的【退出演示模式】按钮，也可以再次按 F7 键退出。

图 6-74　创建故事

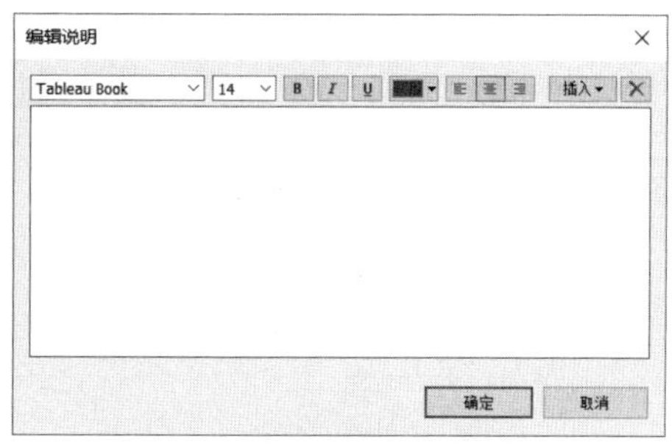

图 6-75　为故事点添加说明

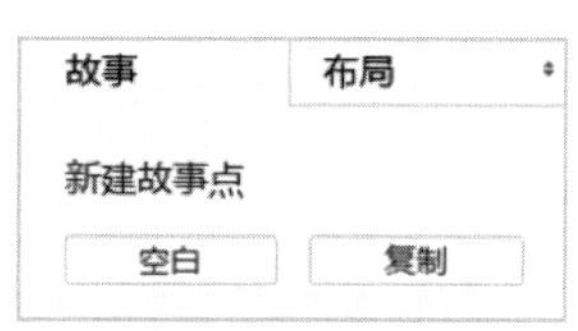

图 6-76　新建故事点

6.5.3　设置故事格式

通过设置故事格式对构成故事的工作表进行适当设置，如调整标题大小、使仪表板恰好适合故事的大小等。

1．调整标题大小

可以横向或纵向调整导航器大小。在导航器中，拖动左边框或右边框以横向调整导航器大小；拖动下边框来纵向调整导航器大小；也可以选择一个角并沿对角线方向拖动来同时调整导航器的横向和纵向大小。

2．设置故事格式

在菜单栏中选择【故事】|【设置格式】选项，或单击【设置格式】菜单中的【故事】选项，在【设置故事格式】窗格中可以设置故事任何部分的格式，如图 6-77 所示。

(1) 设置故事阴影。单击【阴影】下拉按钮，可以设置故事的背景颜色和透明度。

(2) 设置故事标题。在【标题】选项区，可以调整故事标题的字体、对齐方式、阴影和边框等。

(3) 导航器。在【导航器】选项区，可以调整导航器文本字体的样式、大小和颜色，也可以设置导航器的背景颜色和透明度。

(4) 如果故事中包含说明，可以在【文本对象】选项区设置所有说明的格式，如调整字体，向说明中添加阴影、边框等。

(5) 清除。若要将故事重置为默认格式设置，可以单击【清除】按钮。若要清除单一格式设置，则在【设置故事格式】窗格中右击要撤销的格式设置，然后在弹出快捷菜单中选择【清除】命令。

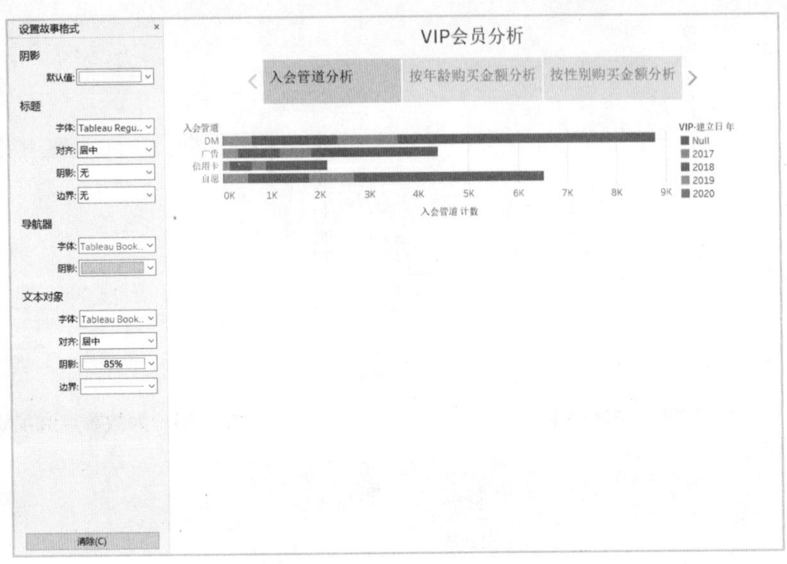

图 6-77　设置故事格式

3. 更新故事

(1) 修改现有故事点。可在【导航器】中单击某个故事点进行修改，如果想替换基础工作表，可以将不同的工作表从【仪表板和工作表】区域直接拖放到故事窗格中。

(2) 删除故事点。可在【导航器】中单击选择某个故事点，当鼠标悬停在当前导航器上时，其上方会出现图 6-78 所示的提示框，此时，单击☒图标，即可删除故事点。如果误删某个故事点，可以单击【撤销】按钮将其还原。

图 6-78　删除某个故事点

(3) 插入故事点。如果想在故事末尾以外的某个位置插入新故事点，可新建一个故事点，然后将其拖到导航器中的指定位置，新的故事点将插入到指定位置。或者直接拖动工作表放置在导航器中两个现有故事点之间。

(4) 重新排列故事点。可以根据需要使用【导航器】在故事内拖放排列故事点。

本章小结

本章介绍了 Tableau 的高级操作，包括创建计算字段、表计算、参数设置及 Tableau 常用功能函数等。讲解了高级可视化图形的绘制方法，如何创建地图视图，并详细介绍了创建高效仪表板的基本原则和详细步骤、美化仪表板以及完善与改进仪表板等内容。最后介绍了 Tableau 创建故事的方法和注意事项。通过本章的学习，读者能够通过独立制作智能仪表板来展示数据。

习题

一、选择题

1. 计算20年销售额的同比增长率需要使用(　　)快速表计算。

   A. 差异　　B. 汇总

   C. 总额百分比　　D. 百分比差异

2. 压力图又称为热力图。(　　)

   A. 正确　　B. 错误

3. 下面不能放在仪表板上的对象是(　　)。

   A. 文本　　B. 容器　　C. 网页　　D. 本地Excel文件

二、简答题

1. 如何在Tableau中创建计算字段?
2. 简述Tableau仪表板中空白对象的作用。
3. 简述仪表板布局方式的种类。

第 7 章

综合案例

——利用 Tableau 制作商品销售分析仪表板

7.1 背景分析

1. 背景描述

数据集是“双十一”淘宝美妆数据，包括产品及其销量和评论。该数据具有 7 个特征，可以从多个维度进行解析。由于是真实的商业数据，所有数据做了匿名处理，数据集对店名的引用被处理为产品的品牌名以保护店家隐私。数据来源于和鲸社区。

2. 数据说明

该数据集包括 27 599 行记录和 7 个特征变量，每一行对应一个产品的销售情况，如表 7-1 所示。

表 7-1　数据变量说明

字段	update_time	id	title	price	sale_count	comment_count	店名
含义	统计时间	产品编号	产品名称	交易价格	销售数量	评论数量	店铺名称

3. 数据集处理

1) 新增“销售额”变量

具体操作步骤如下。

(1) 连接数据源“双十一淘宝美妆数据.xlsx”。

(2) 右击 sale_count 字段，在弹出的快捷菜单中选择【创建】|【计算字段】命令，在弹出的对话框中创建“销售额”字段，计算公式如图 7-1 所示。

图 7-1　创建“销售额”字段

(3) 单击【确定】按钮。

2) 增加“是否为男性专用”字段

在【创建计算字段】对话框中输入字段名，并输入公式：“IF CONTAINS([title],'男') THEN '是' ELSE '否' END”，如图 7-2 所示。

4. 问题描述

购买化妆品的客户的关注度(评论数)是多少？各品牌的销售额和销量分布情况如何？哪些品牌的商品卖得最好，哪些牌子最受欢迎，哪些品牌是客户最需要的？

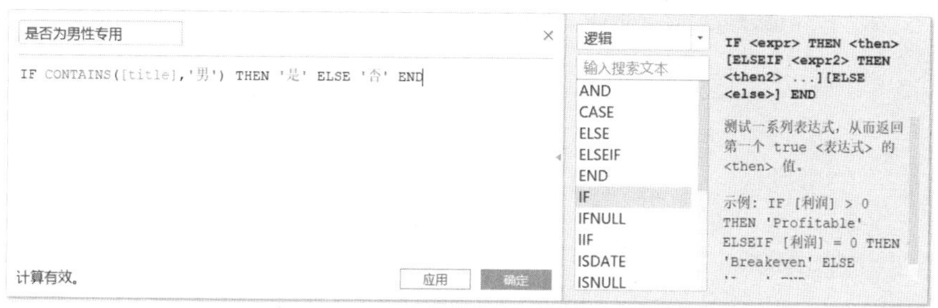

图 7-2　创建“是否为男性专用”字段

7.2 商品销售分析

1. 商品销售报表

具体操作步骤如下。

(1) 将“店名”拖放到【行】，将“销售额”和 sale_count 分别拖放到【列】中。

(2) 将“店名”拖放到【标记】|【颜色】内，然后单击工具栏中的【降序】按钮。

(3) 标注销售额占比。将“销售额”字段拖放到【标记】|【标签】，此时显示销售额的总和，如图 7-3 所示。如果想显示各品牌销售额占比，则单击标签【总和(销售额)】的下拉按钮，在下拉菜单中选择【快速表计算】|【合计百分比】选项。采用相同操作，将 sale_count 拖放到【标签】中，并添加【快速表计算】|【合计百分比】，效果如图 7-4 所示。

图 7-3　显示销售总额

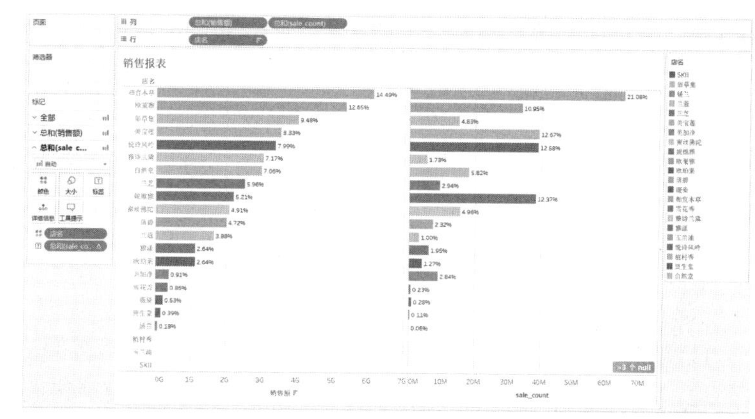

图 7-4　各品牌商品销售总额和销量视图

(4) 将工作表命名为“销售报表”。

从图 7-4 可以看出，各品牌销售排名前两位的是“相宜本草”和“欧莱雅”，分别占总销售额的 14.49%和 12.65%；销售额和销售量都第一的是“相宜本草”。

2. 每日销售额和销量情况分析

具体操作步骤如下。

将“销售额”和 sale_count 字段分别拖放至【行】上，统计时间 update_time 拖放到【列】上，并下钻到“天”，最终效果如图 7-5 所示。

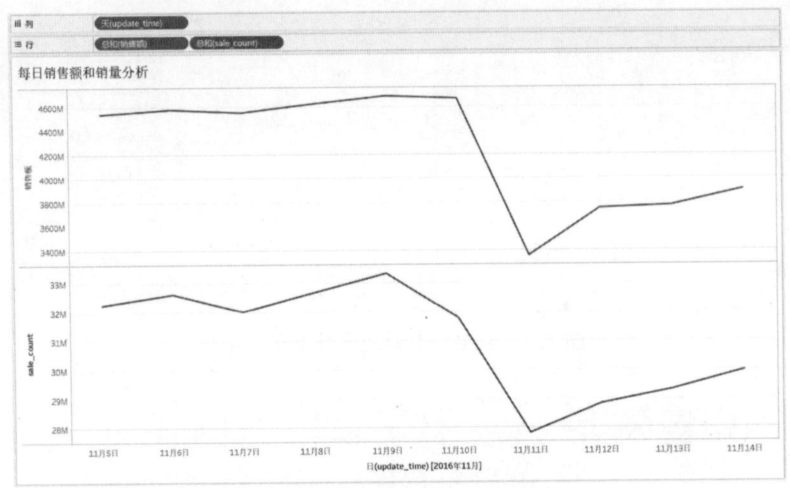

图 7-5　每日销售额和销量分析图

观察两个折线图，其走势是相同的，因为整个销量与销售额应该是成正相关的，图形有如下特点。

(1) 单日销售量在 9 日达到峰值，而在 11 日达到最小。

(2) 10 日之前的波动趋势相对稳定，在 11 日有一个急剧的下降。

(3) 11 日过后又开始缓慢地增长，由于统计的日期有限，无法判断这种趋势是长期的还是短期的。

“双十一”活动的销量反而在“双十一”当天有剧烈的下滑，其原因大概是“双十一”的预热、预售活动等。在临近“双十一”时，9 日销量达到最高，因为关注的人多，购买的人更多。但在 10 日有所下降，和“双十一”下降有相同的理由，是人们都主观认为“双十一”当天的购买人数太多，可能会有网络、平台卡顿导致无法成功下单的忧虑，所以造成了“双十一”当天销量急剧下滑。而“双十一”过后又开始有了销量增长，有可能是店铺持续优惠，比如赠送满减卷，让许多已经消费过的消费者再次消费。

3. 各品牌销售额和销售量关系分析图

具体操作步骤如下。

(1) 复制“销售报表”工作表，重命名为“各品牌销售额与销售量关系”。

(2) 将 sale_count 拖放到【列】上，使用散点图比较销售额和销量之间的关系，在【智能显示】中选择【散点图】，清除【行】上的“总和(销售额)”的快速表计算，如图 7-6 所示。

(3) 再次单击【智能显示】|【散点图】，效果如图 7-7 所示，每个点表示不同的品牌。

(4) 为了进行区分，将“店名”字段拖放到【标记】|【颜色】上，调整【大小】使各点更加清晰。

(5) 将“店名”字段拖放到【标记】|【标签】上，“销售额”拖放到【标记】|【大小】上，圆圈体积越大代表销售额越高，与销售额成正比例关系。将【形状】改成实心圆，并调整颜色的透明度，让整体更美观、更直观。

(6) 将“销售额”字段拖放到【标记】|【标签】上，并设置【快速表计算】|【合计百分比】，最终效果如图 7-8 所示。

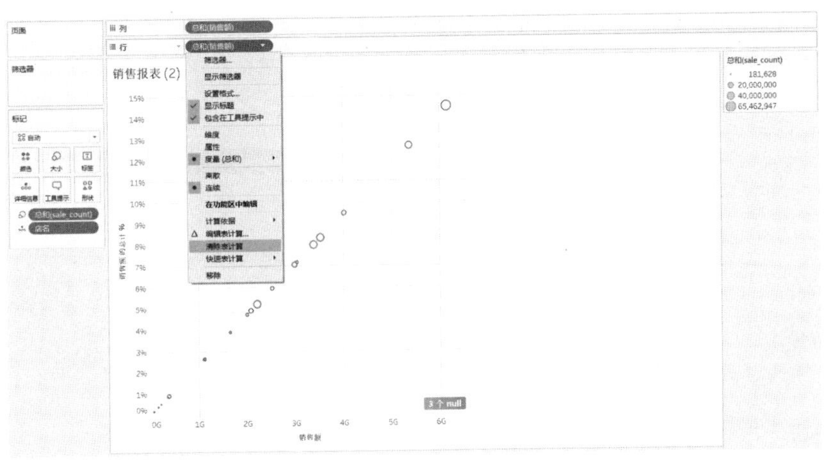

图 7-6 清除快速表计算

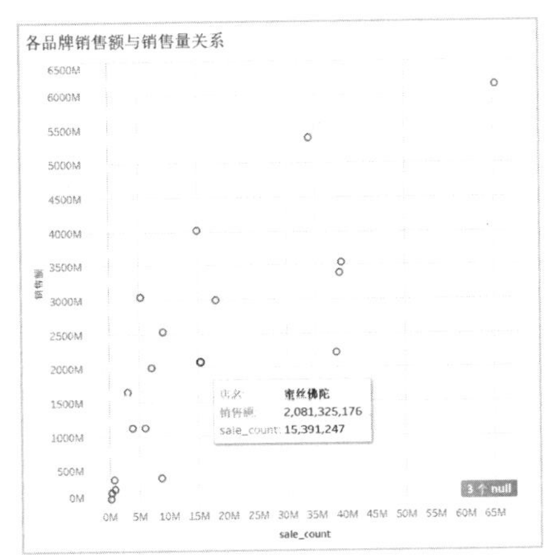

图 7-7 散点图

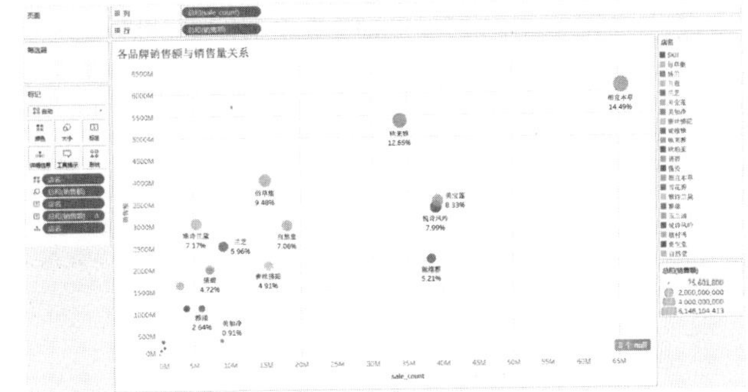

图 7-8 各品牌销售额和销售量关系分析图

图 7-8 是对销售额和销量之间关系的一种比较基础性的分析，横轴是销量，纵轴是销售额，右上角方位的点代表销量和销售额都很高，左下角方位的点代表销量和销售额都比较低；而左上角方位的点代表销量低但销售额却很高，这说明该品牌商品价格偏高；右下角方位的点代表销量高但销售额低，这种情况比较少见。

4. 男性护肤品销量分析视图

具体操作步骤如下。

(1) 复制“销售报表”工作表，重命名为“男性护肤品销售情况”。

(2) 将“是否为男性专用”字段拖放到【筛选器】上，在图 7-9 所示的对话框中勾选【是】复选框，单击【确定】按钮。完成男性护肤品销售情况的统计，如图 7-10 所示。

不难看出，“妮维雅”和“欧莱雅”占据了男性专用商品的绝大部分市场，加起来超过 70%的市场份额，所以如果想开拓男士护肤品市场，可以参考这两个品牌的优势，了解为什么这么多人选择这两个品牌，作为进行市场调研和数据挖掘的依据。从图 7-4 所示的销售报表视图可以看出，“妮维雅”在非男士专用商品方面的销售情况很一般，这说明“妮维雅”主打的就是男士专用商品。

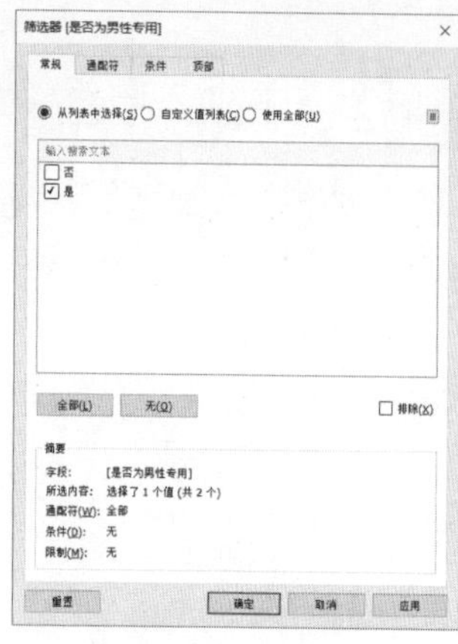

图 7-9　设定筛选器

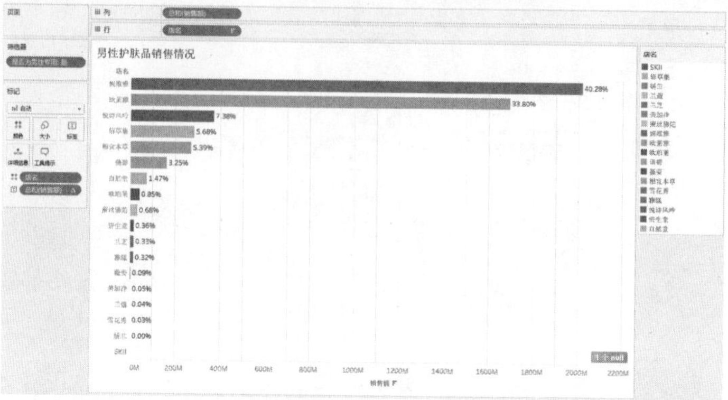

图 7-10　男性护肤品销量分析视图

5．品牌价格视图

(1) 将 price 字段拖放到工作表中，“店名”字段拖放到【行】上。

(2) 在【智能显示】里选择【盒须图】，将“店名”字段恢复到【行】，将“总和(price)”拖到【列】上，如图 7-11 所示；把“总和(price)”字段改为维度，然后单击工具栏中的【升序】按钮，结果如图 7-12 所示。

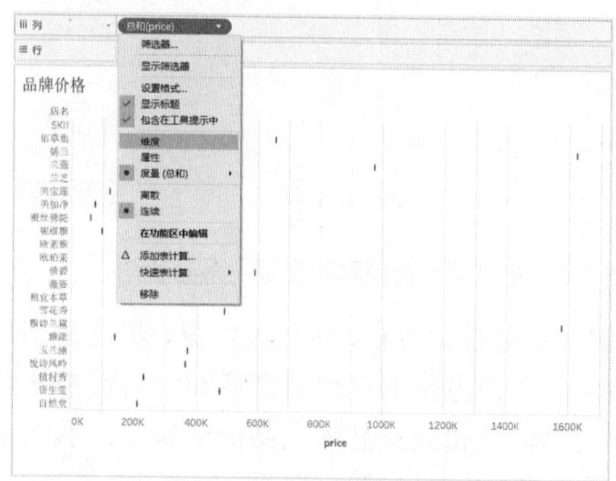

图 7-11　将“总和(price)”字段改为“维度”

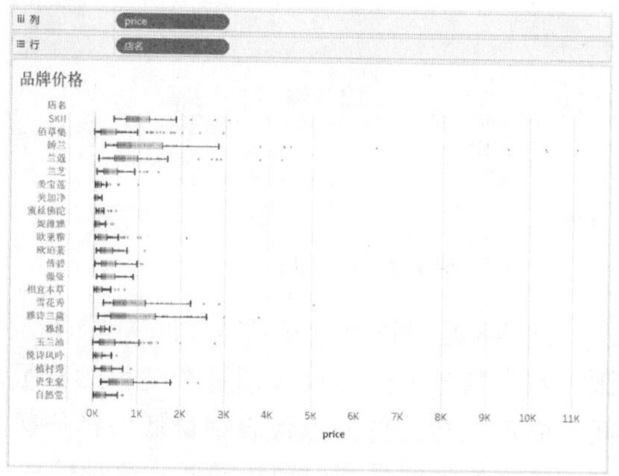

图 7-12　品牌价格可视化图表

(3) 从图 7-12 中可以发现娇兰品牌的价格有太多的异常值，超出了盒须图的上界。将盒须图转置，为了方便查看其他品牌的价格，先要排除“娇兰”品牌。右击“娇兰”，在弹出的快捷菜单中选择【排除】命令，如图 7-13 所示，可以进一步分析各品牌的价格分布。

(4) 恢复“娇兰”品牌的价格盒须图，为了方便比较各个品牌的价格，再次将视图转置。

(5) 为了分析“娇兰”品牌的大量异常值，在【数据源】窗口中单击【筛选器】|【添加】，在【编辑数据源筛选器】对话框中单击【添加】按钮，如图 7-14 所示，弹出【添加筛选器】对话框，选择“店名”，如图 7-15 所示，然后勾选“娇兰”品牌。

(6) 单击【确定】按钮后回到数据源窗口，将 price 字段倒序排序，如图 7-16 所示，可以看出该品牌有很多高价格限量版商品，属于高端商品。

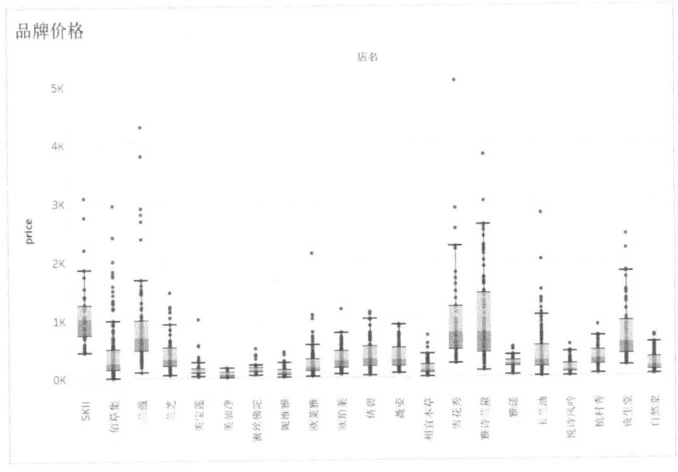

图 7-13　利用盒须图分析各品牌的价格分布

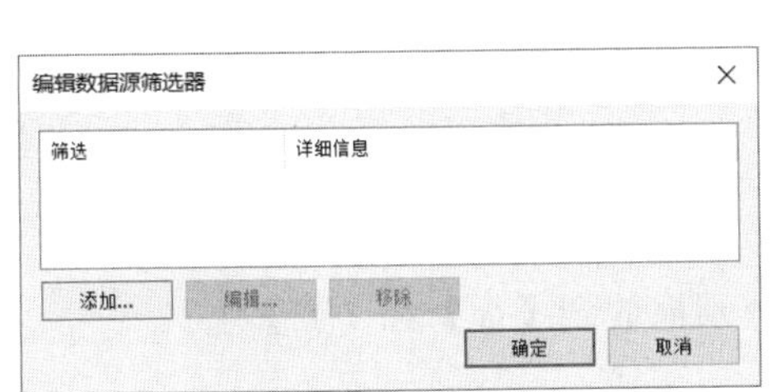

图 7-14　添加筛选器

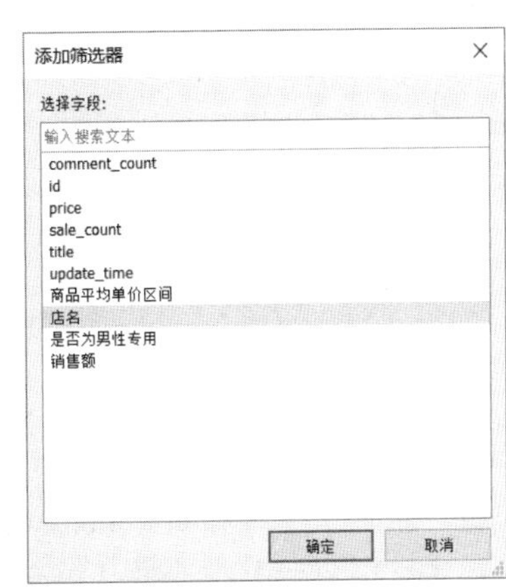

图 7-15　选择字段

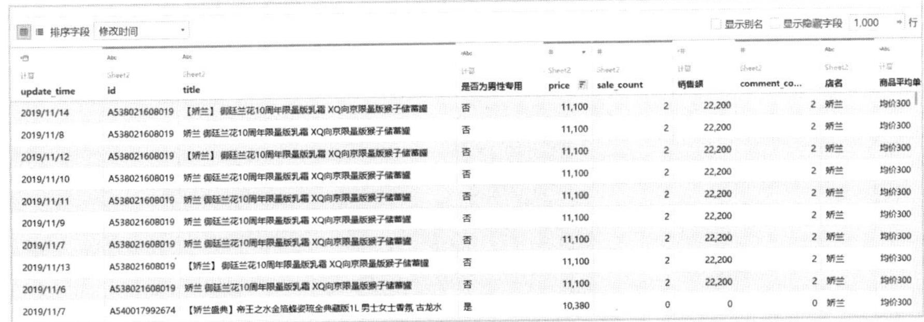

update_time	id	title	是否为男性专用	price	sale_count	销售额	comment_co...	店名	商品平均单
2019/11/14	A538021608019	【娇兰】御廷兰花10周年限量版乳霜 XQ向京限量版猴子储蓄罐	否	11,100	2	22,200	2	娇兰	均价300
2019/11/8	A538021608019	娇兰 御廷兰花10周年限量版乳霜 XQ向京限量版猴子储蓄罐	否	11,100	2	22,200	2	娇兰	均价300
2019/11/12	A538021608019	【娇兰】御廷兰花10周年限量版乳霜 XQ向京限量版猴子储蓄罐	否	11,100	2	22,200	2	娇兰	均价300
2019/11/10	A538021608019	娇兰 御廷兰花10周年限量版乳霜 XQ向京限量版猴子储蓄罐	否	11,100	2	22,200	2	娇兰	均价300
2019/11/11	A538021608019	娇兰 御廷兰花10周年限量版乳霜 XQ向京限量版猴子储蓄罐	否	11,100	2	22,200	2	娇兰	均价300
2019/11/9	A538021608019	娇兰 御廷兰花10周年限量版乳霜 XQ向京限量版猴子储蓄罐	否	11,100	2	22,200	2	娇兰	均价300
2019/11/7	A538021608019	娇兰 御廷兰花10周年限量版乳霜 XQ向京限量版猴子储蓄罐	否	11,100	2	22,200	2	娇兰	均价300
2019/11/13	A538021608019	【娇兰】御廷兰花10周年限量版乳霜 XQ向京限量版猴子储蓄罐	否	11,100	2	22,200	2	娇兰	均价300
2019/11/6	A538021608019	娇兰 御廷兰花10周年限量版乳霜 XQ向京限量版猴子储蓄罐	否	11,100	2	22,200	2	娇兰	均价300
2019/11/7	A540017992674	【娇兰盛典】帝王之水金箔蜂姿琉金典藏版1L 男士女士香氛 古龙水	是	10,380	0	0	0	娇兰	均价300

图 7-16　分析异常值

(7) 删除筛选器。单击【筛选器】|【编辑】菜单项，在图 7-17 所示的对话框中选中“店名”，然后单击【移除】按钮。

(8) 为了方便查看其他品牌的价格分布，还是将“娇兰”品牌移除。如图 7-18 所示，每个盒须图的灰色区域越大代表价格的差异度越大，有平价商品，也有高端商品，对旗下的商品作了各种各样的组合。

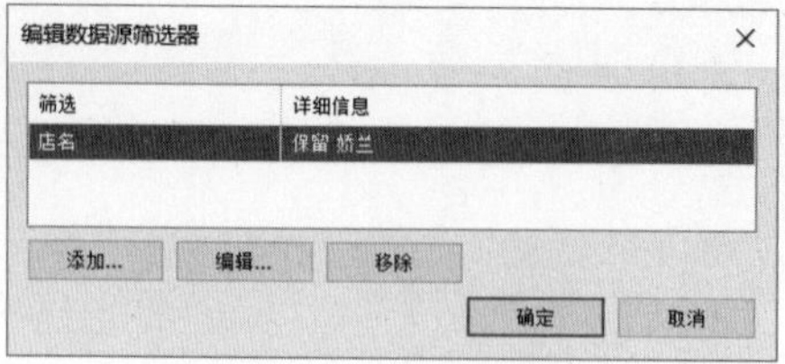

图 7-17　删除筛选器

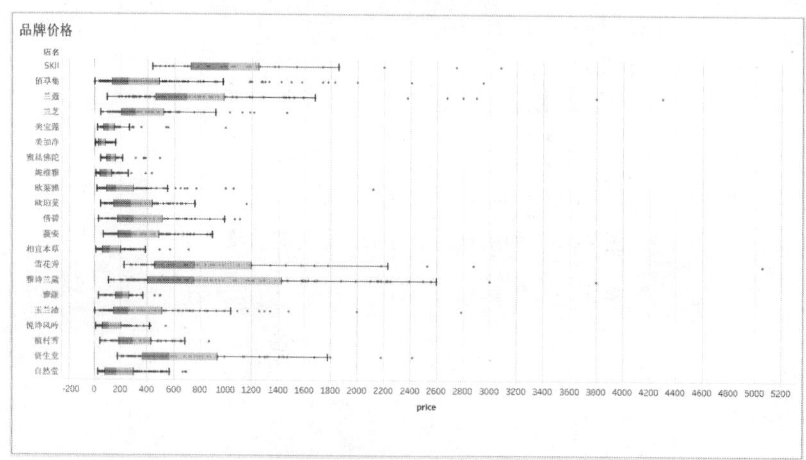

图 7-18　其他品牌的价格分析

6．品牌热度分析图

具体操作步骤如下。

(1) 将“店名”字段和 comment_count 字段分别拖放到【行】和【列】上。

(2) 在【智能显示】中选择【填充气泡图】。

(3) 将“店名”字段拖放到【标记】|【颜色】框，效果如图 7-19 所示。

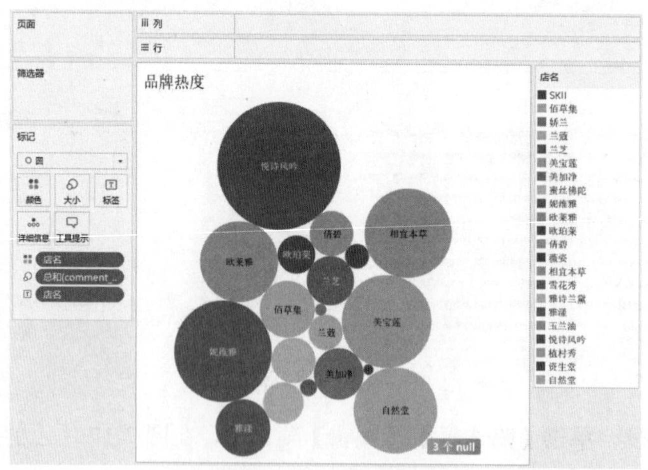

图 7-19　品牌热度可视化

可以看出“悦诗风吟”“相宜本草”“妮维雅”等品牌的热度比较高。比较销售报表得出品牌热度和销售额成正比关系，“悦诗风吟”的评论数远高于其他，但销量只排在第三位；反观“相宜本草”，销售额和销量都远高于其他品牌，但评论数却相对过低。

创建一个新的指标：每个店铺平均多少单一条评论。

具体操作步骤如下。

(1) 创建计算字段“店铺平均多少单一条评论”，编辑公式：“SUM([sale_count])/SUM([comment_count])”，如图 7-20 所示。

图 7-20　创建计算字段

(2) 将“店名”和“每个店铺平均多少单一条评论”字段分别拖放到【行】和【列】上，效果如图 7-21 所示。

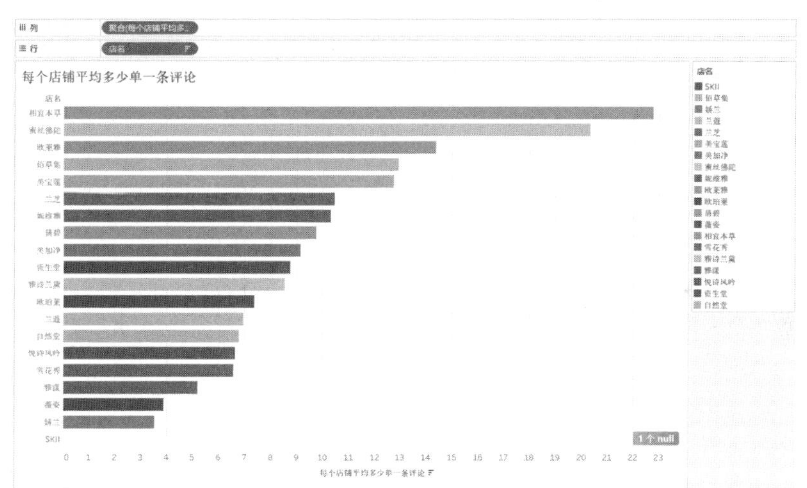

图 7-21　每个店铺平均多少单一条评论

在这个指标上，“相宜本草”和“蜜丝佛陀”最高。而理论上，销量与评论应该成正比的关系。但平均多少单一条评论的指标能否反映店铺存在水军刷单的问题？“相宜本草”的这个指标为 28 左右，而大多数品牌都在 5～10，“相宜本草”大概是其他品牌的 4 倍，所以是否可以推论，该指标过高的店铺存在刷单、刷销量的行为？如果能获得更详细的数据，例如好评率、好评格式等，可以进一步探讨该问题。

7.3 制作仪表板

通过仪表板将上面的可视化报表汇总在一起，以方便观察数据各个维度的表现。

具体操作步骤如下。

(1) 新建仪表板，调整仪表板的大小为 1400×860。

(2) 分别将“销售报表”“各品牌销售额与销售量关系”“男性护肤品销售情况”“品牌价格”和“品牌热度”图表拖放到仪表板中，调整至合适位置。效果如图 7-22 所示。

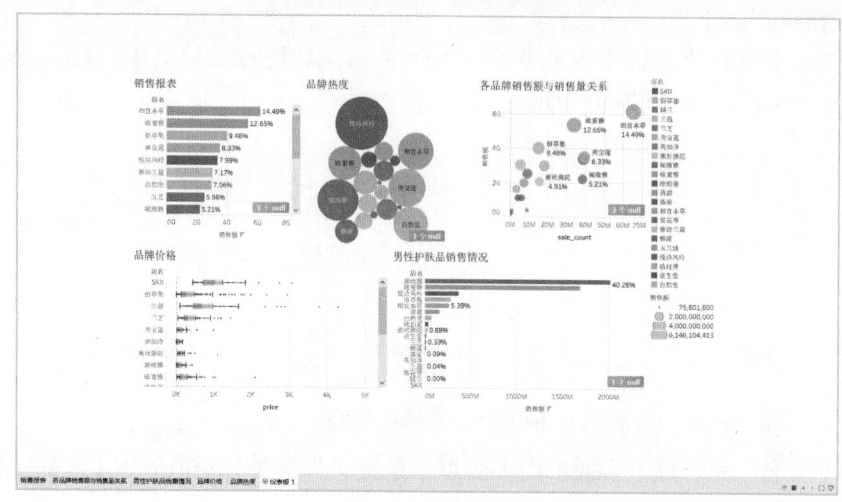

图 7-22　商品销售分析仪表板

参考文献

[1] 雷婉婧. 数据可视化发展历程研究[J]. 电子技术与软件工程，2017(12)：195-196.

[2] 陈为，张嵩. 数据可视化的基本原理与方法[M]. 北京：科学出版社，2013.

[3] 何冰，霍良安，顾俊杰. 数据可视化应用与实践[M]. 北京：企业管理出版社，2015.

[4] 陈为. 数据可视化[M]. 北京：电子工业出版社，2013.

[5] 张志龙. Tableau Desktop 可视化高级应用[M]. 北京：人民邮电出版社，2019.

[6] 吕俊闽，张诗雨. 数据可视化分析(Excel 2016+Tableau)[M]. 北京：电子工业出版社，2017.

[7] 恒盛杰资讯. Excel 数据可视化[M]. 北京：机械工业出版社，2017.

[8] 王国平. Tableau 数据可视化从入门到精通[M]. 北京：清华大学出版社，2017.

[9] 林斌. 数据可视化之道[M]. 北京：电子工业出版社，2020.

[10] 王国平. 精通 Tableau 商业数据分析与可视化[M]. 北京：清华大学出版社，2019.

参考文献